新北海道の花
Wild Flowers of Hokkaido

梅沢 俊 著

この本を使う前に／用語解説

- 9〜83 ▶ ─── [黄やオレンジの花]
- 85〜207 ▶ ─── [白い花]
- 209〜293 ▶ ─── [赤・ピンクや赤紫の花]
- 295〜339 ▶ ─── [青や青紫の花]
- 341〜387 ▶ ─── [緑やクリームの花]
- 389〜439 ▶ ─── [目立たない花]

主要参考図書／和名索引／逆引き主要和名索引

北海道大学出版会

この本を使う前に

1．この本は北海道に野生する花の咲く植物のうち，草本および小低木約1900種，亜種や変種，品種を含めると約2100分類群を収録しています。
2．収録した植物は花の色により6つに分け，[黄やオレンジの花／白い花／赤・ピンクや赤紫の花／青や青紫の花／緑やクリームの花／目立たない花]の順に配列しました。
3．各色グループの中では，科ごとに，これまでなじんできた「新エングラーの分類体系」を基に合弁花類，離弁花類，単子葉類の順に並べ，科の中では属の学名のアルファベット順に並べることを原則としましたが，近い仲間の植物を同じ頁にまとめるため，一部順序を変えた所もあります。またイネ科やカヤツリグサ科は種類数の多い科ですが，興味をもつ人が少ないので主要な種だけを「目立たない花」に収録しました。
4．花の色は多彩かつ微妙で，個体による変異やその人の色彩感覚によって受け取り方も様々です。色分けに迷う花については，可能性のあるグループをすべて探してみてください。参考までに各色の中扉に別色グループに収録した主要な花を載せてあります。なお科名や学名はその後主流となりつつある「APGⅢ，Ⅳ分類体系」に従い，旧科名を( )内に標示しました。
5．解説には専門用語も使いました。わからないときは前見返しの図や用語解説を参照してください。またなるべく多くの種を収録するため，1つの属中に似た種類が複数ある場合，1つの種を代表として解説し，残りの種については違いや見分け方のポイントを述べました。亜種や変種についても同じような扱いをして，それぞれを独立して解説してはいません。写真は原則として花のついた植物を載せ，花や実のアップ，ときに近似種との比較写真を加えて，より正確にわかるようにしました。カヤツリグサ科については見分けやすい果期の写真を載せました。
6．解説文中に和名の漢字表記と一部名前の由来にも触れましたが，漢字表記は漢名(中国名)ではありませんのでご注意ください。
7．解説文中の体裁，記号の意味は以下の通りです。
標準和名を**太字**で表記し，別名や通称はその下に小さい文字で示しました。学名はその下に記してあります。解説文中の植物名も**太字**で表記してあり，細字は別名ですが，学名はスペースの関係で省略しました。なお学名については「用語解説」の最後を参照してください。
❋ 花の咲く時期。高度や環境条件によって異なるので注意してください
🌱 主に生えている環境や生育の条件
❖ 日本国内での分布／✧ 帰化植物や北海道の在来種でない場合の原産地
◉ 撮影日と撮影地

用語解説

花に関するもの

花冠　花弁の総称だが内花被と外花被の形が異なる場合は内花被だけを指す。離弁花冠の個々を花弁といい，合着するものを合弁花冠ないしは単に花冠という

がく　花被のうち，外側に位置するもの。個々をがく片という

花糸　雄しべの葯をつけている糸状の柄

花序　2つ以上の花が集まってつくときの配列の様式。主な花序は前見返しに図示

花托［花軸・花床・花盤］　がくや花弁，雄しべ，雌しべがつく部分。平面的に広がる場合を花床，軸状になる場合を花軸といい，花床の一部が盤状に広がったものを花盤という

花柱　雌しべの柱頭と子房との間にある円柱状の部分

花被　花冠とがくの総称。内花被と外花被（がく）に分れる

花柄［花梗・小花柄］　1つの花を支える柄。複数の花の場合は花梗という。セリ科のように小さな花（小花）が密集する場合は小花の柄を小花柄という

果胞　スゲの雌花を包む壺状の花被。花期には小さいが，果期に大きくなって観察しやすい

旗弁　マメ科蝶形花冠の上側の花弁

距　がくや花弁の一部が中空でニワトリのけづめのような形で飛び出している部分。スミレ・オダマキなど

子房　被子植物の雌しべ下端のふくらんだ部分。種子のもととなる胚珠を包み果実となる。雌しべ全体は心皮という葉由来の器官で構成されている

雌雄異花　1つの花の中に雄しべか雌しべの一方しかない状態（≒単性花）

雌雄異株　雌花と雄花が別々の個体に生ずること

雌雄同株　雌花と雄花が同じ個体に生ずること

小花　キク科の頭花・イネ科の小穂など多数の花が集まって1つの大きな花のまとまりをつくる場合，その個々の花をいう

小穂　イネ科やカヤツリグサ科の花序の基本単位となる部分

唇形（花冠）　合弁花冠の先が上下の2片に分かれ，それぞれを上唇・下唇という。シソ科やゴマノハグサ科に見られる

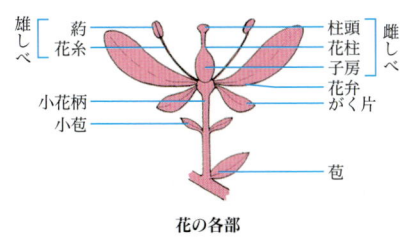

花の各部

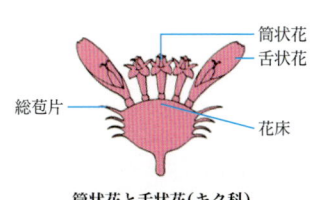

筒状花と舌状花（キク科）

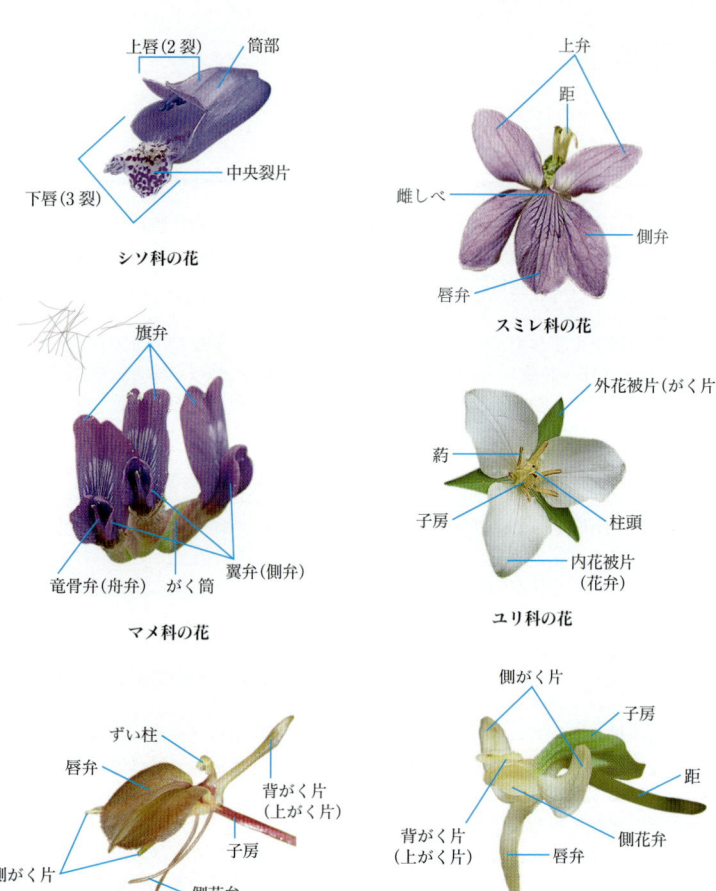

シソ科の花 / スミレ科の花 / マメ科の花 / ユリ科の花 / ラン科の花① / ラン科の花②

唇弁 ラン科などの花の中央にある大きな花弁で特殊な形をしている
ずい柱 ラン科やガガイモ科の雌しべと雄しべが合体したもの
総苞 花序の基部に多くの苞葉が密集したもの。1つ1つの苞葉を総苞片という。キク科・セリ科に多い
側弁 中央にある唇弁に対しその両側に位置する花弁。側花弁ともいう
飾り花（中性花） 雄しべ，雌しべが退化した花。ノリウツギなど
点頭 花が頭を垂れて下を向く状態
頭花 柄のない花が多数短い花序の軸についたもので，全体が1つの花に見える。キク科やマツムシソウ科などがその例。頭状花序ともいう
芒 イネ科の花の苞穎や護穎，カヤツリグサ科スゲ属の果胞鱗片などの先に出る剛毛状の突起。のげともいう

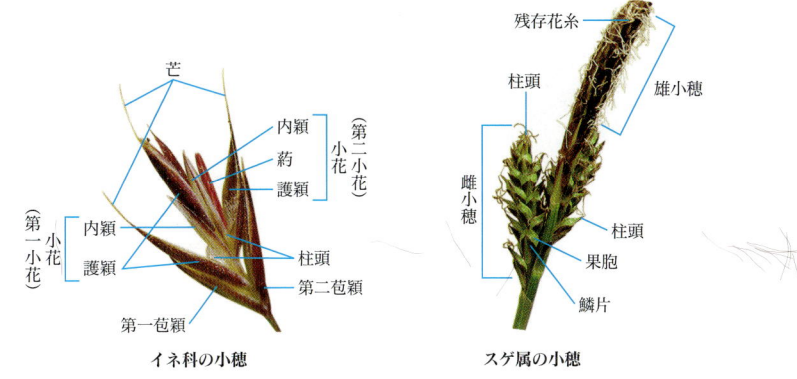

イネ科の小穂　　　スゲ属の小穂

副がく　がくの近くにある苞葉ががく状になっているもの
仏炎苞　肉穂花序を包む大形の苞葉。ミズバショウなど
閉鎖花　つぼみのような形のままで自家受粉して実を結ぶもの。スミレなど
葯　花粉の入っている器官で花糸の先につく
両性花　1つの花の中に雄しべと雌しべがある花

実（果実）に関するもの

液果　果皮が水分を含み、多肉質となるもの
冠毛　タンポポなどの実の上に生ずる毛状の突起。がくの変形したもの
蒴果　熟すと心皮の数に合うように果皮が裂ける果実。例）ユリは3裂
集合果　1つの花に多数の雌しべがあり、まとまった果実となるもの。
　　　　ミヤマキンポウゲなど
痩果　中に1個の種子があり、果皮と種皮が分けにくいもの。
　　　しばしば種子と混同される。タンポポやヒマワリなど
袋果　袋状に成熟して1心皮の合せ目から裂けるもの。トリカブトやオダマキなど
むかご（珠芽・肉芽）　わき芽の一種で地に落ちて発芽する。オニユリなど

葉に関するもの

羽片　羽状葉の裂片の1つ。あるいは羽状複葉の小葉の1枚。1番先が終羽片
芽鱗　冬芽を包んでいる鱗片。一般に厚く、褐色
小葉　複葉についている葉の1つ1つをいう
側脈　主脈から分れて葉の縁の方に走る葉脈
托葉　葉の基部にある付属体。小さな葉状・突起状・トゲ状などの形がある
単葉　葉全体が1枚の葉片からなるもの。　→複葉
中脈（主脈）　葉の中央を走る太い葉脈
複葉　葉身が完全に分裂して2枚以上の小葉からなるもの。掌状・羽状などがある
抱茎　葉身や葉柄の基部が茎の周囲を取り巻いていること
苞葉　花や花序の基部にある変形した特殊な葉。苞ともいう

複葉(キンミズヒキ)　　　単葉(エゾアジサイ)　　　イネ科の葉

葉腋　葉が茎につく場所の上部
葉脚　葉身の下端の部分
葉鞘　葉の基部が鞘状となって茎を巻く部分。イネ科やカヤツリグサ科など
葉舌　イネ科の葉鞘の上端にある膜状の部分で，種を見分けるポイントとなる
葉脈　葉身の中を走っている管で水分や養分の通路。平行脈と網状脈がある
鱗状葉(鱗片葉)　地上部の基部や地下茎につく小形の鱗状の葉

茎・根に関するもの

塊茎　地下茎の一種。でんぷんなどを貯え塊状に肥大したもの。キクイモなど
塊根　貯蔵根の一種。根が塊状に肥大したもの
花茎　花のみで，ふつうは葉がついていない茎のこと。タンポポなど
偽球茎　ラン科植物の茎が球形・卵形・楕円形などに肥大したもの
根茎　根のように見えるが節があり，そこから葉や根を出す茎
走出枝　茎の根元から出る地表を這う枝で先に新苗(子株)をつくるが，途中で根を出すことはない。横走枝，ランナーともいう
匍匐茎　地表を這い，節から根を出す茎。ヘビイチゴ，オオチドメなど
匍匐枝　茎の根元から地表を這う枝で，節々から根を出して増える。匐枝，ストロンともいう。ネコノメソウ類など走出枝と区別しないで使われることもある
鱗茎　地下茎の一種で，厚い鱗片が集まって多肉化したもの。ユリなど

毛などに関するもの

絹毛　つやのある細い長毛
蜘蛛毛　クモの糸のように細く，からみあった毛
かぎ状毛(鉤毛)　先がかぎ針のように曲った毛
叉状毛　先が2股に分れた毛
星状毛　1カ所からちょうど星の光のように多方向に出ている毛
腺体　葉の一部や総苞片などにある蜜や分泌物を出す器官
腺点　主に花や葉に見られる小さい点状の蜜や粘液を分泌する器官
腺毛　多細胞毛で多くは先端が球状にふくらみ分泌物を出す毛
伏毛　軸に対し寝たような形でごく浅い角度でついている毛
綿毛　細く，やわらかく湾曲した毛

部分の形や性質に関するもの

1年草　1年で枯れる植物。夏型1年草と越年草がある
2年草　発芽して2年目に開花・結実して枯れる植物
多年草　2年以上，生育を繰り返す草本植物
1稔性　一度だけ開花結実して枯れる性質
越年草　秋に発芽し，越冬後夏までに一生を終える1年草
開出　軸に対して大きい角度をもって出ること
革質　革のような感じをもったもの
斜開　軸に対して小さい角度をもって出ること
宿存　脱落しないで残っていること。ホオズキの袋など
頂生　茎の先端に生じること
不整　不規則で，ととのっていない形
膜質　薄い膜のような質
翼（ひれ）　茎や葉柄などが平たく広がってひれ状になっている状態

＊植物の分類と学名について

　植物は種を基準として，上位から〈界―門―綱―目―科―属―種―亜種―変種―品種〉の順に分類されています。ここでは本書に関係する属以下について説明します。

　学名は世界共通の植物名として普通はラテン語で表記されます。1つの種の学名については，属名とそれを形容する語（種小名ともいう）の組合せで表します。これを二命名法といいます。1つの種でもその変異の幅が大きく，形態や花の色などによりグループに分けられる場合，そのレベルによって，順に亜種や変種，品種に分類されます。このうち最初に発表されて，種を代表するものを基本種や基準亜種，基準変種といいます。以下に例としてレブンコザクラの学名をあげてみましょう。

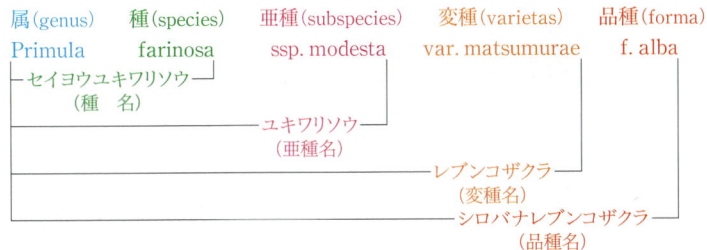

＊学名にあるssp.は亜種，var.は変種，f.は品種の略称

　植物用語や学名について詳しく知りたい方は巻末の参考文献やインターネットの関連ホームページをご覧ください。なお，この本の学名は原則として高橋英樹監修・松井洋編集「北海道維管束植物目録」に準拠しています。

9〜83 ►

［黄やオレンジの花］
◉yellow and orange flowers

他の色に収録の花（数字は収録頁）

ビロードホオズキ 347

キバナシャクナゲ 348

ノウルシ 352

マツバトウダイ 353

リシリゲンゲ 358

キバナイカリソウ 362

アキカラマツ 364

ツクモグサ 365

キバナノアツモリソウ 370

オカヒジキ 399

ミヤマハンノキ 406

タカネイワヤナギ 407

キツネヤナギ 407

ミネヤナギ 408

エゾウサギギク キク科
Arnica unalaschcensis var. unalaschcensis
高さ15〜40cmの多年草。全体に縮毛が密生する／ウサギの耳に見たてた下部の茎葉はへら形，長さ10cm前後で対生する。茎の中部につく葉はより小さく，対生，時に互生する／茎の先に頭花が1個つき，径4〜4.5cm。筒状花の周りを舌状花が囲んでいる。花冠の筒部は無毛／蝦夷兎菊／変種**ウサギギク**(キングルマ)は外観からの判別は困難だが，花冠筒部は有毛(①右)で，北海道内での個体数は少ない／✸7〜8月，高山のれき地や草地，❖北・本，⊛8.16，大雪山

オオウサギギク キク科
カラフトキングルマ
Arnica sachalinensis
高さ30〜50cmの多年草。花序以外は無毛／茎葉は長さ10cm以上の先がとがった披針形で10対以上対生し，縁には鋭く目立つ鋸歯がある。基部は合着して短い鞘となって茎を抱く／頭花は3〜5個つく。径は5〜6cmあり，中心部の筒状花を舌状花が囲む。総苞は半球形／痩果は長さ7mmほど／大兎菊／✸7/下〜9/上，亜高山帯の草地，❖北(礼文島〜渡島半島の日本海側山地に局所的)，⊛8.18，礼文島

ハハコグサ キク科
オギョウ，ホオコグサ
Pseudognaphalium affine
高さ15〜30cmの2年草／茎や葉に白い綿毛が密生しているので全体に白っぽく見え，軟らかい／長さ2〜6cmで線形の葉が互生／頭花は茎頂に密につき径2〜3mm，長さ2mmほどで2つの形の筒状花からなる。総苞は黄色で鐘状／春の七草のひとつ／母子草(冠毛が毛羽立つことから呼ばれたホオコグサの転訛か？)／✸6〜8月，低地〜山地の荒地や道端，特にほかの草が生えない裸地，❖北・本・四・九，⊛6.27，胆振地方有珠山

オオヨモギ　キク科
ヤマヨモギ，エゾヨモギ
Artemisia montana

各地にごく普通に生える多年草で，高いものは2mほどになる／葉は羽状に深裂，裏面に灰白色の綿毛が密生し，中部のもので長さ10〜15cm，柄には翼があるが目立つ小葉片（仮托葉）はない（①右がオオヨモギ，左はヨモギ）／茎の上部が円錐花序となり，幅2.5〜3mmの頭花が多数つく。小花は筒状花のみ／大蓬／❋8〜10月，低地〜山地の草原や道端，北・本(中部以北)，10.3，小樽市／変種**エゾノユキヨモギ**②はやや小型で全体が白い綿毛に被われる（③葉裏の比較：右がエゾノユキヨモギ，左はオオヨモギ）。道東の海岸に生える，9.1，知床半島／**チシマヨモギ**(エゾオオヨモギ)の高さは1m未満／頭花は大きく，幅3〜4mm（④下がチシマヨモギ，上はオオヨモギ）／北(高山や道東の海岸など)・本(中部の高山)／**ヤブヨモギ**⑤は道端などに生え，葉はふつう2回羽状深〜全裂し，裂片は細く，基部に小葉片がつく／頭花は小さい／本州ないし中国から移入か／9.5，釧路市阿寒湖温泉周辺

ヨモギ　キク科
カズザキヨモギ
Artemisia indica var. maximowiczii

オオヨモギに似るがやや小型／茎は有毛，葉の基部に目立つ小葉片がつき（①左がヨモギ，右はオオヨモギ），頭花も小さく幅1.5mmほど／蓬／❋8/下〜10/上，低地〜山地の草地や道端，北(道央以南)・本・四・九・小笠原諸島，9.19，札幌市定山渓

オトコヨモギ キク科
Artemisia japonica ssp. japonica

高さ1m前後になる多年草で、全体無毛／葉は長さ10cmほどになり、変異が大きいが基本的にくさび形で3〜5に浅く裂け、基部に小葉片がある／花序は分枝して多数の頭花をつける。頭花は小さく、幅1.5mmほど／男蓬／✽8〜10月，低地〜山地の明るい所，日本全土，9.6，日高地方様似町／亜種**ハマオトコヨモギ**①の花茎の葉は羽状に中〜深裂するが、花をつけない枝先には浅く裂ける大きな葉がロゼット状に多数つき、非常に目立つ／頭花の幅は約2mm／海岸の岩地など，北・本(北部)，9.27，檜山地方上ノ国町／同属でハマオトコヨモギに似た**オニオトコヨモギ**②は全体に大型／頭花の幅は約4mm／③は頭花の比較：右がオニオトコヨモギ、左はハマオトコヨモギ／海岸の岩地，北(松前小島・渡島地方・後志地方)・本(青森県)，9.19，渡島地方松前町

サマニヨモギ　　キク科
Artemisia arctica ssp. sachalinensis
高さ20〜40cmの多年草／はじめ茎や葉には長毛があるが，後にほとんど無毛となる／葉は最大で9cmくらいで羽状に深裂し，終裂片は線形。根出葉に長い柄がある／ヨモギ類としては大きな頭花が下向きに10個ほどつき，径は最大で1cm／様似蓬／❋7/中〜8月，🌿高山のれき地，❖北・本(北部)，◉8.16，夕張岳／品種シロサマニヨモギ①は全体に白軟毛が密生，開花時も落ちない／❖北(大雪山，利尻山など)，◉7.24，大雪山白雲岳

エゾハハコヨモギ　　キク科
Artemisia furcata var. pedunculosa
高さ10〜25cmの多年草。茎や葉に白色の絹毛が密生し，全体に白っぽく見える／根出葉には長い柄があり，2回掌状に全裂。茎葉は羽状に3〜5裂し，終裂片は線形／茎の上部に大きめの頭花が10個ほど，普通は横〜下向き，時に上向きにつき，径は6〜8mm／蝦夷母子蓬／❋7〜8月，🌿高山のれき地，❖北(大雪山の固有種)，◉7.24，大雪山高根ヶ原／かつて千島やカムチャツカなどに分布するナガエハハコヨモギの変種とされていた

アサギリソウ　　キク科
Artemisia schmidtiana
茎の長さは15〜35cm，時に50cm以上になる多年草／全体に銀白色の絹毛が生える姿を朝霧に見たてた／葉は扇形で2回羽状に全裂して裂片は糸状／斜上する茎の上部に多数の頭花がつき，小花は筒状花のみで径は約5mm，総苞にも絹毛が密生する①／朝霧草／❋8〜9月，🌿海岸〜山地の崖，❖北・本(中部以北)，◉8.24，後志地方大平山

シロヨモギ キク科
Artemisia stelleriana

高さ20〜60cmになる多年草。長い地下茎があり、群生することが多い／根元から分枝して何本もの茎を立て、全体に白綿毛が密生しているため、白く見える／葉は厚く、羽状に深裂して2〜3対ある裂片の先は円みをおび、根出葉の長さは3〜7cm／頭花は径1cm近くと大きく、総苞も白い綿毛に包まれる／白蓬／❀7〜9月，🌱海岸の砂地や岩場，❖北・本（中部以北），◉7.13，礼文島西海岸

ヒロハウラジロヨモギ キク科
オオワタヨモギ
Artemisia koidzumii

高さ1m前後になる多年草／茎には灰白色の毛が密生／葉は厚みがあり、茎の中ほどにつくものは長さ10cm以上になる。おおむね倒卵形で羽状に中裂、裂片の先は鋭くとがらない。表面の蜘蛛毛は落ちるが、裏面の白い綿毛は密生したまま／頭花の径は4mmほど。総苞には蜘蛛毛が密生／広葉裏白蓬／❀8〜9月，🌱海岸〜山地の草地や岩場など，❖北，◉9.4，根室半島

イヌヨモギ キク科
Artemisia keiskeana

茎は叢生し、高いもので1mほどになる多年草／花茎と栄養茎（短茎）がセットで生える／花茎の中部の葉は小さく長さ3〜8cm，倒卵形〜さじ形で切れ込み状の鋸歯がある。裏面に多少毛があり、腺点もある。栄養茎には広いさじ形の大きな葉がロゼット状につく／径3mmほどの頭花が円錐状に多数つき、総苞片は3〜4列に並ぶ／犬蓬／❀8〜9月，🌱山地の岩場や乾き気味の場所，❖北・本・四，◉8.29，札幌市定山渓

13

イワヨモギ キク科
Artemisia sacrorum

茎は叢生し,高さが 50 cm〜1 mほどになる半低木／根元は木質で硬い／中部の葉は長さ 10 cm前後になり,2 回羽状に全裂,中軸に櫛歯状の裂片がつき,長さ 2〜3 cmの葉柄がある①。裏面に腺点があり,異臭がする／頭花の径は約 3 mm。総苞はほぼ無毛／形の異なる外片,中片,内片でかわら状に被われる／岩蓬／✽ 9〜10 月,⚜海岸〜山地の岩場,❖北,❀9.9,札幌市定山渓八剣山

シコタンヨモギ キク科
キクヨモギ
Artemisia tanacetifolia

茎は叢生し,高いもので 50 cmほどになる多年草／花茎中部の葉は 2 回羽状に全裂し,終裂片は長楕円形で縁に粗い鋸歯がある。葉軸の上部には櫛歯状の裂片がつく／頭花の径は約 4 mm,狭い円錐花序に多数つく。総苞の毛は次第に落ち,片は 4 列のかわら状に並び,縁は透明膜状／色丹蓬／✽ 8〜9月,⚜海岸草原,時に高山の岩場,❖北(礼文島・根室半島・知床半島・後志地方大平山),❀8.18,根室半島

ヒメヨモギ キク科
Artemisia lancea

長い地下茎があり,高さ 1〜1.5 mになる多年草／茎は紫色をおびることが多く,多数の枝を出す／大きな葉は羽状深裂し,裂片は小さな葉とともに披針形,幅 3 mm以下。裏面に白い綿毛がある／柄がなく幅 1 mmほどの小さな頭花が枝の上部に大きな円錐形の花序をつくり,きわめて多数つく／北海道には土木工事に伴って移入されたものと推定される／姫蓬／✽ 8〜10 月,⚜道端,特に法面や河川敷,❖北(帰化)・本・四・九,❀8.13,札幌市

ヤブタバコ　　　キク科
Carpesium abrotanoides

高いもので1mほどになる2年草。全体に毛があり，茎頂から四方に長い枝を出す／下部の葉は長さが20cmほどになり，長楕円形で基部は翼のある柄となる。中部の葉は長楕円形で長さ20cmほどになり，裏面に多数の腺点がある／頭花は葉腋につき，径約5mm，ほぼ無柄で筒状花のみからなる。総苞片はかわら状に並ぶ／藪煙草／❋8～9月，低地～山地の林縁など，日本全土，8.23，渡島地方福島町

コヤブタバコ　　　キク科
Carpesium cernuum

高いもので1mほどになる2年草。茎には軟毛が密生し，斜め上方向に何本もの枝を分ける／葉は長楕円形で，下部のものには柄があり長さ20cmほどになるが，根出葉は花期には枯れる／頭花は下向きにつき，径15mmほどと大きく，柄がある。外側の総苞片は葉状で反り返り，目立つ。雌性と両性の筒状花がある／小藪煙草／❋7/下～9月，山地の林内，日本全土，9.18，札幌市藻岩山

オオガンクビソウ　　　キク科
Carpesium macrocephalum

高さ1mほどになる多年草／茎には縮毛が生え，枝を分ける／下部の葉は狭倒卵形で大きく，長さ30cm以上にもなり，基部はひれとなって茎につながる／頭花は大きく，径2.5～3.5cm。線形に近い葉状の苞が多数つく。雌性と両性の筒状花があり，痩果は円柱形でよく粘る／大雁首草／❋7～9月，山地の林縁や明るい林内，北(胆振地方・日高地方・渡島地方)・本(中部以北)，8.21，日高地方新冠町

ミヤマヤブタバコ　　キク科
ガンクビヤブタバコ
Carpesium triste

茎には開出毛があり，高さ80 cm前後になる多年草／下部の葉は長さ20 cmほどになり，卵状長楕円形で基部はひれとなって柄につながる（①右）／頭花の径は6〜10 mm，基部に葉状の苞が何枚もつく②／深山藪煙草／❋8〜9月，山地の林縁や草地など，❖北・本・四・九，8.10，日高地方様似町／近似種**ノッポロガンクビソウ**③の下部の葉は卵形に近く，基部は心形または切形となり，柄のひれとならない（①左）／❋8〜9月，山地の林縁や草地，❖北・本・四・九，8.17，日高地方新ひだか町静内

タウコギ　　キク科
Bidens tripartita

高いもので1.5 mほどになる1年草／葉は対生し，長さ15 cmほどになり，多くは羽状に3〜5深裂する／筒状花のみからなる頭花は鐘状で径7〜8 mm，基部には葉状の苞が何枚かつく／痩果はくさび形で長さ約1 cm，先端の両側に長さ4 mmほどの刺針がある／田五加／❋8〜10月，湿地や水田，水辺，❖日本全土，9.20，苫小牧市／近似種**エゾノタウコギ**①は葉の鋸歯の先が内側に曲がり，痩果の長さは5 mmほど／花期はやや早い／❋8〜9月，湿地や水田，水辺，❖北，8.28，江別市

ヤナギタウコギ　　キク科
Bidens cernua

高いもので1mほどになる1年草／葉は対生し、長さ15cm前後。柳の葉を連想させる披針形で柄はなく、先は鋭くとがる／頭花は筒状花の周りを不稔の舌状花が囲み、径3cmほど。基部には葉状の苞がつく。上を向いて咲き始めるが後に下を向く／痩果は狭いくさび形で、端に4本の刺針がある／柳田五加／✽8〜9月，🌱低地の水辺や湿地，水田，❖北・本(北部)，❀9.6, 釧路地方標茶町

アメリカセンダングサ　　キク科
セイタカタウコギ
Bidens frondosa

高さが1.5mほどになる1年草／全体無毛で、茎は多くの枝を分け、紫色をおびることが多い／葉は羽状複葉で、小葉は3〜7枚、柄があり長さ3〜13cm／頭花の径は5〜7mm，筒状花の周りに小さな舌状花がある。総苞外片は葉状で緑色／痩果はくさび形で端に2本の刺針がある①／アメリカ栴檀草／✽8〜10月，🌱低地〜山地の湿った所，❖原産地は北アメリカ，❀9.9, 空知地方月形町

❶

トウゲブキ　　キク科
エゾタカラコウ
Ligularia hodgsonii

高いもので80cmほどになる多年草／花序に蜘蛛毛がある以外は無毛／葉はやや厚くて光沢があり、フキに似た根出葉は幅が20cm以上になる。長い柄があり、基部は鞘となる／頭花は5〜9個つき、径は5cmほどで柄がある／筒状花を囲むように舌状花がある。総苞の基部に2個の小苞がある／峠蕗／✽7〜8月，🌱海岸の草原〜山地の草地，❖北・本(東北地方)，❀7.24, 釧路市阿寒雌阿寒岳山麓

キクイモ　　　　　　　　　キク科
Helianthus tuberosus

高さが時に 2 m を超える大型の多年草／全体に剛毛があり、触るとざらつく／葉は下部で対生、上部で互生または対生／地下部に大きな塊茎がつき①、飼料などに利用される／頭花は径約 8 cm、先が時に 3 裂する舌状花が筒状花を囲む／菊芋／❋ 9/下～10 月、🌱道端、空地など、❖原産地は北アメリカ、◉10.4、檜山地方厚沢部町／近似種 **イヌキクイモ**②の葉は細目で帯灰色／舌状花の先は裂けず、塊茎は小さい／花期は早いとされるが判別し難い個体や花をつけない一群もあり、ほとんどがキクイモの範疇かも知れない／犬菊芋／❋ 9 月、❖原産地は北アメリカ、◉9.8、函館市函館／別属の **キクイモモドキ**③はやや小型／葉は卵形で表面には剛毛があり、ざらつく／筒状花は舌状花よりやや濃い黄色／塊茎はできない／菊芋擬／❋ 8～9 月、❖原産地は北アメリカ、◉9.13、札幌市

キバナコウリンタンポポ　　キク科
Pilosella caespitosa

高さ 50 cm 以上になる多年草／全体に剛毛と星状毛が生える／長いへら形の葉が根元と茎の下部に集まり、柄がなく、長い剛毛が生える／舌状花のみからなる径 1 cm ほどの頭花が上向きに多数つく。総苞片は黒色をおび、主脈に剛毛、腺毛、星状毛が生える／黄花紅輪蒲公英／❋ 6～7 月、🌱道端や空地など、❖原産地はヨーロッパ、◉6.16、札幌市／同属の **コウリンタンポポ**(エフデギク、エフデタンポポ)①の茎にはこげ茶色の剛毛が生える／頭花の径は 2 cm ほどで、橙赤色の舌状花からなり、総苞片には黒い毛が多い／❋ 6/下～8 月、🌱道端や空地、牧草地など、❖原産地はヨーロッパ、◉6.28、上川地方占冠村

ヤナギタンポポ　　　　キク科
Hieracium umbellatum

茎は直立し，大きいもので1mほどになる多年草／根出葉は花期には枯れる。茎葉は多数つき，柳類の葉を連想させるような線状披針形。厚みがあり長さ5〜10cm，縁に突起が1〜3対ある／舌状花のみからなる頭花がややまばらにつき，径2.5〜3.5cm，柄に蜘蛛毛があるが，総苞はほとんど無毛／柳蒲公英／❋8〜9月，↓海岸〜山地の草地や日当たりのよい所，❖北・本・四，◉8.17，小樽市銭函天狗岳／写真右の植物はオトコヨモギ

ヤネタビラコ　　　　キク科
Crepis tectorum

高さが10cm〜1mと変異が大きい1年草／茎は稜上に刺状の突起があり，上部でよく枝分かれする／花期の根出葉の有無は一定しない。中〜下部の葉はふつう羽状に中裂し，基部は耳状となって茎を抱く／頭花は舌状花のみからなり，径2cmほど。総苞片には黒色の腺毛と白い縮毛がある／屋根田平子（学名のtectorumが屋根を意味することから）／❋6〜8月，↓道端や空地，❖原産地はヨーロッパ，◉8.8，釧路市西港

エゾタカネニガナ　　　　キク科
Crepis gymnopus

茎は細く，高さ40cmほどになる多年草／長さ10cm内外でさじ形の根出葉が数枚つくが，茎葉はなく，上部に小さな苞葉がある。根出葉の縁には突起状の鋸歯がまばらにある／舌状花からなる頭花の径は2cmほど。総苞は短い外片と長い内片からなり，黒みをおびる／北海道固有種／蝦夷高嶺苦菜／❋6〜7月，↓蛇紋岩地帯やかんらん岩地帯など超塩基性の土地，❖北（道北・夕張山地・日高山脈），◉6.26，日高地方アポイ岳

19

フタマタタンポポ　　　　キク科
ヌポリポギク
Crepis hokkaidoensis
高さ 10〜20 cm になる多年草／全体に黒っぽい毛が密生する／根元に不揃いに，羽状に裂ける長い葉が数枚つく／花茎はタンポポ属のように中空でなく中実。ふつう二股状に分枝し，披針形の葉が 1〜2 個つく。先に舌状花のみからなる，径 3.5 cm ほどの頭花がふつう 1 個，時に 2〜3 個上向きにつく／北海道の固有種／二股蒲公英／❋ 7〜8 月，🌱 高山のれき地や草地，❖ 北，🔵 8.15, 網走地方斜里岳

シコタンタンポポ　　　　キク科
ネムロタンポポ
Taraxacum shikotanense
大型のタンポポで，高さ 30 cm 前後になる多年草／頭花は径 5 cm ほどになり，総苞片は反り返らず，濃緑色。外片の縁に白色をおびた，目立つ角状突起がある①／色丹蒲公英／❋ 6〜7 月，🌱 海岸の草地やれき地，時に道端，❖ 北(胆振〜根室地方の太平洋側)，🔵 6.25, 十勝地方豊頃町

エゾタンポポ　　　　キク科
Taraxacum venustum
花期には高さ 30 cm ほど，果期にはさらに伸びる多年草／通常花茎の上部に白い毛がある／頭花の径は 4 cm ほど，総苞片は反り返らない①。角状突起は小さく，ないものもある。外片の縁は緑白色の短毛状に細かく裂ける／羊蹄山に産する**エゾフジタンポポ**(オダサムタンポポ)は本種とされた／蝦夷蒲公英／❋ 5〜6(7)月，🌱 低地〜山地の草地，林縁，明るい林内，時に羊蹄山のような高山帯，❖ 北・本(中部以北)，🔵 6.3, 札幌市藻岩山

セイヨウタンポポ　　　キク科
Taraxacum officinale

高さ10〜25cmになる多年草で帰化植物として有名／総苞外片が反り返り，角状突起がないことで在来のタンポポと区別する／頭花の径は4cmほど／葉の切れ込み程度は変異が大きく，在来種との雑種も多いと推定される／西洋蒲公英／❋ 4〜6月（〜10月），🌱 道端や空地，牧草地，❖ 次種ともに原産地はヨーロッパ，⊙ 5.9，札幌市／近似種**アカミタンポポ**（写真左の小さい頭花）は全体に小型で，葉が細かく切れ込み，痩果の色は赤みをおびる（①左，②右・中はセイヨウ，左はエゾ）／別属**フキタンポポ**③④は高さ10cm前後／頭花の径は2〜3cm，少数の筒状花の周りを多数の舌状花が囲む／開花後フキ形の葉を根元から広げる／蕗蒲公英／❋ 4〜5月，🌱 空地，❖ 原産地はユーラシア，⊙ 5.7，札幌市

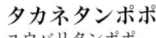

タカネタンポポ　　　キク科
ユウバリタンポポ
Taraxacum yuparense var. yuparense

高さ20〜30cmになる多年草／花茎は分枝せず中空／根元に長楕円形の葉が何枚もつき，規則的に羽状に深裂。裂片の先はとがり，上方に曲がる／舌状花からなる頭花の径は3cmほど。総苞の長さ12〜15mm，総苞片は反り返らず，角状突起は普通はない／高嶺蒲公英／❋ 6/中〜8/上，🌱 山地の蛇紋岩地帯やその周辺，❖ 北（夕張岳・日高山脈），⊙ 6.26，夕張岳／胆振〜日高地方の山地には総苞片の長い変種**オオタカネタンポポ**がある／**クモマタンポポ**①は大雪山に産する／葉の切れ込みは浅く，不規則／総苞内片の先に小さな角状突起がある／後志地方大平山の固有種**オオヒラタンポポ**は総苞の長さ15〜18mm，総苞外片には角状突起がなく，花後上部が開出する②／葉の切れ込みは浅く，やや不規則

エゾコウゾリナ　　　　キク科
Hypochaeris crepidioides
高さ 30〜40 cm ほどになる多年草／茎は枝分かれせず、上部には黒い剛毛が密生／縁に不規則な鋸歯がある、長さ 15 cm ほどの大きな広倒披針形の葉が、根元に集まる。茎葉は少なく、ごく小さい／舌状花のみからなる頭花の径は 3〜4 cm。総苞には黒色の剛毛がある／痩果は先が嘴状の円柱形／蝦夷髪剃菜／❋ 6〜7 月，高山のかんらん岩地帯，❖北（日高地方アポイ岳の固有種），✺6.17，アポイ岳

ブタナ　　　　キク科
Hypochaeris radicata
高いもので 50 cm 以上になる多年草／花茎は分枝するが、しない場合もある／葉は根元につき、タンポポのような切れ込みがあるが浅く、やや不揃い。全体に褐色の剛毛が多く生える／頭花は舌状花のみからなり、径は 3 cm ほど／しばらくタンポポモドキとも呼ばれていたが、この名はすでに他の植物に使われているので、別名として使用すべきでない／豚菜／❋ 6/下〜9 月，道端や空地，放牧地，❖原産地はヨーロッパ，✺6.26，札幌市

イワニガナ　　　　キク科
ジシバリ
Ixeris stolonifera
高さが 5〜15 cm ほどになる小型の多年草／茎は細く、地面を匍匐して四方に広がる／葉は薄く、卵形ないし長卵形で長さ 3 cm 以下、鋸歯はない／頭花は 1〜2 個つき、舌状花のみからなり、径 2〜2.5 cm／岩苦菜／❋ 6〜7 月，低地〜山地の日当たりのよい裸地、林道跡など，❖日本全土，✺6.18，苫小牧市／近縁種オオジシバリは全体に大型で、葉は倒披針形、長さは 5 cm 以上／北海道では稀

22

ハマニガナ　　キク科
ハマイチョウ
Ixeris repens

砂中を走る茎の節から5cmほどの花茎と葉を出す多年草／葉はやや多肉質，長い柄があり，3〜5裂して扇状に広がる。長さ3〜5cm，裂片の先は円い／頭花は1〜3個つき，15個ほどの舌状花からなり，径3cmほど。痩果は長さ6〜7mmで冠毛より長い①／浜苦菜／✽5/下〜9月，海岸の砂地，日本全土，9.3, 渡島地方長万部町

ハナニガナ　　キク科
オオバナニガナ
Ixeridium dentatum ssp. nipponicum
var. albiflorum f. amplifolium

広義のニガナの中で最も目にする多年草／高さ50cm前後／茎葉は無柄で基部は心形となって茎を抱く。根出葉には翼のある柄があり，不整の切れ込みと鋸歯がある／頭花は8〜11個の舌状花からなり，径は1.5cmほど／花苦菜／✽6〜8月，山地の日当たりのよい所，北・本・四・九，7.12, 後志地方黒松内町／舌状花が白いものは**シロバナニガナ**①といい，②のように舌状花が少なく基準種ニガナに近い個体も見られる／同属の**タカネニガナ**③は高くても30cmほど／根出葉は長い柄をもつが，ふつう翼はない。茎葉は披針形で，基部は茎を抱かない／頭花はハナニガナにほぼ同じ／高嶺苦菜／✽7〜8月，亜高山〜高山の岩地やれき地，北・本・四・九，7.23, 東大雪山系東ヌプカウシヌプリ

カセンソウ　キク科
Inula salicina var. asiatica

高さ30〜80 cmになる多年草／茎は硬く基部は木質で様々な毛が生える／葉は楕円状披針形で長さ4〜7 cm、硬くざらつき、裏面の脈は隆起する／頭花の径は3〜4 cm、筒状花を舌状花が囲む。総苞片は葉状(①右)、果実は無毛／歌仙草／✳︎ 7〜8月, 🌱 海岸草地や山地の日当たりのよい所, ❖ 北・本・四・九, ◉ 7.20, 渡島地方松前町／近似種**オグルマ**の総苞片は長さがほぼ同じで披針形、先が細長くとがる(①左)／果実は有毛、葉の質は軟らかい／緒車／✳︎ 7〜9月, 🌱 湿った草地, ❖ 日本全土

ヤブタビラコ　キク科
Lapsanastrum humile

高さ30 cmほどになる軟弱な2年草／細い茎を四方に伸ばすがよく倒れたりし、全体が無毛／根出葉と下部の葉は羽状に裂けるが、頂羽片が特に大きい／頭花は舌状花のみで径7〜8 mm、花が終わると下向きになる①／果実には冠毛がない／藪田平子／✳︎ 5〜6月, 🌱 湿っぽい林内や道端など, ❖ 北(上川地方以南以西)・本・四・九, ◉ 6.17, 檜山地方厚沢部町

ナタネタビラコ　キク科
Lapsana communis

高いもので50 cm以上になる1年草／茎の下部は有毛、上部は無毛／葉には縮毛が生え、ざらつく。互生し、下部の葉は柄をもつ。不揃いに羽状に裂けて頂羽片が特に大きい／頭花は8〜15個の舌状花のみからなり、径9 mmほど。総苞は粉白色をおびる①／果実には冠毛がない②／菜種田平子／✳︎ 6〜8月, 🌱 道端や畑地、荒地, ❖ 原産地はヨーロッパ, ◉ 7.2, 江別市

24

コシカギク　　キク科
オロシャギク
Matricaria matricarioides

高いもので20cmを超える程度の小型の1年草／茎は無毛，上部で枝を分ける／葉は長さ5cmほどになり，2回羽状に全裂し，終裂片は細い線形／頭花は上向きにつき，径7mmほどで筒状花のみからなり，半球形状に盛り上がる。総苞片は4列。花冠は黄緑色で先は4裂する①／果実には冠毛の痕跡がある／小鹿菊／❋7〜9月，道端や空地，荒地。海岸に多い。❖北・本(帰化)，◉7.15，釧路市釧路西港

フタナミソウ　　キク科
フタナミタンポポ
Scorzonera rebunensis

高さ15cmほどになる多年草／葉は根元に集まり，先の部分が広い披針形で長さ6cm前後。光沢と厚みがあり，単子葉類のような5本の平行脈が走る／頭花は5cmほどで舌状花のみからなる。総苞片は4列に並び，痩果は線形で長い冠毛がつく／二並草(礼文島にある山の名から)／❋6〜7月，高山性のれき地や草地，❖北(礼文島の固有種)，◉6.10，礼文島

エゾノヨモギギク　　キク科
エゾヨモギギク
Tanacetum vulgare var. boreale

高さ60cm以上になる多年草／茎や花柄に蜘蛛毛が多くある／葉は長楕円形で長さ20cm前後，2回羽状に深裂し，終裂片は披針形で鋸歯がある／頭花の径は1cmほどで2つの形の筒状花からなる／蝦夷蓬菊／❋7〜9月，海岸，❖北(北部・東部)，◉8.8，知床半島斜里町ウトロ／基本種ヨモギギクの頭花は小さく，蜘蛛毛は少ないとされ，所々に帰化／❋7〜9月，道端や空地，❖原産地はヨーロッパ〜シベリア

ヤマニガナ　　　　　キク科
Lactuca raddeana var. elata

茎は直立して高いもので 2 m 近くになる 2 年草／葉の変異が大きいが，おおむね矢じり形，基部は広い翼のある柄状だが茎は抱かない。下部の葉は羽状に切れ込むことが多い／頭花は円錐花序に多数つき，径 1 cm ほど。舌状花のみからなる／山苦菜／❋ 8〜9 月，🌱山地の林縁，道端など，❖北・本・四・九，◉8.9, 釧路市阿寒／近似種ミヤマアキノノゲシは葉身の上部が先のとがった三角形で，基部は有翼の柄となって広く茎を抱く①／頭花はやや大きい／深山秋野罌粟／❋ 8 月，🌱山林に局所的，❖北(オホーツク海側・太平洋側)・本(関東・中部)

トゲチシャ　　　　　キク科
トゲヂシャ，アレチヂシャ
Lactuca serriola

高さ 1〜2 m になる 1 年草／全体が無毛／葉は白色をおび，長楕円形で羽状に中〜深裂する(①上)。主脈が白く目立ち，裏面脈上に鋭い刺が並ぶ。基部は茎を抱く／よく分枝した枝に頭花が多数つき，径 1.2 cm ほど。舌状花のみからなる②／刺萵苣／葉が羽状に切れ込まない型を品種マルバトゲヂシャ(①下)という／❋ 8〜9 月，🌱道端や空地など，❖上記はいずれも原産地ヨーロッパ，◉8.23, 札幌市

アキノノゲシ　　　キク科
Lactuca indica

高さの差が大きく，時に2mほどになる2年草／葉は薄緑色で柄はなく，下部の葉は長さ30cmほどになって羽状に深裂するが，上部の葉は切れ込まない／茎の上部から多数の枝を出し，舌状花のみからなる，径2.5cmほどの頭花がきわめて多数つく。舌状花は淡黄色，時に白色や淡紫色／葉に切れ込みのない型を品種**ホソバアキノノゲシ**と分けることがある／秋野罌粟／✽8〜9月，低地〜山地の日当たりのよい所，日本全土，8.13，札幌市

ヤクシソウ　　　キク科
Crepidiastrum denticulatum

高いもので1mほどになる2年草／根出葉は花時になく，茎葉は倒長楕円形で長さは10cm前後。縁に不揃いの鋸歯があり，基部は茎を抱く／頭花の径は1.5cmほどで舌状花のみからなり，咲き終えると垂れ下がる／果実は黒色で冠毛がある／和名の由来には薬用になったためとか，薬師堂のそばで見つかったことからなど諸説がある／薬師草／✽9〜10月，山地の裸地，道端など，北・本・四・九，9.17，日高地方アポイ岳

アカオニタビラコ　　　キク科
Youngia japonica ssp. elstonii

高さに差があり，大きいもので1mほどになる越年草／全体に軟毛がある／倒披針形の葉が根元に集まり，タンポポ状に羽裂するが，頂裂片が特に大きい。茎の中ほどには小さな葉もつく／頭花は散房花序に多数つき，径は7〜8mm，舌状花のみからなる①／赤鬼田平子(別属のタビラコに似るが大きいことから)／✽5〜8月，道端や空地など，北・本・四・九，8.2，札幌市藻岩山／**オニタビラコ**は多年草の基準亜種**アオオニタビラコ**と本種に分けられた

ミヤマオグルマ　　キク科
Tephroseris kawakamii

高さ30cm前後になる多年草。全体に細毛と蜘蛛毛が生え，部分的に白っぽく見える／根元に葉柄が翼状になった長楕円形で長さ6〜10cmの葉がつき，茎葉は細く柄がなく，半ば茎を抱く／頭花は3〜7個つき，径2〜3cm，中心部の両性筒状花を雌性舌状花が囲む。総苞は杯形，総苞片は線形で緑色／深山緒車／✳7〜8月，🌱高山の草地や岩地，✤北，🔵7.28，大雪山忠別岳／キオン属として扱う見解もある

ハンゴンソウ　　キク科
Senecio cannabifolius

高さ2mほどになる多年草／葉は2〜3対羽状に深裂し，葉柄基部に1対の耳状葉がつく(②右)／頭花は大きな花序に多数つき，径2cmほど。中心部の筒状花を5〜6個の舌状花が囲む／反魂草／✳7〜9月，🌱山地の日当たりのよい所，✤北・本(中部以北)，🔵8.14，上川地方上川町／葉が裂けず，頭花がやや小さい型を品種**ヒトツバハンゴンソウ**①といい，姿は次のキオンに似る／🔵8.26，日高地方浦河町

キオン　　キク科
ヒゴオミナエシ
Senecio nemorensis

高さ1m前後になる多年草／葉に不揃いの鋸歯があるが，ふつう柄がなく半ば茎を抱く／頭花の径は2cmほどで，細かな筒状花を5個の舌状花が囲む／ヒトツバハンゴンソウに似るが葉の基部に耳状葉がつかない(上の②左)／黄苑(紫苑に対する名)／✳7〜9月，🌱山地の日当たりのよい所，✤北・本・四・九，🔵8.26，日高地方浦河町

エゾオグルマ　　キク科
Senecio pseudoarnica

茎は太く,高さ50cmほどになる多年草で全体に多肉的。しばしば群生する／葉は長楕円形で光沢がある。茎の中ほどにつく葉が一番大きく,長さが15cmほどになる／頭花は大きく径5cmほど,若いうちは白い綿毛に包まれる。筒状花を舌状花が囲み,線形の総苞片が多数つく。痩果は冠毛より短い①／蝦夷緒車／❋8〜9月,🌱海岸の砂地やれき地,❖北・本(青森県),☀8.2,礼文島

ノボロギク　　キク科
Senecio vulgaris

高さ40cmほどになる1年草／茎は軟らかくやや多肉質でよく分枝する／葉は下部のものには柄があり,上部の葉の基部は半ば茎を抱き,不揃いに羽状に裂ける。縁には鋸歯がある／頭花は茎や枝先につき,筒状花のみで径5mmほど。総苞は円柱形で長さ8mmほど,がく片は線形で緑色／野襤褸菊(ボロギクはサワギクの別名)／❋5〜9月,🌱道端や空地,畑地,田の畦,❖原産地はヨーロッパ,☀9.26,札幌市

サワギク　　キク科
ボロギク
Nemosenecio nikoensis

高いもので50cm以上になる軟弱な多年草／茎には白い毛がある／葉には柄があり,卵状長楕円形で長さ10cm前後,羽状に深裂し,裂片にも切れ込みがある／頭花は細長い柄の先につき径1cmほど。筒状花を舌状花が囲んでいる。総苞片は狭長楕円形で先はとがる／沢菊／❋7〜8月,🌱山地のやや湿った所,❖北・本・四・九,☀7.26,石狩地方恵庭市えにわ湖

29

アラゲハンゴンソウ　　　キク科
キヌガサギク
Rudbeckia hirta var. pulcherrima

直立して高さ70cmほどになる多年草／全体に剛毛があり、ざらつく。茎は紫色をおびてあまり分枝しない／へら形の葉が互生。縁にかすかな鋸歯があり、下部の葉には柄がある／頭花は径8cmほど、黒紫色の筒状花を無性の舌状花が囲む①。花床が円錐形に盛り上がる／果実は四角柱形／粗毛反魂草／❋7〜9月，🌿道端や法面，放牧地，空地，✤原産地は北アメリカ，🌐8.20, 夕張市

オオハンゴンソウ　　　キク科
Rudbeckia laciniata

高いもので2mを超える多年草／地下茎が走り群生する／下部の葉は羽状に5〜7深裂、上部の葉ほど裂け方が少ない／頭花は径10cmほど，花床が高い円錐形なので，中央部に筒状花が盛り上がるように集まり，舌状花がそれを囲んでいる／頭花がほとんど舌状花からなるものを変種ハナガサギク（ヤエザキオオハンゴンソウ）という①／大反魂草／❋8〜9月，🌿低地の道端，河原，鉄道沿線，空地，✤上記はいずれも原産地北アメリカ，🌐8.10, 日高地方新ひだか町，①8.28, 十勝地方本別町

オオアワダチソウ　　キク科
Solidago gigantea ssp. serotina

高さ1mを超える大型の多年草／花序の部分を除いて無毛（①は茎の比較で，オオアワダチソウは左）／長い地下茎で栄養繁殖し，群生／葉は線状長楕円形で多数つき，長さ10cm前後，明瞭な鋸歯がある／多数の頭花が密につき，径6mmほどで，筒状花と舌状花からなる②／大粟立草／❇ 7/下〜9月，🌱道端，荒地，原野，🔵8.11，札幌市／近似種ケカナダアキノキリンソウとセイタカアワダチソウの茎や葉は有毛でざらつき（①右），葉の鋸歯は不明瞭／花期は遅い／❇ 8/下〜10〜11（セイタカ）月，❖いずれも原産地は北アメリカ

ミヤマアキノキリンソウ　　キク科
コガネギク
Solidago virgaurea ssp. leiocarpa
f. japonalpestris

高さ20〜70cmの変異の大きい多年草／葉は卵形〜披針形で長さ4〜9cm，下部のものに有翼の柄がある／頭花は多数つき，1頭花に舌状花と筒状花合わせて20以上の小花がある。総苞片は3列，先はとがる①／深山秋麒麟草／❇ 7/中〜9月，🌱山野〜高山の日当たりのよい所，❖北・本（中部以北），🔵8.24，後志地方狩場山／さらに2亜種がある。アキノキリンソウ②は1頭花が17以下の小花からなり総苞片は4列，先がとがらないとされるが中間の個体も多い／❇ 8/中〜10月，🌱山野の日当たりのよい所，❖北・本・四・九，🔵10.1，札幌市定山渓／オオアキノキリンソウ③は茎が太く，葉は広卵形，花は密につき，痩果の上部に毛がある／❇ 9〜10月，🌱海岸付近，❖北（西南部）・本（北部），🔵10.19，渡島地方松前町

ハチジョウナ　キク科
Sonchus brachyotus

高いもので1mほどになる多年草／葉は長楕円形で浅く羽状にへこむ場合があり，鈍頭／頭花は舌状花のみからなり，径は3.5cmほど。総苞は綿毛に被われ，片はふつう4列／八丈菜／✽8〜9月，道端や海岸近くの草地，❖北・本・四・九，8.1，利尻島／近似種**アレチノゲシ**①の葉は茎の下部に集まり，羽状に浅〜深裂，先がとがる／総苞片は6〜7列／荒地野罌粟／✽8〜9月，道端，❖原産地はヨーロッパ，8.6，根室市厚床

ノゲシ　キク科
ハルノノゲシ
Sonchus oleraceus

高いもので1mになる2年草／葉は羽状に深く切れ込み，不規則に刺状の牙歯がある。下部は耳状になって茎を抱き，裂片の先は鋭くとがる①／頭花の径は2cmほど，多数の舌状花のみからなる／痩果には横筋がある／日本には有史以前に中国経由で入ったと推定される／野罌粟(葉がケシの葉に似るから)／✽6/下〜9月，道端や空地，❖北・本・四・九，7.26，小樽市

オニノゲシ　キク科
Sonchus asper

茎は太く，高いもので1mほどになる1〜2年草／葉はやや硬く光沢があり，縮れている。全縁から羽状深裂するものまで様々で縁には先が刺となった鋸歯がある。葉の下部は耳状となって茎を抱くが，先は反り返るように丸まってとがらない(上②)／頭花の径は2cmほどで舌状花のみからなる／痩果には横筋がない／鬼野罌粟／✽6〜9月，道端や空地など，❖原産地はヨーロッパ，6.21，札幌市定山渓

32

コウゾリナ　　キク科

Picris hieracioides ssp. japonica
var. japonica

高いもので1.5mほどになる2年草／全体に剛毛があり、触れるとざらつく／ロゼット形の根出葉は花期には枯れる。茎葉は互生し、倒披針形／頭花の径は2.5cmほどで舌状花のみからなる。総苞は緑色／髪剃菜／❋7〜9月、🌱野山の道端や日当たりのよい所、❖北・本・四・九、🔵8.23、札幌市／亜種**カンチコウゾリナ**①は高山型とされ、剛毛が多く、総苞は黒緑色／高山やそれに準ずる環境に生える／その変種**ホソバコウゾリナ**②は蛇紋岩変形型で葉身の幅が狭く剛毛が少ない。道北の蛇紋岩地帯に産する

メナモミ　　キク科

Sigesbeckia pubescens

茎には長い白軟毛が密に生え（①は茎の比較で、メナモミは右）、高さ1mほどになる1年草／葉は三角状卵形で、柄には翼があり鋸歯は不揃い／頭花の径は7mmほどで、舌状花と筒状花からなり、苞は腺毛が生えて粘る②／豨薟／❋8〜9月、🌱道端や空地、❖日本全土、🔵9.19、江別市野幌森林公園／亜種**コメナモミ**はより小型で花序以外は短毛があるか無毛（①左）／葉の鋸歯はより不揃い／❋🌱❖メナモミに同じ

オミナエシ　スイカズラ科(オミナエシ科)
Patrinia scabiosifolia
茎は硬く，直立して高いもので1mほどになる多年草／茎の下部と節に毛がある／対生する葉は長さ3〜15cm，羽状に深〜全裂し，頂片が特に大きく，縁に粗い鋸歯がある／花は茎の上部でU字を広げたような枝先に平らに集まって咲き，花冠の径は3〜4mm，先が5裂する／秋の七草のひとつ／女郎花／❋8〜9月，↓野山の明るい所，◆北・本・四・九，◉8.25，十勝地方更別村／道東の海岸草原には次種チシマキンレイカと見まがうほど背の低い個体が多い

チシマキンレイカ　スイカズラ科
タカネオミナエシ　　　（オミナエシ科）
Patrinia sibirica
高さ7〜20cmになる多年草／白い毛が茎の片側と花序に生える／根出葉はやや肉質でへら形，羽状に中〜深裂し，不揃いの鋸歯や切れ込みがある。茎葉はあっても小型／花は集散状散房花序に多数つき，花冠の径は4mmほどで先は5裂する／次種のような距はない／果実には目立つ翼がつく／千島金鈴花／❋6/上〜8/中，↓高山のれき地や草地，◆北，◉6.10，礼文島

マルバキンレイカ　スイカズラ科
Patrinia gibbosa　　（オミナエシ科）
高さ40〜70cmになる多年草／太い根茎があり，茎には白軟毛が散生する／葉は卵状楕円形で長さ10cmほどになり，大きな切れ込みと不揃いの粗い鋸歯があり，先がとがる／花冠の径は5mmほど，先が5裂し，基部近くに小さな距がある①／果実には翼がつく／丸葉金鈴花／❋7〜8月，↓山地の岩場やその周辺，◆北・本(新潟以北)，◉7.31，札幌市定山渓

ウコンウツギ　　スイカズラ科
Macrodiervilla middendorffiana
高いもので2mほどになる落葉低木。よく分枝してこんもりした樹形になる／若枝に有毛の筋が走る／葉は長楕円形で対生し, 長さ10cmほどで柄はほとんどない／花冠は長さ3〜4cmのラッパ状, 先が5つに裂け, 下側の裂片上に黄色〜橙色の斑点がある／雄しべは5本あり, 花冠基部近くで合着している／さく果は長さ3cmほどの長楕円形で, がく片が残る／鬱金空木／❋6月〜8/上, ↓亜高山〜高山の尾根や斜面, ◆北・本(北部), ◉6.9, 胆振地方樽前山

エゾノカワラマツバ　　アカネ科
Galium verum ssp. asiaticum var. trachycarpum
茎に4稜があり, 高さ50cm前後になる多年草／葉は線形で長さ2.5cmほど, 8〜10枚が輪生する／花は円錐花序に多数つき, 花冠の径は2〜3mm／この種は花の色と果実の毛により下表の4つの変種・品種に分けられる／蝦夷川原松葉／❋6〜8月, ↓山地の岩場, 河原, 海岸草地など, ◆北・本・四・九, ◉6.22, 札幌市八剣山

変種・品種名	花色	果実の毛
エゾノカワラマツバ	黄	有①
チョウセンカワラマツバ	白	有
キバナノカワラマツバ	黄	無
カワラマツバ	白	無

ワルタビラコ　　ムラサキ科
Amsinchia lycopsoides
全体に粗い白毛があり, 高さ50cm前後になる1年草／葉は披針形で鋸歯と柄がない／花は下から枝先の渦巻き状花序をほぐすように咲き上がる。花冠の径は約4mm, 先が5裂する①／花後, がくの中に4分果ができる／悪田平子／❋6〜10月, ↓道端や空地, ◆原産地は北アメリカ, ◉7.3, 釧路市釧路西港

イヌタヌキモ　　タヌキモ科
Utricularia australis

茎は水中を漂い，最長1mほどになる／葉は長さ1〜4cm,糸状に細かく裂け，基部近くに捕虫嚢がつく①／水上に10〜30cmの軸を立て，径1.5cmほどの花をつける。花は2唇形で下唇が大きく，鈍頭の短い距がある②／犬狸藻／❋7月〜9/上，低地の沼や池，❖北・本・四・九，8.14，空知地方南幌町／近似種オオタヌキモは先がとがった長い距が前上に曲がる③／タヌキモは両種の雑種起源とされ，北海道では未確認。

コタヌキモ　　タヌキモ科
Utricularia intermedia

浅い沼や水溜りに茎が浮遊または這う／葉は線状に細かく裂けるが捕虫嚢は泥の中の枝につく②／5〜15cmの花軸を水上に出し，数個の花をつける。花は2唇形で径1.3cmほど①。距は下唇とほぼ同長／小狸藻／❋7〜8月，浅い沼や水溜り，❖北・本(三重以北)，8.5，釧路湿原

ヒメタヌキモ　　タヌキモ科
Utricularia minor

浅い沼や水溜りに茎が漂うか這う／水中葉は糸状に細かく裂け，裂片の先は刺となる／所々に捕虫嚢をつける／10cmほどの軸を水上に立て，数個の花がまばらにつく。花の径は8mmほど，色は淡く距は短く円柱形／花後，本体は枯れて越冬芽をつくる／姫狸藻／❋6/下〜8月，浅い沼や水溜り，❖北・本，6.18，胆振地方むかわ町鵡川

ウンラン　　　オオバコ科(ゴマノハグサ科)
Linaria japonica

茎は地面を匍匐または斜上し，長さが30cmほどになる多年草／全体に粉白色をおびる／葉はやや多肉的で対生または輪生する。長さは2cm前後，3脈が目立つ／花冠の先は上下2唇形に分かれ，下唇に濃い隆起部と細長い距がある。さく果は球形で径5〜6mm①／海蘭(海辺に多く，花がランに似るから)／❋8〜9月，🌱海岸や野山の砂地やれき地，◆北・本・四・九，◉8.30，知床半島羅臼町

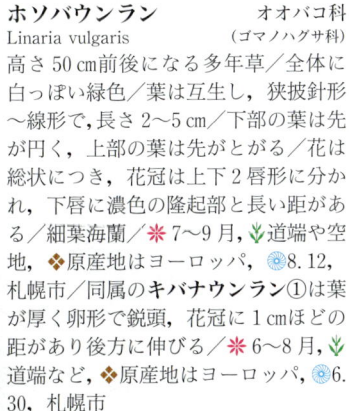

ホソバウンラン　　　オオバコ科
Linaria vulgaris　　　(ゴマノハグサ科)

高さ50cm前後になる多年草／全体に白っぽい緑色／葉は互生し，狭披針形〜線形で，長さ2〜5cm／下部の葉は先が円く，上部の葉は先がとがる／花は総状につき，花冠は上下2唇形に分かれ，下唇に濃色の隆起部と長い距がある／細葉海蘭／❋7〜9月，🌱道端や空地，◆原産地はヨーロッパ，◉8.12，札幌市／同属のキバナウンラン①は葉が厚く卵形で鋭頭，花冠に1cmほどの距があり後方に伸びる／❋6〜8月，🌱道端など，◆原産地はヨーロッパ，◉6.30，札幌市

ヒキヨモギ　　　ハマウツボ科
Siphonostegia chinensis　　　(ゴマノハグサ科)

高さ60cmほどになる半寄生の1年草／全体に短毛があり，ざらつく／葉は長さ5cmほどになり，羽状に深〜全裂して鹿の角状となる／花は枝先と葉腋につき長さ2cmあまり，花冠は上下2唇形で下唇は3裂し，上唇は外側に長軟毛が生え，内側には4本の雄しべと花柱を包む①／引蓬／❋8月，🌱低地〜丘陵の草地，◆北(胆振地方・渡島半島)・本・四・九・沖，◉8.3，檜山地方上ノ国町

37

チシマコゴメグサ　　ハマウツボ科
カラフトコゴメグサ　　（ゴマノハグサ科）
Euphrasia mollis var. mollis

草丈の差が大きく，高さ3〜15cmになる1年草．花冠を除いて白毛が密生する／茎は直立し，大きな個体は2回にわたり対生状に分枝する／葉は多数対生し，柄がなく半円形で長さ5mm，幅6mmほど．4対の切れ込みがあり裂片は鈍頭／花は茎の上部に穂をつくり下から咲き上がる．がく筒は鋭く4裂，花冠は2唇形で上唇は2裂，下唇は3裂し，黄色で内側に紫筋が入る／千島小米草／❇7/中〜9/上，🌿知床半島海岸の風衝草地，🔵9.1, 知床半島羅臼町

ミゾホオズキ　　ハエドクソウ科
Mimulus nepalensis　（ゴマノハグサ科）

高さ10〜30cmの軟弱な多年草／茎の断面は四角／葉は卵形で長さ1.5〜4cm，短い柄があり対生する／花は上部の葉腋につき花冠はラッパ形で長さ1.5cm，径1cmほど／花後，がくが生長してホオズキ状になって果実を包む①／溝酸漿／❇6〜8月，🌿山間の湿地，❖北・本・四・九，🔵7.6, 日高山脈オムシャヌプリ

オオバミゾホオズキ　ハエドクソウ科
Mimulus sessilifolius　（ゴマノハグサ科）

前種に似ているが全体に大型で，高いものは50cm／葉は長さ8cmほどで柄がなく鋭い鋸歯がある／花冠は長さ2.5cm，径2.5cm以上になる／大葉溝酸漿／❇7〜8月，🌿山地〜亜高山の湿地，❖北・本（中部以北），🔵7.1, 胆振地方白老町／同属の**ニシキミゾホオズキ**①は高さ1m近くなる／葉は広卵形で互生／花冠は長さ4cmほどになり，下唇の内面に赤い斑点がある／❇6〜7月，🌿水辺，❖原産地は北アメリカ，🔵7.4, 釧路地方弟子屈町

モウズイカ① ゴマノハグサ科
Verbascum blattaria

茎は直立し，高いもので1mを超える2年草／葉形は変異が大きいが，おおむね長楕円形で浅い鋸歯があり，上部のものは柄がない／花は茎上部の長い総状花序で下から咲き上がる。花冠の径は2.5〜3cmで，深く5裂して花弁状。がくと柄に腺毛がある。雄しべに紫色の毛が生える／北海道では白い花をつける品種**シロバナモウズイカ**(エサシソウ)②が多い／毛蕊花／❋6〜8月，道端や空地，原産地はいずれもヨーロッパ，① 7.28，桧山地方厚沢部町，② 7.28，渡島地方八雲町熊石

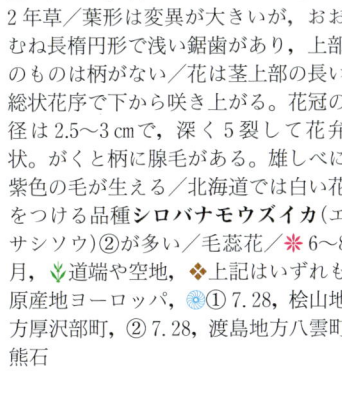

ビロードモウズイカ ゴマノハグサ科
Verbascum thapsus

高いものは2mを超える2年草／全体が灰白色の星状毛によって綿毛状に包まれてビロードの感触がある／根出葉はロゼット形で長さ30cm以上になり，茎葉の基部は翼となって茎に流れる／花は茎の上部にびっしりついて下から咲き上がり，花冠の径は約2cm，先が5裂する①。5本中3本の雄しべに毛が生える／ビロード毛蕊花／❋7〜9月，道端，荒地，原産地はヨーロッパ，7.12，札幌市

キバナシオガマ ハマウツボ科
Pedicularis oederi ssp. heteroglossa (ゴマノハグサ科)

高さ10〜20cmになる半寄生の多年草／根元から何本か茎を立ててまとまった株になる／やや光沢としわのある長さ5〜15cmの葉は根元に集まり，羽状に裂けて裂片の縁を下面に巻き込む／花は上部の短い総状花序にまとまってつき，花冠は2唇形で長さ2.5cmほど。上唇は嘴状で先の部分が茶褐色，下唇は3裂する／黄花塩竈／❋7〜8月，高山のれき地や草地，北(大雪山)，7.21，大雪山高根ヶ原

39

コナスビ　　　サクラソウ科
Lysimachia japonica

多年草で,茎の長さが20cmほど,地面を這い,上部が斜上する／全体に軟毛が多い／葉は三角状卵形で全縁,対生し多数の腺点がある／花冠の径は1cmほどで先が5裂する／果実は径5mmほどの球形で茄子に似る①／小茄子／❋6～7月,野山の林下や道端,❖日本全土,7.12,後志地方黒松内町／同属の**コバンコナスビ**②は茎が50cmほどに伸び,葉は楕円形,花冠の径は1.5cmほどと大きい／小判小茄子／❋6～7月,道端や空地,❖原産地はヨーロッパ,7.15,函館市函館

ヤナギトラノオ　　　サクラソウ科
Lysimachia thyrsiflora

地下茎が地中を走り,高さ50cmほどの茎を立てる多年草／柳のような葉は柄がなく対生し,大きいもので長さ10cmになって黒い腺点がある／下部の葉は鱗片状になる／花は葉腋から出る総状花序に多数つき,花冠の径は1cmほど。先が6裂し,裂片は広線形で先の部分に黒点がある。雄しべも6本あり,花冠から突き出る／柳虎尾／❋6～7月,低地～山地の湿地,❖北・本(中部以北),6.25,札幌市

クサレダマ　　　サクラソウ科
イオウソウ
Lysimachia vulgaris ssp. davurica

高いもので1m近くになる多年草／根茎が伸びてやや群生する／茎には腺毛と軟毛が生える／葉は長楕円形で長さ10cmほど。ふつう2～4枚が輪生するか時に互生もする。裏面に黒い腺点がある／花は茎の上部に円錐状に多数つく。花冠の径は1.5cmほどで5深裂するのでやや花弁状。内面に突起物がある／草連玉(レダマはマメ科の低木)／❋7/下～9月,湿った草地,❖北・本・九,8.3,檜山地方上ノ国町

レブンサイコ　　セリ科
Bupleurum ajanense

高さ5〜15cmになる多年草／根出葉は倒披針形で長さ3.5cm。茎葉はないか、あっても1〜2枚で、葉脈は単子葉類のように平行脈／茎頂に複散形花序をつくり総苞片は葉状。小散形花序には卵円形の大きな小総苞片と小さな花が十数個つき、小総苞は小花柄より長い。花色は黄色から茶褐色に変わる①／礼文柴胡（柴胡は根を乾燥したセリ科の生薬）／❋7〜8月、🌱亜高山〜高山のれき地や草地、岩場、❖北、🌀7.31、増毛山地黄金山

ホタルサイコ　　セリ科
Bupleurum longiradiatum var. elatius

高さ1mほどになる多年草／茎葉は長さ15cmほどで基部が耳状となって茎を抱く／下部の葉には翼のついた柄があり、いずれも裏面は白色／花は茎頂や葉腋から出る複散形花序に多数つく。小散形花序の径は1cmほどで、花弁と雄しべは5個／蛍柴胡／❋7〜8月、🌱海岸や山地の草原、❖北・本・四・九、🌀8.21、十勝地方豊頃町／変異が大きく、変種**オオホタルサイコ**①の小花柄は果実の2〜3倍長、変種**コガネサイコ**②の小花柄は果実より短いとされるが中間の型もあり区別は難しい／近似種**エゾサイコ**（ホソバノコガネサイコ）③はハクサンサイコの蛇紋岩変形型とされ、茎の高さは40cmほど／葉は披針形で茎葉の基部もやや茎を抱く／小総苞片も披針形で先がとがる④／蝦夷柴胡／❋7〜8月、🌱高山の草地、渓流沿い、❖北（日高山脈・日高地方アポイ岳）、🌀8.10、アポイ岳

41

メマツヨイグサ　　アカバナ科
Oenothera biennis

高いもので1.5 mを超える2年草／茎に剛毛が，時に腺毛も生える／葉は倒披針形で互生し，浅い鋸歯がある／夕方開花し，花の径は2〜3 cm，花弁は4枚で先が浅くへこむ①／果実は緑色で基部は細くならない／雌待宵草／✹7〜9月，道端や空地など，❖原産地は北アメリカ，7.10，北見市常呂／近似種**アレチマツヨイグサ**は花弁間に隙間があり②，果実が濃緑色とされるが区別のつかない場合も多い／❖原産地は北アメリカ／**オオマツヨイグサ**③は花の径が5 cm以上になる／❖雑種起源でヨーロッパの庭園で誕生したとされる，7.4，後志地方島牧村／**ヒナマツヨイグサ**④は多年草で，高さは30 cm以下／花は昼間咲き，径は1.5 cmほど。果実の基部は柄のように細くなる／❖原産地は北アメリカ，6.18，苫小牧市／花期にタンポポのようなロゼット葉をつける**ツキミタンポポ**の黄花園芸品種「アウレア」⑤もしばしば報告される／❖原産地はチリ，6.22，札幌市藻岩山山麓

チョウジタデ　　アカバナ科
タゴボウ
Ludwigia epilobioides

茎は下部でよく分枝して長さ40 cmほどになる1年草／葉は長楕円状披針形，長さ5 cm前後で光沢がありタデ類の葉に似る／北海道では通常閉鎖花をつけるが時に開花もする。花は小さく径4 mmほど①。4枚の花弁はがく片よりも短い／果実は細い円柱形で長さ2 cmほど／丁子蓼／✹8〜9月，水田やその周辺，❖日本全土，8.28，後志地方余市町

ジンヨウキスミレ　　スミレ科
Viola alliariifolia

地下茎から高さ15cm前後の花茎と根出葉を出す多年草／葉は軟らかく，3枚つき下の2枚は腎臓形で，上の葉は三角形，縁には円みをおびた鋸歯が不規則にある．托葉は長卵形で縁に小さな突起がある／花は1～2個つき，径1.5cm前後．唇弁に茶色の網目筋が，側弁に白毛があり，距は短い／腎葉黄菫／✽6/下～7月，🌱亜高山～高山の草地や低木の下，❖北(大雪山・札幌市近郊，北海道固有種)，❀7.16，大雪山赤岳

キバナノコマノツメ　　スミレ科
Viola biflora

高いもので20cmくらいになる軟弱な多年草だが，環境によっては次のエゾタカネスミレのような形になる／葉は薄く腎心形，わずかに毛があり，先が円く長さ1～2cm／花の径は1.2cm前後．唇弁が他の4弁から離れて前に突き出す形となって縦長の感じがする．距は短くて円い／黄花駒爪(葉形が馬の蹄に似ることから)／✽6/下～7月，🌱山地～亜高山のやや湿った所や渓谷に多い，❖北・本・四・屋久島，❀6.24，東大雪山系西クマネシリ岳

エゾタカネスミレ　　スミレ科
Viola crassa ssp. borealis

高さ5～10cmの多年草／前種キバナノコマノツメに葉も花もよく似ているが，葉はやや厚く無毛，時に光沢をもつ場合がある／花は径1～1.3cm，側弁に毛はなく唇弁には茶褐色の筋がある／広義にタカネスミレと呼ぶ場合もある／蝦夷高嶺菫／✽7月，🌱高山のれき地，❖北(大雪山・夕張山地・日高山脈・羊蹄山)，本州中部地方以北に分布する広義のタカネスミレは，エゾタカネスミレを含む4亜種(変種とする見解もある)に分けられる，❀7.16，大雪山

43

シソバキスミレ　　スミレ科
シソバスミレ
Viola yubariana

ふつう高さが 5 cm ほどの多年草だが低地では 10 cm 以上になる／地下茎から短い花茎と根出葉を出す／花茎には短毛が密生し、大きな葉 2 枚と小さな葉 1 枚をつける／葉の表面には光沢があり、葉脈は赤い／裏面はアカジソのように紅紫色をおびる／花は 1〜2 個つき、径 1.5 cm ほど／北海道固有種／紫蘇葉黄菫／❋ 6 月〜8／上、🌱山地〜高山の蛇紋岩崩壊地、❖北(夕張山地)、◉6.7,夕張岳／次種オオバキスミレの変種として扱われたこともある

オオバキスミレ　　スミレ科
Viola brevistipulata ssp. brevistipulata var. brevistipulata

高さ 5〜20 cm になる多年草／変異が大きく、いくつかの変種や品種に分けられているが、狭義のオオバキスミレは根茎で増え、群生することが多い／葉は 3〜4 枚、一番下の葉が離れてつき、おおむね心形／花は 1〜3 個つき、径 1.5〜2 cm／大葉黄菫／❋ 5〜6 月、🌱山地の明るい林下など、❖北(日本海側)・本(近畿以北)、◉6.5, 空知地方幌加内町／品種**ミヤマキスミレ**は高山型とされるもので、全体が小型で 3 枚の葉が輪生状につき、標高のある山地に生える／品種**フチゲオオバキスミレ**①の茎は紅紫色をおび、葉は光沢があり縁の毛が目立つ。花弁の裏面や蕾は赤く、群生はしない／◉6.4, 千歳市支笏湖畔／変種**フギレオオバキスミレ**②は葉の縁が不規則に深く切れ込んだもので、群生する／❋ 6〜7 月、🌱山地〜亜高山の草地、❖北(西部の多雪地帯)、◉6.1, ニセコ山系

エゾキスミレ　　　スミレ科
イチゲキスミレ
Viola brevistipulata ssp. hidakana var. hidakana

高さ5～15cm/茎や葉の裏面，葉脈が紅紫色をおびる/葉は厚く光沢があり，長卵形で先が尾状にとがり，3枚が輪生状につく/花は1個だけつき，径1.5～2cm，花弁は円みが強く，色も濃い/蝦夷黄菫/❋5/中～6月，🌿山地の超塩基性岩地，❖北（日高地方アポイ岳・天塩山地白鳥山），◉5.29，アポイ岳/変種ケエゾキスミレ①は茎以外は紅紫色をおびる部分がなく，葉は縁や葉脈に毛があり，幅はより広い/学名上エゾキスミレの変種とされるが分布域が広く，個体数も多い/❋5/下～7月，🌿山地～亜高山の岩混じりの草地など，❖北（日高山脈・夕張山地・東大雪山系），◉7.21，日高山脈ペンケヌーシ岳/変種フギレキスミレ②は葉の縁に深い切れ込みが入ったもので，特に根出葉に著しい/❖北（夕張山地），◉7.9，夕張岳

キツリフネ　　　ツリフネソウ科
Impatiens noli-tangere

水分を多く含む軟弱な1年草で，茎の高さは70cm前後/葉は長卵形で軟らかく縁に浅い鋸歯がある/長さ3～4cmの舟形の花が葉腋から出る柄にぶら下がるようにつく。花弁は3個，下の2個が大きく，内側に赤い斑点がある。がくも3個，1個が袋状になって先が長い距となり，ゆるく下に曲がる/花色が淡く白っぽいものを品種ウスキツリフネ①という/黄釣舟/❋7～9月，🌿低地～山地の湿った所，❖北・本・四・九，◉9.12，札幌市藻岩山

45

トモエソウ　　　　オトギリソウ科
Hypericum ascyron ssp. ascyron

高さ1m前後になる多年草／茎には4稜が走る／葉は柄がなく茎を抱くように対生し、長さ5cm以上になり、明点が散在する／花は茎頂に数個つき、径5〜6cmと大きく、花弁は鎌状にゆがんで花は巴形となる。花柱は5本、雄しべは多数あるが5つの束にまとまっている／果実は卵形①／巴草／✹7〜8月、野山の草地、林縁、❖北・本・四・九、⊛8.11、十勝地方上士幌町

オトギリソウ　　　　オトギリソウ科
Hypericum erectum

茎は無毛で高さ50cmほどになる多年草／葉は通常基部が茎を抱くように対生する／黒点が特に縁に多く散在する／花の径は1.5〜2cm、花弁には黒線と縁に黒点がある。花柱は3本あり、子房と同長。がくは狭卵形で先は円い／弟切草／✹7〜8月、野山の日当たりのよい所、❖北・本・四・九、⊛7.29、胆振地方白老町／近似種**オシマオトギリ**の葉は披針形、がく片は線状披針形で先が鋭くとがる／渡島半島と本州東北地方に産する

エゾオトギリ　　　　オトギリソウ科
Hypericum yezoense

高さ30cm前後になる多年草／茎に黒点のある2本の稜が走る①／葉は長楕円形／花の径は2cmほどで、花弁の縁に黒点がある／蝦夷弟切／✹7〜8月、海岸や山地の岩場、❖北・本(北部)、⊛7.13、札幌市八剣山／同属の**コゴメバオトギリ**(セイヨウオトギリ)②は茎の2稜に黒点がなく、葉は線状楕円形で、葉腋から多数の枝を出す／✹6/下〜8月、道端など、❖原産地はヨーロッパ、⊛7.8、登別市

ハイオトギリ　　　オトギリソウ科
Hypericum kamtschaticum

地下茎から何本も茎を立てて株立ちとなり、高さ30cmほどになる多年草／葉は卵形〜楕円形で先は円く基部は茎を抱きながら対生する／花の径は1.5〜2.5cmで、花弁に黒点と黒線がある。花柱は子房より少し長い①／這弟切／❋7〜8月、🌿亜高山〜高山の草地、◆北、◉8.15, 北大雪山系平山／近似種 **サマニオトギリ**②の葉は広卵形で、花弁には黒点がなく花柱は子房の2倍長③／様似弟切／🌿◆日高地方アポイ岳周辺のかんらん岩地、◉7.16, アポイ岳／**トウゲオトギリ**は株立ちとはならず、全体が小型で、花柱は子房の約3倍長／🌿北海道の亜高山〜高山の草地やれき地に局所的／**クロテンシラトリオトギリ**の葉は披針形でやや鋭頭、花柱は子房の1.5〜2.1倍長。がく片に黒点や黒線がある／🌿◆道北の蛇紋岩地帯に広く分布／この一群に関しては様々な見解があり、道内各地域からいくつもの種などの報告がある

ダイセツヒナオトギリ　オトギリソウ科
Hypericum yojiroanum

小型の多年草で、高さは通常10cm以下／葉は倒卵形で長さ1cm前後、しばしば赤く変色し、黒点と明点があり基部が細くなり、少し茎を抱く／花の径は1cm前後で花弁とがく片に黒点が入り、花柱は長さ3mmほどと短い／北海道固有種／大雪雛弟切／❋6/中〜8/上、🌿地熱のある湿った裸地、◆北(大雪山、阿寒の地熱地帯に生えるものもこの種かも知れない)、◉6.15, 大雪山高原温泉

47

サワオトギリ　　オトギリソウ科
Hypericum pseudopetiolatum

茎の基部が地面を這い，斜上して長さ50cmほどになる多年草／よく枝分かれする／葉は薄い倒卵形〜長楕円形で先はとがらず，基部は茎を抱かず，柄のようになって茎につく／8月に入ると紅葉が始まる①／花の径は1cm前後と小さく，花柱は子房よりかなり短い／沢弟切／❋7〜8月，🍃山地の沢沿い，河原など，❖北(西南部)・本・四・九，❀8.6,渡島地方福島町

オオカナダオトギリ　オトギリソウ科
Hypericum majus

高さの差が大きく，20〜50cmになる多年草／茎には4稜があり，上部で枝分かれする／葉は灰白色をおびた緑色，披針形で先がとがり，斜め上を向いて対生する／花は径6mm前後で花弁はがく片と同長，花柱はごく短い／全草に黒点や黒線はないが明点が多数ある／大カナダ弟切／❋7月〜9/上，🍃水辺に近い草地や原野，道端，❖原産地は北アメリカ，❀8.6,釧路市阿寒湖周辺

コケオトギリ　　オトギリソウ科
Hypericum laxum

高さ10cm前後になる1年草／茎は断面が四角い／葉は卵形で長さ6mm前後。茎を抱くように対生し，明点が散在する／花も小さく径5mmほどで，雄しべは7〜8本あり，花柱は子房よりもはるかに短い／全草に腺体(黒点または黒線)がなく別属とされることもある／果皮にも腺体がない①／苔弟切／❋7月〜9/上，🍃水辺に近い裸地，原野，❖北(南半分)・本・四・九，❀7.28,苫小牧市樽前

カタバミ カタバミ科
Oxalis corniculata

茎は地面を這って長さが30cmほどになり，節から葉柄や花柄を出す／葉は心形の3小葉に分かれ，夜はたたまれている／花は径1cmほど，果実は熟すと種子を弾き飛ばす／葉があずき色で花の中心部に橙色の環ができるものを品種**アカカタバミ**①②という／傍食／❋6〜9月，🌿道端，畑の縁，空地など，❖北・本・四・九，◉7.9，札幌市

エゾタチカタバミ カタバミ科
Oxalis stricta

カタバミに似るが，地下茎から径1mm，高さ30cmほどの花茎を立てる多年草／茎や葉柄に細毛がある／花は径8mmほど／さく果は円柱形で長さ1.5〜2cm／蝦夷立傍食／❋7〜9月，🌿山地の林縁や道端，❖北・本(中部以北)，◉8.11，札幌市／近似種**オッタチカタバミ**①の茎は径約2mm以上と太く，細毛が目立ち，葉は上部にまとまるように多数つく／❋6〜9月，🌿道端や空地，❖原産地は北アメリカ，◉7.13，札幌市真駒内

オオスズメウリ ウリ科
キバナカラスウリ
Thladiantha dubia

巻きひげで樹木や建物に絡まって伸びる多年生のつる植物／全体に毛が多く，葉は心形で互生する／雌雄異株だが日本では雄株のみ／花は2型あり，葉腋に単生するものは大きく長さ2.5cmほど。花冠は基部まで深裂し裂片の先はとがる。総状花序につくものは小さいか花冠がない／地下茎で無性繁殖する／大雀瓜／❋7〜8月，🌿空地など，❖原産地は中国北部〜朝鮮，◉8.23，札幌市北大植物園

ミヤコグサ　　　　　マメ科
Lotus corniculatus var. japonicus

茎がよく分枝し，斜上して長さ40cmくらいになる多年草／葉は菱形の3小葉に分かれるが，基部に大きな托葉があるので5小葉に見える／花は蝶形花で枝先に1〜2個つく。花弁は5枚，旗弁の幅は1cmほど／都草／✻6〜8月，🌱河原や海岸近くの草地，❖日本全土，◎7.12，函館市函館／基準亜種の**セイヨウミヤコグサ**①は全体が大型で花は枝先に3〜7個つく／🌱道端や空地，❖原産地はユーラシア・アフリカ，◎7.3，札幌市／同属の**ワタリミヤコグサ**②の小葉は線形に近い／❖原産地はヨーロッパ・アフリカ・西アジア，◎6.21，日高地方えりも町／**ネビキミヤコグサ**の茎は中空(同属の他種は中実)／❖原産地はヨーロッパ・北アフリカ

コメツブウマゴヤシ　　　　　マメ科
Medicago lupulina

茎は地面を這い，上部が斜めに立ち上がって，長さ50cmほどになる1〜2年草／葉は倒卵形の3小葉に分かれ，小葉の先は平ら／長さが3mmほどの蝶形をした小さな花が20〜30個集まり，径5mmほどの頭状花序をつくる／果実は腎形①／米粒馬肥／✻6〜7月，🌱道端や空地，❖原産地はヨーロッパ，◎6.14，千歳市／別属だがよく似た**コメツブツメクサ**は小葉の先はへこみ，がく裂片の先は不揃い／果実は花弁に被われる②／米粒詰草／✻5〜6月，❖原産地はヨーロッパ・西アジア

50

テマリツメクサ　　　　　　マメ科
Trifolium aureum

高さ50cmほどになる1年草／葉は倒卵形で長さが1cm前後の3小葉に分かれ，小葉にはきわめて短い柄がある／卵円形の花序の長さは1.5cmほど／長さ約5mmの花が約20個集まり，色は黄色から褐色に変わっていく／手毬詰草／🌸6月〜8/上，🌱道端など，❖原産地はヨーロッパ・西アジア，📷7.29，富良野スキー場／近似種**クスダマツメクサ**(ホップツメクサ)は頂小葉の柄が側小葉の柄より明らかに長い／❖原産地はヨーロッパ・アフリカ・西アジア

シナガワハギ　　　　　　マメ科
エビラハギ
Melilotus officinalis ssp. suaveolens

茎はほとんど無毛でよく分枝し，高さ1.5m前後になる1〜2年草／葉は長楕円形の3小葉に分かれて柄がある／花は葉腋から出る3〜5cmの穂状花序に多数つき，蝶形花で長さ4〜5mm／果実は先がとがった楕円形①／品川萩／🌸6〜8月，🌱道端や空地，河原など，❖原産地はユーラシア，📷6.29，小樽市／亜種**シロバナシナガワハギ**(コゴメハギ)の花色は白く，やや小さい (p.143)

クマノアシツメクサ　　　　　　マメ科
ワタゲツメクサ，キドニー・ベッチ
Anthyllis vulneraria

高さ50cmほどになる多年草／根出葉は奇数羽状複葉で頂小葉が特に大きい／茎につく葉の小葉は小さく披針形／茎の先に多数の花が頭状につき，基部に3〜5裂する苞葉があって，がくとともに白い長毛が密生する。花の長さは1.3cmほど／熊足詰草／🌸6〜7月，🌱道端や空地，荒地，❖原産地はヨーロッパ。花の色が，赤・紫・オレンジ・白などもある園芸植物として導入された，📷7.18，苫小牧市

51

センダイハギ　マメ科
Thermopsis lupinoides

地下茎から花茎を立ち上げ，高さ40〜80cmになる多年草／葉は3出複葉で，小葉の長さは5cm前後，基部に小葉と同大の托葉が1対ある／花は総状花序に多数つき，蝶形で長さ2.3cmほど／豆果は長い鞘状で白軟毛があり，中に10個以上の種子がある①／千代萩／✿6〜7月，🌿海岸の砂丘や草地，時に山間の草地，❖北・本（中部以北），📷6.25，釧路市音別

エニシダ　マメ科
エニスダ
Cytisus scoparius

高いもので3mほどになる落葉低木／枝は緑色で5稜があり，刺はない／葉は枝先につく単葉と，3出複葉の2型。小葉は長楕円形で長さ1cm前後／花は蝶形で長さ1.5〜2cm／豆果は平たく長さ3cm前後／金雀枝（かつて含まれたことのある近縁属Genistaの読み方から転訛か）／✿5〜6月，🌿道端や荒地，道路法面に土砂止めとして植えられている，❖原産地はヨーロッパ南部，📷6.30，札幌市

ナニワズ　ジンチョウゲ科
エゾナツボウズ
Daphne jezoensis

高さ50cmほどになる小低木／葉は倒披針形で長さ6〜7cm，裏面は白っぽく，夏に落葉する／雌雄異株で花に花弁はなく，黄色い筒状のがくが4深裂する。雄花の径は1.5cmほどで，雌花はより小さい（①右）／果実は赤い液果で球形〜楕円形②，長さ1.3cm，径1.1cmほど／難波津／✿4〜5月，🌿低地〜低山の林下，❖北・本（中部以北），📷4.19，札幌市真駒内

コキンバイ　　　バラ科
Geum ternatum

長い地下茎から高さ15cmほどの細い花茎を出す多年草／葉はすべて根生で，長い柄がある3出複葉。小葉の長さ2.5cm前後でさらに3〜5中裂し，粗い鋸歯もある①。時に緑色のまま越冬する／花は茎頂に1〜3個つき，径2cm前後で花弁は5枚，がく片の間に小さな副がく片がある／小金梅／✹5〜6月，山地の林下，北・本(中部以北)，5.18，後志地方尻別岳

キンミズヒキ　　　バラ科
Agrimonia pilosa var. japonica

高さ1m以上になる多年草／全体に軟毛が密生する／葉は奇数羽状複葉で小葉は5〜7枚，その間に小さな羽片が4〜5対つく。小葉の先はとがる。葉柄基部に茎を抱くようにつく托葉の先も鋭くとがる／花は長い総状花序に密に多数つき，径は8〜10mm。雄しべは8〜14本ある①／がく筒の上部に鉤状刺が密生し，果期に動物の体に付着して運ばれる／金水引／✹7〜9月，林縁，原野，道端など，北・本・四・九，7.31，利尻島／近似種**ヒメキンミズヒキ**②は全体に小型で小葉は3〜5枚で先は円い／花弁も細く雄しべは5〜6本③／時にキンミズヒキとの中間の型も見られる／✹8〜9月，北(西南部)・本・四・九・屋久島，8.20，檜山地方厚沢部町／**チョウセンキンミズヒキ**④は全体に長軟毛が多く，ビロードの感触がある／小葉の先はとがらず，托葉も扇状で先はとがらない／花はまばらにつき，花弁は細く雄しべは12〜28本⑤／✹8〜9月，林内や林縁，北(太平洋側)・本・四・九，8.12，苫小牧市

ダイコンソウ　　バラ科
Geum japonicum

高さ50cmほどになる多年草／茎には毛が密生／根出葉は奇数羽状複葉で,長さ20cmほど,頂小葉が特に大きく,粗い切れ込みと鋸歯があって先はとがらない。側小葉のほかに小さな羽片もつく。茎葉は3出複葉または単葉,小さな全縁の托葉がつく／花の径は1.5～2cm,がく片の間に副がく片がある。小花梗に粗毛はない／果実の集合体は球形で残存花柱に腺毛がある①／**大根草**／❋7/中～9月,🌿林内,❖北・本・四・九,🌼8.2,札幌市／近似種**オオダイコンソウ**②は全体にやや大きく,茎葉は羽状複葉で小葉の先はとがり,側小葉とほぼ同大の托葉がつく／花の径は2cmほど／果実の集合体は卵形～楕円形で残存花柱に腺毛はない③／❋6～7月,🌿林縁や草地,❖北・本(中部以北),🌼6.28,札幌市手稲山／**カラフトダイコンソウ**④はやや小型で全体に黄褐色の粗毛がある／茎葉は単葉で3浅～中裂,托葉は小さい／小花梗に粗毛がある／果実の集合体は球形で残存花柱に腺毛がある⑤／❋5/下～7月,🌿山地の林縁や沢沿い,❖北・本(中部以北),🌼6.6,礼文島

ミヤマダイコンソウ　　バラ科
Geum calthifolium var. nipponicum

高さ30cmほどになる多年草／全体に黄褐色の剛毛が密生する／根出葉は羽状複葉で頂小葉が特に大きく腎心形で径7～12cm,側小葉はごく小さい。茎葉は柄がなく茎を抱く／花の径は2～2.5cm,がく片の間に線形の副がく片がある／果実には長毛が生えた長い花柱が残る／**深山大根草**／❋6/下～8月,🌿高山のれき地や草地,❖北・本(近畿以北)・四(石鎚山),🌼6.24,夕張山地芦別岳

ヘビイチゴ　　　　　　　　バラ科
Potintilla hebiichigo

茎が地面を這って長く伸びる多年草／葉は明るい緑色で3出複葉。小葉は卵形で長さ2cm前後／花の柄と葉柄が向かい合ってつき，花の径は1cmほど。がく片は直立して開出する葉状の副がく片よりも小さい／花後，花床が肥大して赤い径1cmほどの苺果となり，痩果（表面の小さな粒粒）に小さな突起があって光沢がない①②／蛇苺／❋5～6月，低地～低山の日当たりのよい所，北・本・四・九・沖，6.6，空知地方長沼町／近似種**ヤブヘビイチゴ**はより大型。小葉は濃い緑色で長卵形，苺果の径は2cmほど。痩果に光沢がある③／藪蛇苺／❋5～8月，林縁や林内，北（西部・南部）・本・四・九・沖，8.28，伊達市紋別岳山麓

ミツモトソウ　　　　　　　　バラ科
Potentilla cryptotaeniae

高さ50～80cmになる多年草／全体に開出する白毛あり／葉は3出複葉，下部の葉には長い柄があり基部に托葉が半ば合着（①右）。小葉は卵状長楕円形で先がとがり，長さ5cm前後／花の径は1.5cmほどで，花弁と同長のがく片と副がく片が5枚／果実には多数の筋が入る／水源草／❋7～9月，山地の林縁や草地，北・本・四・九，7.28，胆振地方白老町／近似種**エゾノミツモトソウ**②は1～2年草で，花弁はがく片より短い③／托葉は大きく切れ込みがあり（①左），下部の葉は5小葉に分かれることもある／荒地や道端，原産地はヨーロッパ～北アメリカ。北・本（長野県）に帰化，7.4，小樽市

55

ヒメヘビイチゴ　　バラ科
Potentilla centigrana

長さ50cmほどになり，茎がつる状になって地面を這う軟弱な多年草／葉は3小葉に分かれ，小葉の長さ1〜3cm，楕円形で質は薄く，鋸歯があって明るい緑色／花の柄が葉柄と向き合って出，先に花がつく。花の径は7mmほど／花後，花床が苺果のように肥大せずに，痩果がまとまってつく①／姫蛇苺／❋6〜7月，🌱山地の林内，やや湿った所，❖北・本・四・九，❁6.8，札幌市

イワキンバイ　　バラ科
Potentilla ancistriflolia var. dickinsii

高さ20cm前後になる多年草／全体に伏毛があり，茎と葉はやや硬い／葉は3(時に5)小葉に分かれ，小葉は鋸歯縁で裏面は白みをおび，長さ4cm前後，先はとがる／茎の上部が枝分かれして先に径1cmほどの花をつける。がく片と副片の先は鋭くとがる(①は果期)／岩金梅／❋6〜8月，🌱山地の岩場，❖北・本・四・九，❁7.11，札幌市手稲山

ミツバツチグリ　　バラ科
Potentilla freyniana

高さ25cmほどになる多年草／太い塊状の根茎から立ち上がる茎と短い匍匐枝を出す／葉は3つに分かれた複葉で，小葉は鋸歯縁，先はとがらず裏面は淡い紫色をおびる。葉柄基部には鋸歯のある托葉がつく／花は散房状につき，径は1〜1.5cm。ほぼ同長のがく片と副がく片がある。花弁はがく片より長い／三葉土栗／❋5〜6月，🌱低地〜山地の日当たりのよい所，❖北・本・四・九，❁6.7，胆振地方白老町

キジムシロ　　バラ科
Potentilla fragarioides var. major

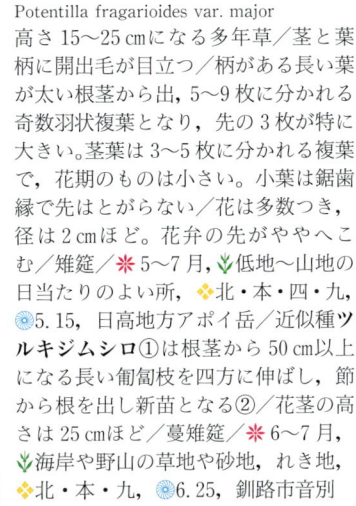

高さ15〜25cmになる多年草／茎と葉柄に開出毛が目立つ／柄がある長い葉が太い根茎から出、5〜9枚に分かれる奇数羽状複葉となり、先の3枚が特に大きい。茎葉は3〜5枚に分かれる複葉で、花期のものは小さい。小葉は鋸歯縁で先はとがらない／花は多数つき、径は2cmほど。花弁の先がややへこむ／雉筵／❋5〜7月、🌱低地〜山地の日当たりのよい所、❖北・本・四・九、◉5.15、日高地方アポイ岳／近似種**ツルキジムシロ**①は根茎から50cm以上になる長い匍匐枝を四方に伸ばし、節から根を出し新苗となる②／花茎の高さは25cmほど／蔓雉筵／❋6〜7月、🌱海岸や野山の草地や砂地、れき地、❖北・本・九、◉6.25、釧路市音別

ミヤマキンバイ　　バラ科
Potentilla matsumurae var. matsumurae

太い根茎から葉と花茎を出し、高さ10〜20cmになる多年草／花茎や葉柄に白い長毛が目立つ／葉は3小葉に分かれ、小葉には大きな鋸歯がある／花の径は2cmほど、花弁の先がややへこむ。がく片と同形の副がく片があり、花床には毛がある／深山金梅／❋6/中〜8/中、🌱高山の草地、❖北・本(中部以北)、◉6.29、ニセコ山系／変種**アポイキンバイ**①の葉は光沢があり、鋸歯が深く切れ込んで裂片が線形になる／❋5/中〜6/上、🌱❖日高地方アポイ岳周辺と日高山脈北部のかんらん岩地、◉5.20、アポイ岳／変種**ユウパリキンバイ**(ユウバリキンバイ)は全体に小型で、葉の鋸歯は主脈までの半ば近くまで切れ込む／❋6/下〜7月、🌱❖夕張山地、中央高地、日高山脈の蛇紋岩地など

メアカンキンバイ　　バラ科
Sibbaldiopsis miyabei

地面を這うように生える多年草で、高さ10cm前後／根茎から花茎と葉を出す。全体に黄褐色の毛がある／葉は3出複葉で粉白をおびた緑色。小葉はくさび形で長さ1cm前後、先に3つの大きな切れ込みがある／花は径1cmほどで、がく片と副がく片がある／雌阿寒金梅／❋7～8月，🌱高山のれき地，❖北(羊蹄山以北)，📷7.16，大雪山／草姿が似た別属のタテヤマキンバイは小低木で、花は小さく径4mmほど。がく片が花弁よりも大きい①／🌱❖北(大雪山の雪田跡のれき地)・本(中部)

ヒロハノカワラサイコ　　バラ科
Potentilla niponica

長毛が密生する茎がよく分枝して地面を這うように伸び、長さ20～50cmになる多年草／葉は奇数羽状複葉で小葉は5～13枚，裏面に白い綿毛が密生し(①上)，縁は鋸歯状に中裂する／花の径は1cm前後。がく片と小型の副がく片の下面に白い綿毛が密生する／広葉河原柴胡／❋6～9月，🌱海岸や河原，❖北・本(中部以北)，📷7.18，苫小牧市

エゾツルキンバイ　　バラ科
Potentilla anserina ssp. pacifica

茎はつるのように這って伸び、節から発根する多年草／葉は根生し、奇数羽状複葉で小葉は9～19枚。長さ2～5cmの長楕円形で縁には鋭い鋸歯があり、軸の所々に小片がつく。裏面は白綿毛が密生する(前種①下)／花は茎から出る長い柄の先につき，径2～3cm／蝦夷蔓金梅／❋6～7月，🌱海岸，塩湿地，❖北・本(北部)，📷6.25，根室市

チシマキンバイ　　バラ科
Potentilla fragiformis ssp. megalantha

太い根茎をもち,高さが10〜30cmになる多年草。全体に白い絹毛が密生する／葉は3出複葉で小葉は長さ・幅ともに3〜4cmのくさび状倒卵形。やや厚く縁に大きな鈍頭鋸歯があり,葉脈部分がへこむ①／花は散房状に3〜7個つき,径3〜4cmと大きく,花弁,がく片,副がく片はいずれも5枚／千島金梅／✳6〜8月,🌱海岸の岩場や草地,❖北,◉6.5,十勝地方広尾町

ウラジロキンバイ　　バラ科
Potentilla nivea var. camtschatica

太い根茎から白毛が密生する花茎と葉を出し,高さ10〜20cmになる多年草／葉は3出複葉で小葉の長さは2cm前後。鋸歯縁で裏面は白綿毛が密生して真っ白に見える／花は長い小花梗の先につき,径1.5〜2cm。がく片は披針形,副がく片はさらに細く小さい／裏白金梅／✳6/下〜8月,🌱亜高山〜高山のれき地や岩場に局所的,❖北・本(中部),◉6.30,夕張岳／定山渓天狗岳と夕張岳産のものは,小葉が大きいので変種エゾウラジロキンバイと分ける見解もある

オオヘビイチゴ　　バラ科
タチロウゲ
Potentilla recta

高さ50cm程度になる多年草。全体に長い開出毛や伏毛がある／葉は3〜5枚,時に7枚に分かれる掌状複葉。小葉は深い鋸歯縁で裏面は白毛が密生する。葉柄基部に深い切れ込みのある托葉がつく／花は径2cm前後で花弁は淡黄色で先がややへこむ／痩果は卵形で長さ約1mm／大蛇苺／✳6〜8月,🌱道端や荒地,❖原産地はヨーロッパ,◉7.9,北見市留辺蘂

キンロバイ　　バラ科
Dasiphora fruticosa var. fruticosa
高さ50cm前後になる落葉小低木。よく枝分かれしてこんもりした樹形となる／葉は3〜5枚に分かれた羽状複葉で、小葉は長さ1〜2cmでやや厚みがあり、鋸歯はなく縁が裏側に巻き込んでいる（①は裏面）／花は径2〜2.5cm、花弁はほぼ円形で先はへこまない／金露梅／❋6〜8月、🌱亜高山の岩れき地に局所的、❖北・本（中部以北）、🔵8.26、日高地方アポイ岳

ネコノメソウ　　ユキノシタ科
Chrysosplenium grayanum
高さ20cmほどになる軟弱な多年草で群生することが多い。全草無毛／根出葉がなく、卵形の茎葉が対生する／花は茎の上部の黄色い苞葉に囲まれてつき、花弁はなく黄色いがく片が直立する。雄しべは4個①／果期にはがく片と、それに囲まれた果実が、猫の目のように見える②／猫目草／❋5〜6月、🌱低地〜山地の水辺、❖北・本・四・九、🔵5.20、札幌市砥石山

マルバネコノメソウ　　ユキノシタ科
Chrysosplenium ramosum
高さ15cmほどになる軟弱な多年草。茎に長毛がまばらに生える／花時、ふつう根出葉は枯れて扇形の茎葉が対生する／茎頂の苞葉に囲まれた花の径は3mmほど。花弁はなく、がく片が4個、雄しべは8本ある／花後、根元から走出枝が長く伸び、節から発根して増える／丸葉猫目草／❋5〜6月、🌱山地の谷筋など湿った所、❖北・本（近畿以北）、🔵5.10、札幌市藻岩山

ツルネコノメソウ　ユキノシタ科
Chrysosplenium flagelliferum

高さ15cmほどになる軟弱な多年草／茎は無毛で円い鋸歯をもった扇形の葉が互生する／茎先の苞葉に囲まれて小さな花がつく。花弁はなく，がく片は4個，雄しべは8本ある／花後，根元から出た走出枝が地上を伸び，先端に大きな円心形の葉と根がつき新苗となる①／蔓猫目草／❋4/中～5月，🌱低地～山地の沢沿いなど，◆北・本(近畿以北)・四(剣山)，◉5.5，札幌市藻岩山／同属の**エゾネコノメソウ**(カラフトネコノメソウ)②は花時，腎円形の根出葉があり，茎葉は互生，花の周りの苞葉は鮮やかな黄色。雄しべは8本③／❋5～6月，🌱湿原の周辺や水辺，◆北(東部)，◉5.24，釧路地方弟子屈町／**ヤマネコノメソウ**④は走出枝を出さず，茎葉は互生。花時，長い柄をもつ円心形の根出葉がある。苞葉もがく片も淡い緑色。雄しべは8個，時に4個／❋4/下～5月，🌱低地～山地の林内，◆北(西南部)・本・四・九，◉4.24，千歳市

チシマネコノメソウ　ユキノシタ科
Chrysosplenium kamtschaticum

高さ20cmくらいになる軟弱な多年草。全体ほぼ無毛／根元に大きなロゼット葉があり花時も残り，茎葉は1対つくかない。いずれの葉も鋸歯は低い／花は卵形の苞葉に囲まれてつき，花弁はなく，がく片は4個，雄しべは8本ある／花後，根元から走出枝を伸ばし，先端にロゼット葉と根をつけ新苗となる／千島猫目草／❋4/下～6月，🌱谷筋の湿った斜面，◆北・本(近畿以北の日本海側)，◉4.21，空知地方浦臼町

61

エゾノキリンソウ　ベンケイソウ科
Phedimus kamtschaticus

高さ20cm前後になる多年草。全草が無毛／横に走る根茎から地上茎を立てる／多肉質で光沢のあるくさび形の葉を互生し，葉の長さは2.5cm前後，鈍頭または円頭。上部に鋸歯状の切れ込みがある／花の径は1.2cmほどで雄しべの葯ははじめ紅紫色①，果実は平開する②／蝦夷麒麟草／❇7～8月，🌱山地の岩場，❖北，◉7.3，札幌市八剣山／近似種**キリンソウ**③はやや大型で茎が株立ち状。葉はややとがり，半ば以上が鋸歯縁となる。葯はふつう黄色，時に紅紫色。果実は上を向くが④，判別が難しい場合もある／🌱海岸～山地の岩場，❖北・本・四・九，◉8.7，日高地方様似町／その基準変種**ホソバノキリンソウ**(ヤマキリンソウ)⑤はさらに大型で，高いものは50cmを超えるが株立ちにはならない。葉はほぼ鋸歯縁で長さ4～5cm／🌱海岸の草地や山地の林縁など，❖北・本(中部以北)，◉7.26，十勝地方浦幌町

ホソバイワベンケイ　ベンケイソウ科
アオノイワベンケイ
Rhodiola ishidae

高さ20cmほどになる雌雄異株の多年草。地面を這う根茎から花茎を立てるので広がりをもって生える／葉は細長く長さ1～3cm，厚みがあり多肉質ではっきりした鋸歯がある／花は4数性，花弁の長さは雄花で3～4mm，雌花で2.5mmほど／袋果は直立する／細葉岩弁慶／❇7～8月，🌱高山のれき地や岩場，❖北・本(中部以北)，◉7.17，大雪山小泉岳

イワベンケイ　ベンケイソウ科
Rhodiola rosea

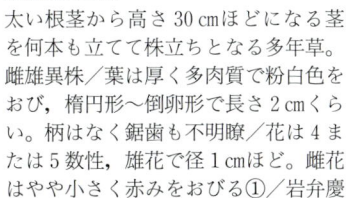

太い根茎から高さ30cmほどになる茎を何本も立てて株立ちとなる多年草。雌雄異株／葉は厚く多肉質で粉白色をおび，楕円形〜倒卵形で長さ2cmくらい。柄はなく鋸歯も不明瞭／花は4または5数性，雄花で径1cmほど。雌花はやや小さく赤みをおびる①／岩弁慶／❋6〜7月，🌱海岸〜高山の岩場，✤北・本(中部以北)，◉7.3，羊蹄山

ミヤママンネングサ　ベンケイソウ科
Sedum japonicum var. senanense

茎が地表を這いながら多数の枝を出し高さが7〜8cmになる多年草。茎は赤みをおびる／葉は多肉質の円柱形で互生し，長さ1cm前後／花は5数性で径1cmほど。水平に開き，果実も水平に開く／深山万年草／❋6〜7月，🌱山地の岩場，✤北(渡島半島に局所的)・本(近畿以北)，◉7.11，渡島地方福島町／本州以南の海岸に葉が密に重なり合う別亜種とされていたタイトゴメが産し，それに類似した別種**ヨーロッパタイトゴメ**①が道内の道端などに帰化している／ヨーロッパ大唐米／✤原産地はヨーロッパ・小アジア・北アフリカ，◉7.10，釧路市釧路／同属の**ツルマンネングサ**②は花をつけない紅紫色をおびた茎が根元から四方に伸びる多年草。花茎はやや直立して高さ10cm以上になる／葉はふつう3枚が輪生し，多肉質で明るい緑色。先がとがり長さ2cm前後／花は5数性で径1.2cmほど／果実はできない／蔓万年草／❋6〜7月，🌱道端や石垣など，✤原産地は中国，朝鮮，◉6.27，札幌市

63

リシリヒナゲシ ケシ科
Papaver fauriei

高さ20cmほどになる多年草。全体に粗い毛がある／粉白色をおびた卵形の葉が根生し，羽状に全裂，裂片はさらに裂けて先はややとがる／花は茎の先に1個つき，花弁は4枚あり径4～5cm。長毛が密生したがく片は開花と同時に落下する／果実は広楕円形／北海道固有種／利尻雛罌粟／❋6/下～8/上，🌱❖利尻山の高山れき地。近年酷似した種の種子が蒔かれて本種と混生して問題となっている。◉7.9, 利尻山上部

エゾキケマン ケシ科
Corydalis speciosa

高さ40cmくらいになる越年草。根茎が太く何本も茎を立てて株立ち状となる／葉は粉白色をおび，2回羽状複葉で，小羽片はさらに切れ込む／花は総状に多数つき長さ2cm前後。4個の花弁からなり，上花弁の後部は反り返った距となる。雄しべは上下の束となり，それぞれ3裂する／果実は長さ3cmほどの豆状／蝦夷黄華鬘(華鬘は仏殿の装飾物)／❋5～6月，🌱山地の明るい所，❖北・本(北部)，◉5.2, 札幌市八剣山

チドリケマン ケシ科
Corydalis kushiroensis

高さ1mを超える軟弱な2年草で，他の植物に寄りかかることが多い／葉は灰白色をおび，2～3回羽状複葉で，小葉は3深裂，裂片には切れ込みがある／花の長さは1.2cmほどで，花弁は4個。上花弁の距は短く上に反り，下花弁に小さな突起がある／果実の皮は丸まる力で種子を飛ばす／近年までナガミノツルケマンとされていた／北海道固有種／千鳥華鬘／❋7～8月，🌱中部以東の林縁や原野の道沿いなど，❖北(固有種)，◉8.8, 釧路地方鶴居村

クサノオウ　　　ケシ科
Chelidonium majus ssp. asiaticum
高さ50cm前後になる2年草で、茎はよく分枝し、はじめ毛があるが後に落ちる。茎や葉を切ると黄色い汁が出る①／葉は軟らかく、長さ10cm前後で不規則な円い切れ込みが入り、裏面は灰白色／花の径は2.5cmほどで花弁は4枚、がく片は2枚あるが開花と同時に落ちる／果実は棒状で長さ4〜5cm／瘡王／❋5〜8月，↓低地の明るい所，❖北・本・四・九，◉5.28，札幌市

オオバクロモジ　　　クスノキ科
Lindera umbellata var. membranacea
高いもので5mほどになる雌雄異株の落葉低木。若い枝は有毛で古い枝の樹皮は黒くなるため、この名がついた／材に芳香があり、高級爪楊子の材料となる／葉は長楕円形で長さ10cm前後、全縁で先がとがる／花は10個内外がまとまってたれ下がり、径5〜7mm、雌花の雄しべは退化して小さい。花被片は6枚／果実は球形で径6mmほど。黒く熟す①／大葉黒文字／❋5月，↓山地の林内，❖北(渡島半島)・本，◉5.7，函館市函館山

ヒロハヘビノボラズ　　　メギ科
Berberis amurensis
高さ2mくらいになる落葉低木。よく分枝してこんもりした姿になり、3本束になった鋭い刺がある／葉はやや硬く倒卵形で縁は刺状の鋸歯となる／花の径は1cmほど。花弁よりも大きながく片と小さながく片が3枚ずつある／果実は楕円形で鮮やかな紅色に熟す①／広葉蛇登らず(枝に鋭い刺があることから)／❋5〜6月，↓山地、時に海岸近くの日当たりのよい所、特に蛇紋岩やかんらん岩地，❖北・本・四・九，◉6.23，夕張山地崕山

65

ナンブイヌナズナ　　アブラナ科
Draba japonica

高さ10 cmほどになる小型の多年草。根茎から花のつかない茎と花茎がまとまって出る。全体に星状毛が生え、ざらつく感触がある／茎葉は柄がなく、倒広披針形で長さ1 cm前後。まばらな鋸歯縁または全縁／花の径は8 mmほど。花弁は4枚，倒卵形で先がへこむ／果実は楕円形で長さ約4 mm／南部犬薺(南部は岩手県盛岡市周辺地域の通称)／❋ 6～8月, ↯高山の蛇紋岩地やかんらん岩地, ❖北(夕張山地・日高山脈)・本(早池峰山), ✿7.8, 夕張岳

イヌナズナ　　アブラナ科
Draba nemorosa

高さ25 cmほどになる越年草で，群生することが多い。サイズの幅が大きく，分枝する株もある。花序を除いて星状毛が生える／根出葉は柄がなく長楕円形で長さ3 cmほど／花の径は5 mmほどで花弁は4枚。がく片には長毛がある／果実は平たい長楕円形で長さ1 cmほど。長い柄の先につく／犬薺(ナズナに似るが食用にならないから)／❋ 4/下～5/中, ↯道端や空地(二次的に生えたと推定される), ❖北・本・四・九, ✿5.9, 十勝地方足寄町

ハマタイセイ　　アブラナ科
エゾタイセイ
Isatis tinctoria

茎は直立して高さ50 cmを超える2年草。全体に無毛で茎の上部で枝を出す／葉は粉白色をおび茎を抱きながら互生し，長さ10 cm前後。下の葉は円みをおび，鋸歯がある／花は総状花序に多数つき，径3～4 mmで花弁は4枚／果実は扁平なへら形で細い柄でぶら下がる／浜大青／❋ 6/下～7月, ↯海岸の斜面や砂地, 草地, ❖北(利尻島・礼文島からオホーツク海沿い), ✿7.13, 礼文島西海岸

ヤマガラシ　　　　　アブラナ科
ミヤマガラシ
Barbarea orthoceras

高さ50cmほどになる多年草で全体が無毛／葉は羽状全裂し、頂裂片が特別大きく、根出葉には柄があり茎葉の基部は耳状となって茎を抱く／花の径は5mmほど、がく片は楕円形。花柱は子房よりも短い／果実は棒状で長さ3〜5cm／山芥子／❋6〜7月、🌱山地の谷沿いや岩地、❄北・本(中部以北)、❀6.2、日高山脈ペテガリ岳／近似種**ハルザキヤマガラシ**(フユガラシ、セイヨウヤマガラシ)①のがく片の先にはこぶ状突起があり②、花柱は子房とほぼ同長／❋5月〜7/上、🌱道端、空地、河原などにしばしば群生、❖原産地はヨーロッパ・西アジア、❀5.19、札幌市真駒内

クロガラシ　　　　　アブラナ科
Brassica nigra

サイズの差が大きく、高いものは1mを超える1年草。大きく分枝して横にも広がる／葉には粗い毛があり、下部の葉は大きく長さ30cmほど。頂裂片が大きく羽状に分裂する／花の径は1cmほどで開花時にがく片も平開する①／果実は棒状で長さ2cmほど、花序の軸に圧着する／黒芥子／❋5〜9月、🌱道端や空地、❖原産地はヨーロッパ・西アジア、❀7.15、釧路市釧路／同属の**セイヨウアブラナ**②は高さが1m以上になる1〜2年草。茎も葉も粉白色でほとんど無毛／葉は基部が太く長い三角形で波状鋸歯縁、基部は耳状となって茎を抱く／花期、がく片は直立し、花弁は長さ1.5cmほど／果実は棒状で斜上する／アブラナ、菜種あるいは菜の花として栽培された／西洋油菜／❋5〜7月、🌱道端や空地、畑地、❖原産地はユーラシア、❀7.17、小樽市

67

クジラグサ　　　アブラナ科
Descurainia sophia

高さ50cm前後になる1～2年草。全体に様々な毛が生えているので灰色をおびて見える／葉は2～4回羽状に細かく裂け、終裂片は線～糸状／花弁は白いが黄色いがく片よりも短いので花全体は淡い黄色に見える①／果実は棒状で弓形となって内側に曲がる／鯨草(葉の様子を鯨鬚に見たてたから)／❋6～7月、道端や空地など、原産地はヨーロッパ・北アフリカ・西アジア、7.3、釧路市釧路

エゾスズシロ　　　アブラナ科
Erysimum cheiranthoides

高さ50cm前後になる1～2年草。茎は伏毛に被われ、明らかな稜がある／葉は下部から広披針形～線形へと変わり、下部の葉には波状の鋸歯がある／花は径4mmほど。長楕円形のがく片に伏毛が密生する／果実は棒状で長さ3cmほど／蝦夷蘿蔔、蝦夷清白／❋6～9月、道端や空地、海岸、原産地は北半球の温帯。道北～オホーツク海沿いのものは在来と推定される、6.14、苫小牧市

オハツキガラシ　　　アブラナ科
Erucastrum gallicum

高さ50cm前後になる1年草。全体に粗い毛がある／大きな茎葉が下部に集まって羽状に深裂し、裂片は先が円く、さらに浅く切れ込む／花は径8mmほど。柄の基部に葉状の苞がつき、下部のものほど大きく、羽状に深裂する／果実は棒状、長さ4cmほどで斜上する／御葉付芥子(花柄基部に葉状の苞がつくから)／❋6/下～8月、道端や空地、荒地、原産地は中央ヨーロッパ、7.5、釧路市釧路西港

イヌガラシ　　　　　　　　　アブラナ科
Rorippa indica

高さ50cmほどになる多年草。枝を分けて斜上することが多い／葉はおおむね長楕円形で，粗い鋸歯縁になるか頭大羽状に分裂する／花は径約5mm。果実は棒状で長さ1.5〜2cm，内側にゆるく曲がる／犬芥子／❋5〜6月，🌱道端や空地，❖北・本・四・九，◉6.26，渡島地方松前町／近似種**スカシタゴボウ**①は1〜2年草／葉は羽状に深裂して基部は茎を抱く／果実は長さ1cm以下で太い／透田牛蒡／❋5〜10月，🌱道端や空地，❖北・本・四・九，◉5.26，札幌市／**キレハイヌガラシ**(ヤチイヌガラシ)②は多年草で，根茎は太く長くて分枝するのでふつう群生する。全体が無毛で茎の下部は倒れることが多い／葉は羽状に深裂し，裂片には牙歯がある／果実の長さは1.3cm前後／❋6〜9月，❖原産地はヨーロッパ，◉6.14，千歳市

ノハラガラシ　　　アブラナ科
Sinapis arvensis

高さ50cm前後になる1年草。茎は無毛か粗い毛がまばらに生える／葉は鋸歯縁，下部の葉には柄があって頂裂片が特に大きく羽状に深裂し，上部の葉は柄がなく裂けない／花は径1cmほど／果実は浅いくびれのある棒状で，明らかな3脈がある／野原芥子／✽6～7月，🌱空地や荒地，❖原産地は地中海地方，🔵6.29，小樽市／同属の**シロガラシ**は上部の葉も羽状に裂け，果実は有毛で瓢箪形／❖原産地は地中海地方

ハタザオガラシ　　　アブラナ科
Sisymbrium altissimum

高さ50cm以上になる1年草。茎はよく分枝して長い枝を出す／葉は羽状に全裂し，下部の葉の裂片は披針形でふつう粗い鋸歯縁①，上部の葉の裂片は糸状線形／花は径8mm前後で花弁は4枚，がく片の先端に角状突起がある／果実は棒状で長さ6～8cm。花序の軸には圧着しない／旗竿芥子／✽6～9月，🌱道端や空地，❖原産地はヨーロッパ，🔵9.20，苫小牧市

カキネガラシ　　　アブラナ科
Sisymbrium officinale

高さ50cmくらいになる1年草。茎や枝に下向きの粗い毛がある。枝は水平方向から上に伸びる傾向がある／葉は羽状に深～全裂するが，裂片の形とつき方は不規則。下部の葉は長さ20cmほどになる／花は径4mmほど。がく片は長楕円形で毛が多い／果実は短い棒状でやや扁平，花序の軸に圧着する／垣根芥子／✽6～9月，🌱道端や空地，❖原産地はヨーロッパ，🔵7.15，釧路市釧路西港

セイヨウノダイコン　　アブラナ科
Raphanus raphanistrum

高さ50〜60cmになる1〜2年草。全体に粗い毛がある／根出葉は長さ30cm前後になり頭大羽状に深裂し，裂片の縁には粗い鋸歯がある／花は径1.5〜2cm。色は白色①から黄色，時に紫色の筋が入ることもある／果実は太い棒状で種子の間がくびれる②／西洋野大根／✳︎6〜8月（〜10月），🌱道端や空地，❖原産地はヨーロッパ・北アフリカ・中近東，◉10.14，札幌市真駒内

ヤドリギ　　ビャクダン科（ヤドリギ科）
Viscum album ssp. coloratum

広葉樹の幹や枝に生え，常緑で雌雄異株，半寄生の小低木。節のある枝が二股，二股と分枝して球形の樹形に育つ／葉は対生し，倒披針形で3〜5脈があり，長さ5cmほど／花は小さく径5mmほど。花被片は4個（①雄花，②雌花）／果実は液果で黄色く熟す／寄生木／✳︎4〜5月，🌱低地〜山地の広葉樹林内，❖北・本・四・九，◉（果期）1.18，札幌市／果実が赤く熟すものを品種**アカミヤドリギ**③といい，果期はこちらの方が目立つ

ミヤマキンポウゲ　　キンポウゲ科
Ranunculus acris var. nipponicus

高さが40cm前後になる多年草で地下に走出枝はない。茎や葉柄に曲がった毛がある／根生葉は茎葉より小さく、長い柄をもち、掌状に3〜5裂，さらに切れ込みがある。茎葉も3〜5裂する／花は径2cmほどで光沢のある花弁とがく片が5枚ある／痩果の残存花柱は鉤形に曲がる①／深山金鳳花／❋6/下〜8月，🌿高山の草地，❖北・本（中部以北），🔵7.7，夕張岳／小型で花を1〜2個つけるものは品種**コミヤマキンポウゲ**②／🔵8.3，夕張岳／基準変種の**セイヨウキンポウゲ**③は茎葉より根生葉が大きいほか，葯や蜜腺の形・大きさが異なる／❋6〜8月，🌿道端や牧草地，❖原産地はヨーロッパ，🔵6.20，鹿追町／近似種**ソウヤキンポウゲ**が道北の沢沿いに分布。このほか葉が3中裂して裂片が重なる**ヒロハキンポウゲ**と3全裂した線形の裂片に柄がある**ホソバキンポウゲ**が道内に帰化している

シコタンキンポウゲ　　キンポウゲ科
Ranunculus grandis var. austrokurilensis

高いもので50cmほどになる多年草で，地下に走出枝がある。茎には斜上毛または伏毛がある／長い柄がある根生葉は3深裂し，裂片はさらに裂ける／花は径2cm前後で花弁は光沢があり，がく片の2倍長／痩果の残存花柱はゆるく曲がる①／色丹金鳳花／❋6〜7月，🌿海岸に近い草地や砂地，湿地，❖北・本（北部），🔵6.25，釧路市釧路／近似種**ウマノアシガタ**は茎や葉柄に開出毛が生え，地下に走出枝がない。北海道では南部に分布するが局所的で少ない

エゾキンポウゲ　　　　キンポウゲ科
Ranunculus franchetii
高さ25cm前後になるやや軟弱な多年草。茎は上部で分枝する／根出葉は掌状に3深裂するかまたは3出複葉で長い柄がある。茎葉は3深裂し，裂片の先はとがらず，上部の葉には柄がない／花は茎の先に3個ほどつき，径2cmほどで花弁とがく片は5枚／痩果は球形で短毛が密生する／蝦夷金鳳花／✱5～7月，🌱山地の湿った所，沢沿いに時々大群生する，❖北(主として日本海側)，◉5.21，石狩地方当別町

ハイキンポウゲ　　　　キンポウゲ科
Ranunculus repens var. major
根元から長い匍匐枝を出したり，茎が地表を這いながら伸び，節から発根する多年草。茎の長さが50cmほどになる。変異が大きく，湿地に生えるものは大型で茎は太くて毛が少なく，道端に生えるものは茎に毛が多く帰化の可能性がある／葉は3出複葉，小葉はさらに裂ける／花の径は2cmほど／痩果には縁どりがある／這金鳳花／✱5/下～7月，🌱低地の湿地，水辺，林内，道端，❖北・本(関東以北)，◉6.15，釧路地方浜中町／ヨーロッパ原産の基本亜種**コバノハイキンポウゲ**が道内各地に帰化している

イトキンポウゲ　　　　キンポウゲ科
Ranunculus reptans
糸のように細い茎が地面を這いながら節から発根する多年草／根出葉は細い線形で長さは10cm未満。茎葉は長さ2～3cm／花は径7mmほど。花弁は5～9枚で狭長卵形，がく片は5枚ある／糸金鳳花／✱7～8月，🌱池や沼の縁，湿地，❖北(札幌市近郊・野付半島)・本(関東)，◉8.11，札幌市／同属の**カラクサキンポウゲ**は浅い水中に生え，葉は3～5裂し，裂片はさらに深裂して全体に唐草模様に見える／花は7月に咲き，径7mmほどと小さい。国内では道東の霧多布湿原に知られていたが，生育環境破壊のため絶滅したとされている。しかし再発見の可能性もある

タガラシ　　　キンポウゲ科
Ranunculus sceleratus

高さ40cmくらいになる1〜2年草。上部はよく分枝するが軟弱で倒れやすい／葉はやや多肉質で，根出葉は腎形で掌状に3〜5中〜深裂。茎葉は3深裂で裂片はさらに裂けるが先はとがらない／花は径8mmほどで花弁とがく片は5枚，雄しべと雌しべは多数あり，花床が大きく盛り上がる／集合果は径5mm，長さ1cmほどの楕円形／田芥子／✳6〜8月，🌱低地の水辺，水田，川岸，❖北・本・四・九，📷6.22，釧路地方浜中町

キツネノボタン　　　キンポウゲ科
Ranunculus silerifolius var. glaber

高さ50cmほどになる多年草。茎は直立して枝を分け，ほとんど無毛／根出葉は長い柄があり3出複葉。小葉はさらに大きく裂け，裂片の先はとがる／花は径9mmほどで，がく片が反り返る／集合果は球形で金平糖状。残存花柱はくるりと曲がる①／狐牡丹／✳7〜9月，🌱湿地や湿った林内，❖北・本・四・九，📷9.11，後志地方蘭越町／茎に斜上する毛がある型を変種**ヤマキツネノボタン**②という

コキツネノボタン　　　キンポウゲ科
Ranunculus chinensis

茎が直立して高さ50cmほどになる多年草。茎や葉柄に粗い開出毛が目立つ／葉は3出複葉，小葉はさらに深裂し，鋸歯縁で先はとがる。下部の葉には長い柄がある／花は径1cmほどで花弁はがく片と同長／集合果は楕円形，残存花柱は短くて曲がらない①／小狐牡丹／✳7〜8月，🌱日当たりのよい湿地，❖北(中部以南)・本・四・九，📷7.1，胆振地方白老町

フクジュソウ　　キンポウゲ科
Adonis ramosa

高さ10〜30cmになる多年草。雪解け後被われていた鱗片葉から花と葉を出す／葉は3〜4回羽状に細裂し、終裂片は披針形でほとんど無毛（①右）／花は1茎に1〜6個つき、径3〜4cm。花弁は20〜30個あり、がく片よりやや長い／花後、有毛の集合果ができる②／福寿草／※ 4〜5月、明るい広葉樹林下、北・本・四、4.18、札幌市藻岩山／近似種キタミフクジュソウ③は1茎に1花のみつき、葉は特に裏面に毛が多く展葉時は白っぽく見える（①左）／北見福寿草／※ 3/下〜5月、明るい広葉樹林下や海岸の草地、北（道東・道北）、4.12、十勝地方豊頃町

エゾノリュウキンカ　　キンポウゲ科
ヤチブキ
Caltha fistulosa

高さ50〜80cmになる水分の多い多年草。全体が無毛／葉は腎形で大きく、鋸歯縁。根元から出る葉には長い柄がある／花は集散状に多数つき、径3〜4cm。花弁はなく、花弁状のがく片が5個ある／花後、袋果の集まりができる／蝦夷立金花／※ 5〜7月、低地〜高山の沢沿いや湿った所、北・本（北部）、5.4、留萌地方羽幌町／近似種リュウキンカの変種エンコウソウ①は全体が小型で軟弱。花茎が地面を這いながら長く伸び、節から発根する／葉の鋸歯は目立たない／花の径は2〜3cm、花数は1〜3個と少ない／猿猴草／※ 5〜7月、低地の水辺、北・本、5.12、網走地方大空町女満別

チシマノキンバイソウ　キンポウゲ科
キタキンバイソウ
Trollius riederianus

高さ20〜80cmになる多年草／根出葉は径3〜13cmで3全裂し，さらに側裂片が2深裂する。縁は切れ込み状鋸歯となる／花は径4cmほどで花弁状のがく片が5〜7枚あり，花弁は線形で雄しべと並び，長さも雄しべと同長／袋果は15個前後。残存花柱の長さは2mm以下①／**千島金梅草**／❋7〜8月，↡高山の草地，❖北(大雪山以東・以北)，◉7.22, 東大雪山系ニペソツ山／近似種**シナノキンバイ**②は袋果が直立したままで，残存花柱は長く2mm以上になる③／**信濃金梅**／❖北(増毛山地以南・夕張山地以西)・本(中部以北)／前種によく似た種**ヒダカキンバイソウ**の袋果群は漏斗状に開き，残存花柱の長さは2mm以上④／**日高金梅草**／↡❖北(日高山脈の高山帯・沢の源頭やカール底など)／**レブンキンバイソウ**のがく片は5〜10枚あるがあまり平開せず，花弁は明らかに雄しべよりも長い⑤／**礼文金梅草**／❋6/中〜7/中，↡❖北(礼文島の高山に準ずる草地)／**ボタンキンバイ**⑥はがく片の数が9〜16と多く，平開せずに半球形に開く。雌しべの先が紅色／❋7/中〜8/上，↡❖北(利尻山上部の草地)，◉7.23, 利尻山／道北の渓谷には局所的に，大型で平均10枚ほどのがく片がボタン咲きとなる仮称**ソウヤキンバイソウ**⑧／◉6.27, 浜頓別町，道東北の渓谷にはがく片5〜7枚の仮称**テシオキンバイソウ**⑦が分布する／◉6.27, 宗谷地方中川町

コウホネ　　　　　スイレン科
Nuphar japonica

水中に生える多年草。太い根茎が沼底を這う／葉は2形あり，沈水葉は細長く膜質で縁が波打つ。水面上に出る葉は厚みがあり，長卵形〜長楕円形で基部は矢じり形，長さは20〜30cm／花は径4〜5cmで花弁状のがく片が5枚，小さな花弁が多数あり，雄しべ群と柱頭盤を囲んでいる／河骨／❉6〜8月，池や沼の水中，❖北(西部)・本・四・九，❀6.23，苫小牧市錦大沼／近似種**ネムロコウホネ**(エゾコウホネ)①の葉は水面に浮かび，空中に突き出ない。浮葉は広卵形〜卵円形／花の径は2.5cmほどで柱頭盤は黄色い／根室河骨／❉7〜8月，❖北・本(北部)，❀8.21，ニセコ山系／その変種**オゼコウホネ**の柱頭盤は紅紫色②／❖北(空知地方雨竜町雨竜沼・宗谷地方猿払村キモマ沼)・本(尾瀬・月山)／その品種**ウリュウコウホネ**は雨竜沼に産し，子房が赤みをおびて果実が暗紅色になる③

スベリヒユ　　　　　スベリヒユ科
Portulaca oleracea

水気が多く軟弱な茎が地面を這い，長さが30cmほどになる1年草。多くの枝を分けて四方に広がる／葉は多肉質で光沢があり，長さ1.5cmほどの倒長楕円形で鋸歯はなく，互生，対生または束生する／花は午前中日が当たると開花し，暗いと開花せず，径6〜7mm。柱頭は5裂する／果実は熟すと蓋がとれて種子を吐き出す①／滑莧／❉7〜10月，道端や畑の縁など，❖日本全土，❀7.2，札幌市真駒内

ツルナ　　　ハマミズナ科(ツルナ科)
Tetragonia tetragonoides

茎の下部が地表を這い，枝とともに上部で斜上して長さ50 cmほどになる多肉質の多年草。全体に粒状の突起があってざらつく感触がある／葉は厚みがあり，ほぼ三角形／花は径8 mmほどで花弁はなく，がく片が4～5裂し，内側が黄色い花冠に見える①／果実に角状の突起がある／蔓菜／❋ 7～10月，海岸の砂地，❖北(渡島半島にきわめて稀)・本・四・九・沖，◉10.11，檜山地方上ノ国町

キショウブ　　　アヤメ科
Iris pseudacorus

高さ1 mほどになる多年草。横に這う根茎を伸ばして大きな株をつくる／幅2～3 cm，長さ60 cmほどの線形の長い葉があり，明らかな主脈がある／花茎は葉よりやや高くなり，花は茎の先に数個つき，径8 cmほど。外花被片は大きく垂れ下がり，時々紫色の脈が現れる。内花被片は小さく，直立する／黄菖蒲／❋ 6～7月，水田・畑地や河川の周囲，❖原産地はヨーロッパ，◉6.21，札幌市西野

バイモ　　　ユリ科
アミガサユリ
Fritillaria thunbergii

茎は直立して高さが30～80 cmになる多年草／葉は対生または輪生して線状披針形，長さ10 cmほど。柄がなく先端は細くとがり，上部の葉では下に巻き，しばしば他の物に巻きつく／花は数個が上部の葉腋に1個ずつつき，花被片は6枚，長さ2.3 cmほど。内側に紫色の網目模様がある①。雌しべは6本，柱頭は3裂する／薬用として栽培されたものが野生化したと推定される／貝母(漢方薬名の音読み)／❋ 4～5月，人里周辺，❖原産地は中国，◉5.18，渡島地方松前町

ゼンテイカ　　ススキノキ科(ユリ科)
エゾゼンテイカ，エゾカンゾウ，ニッコウキスゲ
Hemerocallis dumortieri var. esculenta
高さ50～70cmになる多年草／葉は根元から出て2列に並び，軟らかく扁平で幅1.5～2.5cm，先が垂れる／花は茎頂に数個つき，長さ7～9cm。花序とともに柄はきわめて短い。花被片は内外3枚ずつで，基部の筒部は長さ1.5cmほど。朝開花して夕方閉じる一日花とされるが，しばしば2日間咲き続ける／禅庭花／❋6～8月，🌿海岸～高山の草地や湿地，❖北・本(中部以北)，◎8.24, 利尻島

エゾキスゲ　　ススキノキ科(ユリ科)
Hemerocallis lilioasphodelus var. yezoensis
高さ50～80cmになる多年草。茎は直立して株立ちとなる／葉は根元から多数出，幅1.5cmほどの線形で無毛／花は前種ゼンテイカに似るが，茎頂の長い枝のある花序に数個つき，径7～8cm。花被片は内外3枚ずつ。基部の筒部は長さ2～3cm。夕方開花して翌日の昼過ぎ閉じる／蝦夷黄菅(黄色い花をつけ葉がスゲに似ていることから)／❋6～8月，🌿海岸に近い草地，❖北(太平洋側とオホーツク海側)，◎7.8, 胆振地方白老町

ヤブカンゾウ　　ススキノキ科(ユリ科)
ワスレグサ
Hemerocallis fulva var. kwanso
高さ1m近くになる多年草／葉は根元から出て扁平，長いもので1m，幅3cmほど／分枝した花序に数個の花をつける。花の径は10cmあまりで，花被片は6枚だが雄しべの一部または全部が花弁化して八重咲き状となる。雌しべはなく，結実しないので地下茎で栄養繁殖して増える／藪萱草(漢名の意訳から。萱は忘れるの意味)／❋7～8月，🌿道端や畑の縁，荒地，❖北・本・四・九，◎8.6, 十勝地方足寄町

79

オニユリ ユリ科
Lilium lancifolium

高さ1〜2mになる多年草。地下に大きな鱗茎(ユリ根)がある／葉は広線形で長さ7〜15cm，葉腋に黒紫色のむかごをつける／花は茎頂に10個程度つき，径10cmほど。花被片は6枚あって外側に反り返り，内側にこげ茶色の斑点がある／果実はできず，むかごで増える／古い時代に中国から食用として移入／鬼百合／✤8〜9月，🌱道端や畑の周辺，❖原産地は中国，📷8.18，苫小牧市／近縁の**コオニユリ**①はやや小型で，むかごができない／❖北(帰化)・本，📷7.24，十勝地方鹿追町

クルマユリ ユリ科
Lilium medeoloides

高さ30〜80cmになる多年草。地下の鱗茎は径2cmあまり／披針形で長さ10cm前後の葉が茎の中ほどに5〜10枚車輪状に1〜3段つく／花は下向きに1〜数個つき，径5cmほど。6枚の花被片は外側に巻くように反り返り，内側には斑点がある／花後，楕円形の果実ができる／車百合／✤6〜8月，🌱低地〜亜高山の林縁や草地，❖北・本(中部以北)・四，📷7.23，北大雪山系ニセイカウシュッペ山／品種**チシマクルマユリ**の葉は細い

エゾスカシユリ ユリ科
Lilium pensylvanicum

高いもので1m近くになる多年草。時に群生する。地下に鱗茎がある。茎は直立し蕾とともに白い綿毛が目立つ①／葉は線形に近い披針形で長さ10cm以下／花は茎頂に上向きに1〜数個つき，径10〜13cm。漏斗状に開き，花被片は6枚で内側に斑点があり，片の間に隙間ができる／蝦夷透百合／✤6〜8月，🌱海岸〜山地の草原や岩場，❖北・本(北部)，📷7.12，稚内市

キバナノアマナ ユリ科
Gagea nakaiana
地中の径1cmほどの鱗茎から長さ20〜30cmにもなる線形の葉と苞葉が2枚つく花茎を1本ずつ出す多年草。しばしば群生する／葉はやや多肉質で粉白色をおび，幅は1cm以下／花は数個〜10個つき径2.5cmほど。花被片は6枚，雄しべは6本／花後，球形の果実をつけ，やがて地上部は倒れて夏までに枯れる／黄花甘菜／❋4〜5月，低地〜山地のやや湿った日の当たる所，北・本・四，5.7，旭川市

エゾヒメアマナ ユリ科
Gagea vaginata
高さがせいぜい15cmほどになる小型で軟弱な多年草。地下にある黒い鱗茎から長い葉1枚と1本の花茎を出す／葉は幅2〜3mmで葉脈間が溝状にへこむ。花茎上部には大小2枚の苞葉がつく／花は1〜3個ついて径1.5cmほど。花被片は6枚で内片・外片とも狭披針形／夏には地上部は枯れる／蝦夷姫甘菜／❋5〜6月，山地の林縁など，北(道央以北・以東)，5.24，礼文島／きわめてよく似た別種ヒメアマナ①の葉脈間はへこまないとされ，外花被片は倒披針形で幅が広いようだが判別は難しい／北(道央以南・以西)・本・九，5.10，日高地方様似町

キンセイラン ラン科
Calanthe nipponica
大きいもので高さ50cm前後になる多年草／葉は広披針形で長さ15〜30cm。縦にたたまれたような襞が走り，花後出た葉が緑色のまま越冬する／花はまばらに数個〜10個つき，がく片3枚はほぼ同形で広披針形，先がとがり平開する。側花弁2枚は線形で唇弁は大きく3裂し，縁に不規則な切れ込みがあり，基部に黄褐色の部分がある①／金精蘭／❋7月，山地〜亜高山の樹林内，北・本・九，7.26，札幌市

サルメンエビネ ラン科
Calanthe tricarinata

高さ30〜50cmになる多年草。根元に偽球茎がある／長楕円形の大きな葉が2〜4枚あり、襞状に縦折れしている。葉は緑のまま越冬する／花は茎の上部にややまばらにつき、3枚のがく片と2枚の花弁は緑色がかった黄色。唇弁は3裂して猿の顔よろしく赤茶色をし、中央の裂片が特大で縁は細かく波打つ①／猿面海老根／❋5〜6月、低地〜山地の広葉樹林下、北・本・四・九、5.19、札幌市真駒内

カラフトアツモリソウ ラン科
カラフトキバナアツモリソウ
Cypripedium calceolus

花茎が30cmほどの高さになる多年草／葉は3〜4枚つき長楕円形で長さ10〜15cm、先がとがる／花は1〜2個つき、柄の基部に長さ5cmほどの目立つ苞葉がつく。袋状の唇弁は黄色で褐色の斑点があり、それ以外の花弁とがく片はこげ茶色／樺太敦盛草／❋6月、礼文島北部の草地、6.9、礼文島北部／本種は1980年ころ初めて礼文島で見つかり、在来のものか外来(播種されたとの情報あり)のものかは不明。本種とアツモリソウ(広義)との交雑種も比較的最近見つかった②。世界的にはヨーロッパ〜シベリア〜サハリンに分布する／道東(北見・阿寒地方)にもよく似た植物があるが、中国山西省を基準産地とする別種と考えられ、これの和名は**ドウトウアツモリソウ**(エゾアツモリソウ、サンセイアツモリソウ)①とされたが札幌市近郊からも分布情報がある。前種とはすべての花弁とがく片が茶褐色であることから明確に判別でき、生育環境も広葉樹林下である／6.25、釧路市阿寒

カキラン ラン科
スズラン
Epipactis thunbergii

高さ30〜60cmになる多年草。根茎が横に伸びて節から根を出す／上部の葉は長楕円形で長さ10cm前後,縦脈が目立ち基部は鞘状となって茎を抱く／花はややまばらにつき,径1cmほど。がく片はクリーム色で2枚の花弁は柿色。唇弁は上下の2唇に分かれ,白色で紅紫色の目立つ模様がある／柿蘭(花の色から。別名はつぼみの形状がスズランに似ているため)／❋7〜8月, 低地〜山地の日当たりのよい湿った所, 北・本・四・九, 7.19,渡島地方長万部町

ツチアケビ ラン科
Cyrtosia septentrionalis

高いものは50cmを超える葉緑素をもたない寄生ラン。養分をナラタケ菌に依存していると考えられている。茎は硬く上部で分枝する／花は径2cmほど。柄と子房がねじれないので唇弁が上に位置する。唇弁は大きく黄色,残りの花弁とがく片は薄茶色〜褐色／果実はウインナソーセージ状の形となってぶら下がり,長さ5cm以上になる①／開花後は休眠するので毎年は咲かない／土木通／❋7〜8月, 山地の樹林下, 日本全土(北海道は空知地方以南), 8.10,砂川市石山山麓

コケイラン ラン科
Oreorchis patens

高さ30〜40cmになる多年草／葉は偽球茎から直接2枚出て,長さ25cm,幅2cmほどで枯れずに越冬し,翌年の春に枯れる／花序は10〜20cmで多数の花をつける。花は長さ8mmほどで,がく片3枚と側花弁2枚は披針形で黄色,唇弁は白色で紅紫色の斑点があり,基部近くに細長い副片がつく①／小蕙蘭(蕙はシランの仲間のことで,葉の形が似ていることから)／❋6〜7月, 山地の林内でやや湿った所, 北・本・四・九, 6.6,札幌市砥石山

85〜207 ▶

[白い花]
◉white flowers

他の色に収録の花（数字は収録頁）

シロバナニガナ 23	 チョウセンカワラマツバ 35	 セイヨウノダイコン 71	 ヒヨドリバナ 217
 ヒメジョオン 218	 チシマオドリコソウ 230	 セイヨウヒルガオ 235	 ホツツジ 244
 オオイヌタデ 277	 タニソバ 278	 エゾイブキトラノオ 281	 アオイスミレ 324
 イワオウギ 358	 ヘラオオバコ 392	 ヌマハコベ 394	 ワタスゲ 433

ノコギリソウ　　　　　キク科
Achillea alpina ssp. alpina

高さ50 cm～1 mの多年草。茎に軟毛があり，特に花序に多い／茎葉は長さ6～10 cmで，細かく羽状に中～深裂し羽片は鋸歯縁。基部に1～2対の顕著な葉片がつく／頭花は散房状に多数つき径7～9 mm，筒状花を5～7個の舌状花が囲んでいる。舌状花の花冠は長さ3.5～4 mm。花色や葉縁の裂け方の変異が大きい／鋸草／❋7～9月，低地～山地の草原，北・本，7.20，渡島地方松前町，亜種**シュムシュノコギリソウ**①②は頭花の径が15 mmほど。舌状花は8～12個あり，葉の羽片は鋭角につき，鋸歯も鋭い／海岸や山地，北(道北)，9.29，利尻島

エゾノコギリソウ　　　　キク科
Achillea ptarmica ssp. macrocephala var. speciosa

高さ30～80 cmの多年草／茎葉は長楕円形で長さ5 cm前後，幅5～11 mmで，羽状に裂けず細かい鋸歯縁。基部に葉片はない／頭花は散房状につき，径2 cmほど。筒状花を囲む舌状花は2列に12～19枚並び，花冠の長さは6～7 mm／蝦夷鋸草／❋7/下～9月，海岸や原野，北・本(中部・北部)，8.18，礼文島／変種**ホソバノエゾノコギリソウ**は蛇紋岩変形植物で全体に小型，葉は細く線形で，頭花も小さく舌状花も少ない。道北の蛇紋岩地帯に分布

セイヨウノコギリソウ　　　キク科
Achillea millefolium

高さ30～80 cmの多年草。地下茎が伸びて新苗をつくるが種子でも増える。全体に縮れた白毛がある／葉は長楕円形で長さ10 cm前後。2～3回羽状に深～全裂し，終裂片は糸状①／頭花は散房状に密に多数つき，径5 mmほど。筒状花を5枚ほどの舌状花が囲む。花色は白色～淡紅色②／西洋鋸草／❋6～8月，道端や空地，原産地はヨーロッパ，7.2，札幌市真駒内

ヤマハハコ　　キク科
Anaphalis margaritacea ssp. margaritacea

高さ30〜70cmで雌雄異株の多年草。茎には灰白色の毛が密生する／葉はやや厚く，長さ6〜9cm，幅1〜1.5cmの狭披針形。縁が下にめくれ，裏面は綿毛が密生して白い／頭花は径7mmほどで筒状花のみからなり，降雪時まで枯れずに残る①／膜質の白い総苞片が取り囲む(②雄花，③雌花)／山母子／❋7〜9月，低地〜高山の日当たりのよい所，❖北・本(中部・北部)，8.20，夕張岳／亜種カワラハハコ④は葉の幅が2mm以下で茎の中部から分枝するとされるが，道内のものは葉の幅が3〜5mmほどあり典型的ではない／河原母子／8.27，上川地方東川町忠別川

タカネヤハズハハコ　　キク科
Anaphalis lactea

高さ15〜30cmで雌雄異株の多年草。全体が灰白色の綿毛に被われ，くすんだ緑色に見える／茎葉は倒披針形で長さ6〜10cm，幅1〜2cm。先はとがり，柄がなく基部は茎に流れる／頭花は密な散房花序につき，筒状花のみからなり，長さ7mmほど。下部が淡紅色の白い総苞片が6〜7列になって囲む／高嶺矢筈母子／❋6/下〜8月，蛇紋岩地やかんらん岩などの超塩基性のれき地や草地，❖北・本(中部・北部)，7.2，深川市鷹泊／日高地方アポイ岳のものは葉の先が円みをおびるので品種アポイハハコと分ける見解もある

エゾノチチコグサ　　キク科
Antennaria dioica

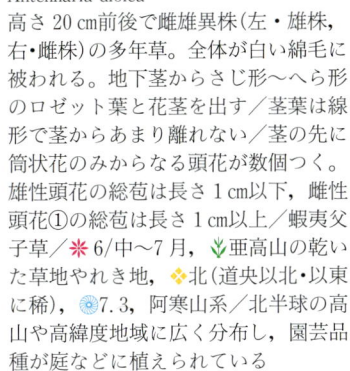

高さ20cm前後で雌雄異株(左・雄株,右・雌株)の多年草。全体が白い綿毛に被われる。地下茎からさじ形〜へら形のロゼット葉と花茎を出す／茎葉は線形で茎からあまり離れない／茎の先に筒状花のみからなる頭花が数個つく。雄性頭花の総苞は長さ1cm以下,雌性頭花①の総苞は長さ1cm以上／蝦夷父子草／❇︎6/中〜7月,🌱亜高山の乾いた草地やれき地,❖北(道央以北・以東に稀),🔵7.3,阿寒山系／北半球の高山や高緯度地域に広く分布し,園芸品種が庭などに植えられている

ノブキ　　キク科
Adenocaulon himalaicum

高いもので1m近くになる多年草／葉は下部に集まり,三角状心形で縁に不規則な歯があり,裏面は綿毛が密生して白く見える。柄にはひれがつく／頭花はまばらに多数つき径7〜8mm。中心部に雄性の,周りに雌性の筒状花がつく①／果実は棍棒状で粘る腺毛が密生し,動物や衣服に付着して運ばれる②／野蕗／❇︎8〜9月,🌱低地〜山地の林内や道端,❖日本全土,🔵8.31,札幌市砥石山

キッコウハグマ　　キク科
Ainsliaea apiculata

高さ10〜30cmの常緑の多年草。花茎は直立し,葉は下部に集まる／葉身は亀の甲羅を連想させる五角形状で表面に長毛がまばらに生え,長さ・幅ともに2〜4cmで長い柄がある／頭花は3個の筒状花からなり,総苞片は長さ1mmほどと小さい。しかし通常は開花せず閉鎖花で結実する／亀甲羽熊／❇︎9〜10月,🌱山地の樹林下,❖北(檜山地方)・本・四・九,🔵10.23,檜山地方厚沢部町

87

コハマギク
Chrysanthemum yezoense　キク科

高さ10〜30cmの多年草。地下茎で増えて群生することが多い／葉は多肉質で長さ5cm前後，5つに浅〜中裂し裂片の先はややとがる。下部の葉には長い柄がある／頭花の径は4cmほど，多数の筒状花の周りを舌状花がぐるりと囲む／小浜菊／❋9〜10月，🌱太平洋海岸の岩れき地や崖，❖北・本（茨城県以北），◉10.5，渡島地方知内町／近似種の**チシマコハマギク**①の葉は不揃いに3〜5浅裂し，裂片の先は円い。頭花の径は4〜5cmで開花は1カ月ほど早い／🌱❖根室半島と知床半島の海岸断崖，◉8.22，根室半島／近似種**ピレオギク**（イワギク，エゾノソナレギク）②はコハマギクに比べて葉の切れ込みが深く，羽状深裂し，裂片がさらに切れ込む形が多い③。日本海側に分布する／❖北・本・四・九，◉10.3，小樽市赤岩

イヌカミツレ
Tripleurospermum maritimum ssp. inodorum　キク科

高さ30〜60cmの1〜2年草。開花時はほぼ無毛で無臭／葉は倒披針形で長さは10cm以下，2〜3回羽状に全裂し，終裂片は線形で幅0.5mm前後／頭花の径は3.5cmあまりで，両性の筒状花群の周りを雌性の20個ほどの舌状花が囲んでいる。花床は半球形状に盛り上がり，鱗片はない／痩果に3脈がある／犬カミツレ（オランダ語のカミルレの転訛）／❋6〜8月，🌱道端や空地，❖原産地はヨーロッパ，◉7.5，恵庭市／ハーブとして栽培される**カミツレ**には香りがある。よく似た**カミツレモドキ**①は全草悪臭があり，花床に細長い鱗片がまばらにある②／❖上記2種の原産地はヨーロッパ等，◉6.29，小樽市／以上3種は別属である

シカギク　　キク科
Tripleurospermum tetragonospermum

よく分枝して高さ20〜50cmになる1年草／葉は長さ10cm以上になり，3回羽状に全裂し，終裂片は線形で幅は1mmほど／頭花の径は4cm前後あり，多数の筒状花を舌状花が囲む。総苞片は4列に並び，花後，花床が半球状に盛り上がるが鱗片はない①／瘦果には4稜と2黒褐色点がある②／鹿菊／❋7〜8月，❧海岸の砂地やれき地，❖北・本（北部），❀8.5，十勝地方大樹町

フランスギク　　キク科
Leucanthemum vulgare

茎は直立して基部近くでまばらに分枝し，高さ30〜50cmになる多年草。群生することが多い／葉は濃緑色，根生葉は長倒卵形で円鋸歯，柄がある。茎葉は互生，長楕円形〜へら形で基部は茎を抱く／頭花は径5cmほどで多数の筒状花を舌状花が囲む／瘦果は黒色で10本の筋がある①／フランス菊／❋6〜8月，❧道端や空地，時に高山帯の道端や草地にまで侵出，❖原産地はヨーロッパ，❀6.20，札幌市石山

ナツシロギク　　キク科
Tanacetum parthenium

茎の下部が木質化し，高さ30〜70cmになる多年草／葉は長卵形で長さ5cm前後。羽状に深〜全裂し，裂片はさらに円い切れ込みをもち，もむと強い芳香がある／頭花は径2cm前後で両性の筒状花群を雌性の舌状花が囲む／瘦果は長さ1.3mmほどで5〜8本の稜があり，上部に微小ながく歯がある①／夏白菊／❋6〜8月，❧道端や空地，❖原産地はヨーロッパ，❀8.29，札幌市伏見

89

エゾゴマナ（ゴマナ） キク科
Aster glehnii

高いもので1.5mほどになる多年草。茎はよく分枝し，細毛がある／葉は大きいもので長さ20cm，長楕円形で先がとがり，短い柄がある／花は散房状に多数つき，径は2cm以下。筒状花の周りを舌状花が囲む①。総苞片には密に毛が生える／痩果にも毛が密生する②／蝦夷胡麻菜／❋8〜9月，低地〜山地の林縁や草地，❖北，8.19，十勝地方鹿追町／本州に分布するゴマナとは区別できないという

シラヤマギク キク科
Aster scaber

茎は直立して上部で枝を分け，高いもので1.5mほどになる多年草。全体に粗い毛があり，ざらつく感触がある／葉は心形〜卵状三角形で下部の葉は長さが20cmほどになり，基部はひれとなって柄に流れる／頭花は径2cmほどで筒状花を6枚前後の舌状花が囲む／痩果は無毛で冠毛は褐色をおびる／白山菊／❋8〜9月，低地〜山地の林縁など日当たりのよい所，❖北・本・九，9.13，日高地方様似町

サワシロギク キク科
Aster rugulosus

高さ50〜70cmの多年草で，地下茎が横に伸び，まばらに生える。茎は細くて無毛，まばらに枝を出す／葉は線状披針形で長さは10cm以上になり，硬くてざらつく。濃緑色で縁に目立たない歯がある／頭花は径2.5cmほど。筒状花を囲む舌状花はやがて淡紅色をおびることがある／沢白菊／❋8〜9月，湿原，❖北(道央)・本・四・九，8.25，空知地方月形町

ハキダメギク　キク科
Galinsoga quadriradiata

高さ15〜50cmの1年草。茎は対生する葉の部分から二股状に分枝しながら横にも広がり，開出毛や腺毛が生える／葉は卵形〜長卵形で長さ5cm前後，柄と両面に毛がある／頭花の径は5mmほど，柄に腺毛がある。筒状花を数個の先が3裂した舌状花が囲む①／掃溜菊／❋7〜10月，道端や空地，◆原産地は南アメリカ，8.13，札幌市真駒内

ヒナギク　キク科
デージー
Bellis perennis

高さ15cmほどの多年草／葉は倒卵形〜へら形で時に縁が波打ち，互生するが根元に集まる／頭花は茎頂に1個つき，径は4cm前後。両性の筒状花群を多数の雌性舌状花が囲む。舌状花の色は白色〜淡紅色，時に濃紅色。総苞片は葉状で2列に並ぶ／園芸用に導入されたものだが様々な品種がある／雛菊／❋4〜7月，道端や空地，芝生，◆原産地はヨーロッパ，4.23，胆振地方豊浦町

アポイアズマギク　キク科
Erigeron thunbergii ssp. glabratus var. angustifolius

ミヤマアズマギク(p.295)の変種で，高さ10〜15cmの多年草／根元から長さ3〜4cm，幅5mm以下の倒披針形の葉を出し，毛は少ない／頭花の径は2.5cmほどで，筒状花群の周りを舌状花が囲んでいる。舌状花はふつう白色だが時に写真左のような紅紫色の個体もあり，咲き終りのころ淡紅色をおびることもある／アポイ東菊／❋5〜7月，◆日高地方アポイ岳のかんらん岩地帯，5.18，アポイ岳

エゾウスユキソウ キク科
Leontopodium discolor

高さ15〜30cmの多年草。地下茎からロゼット葉(無花茎)と直立する花茎を出す。全体に白い綿毛がある／茎葉は10〜20枚互生し、披針形で裏面は綿毛に被われて白く、先と基部は次第に細くなる／頭花は筒状花のみからなり、綿毛に被われて真っ白な花弁に見える苞葉に囲まれ、中央は雄性、周囲は雌性①／北海道特産種／蝦夷薄雪草／✳6／下〜8月、🌱海岸〜亜高山の岩場やその周辺、時に風穴樹林帯、✦北(道北〜道東・中央高地)、📷8.2、礼文島／近似種 **オオヒラウスユキソウ**②の葉は15〜30枚つき、先は急に細くなる。通常、雌雄異株。北海道固有種／🌱✦後志地方大平山と夕張山地崕山の石灰岩地帯、📷8.24、大平山／同属の **ウスユキソウ**③の綿毛は全体に薄く、葉は基部近くが最大幅となる広披針形、通常、無花茎はない／✳7〜8月、🌱山地の岩場やその周辺、✦北(室蘭〜渡島半島)・本・四・九、📷7.30、鷲別岳(室蘭岳)

センボンヤリ キク科
ムラサキタンポポ
Leibnitzia anandria

春と秋に花をつける多年草／春型は花茎の高さ5〜20cm、葉は頂片が特大で不規則な羽状に裂ける／径1.5cmほどの頭花の筒状花を囲む舌状花は、裏面が紅紫色、表面が白だが紅紫色をおびることもある／秋型は花茎が高さ30cm以上に伸び、退化した筒状花のみの閉鎖花をつけ、葉も長さ15cmほどになる①／千本槍／✳5〜6月、9〜10月、🌱山地の日当たりのよい所、✦北・本・四・九、📷6.6、礼文島、①8.27、アポイ岳

ミミコウモリ キク科
Parasenecio kamtschaticus
var. kamtschaticus

高さ60cm～1mの多年草。茎は節ごとに稲妻形に折れ曲がる／葉は蝙蝠の羽根形で幅20cmくらい、縁は不揃いの欠刻牙歯。葉柄の基部が耳状となって茎を抱く／頭花は総状花序に多数つき長さ1cmほどで、先が5裂する筒状花のみからなる／耳蝙蝠／❋7～9月、山地の林中や林縁、❖北・本(北部)、8.31、江別市野幌／葉柄基部にむかごがつく型を変種コモチミミコウモリ①といい、北海道の大雪、日高、夕張、増毛、樺戸の山地に分布する

モミジガサ キク科
モミジソウ、シトギ
Parasenecio delphiniifolius

高さ30～80cmの多年草で上部に毛が多い／葉には長い柄があり、葉身は掌状に5～7裂して、大きいもので長さ20cm、幅30cmほどになり、縁は不整の牙歯がある／頭花は長さ約1cmの筒状花5個程度からなり、円錐状の花序につく／若時に山菜として利用されることもある／紅葉傘(葉の形がモミジに似て、若時傘状になることから)／❋8～9月、山地の林内、❖北(西南部～日高地方)・本・四・九、8.19、日高地方新ひだか町静内

マルバフジバカマ キク科
Ageratina altissima

高さ1mほどの多年草で、上部と花序に短毛がある／葉は長さ5cmほどの柄をもち、葉身は濃緑色で卵形、長さ7～15cm。先が鋭くとがり、縁に粗い鋸歯がある／10個以上の筒状花からなる頭花が散房状に多数つき、10個ほどの総苞片が1列に並ぶ。花冠の先は5つに裂けて頭花は金平糖のように見える①／同属だったヒヨドリバナはp.217／丸葉藤袴／❋8～10月、道端や空地、❖原産地は北アメリカ、8.29、札幌市中央区の市街地

アラゲヒョウタンボク　スイカズラ科
オオバヒョウタンボク
Lonicera strophiophora
高さ1mくらいの落葉小低木で、よく分枝してこんもりした樹形となる／葉はおおむね卵形で長さ10cmほどになり、先がとがって両面に粗い毛がある／花は2個セットでつき、花冠の長さは2cmほど。先が5裂し、がくと基部の葉状苞に腺毛がある／果実は広楕円形で赤く熟し、長さ1cmほど①／粗毛瓢箪木／✽4〜5月，🌱明るい山地林内，❖北(渡島半島)・本(北部)，🏵4.26, 渡島地方松前町

キンギンボク　スイカズラ科
ヒョウタンボク
Lonicera morrowii
高さ1.5mほどの落葉低木で、よく枝分かれしてこんもりした樹形になる／葉は長楕円形で長さ3〜5cm、両面に軟毛が多く、短い柄がある／花は葉腋からの柄に2個セットでつき、花冠の長さは1.5cmほどで花弁状に5深裂し、はじめは白色だが後に淡黄色〜クリーム色に変わり、これを金と銀に譬えた／果実は球形で径約8mm、赤く熟す①／金銀木／✽5〜6月，🌱海岸〜山地の日当たりのよい所，❖北(留萌地方以南)・本・四，🏵6.6, 函館市函館山

オオカメノキ　レンプクソウ科
ムシカリ　　　　　(スイカズラ科)
Viburnum furcatum
高さ2〜4mになり、枝を横に広げる落葉低木／葉は円形で先がとがり、基部は心形で脈が目立つ。葉の形からこの名がついた／枝先に径6〜13cmの花序をつくり、中心部の地味な両性花群を白い飾り花(中性花)が囲む／果実は楕円形で長さ8mmほどで赤色から黒色に熟す①／冬芽は裸芽として知られる／大亀木／✽5〜6月，🌱山地の明るい所，❖北・本・四・九，🏵5.27, 日高山脈神威岳

カンボク　レンプクソウ科(スイカズラ科)
Viburnum opulus var. sargentii

高さ 5 m ほどの落葉低木で枝が横に伸びてこんもりした樹形をつくる／対生する葉は広卵形で長さ 10 cm ほど。大きく 3 つに裂け，葉柄の先には蜜腺が，基部には托葉がある／花は散房状に多数つき，径 4 mm ほどの両性花群を径 2〜3 cm ほどの飾り花(中性花)が囲んでいる／果実はほぼ球形で赤く熟す①／肝木，❀6〜7月，低地〜山地の林縁など，❖北・本，7.11，胆振地方白老町ポロト湖畔

ガマズミ　レンプクソウ科(スイカズラ科)
Viburnum dilatatum

高さ 2〜4 m の落葉低木。全体に粗い毛が密生する／対生する葉は広卵形で長さ 10 cm 程度。やや厚く，裏面には腺点と星状毛が密生する／花は散房状につき，花冠の先は 5 裂して径は 5 mm ほど。外側に短毛があり，5 本の雄しべが突き出る／果実は先がとがり気味の卵形で赤く熟す①／莢蒾，❀6〜7月，山地の日当たりのよい所，❖北(道央以南)・本・四・九，7.14，渡島地方恵山／近似種 **ミヤマガマズミ** は葉の表面に光沢があり，裏面に星状毛はなく，花冠の外側は無毛で，果実はほぼ球形②。開花は 1 カ月ほど早い／❀5〜6月，山地の林内，❖北・本・四・九／同属の **ヒロハガマズミ** ③は高さ 1 m あまり。葉は浅く 3 裂し，花数は少ない／果実は楕円形で長さは 1 cm ほど／❀6〜7月，日高山脈北部と札幌市近郊の亜高山帯，7.7，日高山脈幌尻岳

タニギキョウ　　キキョウ科
Peracarpa carnosa

高さ10cmほどの軟弱な多年草。地面を這う根茎があり，群生することが多い／葉は広卵形で先は円く，表面は緑色，裏面は紫色をおびる／花は茎頂から出す長い柄にふつう1個つく。花冠は5裂し径1cmほど①，紫色をおびることもある。雄しべは5本，花柱は3裂する／谷桔梗／❋5/中〜8月，低地〜ハイマツ帯の湿った樹林下，北・本・四・九，7.11，十勝地方鹿追町白雲山

イケマ　キョウチクトウ科(ガガイモ科)
Cynanchum caudatum

他の植物などにからまるつる性の多年草で，長さは2m以上。傷つけると白い乳液が出る／葉は心形で長さ5〜15cm，先はとがる／花は長い柄の先にまとまってつき，花冠は5深裂して径1cmほど。裂片は外に反り返り，内側の副花冠裂片が直立する。5本の雄しべは雌しべと合体してずい柱となっている／果実は細長い袋状で長さ10cmほどになる①／生馬／❋7〜8月，原野や山地の日の当たる所，北・本・四・九，7.29，空知地方浦臼町浦臼山

オトコエシ　スイカズラ科(オミナエシ科)
Patrinia villosa

高さ1m近くになる多年草。根元からつる状の匍匐枝を伸ばす。茎は直立し，白い下向きの毛がある／葉は対生し，長さ5〜15cm，下部の葉ほど深く羽状に裂ける。裂片は長楕円形で鋸歯縁／花は茎頂に多数つき，花冠の先は5裂し，径4mmほどで雄しべは4本，雌しべは1本ある／果実には広い翼がつく／男郎花／❋8〜9月，低地〜山地の日の当たる所，北・本・四・九，8.13，空知地方新十津川町

イヌホオズキ　　　　ナス科
Solanum nigrum

高さ30〜70cmの1年草。茎は稜があり，よく分枝して横に広がる／葉は広卵形で長さ6〜10cm，全縁か低い波状縁／花は葉腋から出る柄に数個つき，花冠は5裂して裂片は平開し，径8mmほど／液果は球形で径8mmほど，緑色から黒く熟す／犬酸漿／❋8〜10月，道端や空地，❖日本全土，◉9.20，胆振地方安平町早来／近似種 **アメリカイヌホオズキ**①は全体に小型で葉も細く薄い。花数は2〜4個で花冠の径は5mmほど／❖原産地は北アメリカ，◉9.3，石狩地方北広島市／**ヒメケイヌホオズキ**②は茎や葉に開出した軟毛が密生し，葉縁は波状に浅くへこみ，液果は球形だが花後伸張したがくに半ば以上包まれる／❖原産地は南アメリカ，◉8.12，小樽市第3埠頭

ワルナスビ　　　　ナス科
Solanum carolinense

高さ40〜70cmの多年草。地下茎が伸びて群生することが多い。茎に細毛が密生。葉脈や花序に鋭い刺がある／葉は互生し，長卵形で下部のものは左右非対称に2〜4対大きくへこむ／花は散房状につき，花冠は白色〜淡紫色で深く5裂して径2cmほど。裂片は反り返るように開く／液果は球形で径1cmほど，黄色く熟す／花が白いものを品種**シロバナワルナスビ**といい，写真はこれにあたる／悪茄子／❋8〜9月，空地や道端，❖原産地は北アメリカ，◉8.19，檜山地方江差町

イガホオズキ　　　　ナス科
Physaliastrum echinatum
高さ40〜70cmの多年草。茎はまばらに分枝する／葉は対生し，卵形で長さ7〜10cm，先はとがり基部は急にすぼまり翼となって柄に流れる／花は葉腋から長い柄を出し1〜3個つく。花冠はラッパ形で先が浅く5裂し，径1cmほど。がくには軟毛が密にある／果時にはがくの基部が刺状の突起となり緑白色の液果を包む（写真の下部）／毬酸漿／✱6〜8月，🌱山地の広葉樹林内や林縁，❖北(道央以南)・本・四・九，🌀7.20，渡島地方松前町

キタミソウ　　オオバコ科(ゴマノハグサ科)
Limosella aquatica
細い茎が地面を這い所々で根を出し葉を叢生する1年草。全草無毛／葉はやや厚みがあり細いさじ形で，長さは柄を含めて1.5〜5cm，全縁で先は円く基部は次第に細くなって柄に移行する／花は葉のつけ根につく。長さ1.5cmほどの細長い柄をもち径2.5mm，花冠の先は5裂し，裂片は開出するので白い小さな星に見える／北見草(発見地にちなむが，最近の生育情報は聞かない)／✱6〜9月，🌱他の植物が生えない水辺で時々冠水する所，❖北・本・四・九，🌀8.5，十勝地方豊頃町湧洞沼

オオアブノメ　　オオバコ科(ゴマノハグサ科)
Gratiola japonica
茎の下部が少し横に這い，高さが20cmほどになる1年草。茎は太いが全体に無毛で水分を多く含んで軟らかい／対生する葉はやや多肉質で広線形，先がとがり気味で長さ1〜3cm／花は葉腋に1個ずつつき，花冠は筒形で長さ4〜5mmだが，多くは閉鎖花で花冠は開かない／果実の様子からこの名がついた／大蛇目／✱7〜8月，🌱低地の水辺や水中，特に水田，❖北・本・九，🌀7.20，美唄市上美唄

エゾコゴメグサ ハマウツボ科
Euphrasia maximowiczii (ゴマノハグサ科)
var. yezoensis

高さ5〜25cmの1年草。茎には下向きに寝た白毛が密生し，直立して中ほどから枝を対生状に分ける／葉は密に対生し，長卵形で鋸歯状の切れ込みが数対あり，裂片の先はややとがる／花冠は筒状で上下2唇に分かれ，上唇は2裂し，時に淡紫色。下唇はさらに3裂する。花冠の外側には白毛が密生し，内側には紫色の筋と黄色いぼかしが入る①。がくの先は4裂し，裂片の先は鋭くとがる／蝦夷小米草／✽7/中〜9/中，海岸〜亜高山の草地，北・本(北部)，9.6，釧路市釧路

ネムロシオガマ ハマウツボ科
Pedicularis schistostegia (ゴマノハグサ科)

高さ15〜30cmの多年草。茎と葉軸に毛が密生する／葉は互生し，根出葉は長柄，茎葉は短柄でいずれも羽状に全裂し，羽片はさらに羽状深裂し，裂片は鋸歯縁。裏面には軟毛が密生する／花は茎の上部に密に多数つき，下部の苞は葉状。花冠は上下2唇形で下唇は3つに裂け，上唇は下唇よりも長く下向きに曲がる／根室塩竈／✽6〜7月，海岸近くの草地，北(北部・東部)，6.12，礼文島／花色が紅いものを品種**カフカシオガマ**という

エゾシオガマ ハマウツボ科
Pedicularis yezoensis (ゴマノハグサ科)
var. yezoensis

高さ20〜60cmの多年草／花時には根出葉はなく，茎葉は互生し，三角状披針形で長さ3〜6cm。縁には二重の鋸歯がある／花は茎の上部に総状につき，花冠は長さ2cmほど。上下2唇形で上唇は鎌状に曲がり，下唇は斜めに傾いて幅が広く，先が3浅裂する／蝦夷塩竈／✽7〜8月，山地〜亜高山の草原や尾根筋，北・本(中部以北)，8.1，日高地方アポイ岳／茎やがくに短毛が多い型を変種**ビロードエゾシオガマ**①という

コテングクワガタ　　オオバコ科
Veronica serpyllifolia　（ゴマノハグサ科）
ssp. serpyllifolia

茎が分枝しながら地面を這い，7〜20cmの短毛のある花茎を立ち上げる多年草／対生する葉はほとんど無柄で長さ1cm前後の楕円形，先はとがらない／花は総状につき，花冠はがくとともに4裂して径3mmほど，短い柄には短毛がある。雄しべは2本あり，花色は白色①〜淡青紫色／小天狗鍬形／❋5〜7月，道端や芝生など，◆原産地はヨーロッパ，◎5.27，千歳市支笏湖付近／亜種テングクワガタは p.303

スナビキソウ　　ムラサキ科
ハマムラサキ
Heliotropium japonicum

茎の長さは20〜40cm，下部が地面を這い，上部が斜上する多年草。全体に圧毛があり，茎は分枝して稜がある／葉は厚く，へら形で長さ5cmほどになり，先はとがらず柄はない／花冠はがくとともに5裂し，径1cmほどで雄しべは5本，喉部は黄色，花冠外側に圧毛が多い／砂引草／❋6〜7月，海岸の砂地，◆北（主に日本海側）・本・四・九，◎7.19，檜山地方江差町

タチカメバソウ　　ムラサキ科
Trigonotis guilielmii

高さ20〜40cmの多年草。茎には上向きの圧毛がまばらにある／葉は長卵形で長さ3〜5cm。全縁で先はとがり，下部のものには長い柄があって上部の葉は無柄／総状花序ははじめ丸まっているが，花が咲き進むに従い真っ直ぐに伸びていく。花冠は5裂して径は8mm前後／果実は喉部に黄色い付属体がある4分果／立亀葉草／❋5〜7月，山地の湿った所，沢沿い，◆北（西南部）・本，◎6.9，空知地方雨竜町ペンケペタン川沿い

ムラサキ ムラサキ科
Lithospermum erythrorhizon

高さ40〜60cmの多年草。太い根にはシコニンという色素が含まれていて薬用や染料として利用された。茎や葉、がくには粗い白毛が密生している／葉は長さ5cm前後で柄がなく、平行脈が目立つ／花冠の先は5裂して径5mmほど、喉部の黄色い付属体は目立たない／4分果は白くて光沢がある／紫／✳7月、🌱低山の草原に稀に産する、❖北・本・四・九、🌸7.17，檜山地方上ノ国町夷王山／草姿はあまり似ていないがホタルカズラ(p.312)と同属である

ヒナムラサキ ムラサキ科
Plagiobothrys scouleri

全体に粗い毛が生える1年草。茎は根元から多数分枝して四方八方に斜上または直立して伸び、長さは10cm前後になる／葉は対生し、長へら形〜線形で長さ1〜3cm／花は葉腋か枝先の渦巻き状の花序につき、花序は開花とともにほどけて直線状となる。花冠は径2mmほどで5裂し、裂片は斜開する／分果は長卵形で長さ2mmほど、表面にしわがある／雛紫／✳6〜8月、🌱道端や空地、❖原産地は北アメリカ、🌸7.1，釧路市阿寒湖畔スキー場

ハナイバナ ムラサキ科
Bothriospermum zeylanicum

高さ20cmくらいの1〜2年草。茎は細く、地面を這うように伸びて上部が立ち上がり、粗い短毛がある／葉は枝の先端までつき、楕円形で長さ2〜3cm、上部のものは小さくなる／花は上部の葉と対につくように見え、花冠は淡紫色が多いが、白い個体も少なくなく、径2〜3mmで先は5裂する①。がくは5深裂、雄しべは5本／分果にいぼ状の突起がある／葉内花／✳6〜9月、🌱道端や空地などの裸地。個体数は少ない、❖日本全土、🌸9.2，札幌市

101

ユウバリソウ　　　オオバコ科
Lagotis takedana　　（ウルップソウ科）
高さ10〜20cmの多年草。全体が無毛でやや多肉質／根出葉には長い柄があり，広卵形でやや粗い鋸歯縁。茎葉は上部へ次第に小さくなり苞に移行する／花は穂状花序に密に多数つき，花冠の長さ8〜9mm，2唇形で上唇は3浅裂，下唇は2裂し，柱頭は裂けない／夕張岳固有種／夕張草／✽6〜7月，🌱❖夕張岳高山帯の蛇紋岩地，◉6.27，夕張岳／ウルップソウ（p.301）の亜種とする見解もある

キヨスミウツボ　　ハマウツボ科
オウトウカ
Phacellanthus tubiflorus
長さ10cmほどの茎の大部分が地中にある寄生植物。寄主は落葉広葉樹で種は不特定／葉緑素をもたず葉は退化して白い鱗片状をしている／花は茎の先に数個つき，筒状で長さ2〜2.5cm，2唇形でさらに上唇は2浅裂し，下唇は3裂する。花色は白から黄色みをおびてくる／清澄靫（千葉県清澄山で初めて見つかり，花の形が矢を入れる靫に似ていることから）／✽7月，🌱山地の落葉広葉樹林下，❖北・本・四・九，◉7.13，札幌市円山山麓

ハエドクソウ　　　ハエドクソウ科
Phryma nana
高さ40〜70cmの多年草。茎は直立して4稜がある／葉は対生し，下部の成葉は心形で質は薄く鋸歯縁／花は穂状にややまばらにつき，2唇形で上唇は2〜4裂，大きな下唇は3裂する。花冠の長さは5mmほどで横向きに咲く／5裂したがく裂片のうち上の3本が長く，果期には鉤状に曲がり動物に付着して運ばれる／根の毒を蠅取紙に利用した／蠅毒草／✽7〜8月，🌱低地〜山地の林内，❖北・本・四・九，◉8.11，奥尻島／同様の地に生える近似種**ナガバハエドクソウ**下部の成葉は(長)楕円形

クルマバソウ　　アカネ科
Galium odoratum

高さ20〜40cmの多年草。地下茎が横に伸び，群生することが多い。茎に4稜がある／葉は明るい緑色で6〜10枚輪生し(本葉は2枚，他は托葉)，先がとがる。押し葉にしても黒変せず，緑色のまま越冬もする／花は茎頂に3出状につき，花冠は漏斗状で先が4裂し径4〜5mm①，筒部が長く2〜3mmある／果実には鉤状の毛が密生する／車葉草／❋5〜7月，🌱低地〜山地の林内，❖北・本，💠5.19，札幌市手稲山

オククルマムグラ　　アカネ科
Galium trifloriforme

外形が上のクルマバソウに似るが，茎と葉の裏面主脈上に刺がある／葉は長楕円形で先は突端となり縁は有毛，6枚輪生するように見える(本葉は2枚，他は托葉)／花冠はスープ皿状(上②)で径3mmほど／奥車葎／❋5〜7月，🌱山地の林内，❖北・本・四・九，💠6.9，札幌市／変種クルマムグラ①の茎と葉の裏面主脈上には刺がなく平滑。葉は先端と基部に向かって次第に狭くなる。❋🌱オククルマムグラに同じ／💠6.17，檜山地方厚沢部町

キクムグラ　　アカネ科
Galium kikumugura

茎が長いもので50cmを超える多年草。茎は軟弱で小さな刺があり，他の植物に寄りかかりながら伸びることが多い／葉は4〜6枚輪生するように見える(本葉は2枚，他は托葉)／花は葉腋から出る長い柄に1〜4個集まり，基部に1枚の苞葉がつく①／菊葎／❋6〜7月，🌱山地の湿った林内，❖北・本・四・九，💠6.2，日高地方新冠町／近似種エゾムグラ②は輪生状の葉は6枚つき，花序は複散形状で花の柄に苞葉はつかない／🌱山麓や原野，❖北，💠7.4，釧路地方白糠町

103

ミヤマムグラ　　　アカネ科
Galium paradoxum ssp. franchetianum

高さ10〜25cmの軟弱な多年草。細い茎には4稜が走る／葉は三角形〜菱形で長さ1.5〜3cm。柄があり対生するが，上部では葉より小型の2枚の托葉が加わり4枚輪生しているように見える／花冠は3ないし4裂し，径3mmほど／果実は2分果で白い鉤状の毛が密生する①／深山葎／✹6/下〜7月，山地の林内，特に朽木の周辺，❖北・本・四・九，❂7.4, 十勝地方上士幌町糠平

エゾノヨツバムグラ　　　アカネ科
Galium kamtschaticum var. kamtschaticum

高さ10〜20cmの多年草で群生することが多い。茎に4稜がある／葉は円形〜広楕円形で長さ3cm前後，先はとがらず微突端で，表面に短毛が生えてくすんだ緑色に見え，4枚が輪生状につく／花冠は4裂し，径3mmほど／果実は2分果で鉤状の毛が密生する／蝦夷四葉葎／✹6/中〜8月，亜高山の樹林下，❖北・本(中部以北)，❂6.27, 夕張岳／変種オオバノヨツバムグラ①は全体に大型で葉は楕円形〜長楕円形，長さ4〜5cmで先がとがる

ホソバノヨツバムグラ　　　アカネ科
Galium trifidum ssp. columbianum

茎の長さ15〜40cmになる軟弱な多年草で，短い刺のある稜が4本走る／葉は倒披針形で長さ7〜25mm，先は円く縁と裏面主脈上に逆向きの小刺があり，4〜6枚輪生状につく(本葉は2枚，他は托葉)／花冠は3裂，時に4裂し①，径1.8mm前後／果実は2分果で表面は無毛／細葉四葉葎／✹6〜8月，湿原やその周辺，❖北・本・四・九，❂8.20, 胆振地方白老町

104

トゲナシムグラ アカネ科
Galium mollugo
茎の長さが30cm〜1mの多年草。茎は平滑ではじめは直立し、やがて枝を分けながら倒伏する。ふつう群生してこんもりとした茂みをつくり、花時は霞が漂う雰囲気となる／葉は倒広披針形で長さ2.5cmほど。先はとがり縁に刺状の短毛があって6〜8枚輪生状となる(本葉は2枚、他は托葉)／花冠は4裂し、径3mmほど。裂片の先は鋭くとがる／果実は2分果で表面は無毛／刺無苞／❋6/下〜8月, ⚘道端や堤防など, ❖原産地はヨーロッパ, ❀7.5, 釧路地方弟子屈町

エゾキヌタソウ アカネ科
ホソバキヌタソウ
Galium boreale var. kamtschaticum
高いもので50cmを超える多年草。茎はやや硬く直立して4稜が走り、まばらに毛があり、よく分枝する／葉は狭披針形、線状披針形で3脈が目立ち、長さ1.5〜4cm。先がとがり4枚が何段も輪生状につく(本葉は2枚、他は托葉)／花は葉腋から出る枝に多数つき円錐状の花序をつくる。花冠は4裂して径4mmほど／果実には上向きの曲がった毛が生える／蝦夷砧草／❋6〜8月, ⚘原野や山地の日の当たる所, ❖北, ❀7.2, 深川市鷹泊

アカネムグラ アカネ科
オオアカネ
Rubia jesoensis
高さ40〜80cmの多年草。茎はやや太く直立して下向きの刺が乗る4稜が走る／葉は線状披針形〜披針形で長さ5〜8cm。裏面主脈上に逆向きの刺があり、両端がとがり柄がなく4枚が輪生状につく(本葉は2枚、他は托葉)／花は葉腋から出る花序につき、花冠は5深裂し、径3〜4mm／果実は黒く熟して毛はない／茜葎／❋7〜8月, ⚘原野、海岸に近い湿った草地, ❖北・本(北部), ❀7.5, 苫小牧市

105

ツルアリドオシ　アカネ科
Mitchella undulata

常緑で無毛の多年草。茎は地面を這い節から根を出しながら伸び,マット状に広がる/葉は対生し,長さ1～2cmの卵形で濃緑色。縁が波打ち,質は厚く硬い/花は枝先に2個セットでつき,花冠は長いラッパ状で長さ1.5cmほど,先が4裂し内側に毛がある/果実は球形で径8mmほどで赤く熟し,2花の痕跡がある①/蔓蟻通/✽7～8月,🌱山地の樹林下,❖北・本・四・九,❀7.25,日高地方アポイ岳

ヘクソカズラ　アカネ科
ヤイトバナ,サオトメバナ
Paederia foetida

他の植物などに巻きつきながら伸びるつる性の多年草。全体に短毛があり,悪臭がする/葉はおおむね長い心形で長さ5～8cm,柄があり先がとがる/花冠はラッパ状で長さ1cmほど。先が5浅裂し,径8mmほどで,内側は紅紫色で腺毛が密生する/屁糞蔓(悪臭があるため。別名のヤイトバナは花の中央がお灸の跡に似ていることから)/✽8～9月,🌱野山の日当たりのよい所,❖北(渡島半島)・本・四・九・沖,❀8.27,函館市函館山山麓

ミヤマイボタ　モクセイ科
Ligustrum tschonoskii

高さ1～2mの落葉低木。よく枝分かれしてこんもりした樹形になる/葉は卵状菱形で先がとがり,裏面脈上に毛が多い/花は枝先に長さ8cmほどの花序をつくってつき,よい香りがする。花冠はラッパ状で長さ7～9mm,先が4裂する/果実は球形で黒く熟す/深山水蠟(イボタは樹皮に寄生する虫の名による)/✽6～7月,🌱野山の林内,❖北・本・四・九,❀6.19,札幌市/品種**エゾイボタ**は葉の裏面脈上はほとんど無毛/同属の**イボタノキ**は葉先がとがらない

サワフタギ　　　　ハイノキ科
ルリミノウシコロシ、ニシゴリ
Symplocos sawafutagi

高さ2〜3mの落葉低木。枝を分けてやや横に広がる／葉は楕円形〜倒卵形で長さ3〜8cm、先がとがり細かい鋸歯縁／花は円錐状に多数つき、花冠は花弁状に先が5深裂して径7〜8mm、雄しべは多数で雌しべは1本／果実は球形に近い卵形で長さ5〜6mm、藍色に熟す①／沢蓋木(沢を被うように生えることからと推定される)／❋6〜7月、山地の林内や林縁、北(日本海側)・本・四・九、6.28、札幌市手稲山

ヒロハヒルガオ　　　　ヒルガオ科
Calystegia sepium ssp. spectabilis

他の植物などに巻きついたり絡むつる性の多年草／葉は三角状鉾形で長さ4〜8cm。先がとがり、基部は心形で長い柄がある／花は漏斗状で長い柄の先につく。基部に先がとがった三角形の大きな苞葉ががくを隠すようにつく。花色は稀に淡紅色①／広葉昼顔／❋6〜8月、低地〜山地の日当たりのよい所、北・本・九、8.23、札幌市／近似種ヒルガオとコヒルガオはp.236

ネナシカズラ　　　　ネナシカズラ科
Cuscuta japonica

葉緑素をもたないつる性の1年生寄生植物。発芽して他の植物に巻きついて養分を吸収すると根がなくなる。茎は針金状であずき色の斑点がある／葉は鱗片状で目立たない／花冠は先が5裂して径4mmほど、雄しべは5本、花柱は1本で柱頭が2裂する①／蒴果は卵形で長さ4mmほど／根無蔓／❋8〜9月、野山の日当たりのよい所、日本全土、8.27、函館市湯の川／近似種**クシロネナシカズラ**の柱頭は線形で2個ある②

オドリコソウ　　　　　シソ科
Lamium album var. barbatum
高さ30〜60cmの多年草。茎は直立して断面は四角い／葉は卵形で先がとがり鋸歯縁、長さ5〜10cmで十字対生する／花は上部の葉腋に数個が輪生状につき、花冠は基部が曲がって立ち上がり、長さ2.5cmほど。2唇形で上唇は帽子状、下唇は3裂して中央裂片はさらに2裂する。雄しべ4本のうち2本が長い。花色は白色〜淡紅色①／踊子草（花の形、様子から）／❋5〜6月、❧野山の草地、林縁、道端、❖北・本・四・九、◉5.24、札幌市八剣山

ヒキオコシ　　　　　シソ科
エンメイソウ
Isodon japonicus
高いもので1m以上になる多年草。茎は断面が四角く下向きの短毛がある／葉は広卵形で長さ12cm前後、表面はしわが多く、鋸歯縁で先がとがる。裏面には腺点が無数にある／茎の上部が多数分枝して円錐状の花序をつくる。花冠の長さ7mmほど、2唇形で上唇は4裂し紫点があり、下唇は長く少し内側に巻く①／花冠は白色〜淡青紫色／引起（葉に起死回生の薬効があるとされることから）／❋9月〜10/上、❧丘陵や山麓の日当たりのよい所、❖北（渡島地方）・本・九、◉9.11、函館市函館

イヌハッカ　　　　　シソ科
チクマハッカ
Nepeta cataria
高いもので1mを超える多年草。全体に白い微毛があるのでくすんだ緑色に見える。茎は断面が四角／葉は三角状卵形で長さ5cm前後、鋸歯縁で先がとがり、基部は心形で柄がある／花は穂状につき、花冠は長さ8〜10mm、大きく開いた2唇形で上唇は2浅裂、下唇は3裂、さらに中裂片が2浅裂し、紅紫色の斑点がある①／犬薄荷／❋8〜10月、❧道端や空地、❖原産地はユーラシア、◉10.16、札幌市中の島

シロネ　　　　　　　　　　シソ科
Lycopus lucidus

高さ1m前後の多年草。地中に和名の由来となった太くて白い塊茎があり，細い走出枝も伸ばす。茎の断面は四角で，1辺は5mm以上もある／葉は広披針形で長さ10cm前後，先が曲がった鋭い鋸歯縁／花は葉腋につき，花冠は長さ5mmほどで先が4裂し，上唇はさらに2裂する。がく裂片の先は鋭くとがる／白根／✽8〜9月，低地の湿原や水辺，北・本・四・九，8.18，胆振地方白老町／全体小型の近似種**ヒメシロネ**①の葉は線状披針形でやや斜上し，がく裂片の先は針状／8.27，渡島地方長万部町静狩湿原

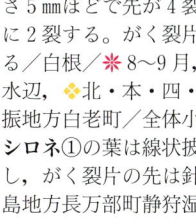

コシロネ　　　　　　　　　シソ科
イヌシロネ
Lycopus cavaleriei

高さ30〜50cmの多年草。茎の断面は四角形／葉は長さ3〜4cmの卵状狭菱形で光沢がなく，先も粗い鋸歯の先も鋭くはとがらない／花は葉腋にまとまってつき，がくは長さ3mmほど，5裂して狭三角状裂片の先は針状に鋭くとがる①。花冠の径は3mmほど／小白根／✽8〜9月，低地の湿原や水辺，北・本・四・九，8.26，江別市／近似種**ヒメサルダヒコ**は茎の下部から多数分枝する

エゾシロネ　　　　　　　　シソ科
Lycopus uniflorus

高さ20〜40cmの多年草。地下茎が走り群生する。全体に細毛があって光沢がない。紡錘形の塊茎から断面が四角形の茎を立ち上げ，下部は紫色をおびることが多い／葉は菱状卵形で長さ3〜7cm，先も鋸歯も鋭くはとがらない／花は葉腋にまとまってつき，花冠の長さは2mm。がくは長さ1.5mmほどで，がく裂片の先はとがらない①／蝦夷白根／✽7/下〜9月，低地〜山地の湿地，北・本・四・九，8.29，江別市野幌森林公園

ミヤマトウバナ　　　　シソ科
Clinopodium micranthum var. sachalinense

高さ20〜60cmの多年草。茎は直立して断面は四角／葉は長さ3〜6cmで下部は卵形〜広卵形，上部で狭卵形，粗い鋸歯縁／茎頂と葉腋に花序がつき，数段輪生状となる。苞は花柄より短く，がくは筒状の鐘形で長さ3.5〜4mm，短毛が生える①。花冠は長さ5mmほど，2唇形で下唇は3裂。白色〜淡紅色／深山塔花／❋7〜8月，🌱低山〜亜高山の樹林帯，❖北・本(中部以北)，◉8.15，北大雪山系平山／基準変種**イヌトウバナ**②はミヤマトウバナによく似ているが，区別点は次の通り／花穂は短く何段も輪生状とならない／がく筒には開出する長毛が生える③／時に中間型も出現する／犬塔花／❋8〜9月，🌱低地〜山地の林内，❖北・本・四・九，◉8.11，日高地方様似町

ヒメナミキ　　　　シソ科
Scutellaria dependens

高さ10〜30cmの軟弱な多年草。白く細い地下茎が長く這っている。全体無毛で，茎は細く断面は四角形／葉は狭卵三角形〜広披針形で長さ1〜2cm，先はとがらず，鋸歯はあるかまたはなく，短い柄があり対生する／花は上部の葉腋に1個ずつつき，花冠は長さ5mmほど，上下2唇形で下唇は大きく幅が広い／果実には小さな突起が密生する／姫浪来／❋6/下〜9月，🌱低地〜低山の湿地，❖北・本・九，◉9.3，江別市

カラフトイチヤクソウ　　ツツジ科
Pyrola faurieana　（イチヤクソウ科）

高さ10〜25cmの多年草／葉は下部に集まってつき卵形で長さ3cmほど，質は硬く厚みと光沢がある。柄には翼がつく。花茎には鱗片状の小さな葉がつく／花は少し間隔をおいてつき径8〜9mm。花柱は曲がらず長さ3〜4mm①／花冠はわずかに紅色をおびた白色／果実には長い花柱が残る②／樺太一薬草／❋7〜8月，🌱亜高山〜高山の風衝草地や林縁，❖北・本(北部)，📷7.27，夕張岳／近似種**エゾイチヤクソウ**③の花はより小さく径5〜6mm，花柱の長さは2mmほど。茎頂にかたまってつく／葉もより小さい／🌱❖北(利尻山・大雪山・夕張山地の亜高山帯)・本(中部)，📷7.9，利尻山

ジンヨウイチヤクソウ　　ツツジ科
Pyrola renifolia　（イチヤクソウ科）

高さ10〜15cmの常緑の多年草。細い根茎が地中に伸びて群生する／葉は根元に数枚集まり，腎円形で長さ1〜3cm，幅2〜4cm，基部は深い心形となり長い柄がある。葉脈に沿って白い斑が入る／花は径1cmほどで花冠は花弁状に5深裂，花柱は長く突き出て曲がる。がく裂片の先はとがらない①／腎葉一薬草／❋6〜7月，🌱低山〜山地の樹林下，❖北・本(中部以北)，📷7.4，十勝地方上士幌町糠平／葉が似ている同属の**マルバノイチヤクソウ**②の葉は硬く光沢があり(③右：ジンヨウイチヤクソウ，左：マルバノイチヤクソウ)，がく裂片の長さは2mmほどで先は鋭くとがる④。花茎は高さ20cmくらい／❋7/中〜8/上，🌱山地の樹林下，❖北・本・四・九，📷7.16，渡島地方恵山

111

イチヤクソウ　ツツジ科(イチヤクソウ科)
Pyrola japonica
高さ15～25cmの常緑の多年草。葉は下部に数枚集まり，楕円形～長卵形で長さ4～7cm，先はとがらず，まばらな低鋸歯縁，質は厚い／花は数個～10個つき，花冠は花弁状に5裂，径1.2cmほど，花柱は突き出て曲がる。がく裂片は細長い／薬草／時に葉の退化した一群があって品種**ヒトツバイチヤクソウ**①といい，花茎が紅紫色，花冠も赤みをおびる／❋7～8月，⚘山地の林内，❖北・本・四・九，✿7.22，札幌市砥石山，①7.21，檜山地方厚沢部町

コバノイチヤクソウ　　ツツジ科
Pyrola alpina　　　　(イチヤクソウ科)
高さ10～15cmの多年草。地中に根茎が伸びて広がりをもって生える／葉は下部に集まり卵状楕円形で長さは2.5cmほどだが，葉先や基部，鋸歯の形態は様々／花は茎の上部に数個つき，花冠は花弁状に5裂して径12～15mm。花柱は突き出て曲がる。がくの裂片は三角形で長さ1mmほど，先がとがる／小葉一薬草／❋7～8月，⚘山地～亜高山帯の樹林下，❖北・本(中部以北)，✿8.16，知床半島羅臼岳

イチゲイチヤクソウ　　ツツジ科
Moneses uniflora　　　(イチヤクソウ科)
高さ10cmほどの小型の多年草／葉は円形に近く長さ1～2cmで5～10mmの柄がある／花は茎頂に1個下向きにつき，花弁は5枚で平開して径18mmほど。真っ直ぐな雌しべが突き出し，柱頭は5裂する／一華一薬草／❋6/下～8/上，⚘針葉樹林下，❖北(在来のものは大雪山に限られ，写真のような人工林下のものは二次的に生えたと思われる)，✿7.6，胆振地方安平町早来

ウメガサソウ　ツツジ科(イチヤクソウ科)
Chimaphila japonica

高さ5〜10cmの半低木状の多年草／葉は質が硬く厚く光沢があり、楕円形で長さ2〜3cm、数枚ずつ輪生状につき、先はとがる／花は1茎に1個つき径約1cm、花冠は5枚の花弁状。花柱はほとんどなく、子房上に柱頭が乗る／果実は上を向く①／梅笠草／❋6月〜8/上、❀山地の樹林下、❖北・本・四・九、◉7.18、札幌市／近似種**オオウメガサソウ**②は花冠の径約1.5cm、1茎に3〜6個つき、時に淡紅色。葉は倒長卵形／❖北・本(中部以北)、◉8.18、胆振地方樽前山

ギンリョウソウ　ツツジ科
ユウレイタケ　　　　(イチヤクソウ科)
Monotropastrum humile

高さ8〜15cmの葉緑素をもたない菌寄生植物。全草が蠟細工のような透明感のある白色／茎は直立して楕円形で鱗片状の葉が多数互生する／花は横向きに1個つき長さ2cm前後、葉と同形のがく片が2〜3枚、花弁が3〜5枚ある／果実は白い液果／秋には全草が黒く腐る①／銀竜草／❋6月〜8/中、❀山地の樹林の下、❖日本全土、◉7.5、札幌市南区保健保安林、①9.27、十勝連峰原始ヶ原／よく似た別属の**ギンリョウソウモドキ**(アキノギンリョウソウ)②は全体がくすんだ白色で、高さ30cmほどの個体もある。果実は蒴果。植物体は立ち枯れたまま越冬する③／❋8〜9月、❖北(留萌・網走地方以南)・本・四・九、◉9.13、檜山地方今金町美利河丸山、③4.30、渡島地方恵山／同属にシャクジョウソウ(p.350)

トチナイソウ　　サクラソウ科
チシマコザクラ
Androsace chamaejasme ssp. capitata
高さ 3〜4 cm の小さな多年草。茎は分枝しながら地表を這い，枝先に多数の葉と花茎をつける／葉はやや厚く広倒披針形で長さ 5〜12 mm，先はややとがり，白い長毛が密生する／花は白い長毛がある花茎の先に 3〜5 個つき，花冠は花弁状に 5 裂して径 5〜6 mm／栃内草(植物学者の名から)／❋6〜7月，🌱山地〜亜高山の岩地や周辺の草地に局所的，❖北(夕張山地以北)・本(早池峰山)，◉6.19，夕張山地崕山

ツマトリソウ　　サクラソウ科
Lysimachia europaea
高さ 7〜20 cm の軟弱な多年草。全体が無毛で細長い根茎が走る／茎の先に 5〜10 枚の葉を輪生状につける。葉は広倒披針形で長さ 2〜7 cm，先はややとがる／花は葉腋から出る長い 1〜2 本の柄につき，花冠は花弁状にふつう 7 裂して径 1.5〜2 cm。裂片の先が赤くつまどられる個体①は少ない／褄取草／❋6〜7月，🌱山地〜亜高山の林縁など，❖北・本・四，◉6.19，ニセコ山系／湿原に生え，葉が短く先がとがらず花冠の長さ 1.2 cm ほどの型を変種**コツマトリソウ**という

テシオコザクラ　　サクラソウ科
Primula takedana
高さ 15〜20 cm の多年草。地中に伸びる太い地下茎から葉と花茎を出す／長い柄をもつ葉は腎円形で縁には不揃いで二重の大きな切れ込みがあり，表に短毛，裏面と柄に長軟毛がある／花は 2〜3 個つき，花冠は漏斗状で筒部の長さ 6〜8 mm，先は 5 裂して裂片はさらに 2 裂し，平らに開かず斜開する／北海道固有種／天塩小桜／❋5〜6月，🌱❖北海道北部の蛇紋岩地帯，◉5.28，上川地方音威子府村

オカトラノオ　　　サクラソウ科
Lysimachia clethroides
高さ1m前後の多年草。地中を地下茎が伸びて群生する。茎は直立してほとんど分枝しない／葉は長楕円形で長さ7〜12cm, 全縁で両端がとがり互生する／花は茎の先に一方に偏って総状に多数つき, 花序の上部は弓なりに曲がる。花冠は花弁状に5裂して径1cmほど, 花柄の基部に線形の苞がつく／蒴果は球形で径2.5mmほど／岡虎尾／❋6〜8月, 🌱低地〜低山の明るい所, ❖北・本・四・九, ❀7.20, 上川地方占冠村

ハマボッス　　　サクラソウ科
Lysimachia mauritiana
高さ10〜30cmの2年草。ロゼット葉で越冬し, 翌年花茎を立てる。太い茎には3〜4本の稜が走る／葉は倒卵状長楕円形で長さ2〜5cm, 光沢があり肉質で互生する／花は円錐状に多数つき, 下から咲いていく。花冠は5深裂して径1.2cm前後, 雄しべは5本ある／蒴果は球形で径5mmほど, 残存花柱が目立つ／葉やがくに黒い腺点が散在する／浜払子／❋7〜8月, 🌱海岸の砂地や岩地, ❖北(渡島半島)・本・四・九・沖, ❀7.11, 檜山地方乙部町

ハイハマボッス　　　サクラソウ科
ヤチハコベ
Samolus parviflorus
高さ10〜40cmの多年草。大きい個体は倒伏する傾向がある／葉は広楕円形〜倒卵形で質は薄く少しつやがあり, 長さ2〜4cm。根生のものはさらに大きい／花はまばらにつき, 細い花柄に小さな苞がつく。花冠は5裂し, 径3mmほど／果実は球形で径3mmほど／這浜払子／❋7〜8月, 🌱低地〜低山の湿地, ❖北(石狩地方以南)・本, ❀7.8, 江別市野幌森林公園

クモイリンドウ　　リンドウ科
Gentiana algida var. igarashii

高さ10〜25cmになる多年草／無花茎に多数の葉がつき，広線形で長さ10cmほど，先はとがる。厚みと光沢があり対生する。花茎の葉はより短い／花は茎頂に1〜5個つき，花冠は長さ5cmほどで先が5裂して外側に濃緑色の筋と模様がある／本州の高山に産する**トウヤクリンドウ**の変種とされ，背は低いが花がより大きい傾向があるが，分けない見解もある／雲井竜胆／❈8月，🌿❖北（大雪山の高山れき地や草地），🌸8.16，大雪山白雲岳

アケボノソウ　　リンドウ科
Swertia bimaculata

高さ60〜90cmの2年草。茎に4稜が走る／花時に根出葉はない。短い柄のある葉は対生し，長卵形で長さ4〜14cm，先がとがり3脈が目立つ／花冠は花弁状に4〜5裂して径1.8cmほど，裂片の中ほどに，アリが好む緑色の蜜腺が2個あり，その先に濃い点が散在①。雄しべは5本／曙草／❈9月，🌿山間の湿った所，❖北（中部以南）・本・四・九，🌸9.13，空知地方由仁町三川

センブリ　　リンドウ科
Swertia japonica

高さ7〜20cmの1〜2年草。茎は紫色をおびて断面は四角い／茎葉は広線形で長さ2〜3cm，幅2〜3mm／花は上部にやや密に集まり，花冠は花弁状に5深裂し，径1.5cmほど。裂片は白色で紫の筋があり，基部には毛が生えた2本の蜜腺がある／強い苦味があり健胃剤として利用されてきた／千振／❈9〜10月，🌿野山の日当たりのよい所，❖北（渡島半島・胆振地方）・本・四・九，🌸10.5，渡島地方恵山

イワイチョウ　　　　　ミツガシワ科
ミズイチョウ
Nephrophyllidium crista-galli ssp. japonicum
高さ15〜30cmの多年草。太い根茎があり群生する／イチョウに見たてた葉は根元から長い柄とともに数枚出，幅の方が大きい腎円形で基部は心形，多肉質で光沢もあり縁には細かい鋸歯がある／花は集散状につき，花冠は星状に5裂して裂片の縁は波打つ。花によって雄しべと雌しべの長さが逆転する①②／岩銀杏(葉の形が銀杏に似ていることから)／❇6/下〜8月，🌿亜高山〜高山の湿地，❖北(西側)・本(中部以北)，◉6.26，ニセコ山系神仙沼

ミツガシワ　　　　　ミツガシワ科
Menyanthes trifoliata
太い根茎が沼底を這い，高さ20〜40cmになる多年草／葉は長い葉柄の先につき3出複葉で，小葉は長楕円形〜卵状楕円形で長さ5〜10cm，質は厚く先はとがらない／花茎の上部が水面から出て長さ10cmほどの花序となる。花冠の先は5裂して径1.5cmほど，内面に白毛が密生している。長花柱花と短花柱花がある。時に花冠は淡紅色①／果実は球形でつやがあり，径7mmほど／三柏／❇5〜7月，🌿浅い沼や池，❖北・本・九，◉6.26，ニセコ山系

フッキソウ　　　　　ツゲ科
Pachysandra terminalis
高さ20〜30cmになる草本状の常緑小低木。地中に伸びる茎から緑色の地上茎を何本も立てて群生する／葉はやや輪生状につき，厚く光沢があり長さ4〜5cmの菱状倒卵形。縁にはまばらに牙歯がある／花は穂状につき上部は雄花でがく片4枚，雄しべ4本があり，基部に少数の雌花があって2裂した柱頭が見える／果実は球形で乳白色，径1cmくらい①／富貴草／❇5〜6月，🌿低地〜山地の樹林下，❖北・本・四・九，◉6.12，釧路市阿寒

ヤブコウジ　サクラソウ科(ヤブコウジ科)
Ardisia japonica
地中を伸びる地下茎の先が立ち上がり，高さ10〜15cmになる常緑の小低木／葉は厚く硬くやや光沢があり，長さ3〜4cmの長楕円形で鋸歯縁／花は下向きに数個つき，花冠は先が5裂して径・長さともに5mmほど／果実は球形，径5mmほどで赤く熟す①／藪柑子／❋7〜8月，低地〜低山の林下，❖北(檜山地方・焼尻島)・本・四・九，8.21，奥尻島

アカモノ　　　　　　　　　ツツジ科
イワハゼ
Gaultheria adenothrix
高さ10〜30cmの常緑の小低木。茎は細くよく分枝し，若い枝や花の柄に赤褐色の長毛が生える／互生する葉は革質で厚く硬く，広卵形で長さ1.5〜3cm。脈はへこみ，縁に波状の細鋸歯があって先はややとがる／花冠は鐘形で先が浅く5裂する／果実は赤く熟したさく果で，がくが膨らんでそれを包み液果状となって，食べられる①／赤物／❋6/下〜7月，亜高山のれき地や草地，❖北・本・四，6.19，ニセコ山系

シラタマノキ　　　　　　　ツツジ科
Gaultheria pyroloides
常緑の小低木でよく分枝して横に広がり，幹と枝の長さが20〜30cmになる／葉は楕円形で厚く硬く光沢があり，表の網目模様が目立つ／花冠は壺形で先が浅く5裂し，枝先に総状に1〜6個つく／果実はさく果で，がくが膨らんでそれを包み，径1cmほど。通常白く熟すが時に写真のような淡紅色の模様が入る①。食べるとサロメチールの味がする／白玉木／❋6〜8月，亜高山〜高山のれき地，❖北・本(中部・北部)，6.30，胆振地方樽前山

ジムカデ　　　　　　　　ツツジ科
Harrimanella stelleriana

常緑の小低木で幹は分枝しながら地面を這い、高さ3〜5cmほどの枝を立ち上げ、花をつける／葉は枝に密生し、長さ約3mm、幅1mm、針状だが先はとがらない／花冠は口部が開いた鐘状で花弁状に5深裂し、がく筒も花弁状に5裂して赤く、裂片の先は円い／地百足（葉を密につけた枝が地面を這う姿を百足に見立てた）／❋7〜8月、⬇高山の砂れき地、❖北・本(中部・北部)、❀7.3, 大雪山旭岳姿見ノ池

イワヒゲ　　　　　　　　ツツジ科
Cassiope lycopodioides

地面を這うように伸びる常緑の小低木。よく分枝してマット状に広がる／葉は鱗状で細い枝に十字対生するが、びっしりつくので全体が径2mmほどの茎のように見える／花は葉腋から出る細長い柄の先にぶら下がり、花冠は鐘状で先が浅く4〜5裂する／果実は球形で径3mmほど／岩鬚（鱗状の葉が密生する枝が、岩から垂れる様を鬚に見立てた）／❋7〜8月、⬇高山のれき地や岩地、❖北・本(中部・北部)、❀7.18, 大雪山白雲岳

ナガバツガザクラ　　　　ツツジ科
エゾナガバツガザクラ
Phyllodoce nipponica ssp. tsugifolia

高さ10〜25cmの常緑の小低木／葉は細い枝にやや密に互生し、細い線形で長さ7〜12mm、幅1.5mm。まばらな微鋸歯がある／花冠は鐘状で長さ5〜7mm、先が浅く5裂する。花柄は長さ2.5〜3cmで腺毛があり、がく片は紫紅色をおび、長楕円状卵形で無毛／長葉栂桜／❋7月、⬇高山の岩地、❖北・本(北部)、❀7.18, 東大雪山系ニペソツ山／基本種ツガザクラの葉は長さ5〜8mmで本州と四国に分布する

コメツツジ　　　　　　　ツツジ科
Rhododendron tschonoskii

高さ30cm〜1mの落葉低木。よく分枝してこんもりした樹形になる。花冠以外に褐色の毛がある／葉は枝の先に輪生状につき，長さ8〜25mmの長楕円形〜卵形で柄はない／花は2〜5個ずつつき，花冠は漏斗状で径は1cmほど，4〜5裂し，裂片は筒部より長い。雄しべは4〜5本あり花冠から突き出る。長花柱花と短花柱花がある。蕾の形からこの名がついた／米躑躅／✽7月，山地〜亜高山の岩地や稜線，北・本・四・九，7.21，胆振地方樽前山

イソツツジ　　　　　　　ツツジ科
Rhododendron groenlandicum
ssp. diversipilosum var. diversipilosum

高さ50〜80cmの常緑の低木。よく枝分かれしてこんもりした樹形となり，群生する／葉は革質で厚く長さ3〜5cm，縁を裏面に巻き込み幅5〜12mm，裏面には白と茶褐色の毛が混生する／花は球状に多数つき，花冠は5裂して径1cmほど。雄しべは10本／磯躑躅／✽6〜7月，低地の湿原〜高山帯の日当たりのよい所，北・本（北部），6.17，ニセコ山系／葉裏面に白毛が多い型を変種**イソツツジ**（①右＝渡島地方恵山），茶褐色の毛が多い型を基準変種**カラフトイソツツジ**（カバフトイソツツジ，エゾイソツツジ）（①左＝十勝岳）と分ける見解もある／近似種**ヒメイソツツジ**②は全体が小型で葉は細く幅2〜3mm，大雪山系の高山帯に産する／7.11，大雪山赤岳

ヤチツツジ　　　　　　　　ツツジ科
ホロムイツツジ
Chamaedaphne calyculata

高さが30 cm〜1 mの常緑の低木。若い枝に白い細毛と鱗片が,花軸やがく片,葉の両面に鱗片が密生する／葉は質が硬く長楕円形で長さ3 cm前後,縁を少し裏面に巻き込む／花冠は壺形で,先が浅く5裂して長さ5 mm前後,花柱は花冠から突き出る／果実は球形で径約4 mm①／谷地躑躅／❋ 4/中〜6/上,🌱低地の湿原,❖北,◉5.17,渡島地方長万部町静狩湿原

ゴゼンタチバナ　　　　　　ミズキ科
Cornus canadensis

高さ5〜15 cmの常緑性の多年草。地中に根茎が伸びて群生する／葉は倒卵形で長さ3〜6 cm,茎頂に4枚が輪生状につき,花をつける茎には6枚つく。常緑で越冬する葉と紅葉して枯れる葉がある／径2.5 mmほどの小さな花が大きな4枚の花弁状の苞に囲まれて多数つき,花弁と雄しべは4個／果実は球形で径5〜8 mmほど,赤く熟す①／御前橘(御前は白山の最高峰。赤熟する果実を橘に見立てた)／❋ 6〜7月,🌱山地の針葉樹林帯やハイマツ帯,❖北・本,◉6.19,ニセコ山系

エゾゴゼンタチバナ　　　　ミズキ科
Cornus suecica

高さ5〜20 cmの常緑の多年草／上のゴゼンタチバナに似るが葉は輪生状につかず,4〜5段間隔をあけて十字対生する。卵形〜長楕円形で長さ1.5〜3 cm／花のつくりもゴゼンタチバナと同様だが花弁の色は黒紫色をおびる①／果実も球形で赤く熟す②／蝦夷御前橘／❋ 6〜7月,🌱❖北海道東部や北部の原野や湿原あるいは高山草原,◉7.17,根室地方標津町ポー川

イワウメ イワウメ科
Diapensia lapponica ssp. obovata

草のように見える常緑の小低木で，幹や枝が分枝しながら地面を這い，マット状に広がったりクッション状の株をつくる／葉はへら形で長さ1cmほど，革質で厚く光沢がある／梅に似た花は1〜3cmの柄に上向きにつき，花冠は花弁状に5深裂して径1.5cmほど。がく片と雄しべはともに5個／さく果はほぼ球形で長さ3mmほど①／岩梅／❋6〜7月，🌱高山のれき地や岩地，❖北・本(中部・北部)，◉6.30，日高山脈野塚岳

ミヤマトウキ セリ科
イワテトウキ，ナンブトウキ
Angelica acutiloba ssp. iwatensis

高さ20〜60cmの多年草。強い臭気がある。茎は分枝して枝や葉柄基部が袋状の鞘となって茎を抱く／葉は硬質で光沢があり，2〜3回3出複葉で小葉は長さ5〜10cm，幅3〜6cm。長披針形〜長卵形でさらに切れ込み，鋸歯縁で先がとがる／小さな花が複散形花序に多数つき，総苞片はふつうなく，線形の小総苞片が少数つく。花の径は3mmほどで花弁は5枚／深山当帰／❋6〜8月，🌱低山〜亜高山の岩場，❖北・本(中部以北)，◉7.13，札幌市定山渓天狗岳／近似種ホソバトウキ①は夕張山地・日高山脈の超塩基性岩地に生え，全体紫色をおびた緑色で，小葉は広線形で幅は3mm程度／◉8.20，夕張岳／その品種トカチトウキ②は小葉の幅1cmほど，日高山脈に産する／◉8.13，日高山脈野塚岳

エゾニュウ セリ科
Angelica ursina

高いもので3mほどになる巨大な1稔性の多年草。茎は中空で直立し、上部で分枝する／葉は2〜3回の3出複葉で小葉はさらに裂け、裂片の基部は軸に流れ、葉柄基部は大きく膨らんだ肉質の鞘となる／小さな花が壮大な複散形花序に無数につき、総苞片はあっても1個、小総苞片は数個つく／蝦夷ニュウ（ニュウはアイヌ語）／❋7〜8月，🌱海岸〜山地の草地，❖北・本（中部・北部），✺7.25，礼文島

エゾノヨロイグサ セリ科
Angelica sachalinensis var. sachalinensis

上のエゾニュウに似るが茎は細く紫色をおび、直立して高さ1〜2m／葉は2〜3回の3出複葉で、小葉は硬く厚く光沢があり、鋸歯縁で先がとがり、やや下向きに伸びる。葉柄の基部は大きな鞘となる／花は大きな複散形花序に多数つき、総苞片も小総苞片もない。花の径は3mmほど、花弁は5枚ある／蝦夷鎧／❋7〜8月，🌱海岸〜山地の草地，❖北・本（中部・北部），✺7.25，礼文島

オオバセンキュウ セリ科
Angelica genuflexa

高さ60cm〜1.5mの1回結実性多年草で、茎は上部で分枝する。全体に無毛／葉は1〜3回にわたる3出複葉。節ごとに下に屈曲し、小葉もこの傾向が見られる。小葉は広披針形で長さ3〜10cm、縁には二重の鋸歯があり、先はとがる／花の径は3〜4mmで総苞片はなく、小総苞片は糸状で数個ある／大葉川弓／❋7〜8月，🌱低地〜山地の湿った所、特に沢沿い，❖北・本（中部・北部），✺8.19，日高山脈楽古岳

アマニュウ　セリ科
マルバエゾニュウ
Angelica edulis

高さ2m前後の大型の多年草。茎は中空で直立して枝を分ける／葉は質が薄く，2～3回の3出羽状複葉で，小葉は広卵形で幅が広く長さとほぼ同長。鋸歯縁で基部は心形，頂小葉はさらに3裂する。葉柄の基部は少し膨れる／花は径20cm以上の大型複散形花序に多数つき，径3mmほどで花弁は5枚／甘ニュウ（ニュウはアイヌ語）／❋7～8月，低地～山地の草地や林内，北・本(中部以北)，7.15，札幌市定山渓

エゾボウフウ　セリ科
Aegopodium alpestre

高さ30～60cmの多年草。太い根茎が伸び，茎は中空／下部の葉は長い柄があり，三角形で長さ5～8cm，2～3回の3出羽状複葉，小葉はさらに切れ込み，終裂片は卵形で鋭い鋸歯縁，先はとがるが尾状とはならない／花は複散形花序に多数つき，径2～3mmで花弁は5枚。小総苞片はない／果実は卵状長楕円形①／蝦夷防風／❋6～7月，山地の林内，北・本(関東以北)，7.11，空知地方雨竜町

イワミツバ　セリ科
Aegopodium podagraria

高さ40～80cmの多年草。地下茎が伸びて群生する／葉は1～2回の3出複葉。小葉の大きさは左右不揃いで長楕円形，長さは3～10cm，鋸歯縁で先がとがり，下部のものには長い柄がある／花は複散形花序に多数つき，径2mmほどで花弁は5枚。小総苞片はない／果実は卵状長楕円形で長さ約3.5mm①／岩三葉／❋6～7月，道端や空地，原産地はヨーロッパ，7.2，札幌市

ドクゼリ　　　　セリ科
Cicuta virosa

高さ60cm～1m以上の全体が無毛で灰白色をおびた大型の多年草。太い根茎は緑色で節があり竹の子状(①は断面)。茎は中空／葉は2～3回の羽状複葉で終裂片は線状披針形～広披針形、鋭い鋸歯縁で長さ3～8cm／花は球形に近い複散形花序に多数つき、径3mmほど。総苞片はなく、線形の小総苞片が数個つく／果実は球形で径3mmほど／毒芹／❋7～8月，湖沼や沼、川などの水辺，❖北・本・九，7.16，胆振地方むかわ町鵡川

ハマゼリ　　　　セリ科
ハマニンジン
Cnidium japonicum

茎は地面に張りつくように伸びて長さが10～30cmになる，全草が無毛の多年草／葉は厚く光沢があり，3～5つの羽状に分裂して裂片はさらに裂け，頂裂片は長さ6～7mm／花は葉腋近くから出る複散形花序について径2mmほど。花弁と雄しべは5個、花弁はやや内側に丸まる／果実は卵形で長さは3mmほど／浜芹／❋8～10月，海岸の岩地や砂地，❖北(日高地方～渡島半島)・本・四・九，9.12，檜山地方上ノ国町

ハマボウフウ　　　　セリ科
Glehnia littoralis

茎は砂中に深く埋まり，地上部が5～30cmになる多年草。全体に白い軟毛が密生する／葉は質が厚く硬く，1～2回の3出複葉で小葉はさらに3裂し，裂片の先は円い。下部の葉には長い柄がある／複散形花序の軸は太く，軟毛が密に生える／果実は楕円形で隆起した稜があり、長さ5mmほど／根茎や若芽が食材として採取されて数が激減した／浜防風／❋6～8月，海岸の砂地，❖日本全土，8.2，礼文島

セントウソウ　　　セリ科
オウレンダマシ
Chamaele decumbens

高さ10〜30cmの無毛で軟弱な多年草／葉は根生状につき紫色をおびた長い柄があり，基部は鞘状。葉身は長さ3〜8cm，2〜3回の羽状複葉で裂片はさらに切れ込み，先はややとがる／花茎は細く，斜上して先に3〜5個の小集散花序を散形につける。総苞片と小総苞片はない。花の径は2mmほど／果実は楕円形で長さ3mmほど／仙洞草／❋4〜6月，山地の広葉樹林内，北・本・四・九，5.10，日高地方様似町

シャク　　　セリ科
コジャク
Anthriscus sylvestris

高さ1〜1.5mの軟弱そうな多年草。茎に紫色の斑はなく①よく枝を分ける／葉は質が軟らかく，2〜3回3出羽状複葉で小葉はさらに細裂し，先は尾状に伸びる。裏面脈上に剛毛がある／花は複散形花序に多数つき，花序の中心側の花および花弁が小さい／果実は披針形で黒っぽい／若菜は食用になる／サク（シシウド）の転訛か／❋5/下〜7月，低地〜山地の林内など，日本全土，6.20，大雪山麓愛山渓／よく似た別属の**ドクニンジン**②の茎には紫色の斑がある／原産地はヨーロッパ

エゾノシシウド　　　セリ科
Coelopleurum gmelinii

高さ1〜1.5mの大型の多年草／葉はやや厚く硬く，1〜2回の羽状複葉で，葉柄の基部は袋状。終裂片は卵形で鋸歯縁，表面にはしわが多い／花は複散形花序に密につき，小花柄は長さ4〜7mm／果実は楕円形でほぼ無毛①／蝦夷猪独活／❋6〜7月，海岸の草原，北・本（北部），7.3，礼文島／近似種**エゾヤマゼンコ**（エゾヤマゼンゴ）は北海道の亜高山帯以上に生え，花はよりまばらにつき，小花柄は長さ1〜1.5cm。別種ミヤマゼンコの変種とする見解もある

トウヌマゼリ　　セリ科
Sium suave var. suave

高さ60cm～1mの多年草。茎は中空で6～7本の稜が走る／葉は羽状複葉で小葉は7～17枚あり、線形に近い披針形で鋭い鋸歯縁、長さは10cm前後ある／花は複散形花序につき、径3mmほど、線形の総苞と小総苞がある／果実は楕円形で長さ3mmほど／唐沼芹／❋8～9月、低地の湿地や水辺、❖北・本、8.9、釧路地方釧路町達古武沼／変種**ヌマゼリ**(サワゼリ)①の小葉は9枚以下で幅が広く狭披針形、花に三角形のがく歯がある

ムカゴニンジン　　セリ科
Sium sisarum

高さ30～60cmの軟弱な多年草。茎は直立するが、節々で電光形にゆるく折れる。枝の付け根や葉腋にむかごができる①／葉は羽状複葉で小葉はやや厚く3～5枚②、披針形でほとんど無柄／花序には披針形の総苞片と小総苞片がつく③／果実は球形／珠芽人参／❋8/下～9月、低地の湿原、❖北・本・四・九、8.30、日高地方えりも町

タニミツバ　　セリ科
Sium serra

高さ60～90cmの多年草。茎は無毛、中空で細くて軟弱／葉は羽状複葉で小葉は3または5枚あり、柄はなく倒披針形で先がとがって縁には細かい鋸歯がある。頂小葉の長さは10cmほど／花は複散形花序につくが花序の枝は少なくまばら。花の径は1.5mmほどと小さく目立たない／果実は卵形で長さ3mmほど①／谷三葉／❋7～8月、山地の湿った所、❖北・本(中部以北)、8.7、胆振地方白老町ポロト湖

ハクサンボウフウ　　セリ科
Peucedanum multivittatum

変異が大きく,高さ30〜90cmの多年草。根は肥厚してヒグマの餌となる。茎は中空。葉は1〜2回の3出複葉で小葉は広〜狭卵形。長さ3〜5cm,粗い鋸歯がある。小葉はさらに切れ込むがその形は様々。下部の葉には柄があり,基部は袋状となって茎を抱く／花は複散形花序に多数つき,総苞片と小総苞片はない／果実は長さ8mmほどの扁平な楕円形で縁に狭い翼がある①／白山防風／❋6/下〜9月, 亜高山〜高山の湿った草地, ❖北・本(中部以北), ◉6.25, 空知地方幌加内町三頭山／品種エゾノハクサンボウフウ②の小葉は裂片の幅が1cm以下の線形に深く切れ込み,先が尾状に伸び,日高地方アポイ岳などに産する／◉6.4, アポイ岳／その中間の型が品種キレハノハクサンボウフウ③で基本種と同地域で時々見られる

カワラボウフウ　　セリ科
Kitagawia terebinthaceum var. deltoidea

生育環境によって草姿が大きく変わる,高さ30〜90cmの多年草／葉には柄があり,その基部は長い鞘となる。葉は1〜2回の3出複葉で,小葉は卵形でさらに羽状に切れ込むがその形は様々。縁には鋸歯がある／複散形花序は数個つき,総苞片は0〜2個,小総苞片は数個つく／花弁は内側に巻き,時に淡紅色／果実は広楕円形／河原防風／❋7/下〜9月, 山地の岩場やその周辺, ❖北・本・四・九, ◉8.17, 小樽市銭函天狗岳

ミヤマウイキョウ　　　　セリ科
Tilingia tachiroei

高さ10～30cmの無毛の多年草／葉は1～4回3出羽状複葉で、終裂片は細く幅1mm以下の糸状に切れ込む／花は複散形花序に多数つき、やや目立つ線形の総苞片と小総苞片がそれぞれ数個つく。花の径は1.5～2mm／果実は長さ4mmほどの長楕円形で、5本の隆起脈がある／深山茴香（漢名の読みから）／❋7～8月，山地～高山の岩場に局所的，北(渡島半島・日高地方)・本・四，8.24，後志地方大平山／ウイキョウは別属の植物で薬用あるいは香味料として栽培される

イブキゼリモドキ　　　　セリ科
コイブキゼリ
Tilingia holopetala

高さ40～80cmの無毛の多年草。茎は細く，上部で枝分かれする／葉はやや硬く光沢があり，2回3出複葉で小葉には粗い切れ込みと鋸歯があり，先はとがるが尾状にはならない。柄の基部は赤みをおびた鞘となる／中型の複散形花序で1～2個の総苞片と10個ほどの小総苞片がある。花の径は2～3mmでややまばらにつく／果実は長楕円形で長さ4mmほど／伊吹芹擬／❋7/中～9月，山地～亜高山の日当たりのよい所，北・本(中部以北)，7.29，夕張岳

シラネニンジン　　　　セリ科
チシマニンジン
Tilingia ajanensis var. ajanensis

高さ10～30cmのほぼ無毛の多年草／大きな葉は下部に集まり，2回羽状複葉で，小葉はさらに深裂し，終裂片の形は変異が大きく線形～広披針形。粗い鋸歯縁でやや光沢がある／複散形花序にはわずかな総苞片と数個の小総苞片がある／白根人参／❋7～8月，亜高山～高山のれき地や湿地，北・本(中部以北)，8.4，増毛山地暑寒別岳／変種**ヒメシラネニンジン**は全体小型で葉の終裂片が線形，日高地方アポイ岳に産する

129

セリ

セリ科

Oenanthe javanica

高さ20〜60cmの無毛で明るい緑色の多年草。地中や地上を匍匐枝が伸びて群生する①／葉は1〜2回の羽状複葉で、終裂片は卵形〜狭卵形で長さ2〜3cm、粗い鋸歯があり、先はとがる／複散形花序には長い小総苞片がある。花は径3mmほど／果実は楕円形で長さ3mmほど／全草に香りがあり食用にされる。春の七草のひとつ／芹／❋7/下〜9月、低地の湿地や水辺、日本全土、8.29、江別市

ミツバ

セリ科

Cryptotaenia canadensis ssp. japonica

高さ30〜80cmの無毛の多年草／根出葉や下部の葉には長い柄がある。葉の質は薄く3出複葉で、小葉は卵形〜狭卵形で長さ3〜8cm、先はとがり重鋸歯縁／散形花序は小さく、柄の長さは不揃い。花の径は2〜3mm、花弁と雄しべは5個。果実は長楕円形①／山菜として摘まれ、野菜として栽培される／三葉／❋7〜8月、低地〜山地の湿った林内、北・本・四・九、8.11、札幌市空沼岳

マルバトウキ

セリ科

Ligusticum scoticum

高さ30cm〜1mの無毛の多年草。茎は暗紫色をおびる／葉は厚みと光沢があり、2回3出複葉で小葉は長さ3〜8cmの円形〜卵形、鋸歯縁／複散形花序には総苞片と小総苞片がある。花の径は4mmほどで、花弁と雄しべは5個／果実は長楕円形①／丸葉当帰／❋7〜8月、海岸の草地や岩場、北・本（北部）、7.14、礼文島

ミヤマセンキュウ　　セリ科
Conioselinum filicinum

高さ40〜80cmの多年草。茎は中空で縦に筋が走り、上部で枝を分ける／葉は2〜3回羽状複葉で小葉はさらに切れ込み、鋸歯縁で先は尾状となってとがり、薄く光沢はなく、柄の基部は袋状となって茎を抱く／複散形花序には糸状の小総苞片が目立つ。花と5枚の花弁は花序の中心部ほど小さくなる①／果実は広卵形で扁平／深山川弓／❋7/下〜9月，山地〜亜高山の草地や林縁，❖北・本(中部以北)，8.16，大雪山赤岳

カラフトニンジン　　セリ科
Conioselinum chinense

茎は太く縦筋が走り，高さ20〜90cmになるほとんど無毛の多年草／葉は質が厚く光沢があり，表面にはしわが多く，2〜3回の羽状複葉で小葉はさらに切れ込む。根出葉には長い柄があり，茎葉の葉柄基部は膨らんだ鞘状となる／複散形花序には総苞片と小総苞片がある。花は径4mmほどで花弁と雄しべは5個／果実は長楕円形で長さ5mmほど／樺太人参／❋8〜9月，海岸草原，❖北，9.3，礼文島

ノラニンジン　　セリ科
Daucus carota

高さ40cm〜1mの1稔性の多年草。茎には粗い毛が生える／葉は長さ20cm前後になり，2回羽状複葉で小葉はさらに羽状深裂する／複散形花序には羽状に裂けた総苞片がつく。花と5枚の花弁は花序の中心部に近いものほど小さくなる／果実は長さ3mmほどで，稜上に刺が並ぶ／栽培されるニンジンの野生種，原種とされるが根は細い／野良人参／❋8〜9月，道端や空地，❖原産地はヨーロッパ，8.16，札幌市南区常盤

イブキボウフウ セリ科
Libanotis ugoensis var. japonica
高さ30〜90cmの多年草。全体に毛があり，茎は硬く中実，上部で分枝する／葉は2〜3回羽状複葉で小葉はさらに切れ込み，裂片の変異が大きい／複散形花序は密で柄には突起状の毛がある。花には径3mmほどの長三角形のがく歯がある／果実には毛が生える／海岸に生えるものは葉の終裂片の幅が広く，品種**ハマイブキボウフウ**と呼ばれる。写真はこのタイプ／伊吹防風／❋7／下〜9月，🌱海岸〜山地の日当たりのよい所，❖北・本・四・九，✿7.26,渡島地方福島町

オオカサモチ セリ科
オニカサモチ
Pleurospermum uralense
茎は無毛，中空で太く，直立して高さ1.5mくらいの多年草。上部で小枝を出す／葉は2〜3回3出羽状複葉で小葉はさらに切れ込み，不揃いの鋸歯縁／複散形花序は壮大で茎頂のものは径30cmにもなり，葉状の総苞片が大きく目立つ／果実は卵形で長さ7mmほど／大傘持(傘持は長柄の傘を持って貴人のお供をする人)／❋6〜8月，🌱低地〜山地の日当たりのよい所，❖北・本(中部・北部)，✿6.9,礼文島

カノツメソウ セリ科
ダケゼリ
Spuriopimpinella calycina
高さ50〜90cmの多年草。茎は無毛，細く中空で硬い／葉は薄く，柄があり，上部のものは1回，下部のものは2回の3出複葉。小葉は長さ4〜10cm，鋸歯縁で先が尾状にとがる／花はまばらな複散形花序につき，径3mmほどで花弁と雄しべは5個／果実は長さ6mmほど／鹿爪草／❋8〜9月，🌱低地〜山地の林内，❖北・本・四・九，✿8.13,札幌市真駒内保健保安林

ヤブニンジン　　　セリ科
ナガジラミ
Osmorhiza aristata

高さ30〜80cmの多年草。花時には全体に白い軟毛があるが、やがて落ちる／葉は質が軟らかく、2〜3回羽状複葉で小葉はさらに羽裂して深い鋸歯縁。葉柄基部は鞘となり、根出葉の柄は長い／複散形花序はややまばらで、総苞片と小総苞片があるが、果期には落ちる。小散形花序の中央に雄花、周りに両性花がつく①／果実は棍棒状で長さ2cmほど、上向きの剛毛がある／藪人参／❋5〜6月、低地〜低山の林内、北・本・四・九、5.26、江別市野幌森林公園

ヤブジラミ　　　セリ科
Torilis japonica

高さ30cm〜1mの2年草。全体に硬い細毛があり、ざらつく／葉は2〜3回羽状複葉で、小葉はさらに切れ込み、深い鋸歯縁で先は尾状にとがる／花は小さな複散形花序につき、径3mmほど。柄は短いが果期には長さ2〜3cmになる／果実は卵形で鉤状の刺毛が密生し、動物に引っかかって運ばれる①／藪虱(果実がよく体につくことをシラミにたとえた)／❋7〜8月、低地〜低山の林縁や道端、北・本・四・九、7.16、札幌市定山渓

オオハナウド　　　セリ科
Heracleum lanatum

高さ1.5〜2mの1回結実性多年草で、時に群生する。全体に毛が多くざらつく感触がある／葉は3出複葉で小葉はさらに大きく裂け、縁には不規則な深い切れ込みと鋸歯がある／複散形花序は大きく、総苞片と小総苞片がある。花は5数性で小散形花序中心部では小さく外側が大きく、特に外周の花弁は大きく先が2裂する①／果実は薄い倒卵形②／大花独活／❋5〜7月、低地〜山地の明るい所、北・本(近畿以北)、6.13、札幌市円山

トチバニンジン　　ウコギ科
チクセツニンジン
Panax japonicus

高さ50～80 cmの多年草。節のある太い根茎がある／茎は直立し、長い柄をもつ掌状複葉を3～5個輪生する。小葉は3～7枚、二重の鋸歯縁で先がとがる／花は球形の散形花序につき、径3 mmほど。がく片、花弁、雄しべは5個。花弁は淡いクリーム色①／果実は球形で赤く熟す②／栃葉人参／✱6～8月，🌱低地～低山の林内，◆北・本・四・九，❄8.6，檜山地方厚沢部町

ヒシ　　ミソハギ科(ヒシ科)
Trapa japonica

水中に生える1年草。地中から水中に伸びた茎の節から根が出る／茎頂に浮葉が放射状につく。葉柄には膨らみがあり、葉身は広い菱形で厚みと光沢があって裏面脈上に毛がある／花の径は1 cm前後。がく片、花弁、雄しべはそれぞれ4個ある／果実は幅3～5 cmの扁平三角形で、がく片が変化した刺が2本ある①。この刺の数やつき方で近似種**オニビシ**、**ヒメビシ**と分けるとされるが、道内に分布するかは不明／菱／✱7～8月，🌱池や沼，◆北・本・四・九，❄8.14，空知地方南幌町三重沼

ウシタキソウ　　アカバナ科
Circaea cordata

高さ40～70 cmの多年草。全体に軟毛があり、茎上部には腺毛も混じる／葉は広卵形で長さ4～10 cm。先はとがり、基部は心形になる(次頁の近似種ミズタマソウは心形にならない)。下部の葉ほど長い柄がある／花序の長さは7～15 cm。花には反り返るがく片2個、小さな心形の花弁2枚、雄しべが2本ある／果実は偏球形で径3 mmほど。鉤形の白毛が密生する／牛滝草(牛滝は山の名)／✱7～8月，🌱山地の林内や林縁，◆北・本・四・九，❄8.1，札幌市藻岩山

ミズタマソウ　　　　アカバナ科
Circaea mollis

高さ30〜70cmの多年草。茎に目立たない下向きの細毛がある／葉は対生し、狭卵形で長さ5〜12cm。先はとがり波状縁，基部は前頁のウシタキソウのように心形にならない／花序は総状で軸には目立たない細毛がある。花には反り返る緑色のがく片2個，小さな心形の花弁2枚，雄しべが2本ある①／果実は球形で鉤形の白毛が密生する／水玉草／✽8〜9月，山地の林内や林縁，北・本・四・九，8.20，檜山地方厚沢部町／近似種**エゾミズタマソウ（ヤマタニタデ）**②は茎が無毛でがく片が紅紫色，花序の軸や花柄には腺毛が多い／北・本(関東北部・中国山地)，8.25，釧路地方釧路町／この属では様々な自然雑種があるため同定が難しい

ミヤマタニタデ　　　　アカバナ科
Circaea alpina ssp. alpina

高さ5〜25cmの多年草。細い地下茎を伸ばして群生する／葉は対生し三角状卵形で1〜2cmの葉柄があり，長さ1〜3cm。縁は粗い波形に浅くへこみ，基部は心形になる／花序の軸は細くて無毛。花には反り返るがく片2個，深く2つに裂けた小さな花弁が2枚①，雄しべが2本ある。花色は白〜淡紅色／果実は小さな棍棒状で長さ2mmほど。鉤形の白毛が密生する／深山谷蓼／✽7〜8月，山地〜亜高山の湿った林内，沢沿い，北・本・四・九，8.6，夕張岳／近似種**タニタデ**②はより大型で葉の基部は円く，心形にはならない。花弁の先は浅く3裂し，果実はほぼ円形／✽7〜8月，山地の林内，北・本・四・九，8.10，日高地方様似町／③はミヤマタニタデとの雑種と推定されるもの

キカラスウリ　　　ウリ科
Trichosanthes kirilowii var. japonica

他の植物や物に絡みながら伸びるつる性で，雌雄異株の多年草／葉は扇形で幅は10cmほど，掌状に浅く裂け，基部は心形，数cmの柄がある／花は夕方開花して翌日の午前中にしぼむ。雄花は総状花序に少数つき，花冠は径10cmほどで5つに裂け，裂片の先は多数の糸状に細裂する。雌花は地味で葉腋に単生／果実は卵形で黄色く熟す①／黄烏瓜／❋8〜9月，🌱野山の明るい所，❖日本全土（北海道は渡島半島西部），◉8.22，檜山地方上ノ国町

ミヤマニガウリ　　　ウリ科
Schizopepon bryoniifolius

他の植物や物に絡みながら伸びるつる性の1年草。二股の巻きひげが葉と対生する／葉は薄く卵心形で先がとがり，葉脈がへこむ。雄花と両性花の株があり，両性花は葉腋に単生するか短い総状につき，花冠は径6mmほど。5深裂し雄しべが3個あり，柱頭は3裂する①。雄花は総状花序に多数つくが稀／果実は緑色の角の円い三角錐で，ぶら下がる②／深山苦瓜／❋7〜9月，🌱山地の湿った林内，❖北・本・四・九，◉9.4，札幌市定山渓

ジャコウアオイ　　　アオイ科
Malva moschata

高さ20〜70cmの多年草。茎には白長毛が密生する／茎葉は長い柄と托葉をもち，掌状に深裂，さらに羽状深裂し，終裂片はおおむね線形だが変異が多い／花は白色〜淡紅色①，径4cmほどで花弁は5枚，中央に筒状に合着した花糸群が雌しべを囲んでいる。柱頭は15ほどに裂けている。花はよい香りがする／麝香葵／❋6〜8月，🌱道端や空地，❖原産地はヨーロッパ，◉7.8，札幌市真駒内

カラスシキミ　　　　ジンチョウゲ科
Daphne miyabeana

高さ30〜60cmの常緑で雌雄異株の小低木／葉は狭倒披針形で長さは10cm前後。やや革質で厚みと光沢があり，先はとがり，基部は長いくさび形／花は当年枝の先に数個まとまってつく。花冠はなく，先が4裂したがく筒が花冠に見え，長さ5mm，径は4mmほど／液果はほぼ球形で径8mmほど。赤く熟す①／烏樒（ミヤマシキミに似るが本物でないことを烏で表現した）／❋6〜7月，山地〜亜高山の林内，北・本（中部・北部），6.28，ニセコ山系

ツルシキミ　　　　ミカン科
ツルミヤマシキミ
Skimmia japonica var. intermedia f. repens

高さ50cmほどの常緑で雌雄異株の小低木。下部が地面を這い立ち上がる／葉は互生するが上部に集まる傾向がある。葉身は長楕円状倒披針形で長さ5〜10cm，やや硬い厚みと光沢がある／花は枝先に球形の花序をつくってつき，がく片と花弁は4〜5枚，雄しべは4本ある。雄花は雌しべが，雌花は雄しべが退化している／果実は球形で赤く熟す①／蔓樒／❋5/中〜6月，山地の明るい林内，北・本・四・九，6.6，礼文島

ヒメモチ　　　　モチノキ科
Ilex leucoclada

高さ30〜70cmの雌雄異株で常緑の小低木／葉は狭披針形で長さ10cmほど，厚みと光沢がある／花は葉腋につき，雌花は数個，雄花は多数群がるようにつく（写真）。花の径は1cmほど，がく片，花弁，雄しべがそれぞれ4個ずつあり，雌しべは1個ある。雄花は雌しべが，雌花は雄しべが退化している／果実は球形で赤く熟し，径1cmほど①／姫餅／❋5/下〜7/上，山地の明るい林内，北(後志地方以南)・本(中部以北)，6.11，渡島地方福島町

ツルツゲ　　モチノキ科
Ilex rugosa

匍匐性で雌雄異株の常緑小低木で，長さは80cmくらいまで伸びる／葉はやや密に互生し，披針形で長さ2〜4cm，硬く表面には光沢があり，葉脈がへこんですりガラス状になっている／花は前年枝の葉腋につき，径5〜6mm，がく片，花弁，雄しべは4個ずつある／果実は球形で径6mmほどで赤く熟す①／蔓黄楊／❋6〜7月，🌱山地〜亜高山の樹林下，❖北・本・四・九，❂7.9，利尻山／前種ヒメモチとの雑種と推定される**オオツルツゲ**が稀に見られる

アカミノイヌツゲ　　モチノキ科
Ilex sugerokii var. brevipedunculata

高さ40cm〜1.5mの雌雄異株で常緑の小低木。多くの枝を分けてこんもりした樹形になる／葉はやや密に互生し，広披針形〜卵状長楕円形で長さ2〜3.5cm。硬く光沢と厚みがあり，縁には不明瞭な鋸歯があって葉脈の主脈以外ははっきりしない／葉腋に雌花が1個，雄花が1〜3個つく。花は径4〜5mm，がく片，花弁，雄しべは各5個ある／果実は径約7mmの球形で，赤く熟す①／赤実犬黄楊／❋6〜8月，🌱亜高山帯の尾根筋など日の当たる所，❖北・本(中部以北)，❂7.30，大雪山緑岳

ハイイヌツゲ　　モチノキ科
Ilex crenata var. radicans

雌雄異株で常緑の小低木。幹や枝は横に伸びる傾向があり長さ1mほど／葉は互生し，長楕円形で長さ1.5〜3cm。厚みとつやがあり浅い鋸歯縁。葉脈は不明瞭な側脈も認められる。裏面には腺点が散在／葉腋に雌花が1個，雄花が数個つき，花の径は4mmほど。がく片，花弁，雄しべは各4個／果実は球形で径6mmほど，黒く熟す①／這犬黄楊／❋6〜7月，🌱低地の湿原や山地の明るい所，❖北・本(中部・北部)，❂7.16，渡島地方長万部町静狩湿原

ゲンノショウコ   フウロソウ科
ミコシグサ
Geranium thunbergii

多年草で茎は長さ30〜60cm,基部が地面を這って立ち上がる。茎には長い葉柄とともに開出毛が密に生える①／葉は掌状に3〜5裂し,裂片に浅く鋭くない切れ込みがある／花は長い柄の先に2個ずつつき,径1.5cmほど,がく片と花弁は5個,雄しべは10本ある。花弁の色は白色〜淡紅色と変異がある②／果実は長さ2cmほどの棒状,熟すと果皮が基部から5つにめくれて種子を飛ばす③／薬用としてすぐ効果が現れることからこの名がついた／現証拠／❋7〜9月,🌱道端や草地,❀北・本・四・九,🌐8.19,空知地方幌加内町／同属の**ミツバフウロ**④は茎に下向きの伏毛がまばらにあり⑤,葉はほとんどが3深裂して,5裂するのは下部の葉のみ／❀北・本・四・九,🌐8.26,十勝地方本別町／**イチゲフウロ**⑥は茎に開出毛はなく,下向きの伏毛が生える⑦。葉の裂片の切れ込みは深く鋭い。花は柄の先に通常1個(時に2個)つき,サイズは小さく径1cmほど／❀北・本(北部),🌐8.26,十勝地方本別町

シレトコスミレ　　スミレ科
Viola kitamiana

高さ5〜8cmの多年草／葉は先がとがった腎円形で縁に低い鋸歯があり長さ1.5cm, 幅2.5cmほど, 濃い緑色でやや厚く光沢がある／花の中心部が黄色く, 側弁の基部には毛があり, 唇弁には紫色の筋が入る。距は非常に短い／果実は黒紫色に熟す①／知床菫／❋6〜7月, 🌱❀知床連山の高山れき地（択捉島にも分布し, 知床の固有種ではない）, ❀6.19, 知床硫黄山

ヒカゲスミレ　　スミレ科
Viola yezoensis

高さ6〜12cmの多年草。地下茎を伸ばして群生することが多い。花柄や葉柄, 葉に毛が多い／葉は軟らかく長卵形〜長三角形で基部は心形, 長さ3〜7cm／花はやや大型で径2cmほど, 唇弁と側弁, 時に上弁にも紫色の筋が入る。ふつう側弁基部に毛がある。距は太くて長く, 長さは7〜8mm／日陰菫（余り日の当たらない樹林下に生えることから）／❋4/下〜6/上, 🌱山地の樹林内, ❀北（胆振地方〜釧路地方以南）・本・四・九, ❀5.7, 函館市函館山

マルバスミレ　　スミレ科
ケマルバスミレ
Viola keiskei

高さ5〜10cmの多年草／葉は卵形〜卵円形で長さ2〜4cm, 先はとがらず基部は心形, 茎とともに粗い毛が多い／花は径1.5〜2cmで, 唇弁に紫色の筋が入る。側弁基部に毛がある個体とない個体がある。距は太い円筒形で長さ5〜7mm／丸葉菫／❋5月〜6/上, 🌱山地の広葉樹林内, ❀北（胆振地方・日高地方・十勝地方, 比較的最近になって道内分布が確認された）・本・四・九, ❀5.26, 日高地方様似町様似山道

ウスバスミレ スミレ科
Viola blandiformis

高さ5〜8cmになる小型のスミレ。根茎は太くて短い／葉は根元からまとまって出，円心形で長さ2〜4cm。薄く軟らかく無毛で縁に浅い波形の鋸歯がある／花は小さく，径1〜1.5cm。唇弁に紫色の筋が入り，上弁は後ろに反る。距は短く長さ2mmほど／薄葉菫／✽5/下〜6月，🌱亜高山の樹林下，特に針葉樹林下，❖北・本(中部以北)，◉5.26，胆振地方徳舜瞥山／近似種**チシマウスバスミレ**(ケウスバスミレ)の葉には微毛があり，鋸歯は小さくとがる／🌱❖北・本(中部以北)の高層湿原

シロスミレ スミレ科
シロバナスミレ
Viola patrinii

高さ8〜15cmの多年草／茎はなく，葉は根元から直立し，へら形で4〜7cm。先はあまりとがらず，基部は葉身よりはるかに長い葉柄に翼となって流れる／花はふつう葉と同じ高さかより低い位置で咲き，径2cmほど。唇弁には紫色の筋が入り，側弁基部に毛がある距は長さ約2mmで袋状／白菫／✽5〜6月，🌱湿った草地や湿地，原野，❖北・本(愛知県以北)，◉6.22，釧路地方霧多布湿原

ツボスミレ スミレ科
ニョイスミレ
Viola verecunda var. verecunda

高さ5〜20cmの地上茎のあるスミレ。全草無毛でやや軟弱／葉は根元と茎につき長さ1.5〜4cmの偏心形〜腎形。縁に波状の低い鋸歯がある。長さ1cmほどの托葉がつき，ほとんど全縁／花は小さく径1cmほど。唇弁に紫色の筋が入り時に唇弁が淡紫色に見える。側弁の基部には毛がある。距は短く半球形状／坪菫／✽5/下〜6月，🌱低地〜山地の湿った所，❖北・本・四・九，◉6.2，札幌市手稲山／変種**アギスミレ**は湿原型で花後出る葉は三日月形①とされるが，顕著でない場合も多い

コミヤマカタバミ　　カタバミ科
Oxalis acetosella var. acetosella

高さ 5〜15 cm の多年草。根茎が地下に伸び先端につく多数の鱗片の脇から長さ 3〜10 cm の葉柄と花柄が出る／葉は 3 出複葉，小葉は心形で幅は 2.5 cm ほど，夜は折りたたまれる／花は径 1.5 cm ほどで 5 枚の花弁に淡紅色の筋が入り，時に花弁が淡紅色①。雄しべは 10 本／果実は卵球形で径 5 mm ほど②／小深山傍食／❇ 5/下〜7 月，🌱 山地〜亜高山の樹林下，❖ 北・本(中部以北)，◉ 5.27，札幌市有明の滝／全体に，より大型で果実が長楕円形になる変種 **ヒョウノセンカタバミ** が檜山地方に産する

シロツメクサ　　マメ科
オランダゲンゲ，ホワイトクローバー
Trifolium repens

茎は地面を這い，所々から根と葉柄，花茎を出し，高さ 15〜30 cm になる多年草。群生する／葉は 3 出複葉で小葉は長さ 1.5〜3 cm の卵形。白っぽい模様があることが多く，先が浅くへこむ／花は葉腋から出る柄の先につき，多数の蝶形花が球状に集まる。受粉後，花は下向きとなる①／白詰草／❇ 5〜8 月，🌱 道端や空地，畑地，山道沿い，❖ 原産地はヨーロッパ，◉ 5.27，札幌市真駒内公園

タチオランダゲンゲ　　マメ科
Trifolium hybridum

高さ 30〜50 cm の多年草。上のシロツメクサに似るが主茎は直立して無毛／葉は互生し，下部の葉柄は長さ 10〜25 cm，上部の柄は短い。葉は 3 出複葉で小葉は長さ 1.5〜3 cm の長楕円形／球形の花序が頂生，または葉腋からの柄につき，多数の花が集まる。花色は淡紅色〜白色①。長さ 8 mm ほどの蝶形花で，受粉後，下を向く／立オランダ蓮華／❇ 6〜8 月，🌱 道端，法面や空地，❖ 原産地は地中海地方，◉ 6.13，札幌市真駒内

シロバナシナガワハギ　マメ科
コゴメハギ
Melilotus officinalis ssp. albus
高さ40 cm〜1.3 mの1〜2年草。ふつう群生する／葉は3出複葉で小葉は長さ1〜3 cmの細長い楕円形。まばらな鋸歯縁／花は長さ5〜15 cmの総状花序にややまばらに多数つき，長さ5 mmほどの蝶形花で花弁は5枚ある。がく片は5深裂する／白花品川萩(品川は東京都内の地名。昔，そこに野生していたのだろう)／❋7〜8月，🌱道端や空地，河原，❖原産地はヨーロッパ〜中央アジア，❀7.2，札幌市／亜種シナガワハギ(p.51)の花は黄色

メドハギ　マメ科
Lespedeza cuneata
高さ50 cm〜1 mの多年草。茎は直立して多数の葉をつける。花と果実以外には毛がある／葉は3出複葉で小葉は角張ったへら形，頂小葉が長さ1〜2.5 cmとやや大きい。主脈の先端が葉の先から飛び出ている／花は葉腋に集まってつき，蝶形花の長さは6〜7 mmだが閉鎖花をつける場合が多い／目処萩(茎を占いに用いる筮竹の代用としたことからメドギハギ＝筮萩。その省略形)／❋8〜9月，🌱土手や道路の法面，河原，❖北・本・四・九，❀9.12，檜山地方上ノ国町

ミツバウツギ　ミツバウツギ科
Staphylea bumalda
高さ2〜3 mの落葉低木。枝は横に伸びる／長い柄をもつ葉は3出複葉で，小葉は長さ3〜7 cmの卵状長楕円形，先は鋭くとがり，鋸歯縁／花は若い枝先に円錐状につき，花弁とがく片，雄しべは各5個で長さ8〜9 mm。半開きの状態で満開となる／果実は平たい半円形の袋状で幅2.5 cmほど，先が大きく開いている①／三葉空木／❋5/下〜7/上，🌱低地〜低山の明るい林内，❖北・本・四・九，❀6.17，檜山地方厚沢部町

143

ノイバラ　　　　　　　バラ科
Rosa multiflora

高さ2mほどのややつる性の落葉低木で幹や枝は横に伸びて広がる。枝と葉柄に鋭い刺がある／葉は奇数羽状複葉で小葉は3～4対。倒卵形で長さ3cm前後。葉軸と托葉に腺毛と軟毛がある／花はよい香りをもち，円錐花序にややまばらについて径2～3cm。5枚の花弁は先がへこむ。雄しべと雌しべは多数ある／果実は長球形で長さ1cmほど，赤く熟す①／野茨／❋6～7月，🌱野山の明るい所や河原，❖北(西部・南部)・本・四・九，◉7.4，札幌市

チングルマ　　　　　　バラ科
Geum pentapetalum

草状の落葉小低木。枝は地面を這って広がり，マット状になる／葉はまとまってつき，奇数羽状複葉で小葉は2～5対。光沢と鋭い鋸歯があり，長さは0.5～1.5cm／花は径2.5cmほどで，花弁は5枚ある／果実に羽毛状になった雌しべが残る①／花が小さくかわいいことから，または果実の様子から稚児車の転訛か／❋6月～8/中，🌱亜高山～高山の湿地やれき地，❖北・本(中部以北)，◉7.26，札幌市無意根山

チョウノスケソウ　　　バラ科
Dryas octopetala var. asiatica

よく分枝してマット状に広がり，草のように見える高さ5～10cmの常緑性の小低木／葉は枝先にまとまってつき，長楕円形で長さ1～2.5cm。やや厚く，先の円い大きな鋸歯があり，葉脈部分がへこんで裏面は白い綿毛が密生する／花は径2.5cmほどで花弁は8～9枚あり，花後，花柱は長さ3cmほどの羽毛状に伸びる①／長之助草(明治時代の植物採集家名から)／❋6/中～7月，🌱高山のれき地や岩場，❖北・本(中部)，◉7.16，大雪山小泉岳

ノウゴウイチゴ バラ科
Fragaria iinumae
高さ10～15cmの多年草。根元から斜上する毛が密生する葉柄と花茎を出し，花後，長い匍匐枝を地表に伸ばして新苗をつくる／根出葉は3出複葉で，小葉の長さは2～4cm，粗い鋸歯縁。茎葉は分裂しない／花は径2cmほどで花弁とがく片は7～8枚，雄しべと雌しべは多数ある／赤く熟した果実は食べられる①／能郷苺／❋5/下～7月，山地～亜高山の日当たりのよい所，❖北・本(大山・中部・北部)，6.6，檜山地方遊楽部岳

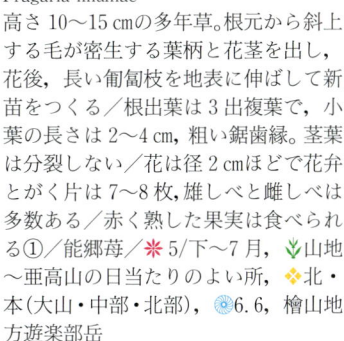

エゾノクサイチゴ バラ科
Fragaria yezoensis
高さ10～25cmの多年草。花茎や葉柄に開出毛が密生する／根出葉は3出複葉で，小さな側小葉が1対つくことがある。両面に毛が多い／花は径1.5～2cm，雄しべは雌しべよりもはるかに長い／果実は赤く熟すと食べられる①／蝦夷草苺／❋5/中～7月，野山の日当たりのよい所，❖北(北部・東部)，6.6，摩周岳／近似種**エゾヘビイチゴ**の雄しべは雌しべとほぼ同長②／道端など，❖原産地はヨーロッパ

オニシモツケ バラ科
Filipendula camtschatica
高さ1～2mの大型の多年草。群落をつくることが多い。茎や葉柄は無毛から多毛まで変異が大きい／葉は単葉に見えるが奇数羽状複葉。頂小葉が特大で掌状に大きく切れ込み，鋸歯縁／小さな花が散房状に多数つき，径6～8mm。花弁とがく片は5枚，多数の雄しべが花から突き出る①／果実は平たく縁に長毛がある／鬼下野／❋7～8月，山地～亜高山のやや湿った所，❖北・本(中部・北部)，8.5，後志地方狩場山

145

ホロムイイチゴ　　バラ科
Rubus chamaemorus

地下茎が伸びて所々から地上茎を立てて,高さが10〜30 cmになる雌雄異株の多年草。茎には多少軟毛がある／葉は腎心形で長さ・幅ともに4〜7 cm。先は浅く3〜5裂し,基部は心形。両面に褐色の腺毛と軟毛がある／花は径2 cmほどで1個つく。花弁は4または5枚つき雌しべを欠く雄花と,雄しべと雌しべが揃う両性花がある／果実は径1.5 cmほどで赤く熟す①／幌向苺／✳6〜7月, ↯泥炭湿原, ✤北・本(北部), ❄6.29, ニセコ山系

ヒメゴヨウイチゴ　　バラ科
トゲナシゴヨウイチゴ
Rubus pseudojaponicus

つる状の茎が地表を這いながら所々で高さ30 cmほどの花茎を立てる小低木状の多年草。茎は基部が木質で,葉柄とともに刺はなく,下向きの軟毛が生える／葉は薄く,掌状に5つに分かれ,小葉は長さ5〜7 cm。縁に粗い二重の鋸歯がある／花にはがく片と花弁が7枚あり,長さ8 mmほどの花弁は平開せずに直立する／果実は集合果で径13 mmほど。食べると甘酸っぱい①／姫五葉苺／✳5〜7月, ↯山地〜亜高山の林内, ✤北・本(中部・北部), ❄6.8, 樺戸山地神居尻山

コガネイチゴ　　バラ科
Rubus pedatus

細いつる状の茎が地表を伸びて節から根や高さ5〜10 cmの茎,葉を出す低木状の多年草／葉は長い柄があり,3出複葉だが側小葉がさらに深裂するので5小葉に見える。小葉の縁には二重の鋸歯がある／花は長い柄の先に1個つき,径1 cmほど。花弁は4〜5枚で,がく片の数も花弁数に応じている／果実は2〜4個からなる集合果①／黄金苺／✳6月〜8/上, ↯亜高山〜ハイマツ帯の樹林下, ✤北・本(中部以北), ❄7.7, 夕張岳

クマイチゴ　　バラ科
Rubus crataegifolius

地下に伸びる根茎からつる性の茎を出し，高さが1〜2mになる落葉低木。茎や葉柄に扁平で下向きの刺がある／葉は広卵形で長さ10cmほど。3〜5に中〜深裂し，縁は重鋸歯があって基部は心形／花は数個ずつつき，5枚の花弁は平開〜反って径2.5cmほど。がく片も5枚で毛が多い／果実は集合果で径2cmほど。赤く熟すと食べられる①／熊苺／❊6〜7月，🌱低山〜山地の明るい所，林道沿い，❖北・本・四・九，📷6.9，札幌市真駒内公園

エビガライチゴ　　バラ科
ウラジロイチゴ
Rubus phoenicolasius

高さ1m前後の落葉低木。茎や葉柄，花軸，がく片に紫褐色の腺毛が密生し，茎と葉柄には刺がまばらに生える／葉は3出複葉で，裏面は白綿毛が密生して白く，縁には重鋸歯がある。頂小葉が特に大きく，切れ込みがある／花序には10個ほどの花がつき，花弁は5枚で長さ4〜5mm。白に近い淡紅色で平開しない／果実は径2cm近い集合果で，赤く熟して食べられる①／蝦殻苺／❊6〜7月，🌱野山の林縁や明るい所，❖北・本・四・九，📷7.23，日高地方様似町

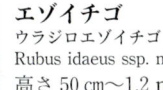

エゾイチゴ　　バラ科
ウラジロエゾイチゴ
Rubus idaeus ssp. melanolasius

高さ50cm〜1.2mの落葉低木でよく分枝する。茎や葉柄に細い刺が密に生える／葉は3出複葉で小葉は楕円形で長さ4〜6cm。裏面は綿毛が密生して白く，縁には不揃いの鋸歯がある／花はやや下向きに数個ずつつき，5枚の花弁は長さ5mmほどで平開しない／果実は赤く熟して食べられる①／蝦夷苺／❊6〜7月，🌱山地の明るい所，❖北・本(北部)，📷6.6，札幌市定山渓／葉の裏面に綿毛のないものを品種**カナヤマイチゴ**という

イシカリキイチゴ　　バラ科
Rubus exsul

茎は斜めに伸びて高さが1.5mほどになる落葉低木。他の植物を駆逐して群生する。茎や葉柄，花序に鋭い刺がある／葉は掌状複葉で小葉には柄があり，鋭い鋸歯縁／花は当年枝の円錐花序にやや密につき，長楕円形の5枚の花弁があって径2cmほど／果実は黒く熟し食用になる①／石狩木苺／❋6月，低地の明るい所，❖原産地はヨーロッパか，6.24，石狩地方新篠津村／近似種**セイヨウヤブイチゴ**の花序はやゝまばらで，花弁は倒卵形で白色〜淡紅色②。葉の裏面は綿毛で白い／❖原産地はアルメニア，7.9，札幌市／また道内には**クロミキイチゴ**の帰化の記録がある③／❖原産地は北アメリカ，7.6，日高地方様似町

モミジイチゴ　　バラ科
Rubus palmatus var. coptophyllus

高さ1〜1.5mの落葉低木でよく分枝する。当年枝と葉柄にまばらに刺がある／葉は長い葉柄をもち，卵形〜広卵形で先が3〜5中・深裂する。裂片には切れ込みと鋭い鋸歯があり，先は鋭くとがる／花は葉柄基部近くから出る花柄の先に1個ずつ下向きにつく。花の径は3cmほどで花弁は5枚／果実は橙黄色に熟すが道内の結実は稀という／紅葉苺／❋5月，野山の日当たりのよい所，❖北(石狩地方以南に局所的)・本・四・九，5.25，胆振地方豊浦町

タカネナナカマド　　バラ科
Sorbus sambucifolia

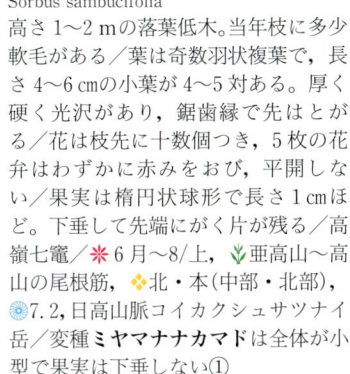

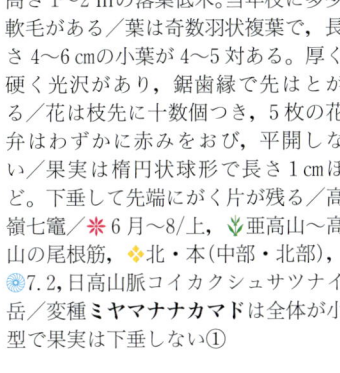

高さ1〜2mの落葉低木。当年枝に多少軟毛がある／葉は奇数羽状複葉で、長さ4〜6cmの小葉が4〜5対ある。厚く硬く光沢があり、鋸歯縁で先はとがる／花は枝先に十数個つき、5枚の花弁はわずかに赤みをおび、平開しない／果実は楕円状球形で長さ1cmほど。下垂して先端にがく片が残る／高嶺七竈／✻6月〜8/上，🌿亜高山〜高山の尾根筋，❖北・本（中部・北部），🌼7.2,日高山脈コイカクシュサツナイ岳／変種ミヤマナナカマドは全体が小型で果実は下垂しない①

ウラジロナナカマド　　バラ科
Sorbus matsumurana

高さ1〜3mの落葉低木。よく分枝する／葉は奇数羽状複葉で小葉は4〜6対，頂小葉より側小葉が大きく長楕円形。光沢がなく裏面は白っぽい。半ばより先端側が鋸歯縁／花は複散房花序に多数つき，径1cmほど。花弁は5枚で平開する／果実は楕円状球形で長さ1cmほど。下垂せず先端のがく片は内側に曲がって互いに合着し，星形のくぼみをつくる①／裏白七竈／✻6/中〜8/上，🌿亜高山〜高山の斜面，❖北・本（中部・北部），🌼7.7，羊蹄山

ホザキナナカマド　　バラ科
Sorbaria sorbifolia

高さ1〜2mの落葉低木で群生する／葉は長さ20cm前後で奇数羽状複葉。長さ5〜8cmの披針形の小葉が6〜11対ある。先は鋭くとがって縁には重鋸歯があり，裏面には星状毛がある／花は円錐花序に多数つき径7〜8mm。多数の雄しべが5枚の花弁より長く突き出る／果実は円筒状の蒴果で長さ5mmほど／穂咲七竈／✻7〜8月，🌿山地の林縁，❖北・本（中部・北部），🌼7.30，十勝地方足寄町

149

タカネトウウチソウ　　バラ科
Sanguisorba canadensis ssp. latifolia
高さ40〜80cmの多年草でよく群生する／長い奇数羽状複葉が根生し，長卵形で長さ3〜5cmの小葉が5〜7対ある。鋸歯縁で表面は光沢があり，裏面は白っぽい。茎にも小さな複葉がつく／花は長さ3〜10cmの穂状に密に多数つき，下から咲き上がる。花弁はなく，4枚のがく片の中央から長い雄しべ4本が突き出る／高嶺唐打草／✳7／下〜8月，🌱高山の湿った草地やれき地，❖北・本(中部)，📷8.20，大雪山／変種**リシリトウウチソウ**は茎や葉の中軸に縮れ毛がある

ナガボノワレモコウ　　バラ科
ナガボノシロワレモコウ
Sanguisorba tenuifolia var. tenuifolia
高さ80cm〜1.4mの無毛の多年草／長い葉が根生し，奇数羽状複葉で，長さ7〜8cmの広線形の小葉が5〜7対ある。鋸歯縁で基部に小さな托葉がつく。花茎にも小さな複葉がつく／花序は円柱形で長さ2〜7cm，先が垂れる。花に花弁はなく長い雄しべがかく片4枚の中心から突き出る／長穂吾木香／✳8〜9月，🌱低地〜山地の湿った草地，❖北・本(中部・北部)，📷8.31，大雪山沼ノ平／変種**チシマワレモコウ**は高山型で花穂が短く小葉の幅が広い

コゴメウツギ　　バラ科
Neillia incisa
高さ1〜2mの落葉低木。よく分枝するが細い円柱形の枝は折れやすい／葉は三角状卵形で長さ3〜7cm，毛と深い切れ込みがあり，裂片には重鋸歯がある／枝先や葉腋につく総状花序に多数の花が咲き，径6mmほどで花弁は5枚。がく裂片は5裂し白い花弁状で，雄しべは10本ある／小米空木／✳6月〜7／上，🌱低地〜山地の林内，❖北(日高地方)・本・四・九，📷7.6，日高地方浦河町

エゾシモツケ　　　　　　バラ科
Spiraea media var. sericea

高さ1m前後の落葉低木。よく分枝する／葉は長楕円形で長さ2〜4cm,先は円く,全縁か上部に鋸歯があり,長軟毛がある／花は半球形の散形花序に多数つき,径6mmほどで花弁は5枚。がくは5裂して裂片は反り返り,多数の雄しべが花から突き出る／蝦夷下野(シモツケが現栃木県,下野の国で最初に見つかったことから)／❋5〜7月,原野や山地〜高山の岩場やその周辺,湿原周辺,北・本(北部),6.28,後志地方大平山

エゾノシロバナシモツケ　　　バラ科
Spiraea miyabei

高さ1m前後の落葉低木。よく分枝し若い枝には褐色の毛がある／葉は長卵形で長さ3〜7cm,縁に重鋸歯があり先は尾状にとがる。裏面に白い軟毛がある／花序は前年枝にもつき,半球形にはならない。花は径6mmほどで花弁は5枚,がくは5裂して裂片は反り返り,多数の雄しべが花から突き出る／蝦夷白花下野／❋6〜7月,山地樹林内の岩場や周辺,北・本(北部),6.14,札幌市豊平峡

マルバシモツケ　　　　　　バラ科
Spiraea betulifolia var. betulifolia

高さ30cm〜1mの落葉低木／葉は倒卵形で基部はくさび形,長さ2〜5cm,薄く重鋸歯縁で先は円い／花は複散房花序に多数つき,径6mmほど。花弁は5枚でがくは5裂,雌しべは5本,多数の雄しべが花から突き出る／円葉下野／❋6〜8月,亜高山〜高山の日当たりのよい所,北・本(中部・北部),6.30,千歳市風不死岳／変種エゾノマルバシモツケは高山れき地に生え,小型で葉は幅広く,厚くしわが多い／その他いくつかの変種や品種が知られている

151

ヤマブキショウマ　　バラ科
Aruncus dioicus var. kamtschaticus

高さ30cm〜1mの雌雄異株の多年草／葉は大きく，3出複葉で小葉はさらに羽状に分かれる。終裂片は長さ3〜10cmで縁は重鋸歯で先はとがる／花は円錐状総状花序に多数つき，5個の花弁は長さ1〜1.5mm（①雌花），がくは5裂する／山吹升麻／❋6〜8月，🌱海岸〜高山の明るい所，❖北・本・四・九，◉7.6，苫小牧市／変種アポイヤマブキショウマは小型で葉は厚く幅が広く鋸歯は深い②／鋸歯が切れ込み状に深いものを変種キレハヤマブキショウマという

モミジバショウマ　　ユキノシタ科
サルルショウマ
Astilbe platyphylla

高さ30〜80cmの雌雄異株の多年草。若時茎には褐色の毛があるが，花時には節付近に残る／葉は1〜2回3出複葉で，頂小葉は掌状に浅〜中裂し長さ10cmほど。縁は重鋸歯となり，先はとがる／花は総状花序に多数つき，花弁はなく，8裂したがくと雄しべ，雌しべからなる／北海道固有種／紅葉葉升麻／❋6月〜7/中，🌱山地の明るい林内や林縁，❖北（十勝〜日高〜胆振〜渡島地方），◉7.6，日高地方様似町

トリアシショウマ　　ユキノシタ科
Astilbe odontophylla

高さ40cm〜1mの多年草。茎の節や葉柄基部に褐色の長い毛がある／葉は3回3出複葉，小葉は長さ5〜12cmの卵形で，基部は心形で縁は重鋸歯となり先はとがる／花序は二重の円錐状となり腺毛が密生して多数の花がつく。花にはへら形で長さが5mmほどの花弁が5枚あり，10本ある雄しべよりも長い①／鳥脚升麻／❋7〜8月，🌱山地の林内や草地，❖北・本（中部・北部），◉8.6，渡島地方福島町知内川

ヤグルマソウ　　ユキノシタ科
Rodgersia podophylla

高さ80 cm～1.3 mの大型の多年草／根出葉は長い柄をもち、掌状に5～7裂する複葉。小葉は長さ30 cm前後になり、先が大きく3つに切れ込み、鋸歯縁。茎の上部ほど小葉は少なく小さくなる。葉は時に紫色をおびる／花は円錐状の花序に多数つく。花弁はなく、がく片5個、雄しべ10個、花柱2個からなり、径5 mmほど／矢車草（葉が鯉のぼりに添える矢車に似ることから）／✽6～7月、山地の林内、北（南部）・本、6.18、渡島地方福島町知内川

チシマイワブキ　　ユキノシタ科
Micranthes nelsoniana var. reniformis

高さ5～25 cmの多年草／葉はすべて根生し、長い柄がある。葉身は腎円形でやや厚みがあり、長さ2～4 cm、幅3～6 cmで基部は心形。縁には三角形の牙歯が並ぶ／花は縮毛のある散房花序に多数つき、5枚の花弁は長楕円形で長さ3 mmほど。時に紅紫色をおびる①／千島岩蕗／✽7～8月、高山の岩れき地やその周辺、北（利尻山・大雪山系）、7.9、利尻山

フキユキノシタ　　ユキノシタ科
Micranthes japonica

高さ15～80 cmの多年草。太い根茎がある／根出葉には長い柄があり、葉身は円心形で径3～15 cm。やや厚みと光沢があり、縁は不揃いの鋸歯が並んで基部は心形。茎には小さな葉が1枚つく／花は長さ15～40 cmの円錐花序にややまばらにつき、5枚の花弁は斜めに開いて間もなく落ちる／蕗雪下（葉の形が蕗に似ることから）／✽7～8月、山地～亜高山の沢沿い、北・本（中部・北部）・四、8.26、大雪山麓愛山渓

ダイモンジソウ　　　　ユキノシタ科
ミヤマダイモンジソウ
Saxifraga fortunei var. alpina

高さ5〜40cmの多年草／葉は根生して長い柄があり、やや肉質で長さ3〜15cmの腎円形。掌状に5〜7浅裂し、不揃いの鋸歯もある。ふつう葉柄と葉身に毛がある／花は集散花序につき、花柄に短腺毛がある。5枚の花弁は上の3枚が短く、下の2枚が長くて大の字のようになる／大文字草／❋7〜10月、🌱海岸〜高山の岩場、❖北・本・四・九、☀8.15, 網走地方斜里岳／全体に小型で毛のない高山型を別名に分けたことがある

シコタンソウ　　　　ユキノシタ科
レブンクモマグサ
Saxifraga bronchialis ssp. funstonii var. rebunshirensis

高さ5〜15cmの小型の多年草。細い根茎が地表を分枝しながら伸びて広がり、有花茎と無花茎を立てる／葉は根生して厚みがあり、線状披針形で長さ6〜15mm、縁に剛毛がある／花は径1cmほどで5枚の花弁内側に黄色〜赤い斑点がある／色丹草／❋7〜8月、🌱山地〜高山の岩場、❖北・本(中部・北部)、☀7.19, 利尻山／変種**ユウパリクモマグサ**は先が3裂する葉が混じり、近似種**エゾノクモマグサ**①は葉の先が3浅裂する夕張岳の固有種

キヨシソウ　　　　ユキノシタ科
Saxifraga bracteata

高さ5〜20cmの多年草／根出葉には長い柄があり、腎円形で幅2cm前後。縁は5〜7つに浅く切れ込み、長毛がある。互生する茎葉もほぼ同形だがサイズは大きい／花には茎葉とほぼ同形の苞がつく。5枚の花弁は広倒卵形で長さは5mmほど、雄しべは10個ある／瀞草(千島列島を探検した内田瀞の名から)／❋6〜7月、🌱❖根室半島と知床半島の海岸の湿った岩壁、☀6.17, 根室半島

チシマクモマグサ　　ユキノシタ科
シベリアクモマグサ
Saxifraga merkii

高さ3〜8cmの多年草。根茎が地表を這い，よく分枝して無花茎と有花茎を出す／葉は根元に集まり，倒卵形〜長楕円形で長さ6〜15mm。やや多肉質でふつう全縁，縁に腺毛がある。茎葉は小さい／花は茎頂に数個つき，径1.2cmほど。花弁に斑点はなく，子房の先は2裂し①，柄に腺毛がある／千島雲間草／✽7〜8月，高山の湿ったれき地，❖北（大雪山系・夕張山地・知床山系），8.16, 大雪山白雲岳

クモマユキノシタ　　ユキノシタ科
ヒメヤマハナソウ
Micranthes laciniata

高さ5〜10cmの小型の多年草。茎に腺毛が多い／葉は根元に集まり，柄がなくくさび形で長さ1〜3cm。上半分に欠刻状の鋸歯があり，有毛／花は円錐花序にややまばらにつく。5枚ある長三角形の花弁下部に黄色い斑が2つあり，基部は柄となる。雄しべは10本あり花弁よりも短い／雲間雪下／✽7〜8月，高山の湿ったれき地や草地，❖北（大雪山系・日高山脈・夕張山地），8.2, 大雪山高根ヶ原

ヤマハナソウ　　ユキノシタ科
Micranthes sachalinensis

高さ10〜40cmの多年草。全体に長軟毛や腺毛が多い／葉は根出葉のみでやや厚く，長卵形で長さ4〜10cm。縁には粗い鋸歯があり，裏面は紫色をおびて基部は葉柄状に細まる／花は比較的大きな円錐花序につくが，ややまばら。花は径7〜8mmで花弁は5枚，中央に黄斑があり，花糸は先が太くなる①／山鼻草（札幌市内の地名から）／✽5/下〜7月，山地の岩場や急斜面，❖北，6.14, 札幌市豊平峡

155

ズダヤクシュ　　ユキノシタ科
Tiarella polyphylla

高さ10〜40cmの多年草。茎や葉柄，花柄に腺毛がある／葉は幅2〜6cmの心円形で浅く5裂し，毛がまばらにある。根出葉には長い柄がある／花は多数つくがややまばらで径3mmほど。がくは5裂して裂片は白く花弁状，花弁は糸状でがく裂片より長い①。雄しべは10本，花柱は2本だが長さが異なる／信州の方言からこの名がついた／喘息薬種／❋5/下〜7月，山地〜亜高山の樹林下，❖北・本(近畿以北)・四，6.6，千歳市支笏湖畔

ウメバチソウ　　ニシキギ科(ユキノシタ科)
Parnassia palustris

高さ10〜40cmの多年草。全体が無毛／根出葉には長い柄があり，葉身はやや肉厚の心形で長さ2〜4cm。同形でやや小さい無柄の茎葉が1枚つく／花は茎頂に1個つき，径2〜2.5cm，5枚の花弁が重なり合う。10本ある雄しべのうち花弁に対応する5本は仮雄しべで，糸状に12〜22に裂けて黄色い腺体がつく／梅鉢草／❋8〜9月，低地〜亜高山の湿地，❖北・本・四・九，8.15，北大雪山系平山／仮雄しべの裂け数によって2つの変種**コウメバチソウ**と**エゾウメバチソウ**①に分けることがある

モウセンゴケ　　モウセンゴケ科
Drosera rotundifolia

高さ6〜20cmの多年草／葉はすべて根生し，長い柄の先に卵円形の葉身をつけるので，しゃもじ形に見える。葉身は長さ5〜10mmで表に紅色をおびた長い腺毛が多数あり，粘る液で小虫を捕らえ消化液で溶かして養分とする／花は数個つき，巻いた花序を伸ばしながら咲き上がる。径6mmほどで花弁は5枚，雄しべは5本ある／毛氈苔／❋7〜8月，低地〜高山の湿原や湿った所，❖北・本・四・九，7.27，札幌市空沼岳

ナガバノモウセンゴケ モウセンゴケ科
Drosera anglica
高さ10〜25 cmの多年生の食虫植物。前頁のモウセンゴケよりやや大型/葉身は先が円い線状倒披針形で長さは3〜4 cmになり、柄も長さ5〜10 cmと長い/花も大きく径8 mmほどで花弁はがく片より少し長い/長葉毛氈苔/❋7〜8月、↯低地〜亜高山の湿原、❖北（道北・大雪山）・本（尾瀬）、◉7.28, 大雪山沼ノ原/同じ生育地でより葉が短い**サジバモウセンゴケ**①が見られ、モウセンゴケとの自然雑種であることが証明されている/◉7.24, 大雪山沼ノ原

ミヤマハタザオ アブラナ科
Arabidopsis kamchatica
高さ10〜30 cmの多年草。全体が白っぽい緑色。茎は1〜数本立ち、ふつう無毛で時に有毛/根出葉は頂片が特に大きく奇数羽状に深裂し、茎葉は長さ3 cm前後の倒披針形で全縁/花は総状につき、花弁4枚は長さ4 mmほど/長角果は長さ3〜4 cmで弓なりに上を向く/深山旗竿/❋5〜7月、↯山地の岩場や砂れき地、❖北・本（大山・中部・北部）・四、◉5.16, 北見市留辺蘂/比較的最近ヤマハタザオ属からシロイヌナズナ属に移された

シロイヌナズナ アブラナ科
Arabidopsis thaliana
高さの差が大きく10〜40 cmになる1〜2年草。茎の下部には2分枝毛や星状毛などが密生する/根出葉はロゼット状で長さ1〜5 cmの長いへら形。鋸歯状のへこみがあり分枝した毛が密生する①。茎葉は小さい/上部の茎葉の葉腋から花序が出て、花は径4 mmほど。花弁とがく片が4枚ある/長さ2 cmほどの長角果が茎から斜め上に開出する/白犬薺/❋4/下〜7月、↯道端や植え込み、空地、❖原産地はヨーロッパ・北アフリカ、◉5.24, 札幌市

エゾノイワハタザオ　　アブラナ科
Arabis serrata var. glauca

高さ15〜40 cmの多年草。変異の大きい植物で，茎や葉に粗毛と星状毛がある／根出葉はロゼット状につき長倒卵形で長さ3〜8 cm，粗い鋸歯縁／花にはがく片4枚，長さ6〜9 mmの花弁4枚，雄しべ6本がある／長さ5〜8 cmの長角果は弓なりに茎から離れる①／蝦夷岩旗竿，❋4/下〜6月，山地の岩場とその周辺，❖北・本（北部），◉6.2,札幌市白井川沿い

ハマハタザオ　　アブラナ科
Arabis stelleri var. japonica

高さ20〜50 cmの2年草。全体に星状毛と短毛があり，茎を1〜数本立てる／根出葉は倒披針形で重なり合うようにつく。茎葉は先が円く下部が広い長楕円形で，基部は茎を抱く／花はやや大きく，4枚の花弁は長さ1 cm近い／長さ5 cm前後の長角果は，花序の軸に圧着するように直立する／浜旗竿／❋5〜6月，海岸の砂地や岩地，❖北・本・四・九，◉5.28,石狩地方石狩浜／ロゼットの状態で越冬する

ヤマハタザオ　　アブラナ科
Arabis hirsuta

高さ25〜80 cmの2年草／葉は根出葉・茎葉ともに長楕円状へら形で星状毛と短毛があり，縁は波状の鋸歯となる／花はまばらにつき，4枚の花弁は長さ4 mmほどであまり開かない①／長角果は長さ5 cmほどで花序の軸と平行する／山旗竿／❋6〜7月，山地の明るい林内，❖北・本・四・九，◉7.5,釧路地方浜中町／近縁属の**ハタザオ**は全体が緑白色で葉の基部は茎を抱き②，花弁は黄白色③

タネツケバナ アブラナ科
Cardamine scutata

高さ15〜30cmの2年草／花期には根出葉はないか枯れかかる。葉は頂小葉が少し大きい羽状複葉で，側小葉は長楕円形，茎葉は数枚つき目立つ／4枚の花弁は長さ3〜4mm，雄しべは6本／長角果は長さ2cm前後／種漬花／❋4/下〜5月，↡道端や田の畦，❖日本全土，◉5.13，檜山地方江差町／よく似た別種(亜種とする見解もあり)**タチタネツケバナ**の茎は有毛①／以上は在来種／よく似た同属の**ミチタネツケバナ**②は茎が無毛で茎葉はないか小型のものが1〜2枚つき，雄しべは4本③。花期にも根出葉は健在／❋4〜5月，↡道端や空地，❖原産地はヨーロッパ，◉5.13，札幌市中央区の市街地

オオバタネツケバナ アブラナ科
ヤマタネツケバナ
Cardamine regeliana

高さ10〜50cmの多年草。茎や葉は無毛／葉は奇数羽状複葉で側小葉は1〜4対あり，頂小葉が特に大きく時に浅い切れ込みが入る。側小葉は倒披針形／花はあまり平開せず，花弁は4枚で長さ4mmほど。がく片が4枚，雄しべが6本ある／長角果は長さ2cm前後で斜め上を向く／大葉種漬花／❋5〜6月，↡湿地や水辺，沢沿い，❖北・本・四・九，◉5.17，札幌市定山渓／ロゼットの状態で越冬する①

ミヤマタネツケバナ　　アブラナ科
Cardamine nipponica

高さ3〜10cmの無毛の多年草。枝を分けて横に広がる／葉はやや厚く光沢があり，羽状複葉で小葉は1〜3対つき，楕円形〜倒卵形で長さは1cm以下。鋸歯はない。根出葉・茎葉ともに数個つく／花も数個やや密につき，花弁は4枚，長さ5mmほど。小さながく片が4個，雄しべが6本ある／長角果は長さ2〜3cmで直立する／深山種漬花／❋7〜8月，⚘高山の岩れき地，❖北・本(中部・北部)，◉7.17，大雪山小泉岳

ハナタネツケバナ　　アブラナ科
Cardamine pratensis

高さ15〜50cmの多年草。茎・葉ともに無毛／葉は奇数羽状複葉で小葉は3〜7対つく。根出葉には長い柄があって小葉は広卵形，茎葉の小葉は線形に近い形となり，しばしば上方に湾曲気味となる／花は白色①〜淡紅色で径1.3cmほど。4枚の花弁の長さはがく片の3倍ほどある。雄しべは6本，雌しべは1個ある／長角果は長さ2.5cmほど／花種漬花／❋5/中〜6月，⚘低地の湿原に局所的，❖北(東部)，◉6.13，釧路湿原

コンロンソウ　　アブラナ科
Cardamine leucantha

高さ40〜70cmの多年草。地下茎が伸びて群生し，全体に毛がある。茎は上部で分枝する／葉は互生し，羽状複葉で小葉は2〜3対あり，頂小葉で長さ6〜7cm。広披針形で粗い鋸歯に縁どられる／花は径1cmほど。がく片と花弁は4枚，雄しべは6本(2本は短い)，雌しべは1個ある／長角果は長さ2cmほど／崑崙草／❋5〜6月，⚘低地〜山地の林内，❖北・本・四・九，◉6.2，札幌市砥石山

ジャニンジン　　　アブラナ科
Cardamine impatiens var. impatiens

高さ20～50cmの2年草。茎は直立して短毛がある／葉は奇数羽状複葉で小葉は2～5対，卵形～線形と変異が大きく，さらに浅く切れ込む場合もある。葉柄基部は矢じり形となって茎を抱いている／花は小さく穂状の花序に多数つき，花弁は4枚で長さ2～3mm，平開しない。がく片も4枚，雄しべは6本，雌しべは1個ある／長角果は長さ2～3cm／蛇人参(蛇が食べる胡蘿蔔＝ニンジンからという)／❋5～6月，🌱低地～山地の湿った林内，❖北・本・四・九，◉6.6，函館市函館山

エゾノジャニンジン　　　アブラナ科
Cardamine schinziana

茎の長さは20～40cmで基部が地表を這って立ち上がる／葉は奇数羽状複葉で小葉は2～6対つき，長楕円形～披針形で先がとがってさらに羽状に切れ込むがその形は様々／花はまばらについて径1cmほど。がく片と花弁は4枚，雄しべは6本のうち4本が長く，雌しべは1個ある／長角果は長さ2cm前後／北海道固有種／蝦夷蛇人参／❋5～6月，🌱山地の渓流沿い，❖北(日高山脈・上川地方)，◉5.26，日高地方様似山道

エゾワサビ　　　アブラナ科
ミツバタネツケバナ
Cardamine yezoensis

茎の長さは20～50cm。多くは下部が地表を這って立ち上がる多年草。結実後上部も倒れて節に新苗をつくる／葉は単葉または複葉で径4～5cmの円形～円心形。さらに円～三角状の切れ込みが入る。複葉の場合は小さな側葉が1～2対つく／花は総状に多数つき，径1.2cmほど。がく片と花弁4枚，雄しべ6本，雌しべ1個がある／長角果は長さ2.5cm前後／蝦夷山葵／❋5～7月，🌱山地の沢沿い，❖北・本(北部)，◉6.17，夕張山地崕山

アイヌワサビ　　　アブラナ科
Cardamine valida
太い茎が直立する高さ30〜80cmの多年草。根元から匍匐枝を出して群生する／葉は奇数羽状複葉で小葉は5〜11枚つき，頂小葉と側小葉はほぼ同形同大，長卵形で切れ込みは目立たない／花は径1.3cmほどで，がく片と花弁は4枚，雄しべは6本，雌しべは1個ある／果実は長角果で長さ2〜2.5cm／アイヌ山葵／❋5〜7月，🌱山地の沢沿い，❖北，◉7.14，東大雪山系ウペペサンケ山

オランダガラシ　　　アブラナ科
クレソン
Nasturtium officinale
水辺や水中に節から根を出しながら茎を伸ばして群生する多年草。水上に出る部分は高さが20〜50cmになるが，水中だけでも育つ。茎や葉は生食される／葉は羽状複葉で小葉は2〜4対，頂小葉も側小葉も広卵形〜披針形で大きさや形はそれほど差がない／花は径6mmほどで，花弁とがく片4枚，雄しべ6本がある／長角果は長さ1cmほどで上に曲がり，熟すと下から裂ける／オランダ芥子／❋6〜8月，🌱清流の中，❖原産地はユーラシア，◉7.6，釧路地方弟子屈町

エゾハタザオ　　　アブラナ科
Catolobus pendulus
高さ40cm〜1mの2年草。全体に粗い毛がある／葉は薄く長楕円形で大きいもので長さ10cmあり，先がとがり鋸歯縁で星状毛が密生する／花は花弁4枚で長さ4〜5mm，平開しない。がく片も4枚あり，外面に星状毛がまばらにある①／長さ5〜8cmの長角果は熟すとだらりと垂れ下がる／蝦夷旗竿／❋7〜8月，🌱山地の林縁や草地，❖北・本(北部)，◉8.26，十勝地方本別町／ヤマハタザオ属に含める見解もある

ワサビ　　　　　　　　　アブラナ科
Eutrema japonicum

高さ20〜40cmの多年草。太い根茎があり栽培もされて香辛料として利用される／葉は鋸歯縁でやや光沢があり、根出葉が特に大きく円心形で長さ5〜10cm。長い柄があり、茎葉は心形で上部ほど小さくなり苞に移行する／花は径1cmほどで、花弁とがく片は4枚、雄しべは6本のうち4本が長い、雌しべは1個ある／山葵／✳4/下〜6/上，❖北(胆振地方以南，それ以外は栽培起源と推定される)・本・四・九，⦿5.8，渡島地方八雲町八雲

オオユリワサビ　　　　　アブラナ科
Eutrema okinosimense

茎は斜上または地表を這って伸び、長さが20〜30cmになる無毛の多年草。根茎は太くなく、上部に前年の葉柄基部が肥厚した百合根状物がつく①／葉は光沢がなく縁には不規則な波状で円い鋸歯があり、根出葉は腎円形〜卵円形で長い柄があり、茎葉は心形で上部ほど小さく苞に移行し、結実後すぐ枯れる／花はややまばらにつき径1cmほど。花弁とがく片は4枚，雄しべは6本ある／大百合山葵／✳4/下〜5月，🌱山地の沢沿いなどの湿った斜面，❖北(石狩地方以南)・本・四・九，⦿5.9，札幌市円山

セイヨウワサビ　　　　　アブラナ科
ワサビダイコン
Armoracia rusticana

高さ50cm〜1.2mの無毛の多年草。太い根茎があり、香辛料として利用される／根出葉はしわが多い長楕円形で長い柄があり、縁には波打つ円い鋸歯がある。茎葉は下部ほど深く羽状分裂する／花は径1cmほどで、がく片と花弁は4枚，雄しべは6本，雌しべは1個ある／広卵形の短角果①だが、北海道では完熟しないという／西洋山葵／✳5/下〜7/中，🌱道端や土手，田畑の周囲，❖原産地はヨーロッパ，⦿6.7，胆振地方白老町

モイワナズナ　　アブラナ科
Draba sachalinensis ssp. sachalinensis

高さ10〜30cmの多年草。地表近くで分枝して株立ちとなる／根元に倒披針形でわずかに鋸歯があるロゼット葉が何枚もつき、短毛と星状毛が密生する。茎葉は2枚ほどつく／花弁は4枚あり、長さ6〜8mm／披針形の短角果はほとんどねじれず、星状毛と短毛が密生し、2〜3mmの長い残存花柱がある①／藻岩薺／✱4/下〜6月、山地の岩場、北（西南部・網走地方）・本（長野県）、5.18、札幌市藻南公園／近似種 **シリベシナズナ** は短角果の残存花柱が短く1〜1.8mmほど②。後志地方大平山周辺で稀に見られる／同属の **ソウウンナズナ** ③は大雪山などの岩場に知られ、花弁の長さ3〜6mm、根出葉がほぼ全縁で表・裏面に星状毛がある。短角果は無毛で少しねじれる④／✱5/中〜6月、北（利尻島・大雪山・夕張山系）、6.24、東大雪山系西クマネシリ岳

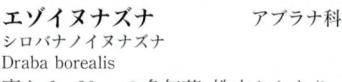

エゾイヌナズナ　　アブラナ科
シロバナノイヌナズナ
Draba borealis

高さ6〜20cmの多年草。株立ちとなり、全体に白い星状毛が密生する／根出葉は倒卵形でほとんど鋸歯はなく長さ1〜3cm。茎葉は大きく、卵形で数対の鋸歯がある／花は径8〜9mmで花弁は4枚あり、先が浅くへこむ／短角果は長さ1cmほどの長楕円形。強くねじれて毛はわずか／蝦夷犬薺／✱5〜7月、海岸の岩場、北・本（北部）、5.26、礼文島

ヒメナズナ　　　アブラナ科
Draba verna

高さ10〜30cmの1年草。茎は細く何本か出てやや株立ちとなる／葉は根元に集まりロゼットをつくり，長さ2cm前後の倒広披針形。短毛と星状毛が密生する①／花は小さく花弁は長さ3mmほど。4枚あるが先が中裂しているので8枚に見える②／果実は短角果で長い柄があり長さ8mmほど。毛はない／姫薺／❀4/下〜5月，🌱道端や空地，❖原産地は地中海地方，⊛5.14，北斗市大野国道萩野

ナズナ　　　アブラナ科
ペンペングサ
Capsella bursa-pastoris

高さ10〜50cmの2年草。茎はよく分枝する／葉には星状毛と長軟毛があり，根出葉は頂片が特に大きく羽状に裂けるが程度は様々。茎葉は披針形。鋸歯縁で柄がなく，基部が矢じり状になって茎を抱く／小さい花が多数つき，花弁は4枚で長さ2〜2.5mmの倒卵形／果実は逆三角形で長い柄があり，三味線のバチに似る①／薺／❀4/下〜7月，🌱道端や空地，田畑の周辺，❖日本全土，⊛5.9，札幌市真駒内

トモシリソウ　　　アブラナ科
Cochlearia officinalis ssp. oblongifolia

高さ5〜30cmの全草無毛の2年草。茎は基部で四方八方に分枝する／葉は厚くつやがある。根出葉は腎円形で幅1.5cm前後，長い柄があるが花時には枯れていく(写真の橙色の葉)。茎葉は長さ1.2〜2cmの卵形で，柄は上部にいくほどなくなる／花は径6mm前後で花弁とがく片は4枚ある／果実は球形に近く，径5mmほど／友知草(発見地根室半島友知に因む)／❀5〜7月，🌱海岸の岩場，❖北(根室半島・知床半島)，⊛6.17，根室半島

165

ウロコナズナ　　アブラナ科
Lepidium campestre

太い茎が直立して高さが10〜40cmになる1〜2年草。全体に短毛が密生して灰白色をおびて見える／根出葉は倒披針形で全縁か羽状浅裂，柄がある。茎葉は全縁の披針形で，基部は矢じり形となって茎を抱く／花は径3mm程度でへら形の花弁が4枚あるが平開しない／果実は短いボート形の短角果で長さ5〜6mm。表面に細かい突起が密生し①，その様子からこの名がついた／鱗蕊／✳6〜7月，🌱道端や空地，❖原産地はヨーロッパ，📷7.4，苫小牧市／同属の**マメグンバイナズナ**②の茎は細毛があり，中部からよく枝を出す／根出葉と下部の茎葉は羽状に分裂し，上部の茎葉は線形／4枚の花弁は長さ1mm程度と小さく，がく片よりわずかに長い／短角果は上下に扁平な円形で長さ3mmほど。先が小さく軍配形にへこむ。種子の周囲に半透明の翼がある／❖原産地は北アメリカ，📷6.14，胆振地方安平町早来／**ヒメグンバイナズナ**は下部の茎葉も羽裂せず，花には微小な花弁があるかまたは欠如する③。種子の翼は周囲の一部にある／❖原産地は北アメリカ，📷7.5，釧路市釧路西港／以上の2種は次種グンバイナズナと和名が似るが別属

グンバイナズナ　　アブラナ科
Thlaspi arvense

茎は直立して上部で枝を分け，高さが30〜70cmになる2年草。全体に無毛／葉はやや厚く，茎葉は長さ3〜7cmの狭卵形〜披針形で下部のものを除いて柄がなく基部は茎を抱く。縁に低い鋸歯がまばらにある／花序は開花しながら伸び，花は径4〜5mm。花弁は4枚／果実は長さ1〜1.5cmの扁平な楕円形の短角果で，先がへこんだ軍配形の幅広の翼がつく／軍配薺／✳6〜7月，🌱道端や空地，畑地の周辺，❖原産地はヨーロッパ，📷7.3，釧路市釧路西港

タカネグンバイ　　アブラナ科
Noccaea cochleariformis

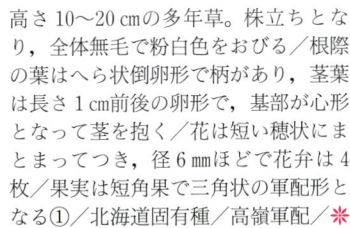

高さ10〜20cmの多年草。株立ちとなり，全体無毛で粉白色をおびる／根際の葉はへら状倒卵形で柄があり，茎葉は長さ1cm前後の卵形で，基部が心形となって茎を抱く／花は短い穂状にまとまってつき，径6mmほどで花弁は4枚／果実は短角果で三角状の軍配形となる①／北海道固有種／高嶺軍配／❋5〜7月，山地〜亜高山の岩場やその周辺，北，5.7，礼文島

ナンブソウ　　メギ科
Achlys japonica

高さ15〜30cmの無毛の多年草。細い地下茎が伸びて群生する／葉は根出葉のみで，根元から細長い柄が伸び，先に無柄の3小葉が地表と平行につく。小葉は薄く，長さ5〜7cmの扇形〜広い菱形で，縁がゆるく波打つ／花は茎頂に穂状につき，花弁やがく片はなく，長さ3mmほどの9〜15本の雄しべと1個の雌しべで1つの花をつくる／東北地方の地名からこの名がついた／南部草／❋5〜6月，山地の林内，北・本(北部)，6.13，札幌市手稲山

サンカヨウ　　メギ科
Diphylleia grayi

高さ30〜60cmの多年草。太い根茎がある／大きくくびれ状の切れ込みが入る蕗のような葉が2枚つき，下の葉は幅が30cmにもなる。縁は不規則で鋭い鋸歯が並び，表面はつやがあるが脈の部分がへこんでややすりガラス状／花は3〜10個つき，がく片は開花と同時に落ちる。花弁は6枚あり長さ1cmほど／果実は濃い青紫に熟し，粉状物に被われる①／山荷葉／❋5〜6月，山地の湿った所，北・本(北部)，5.10，石狩地方恵庭岳

ヒメイチゲ　　　　　　キンポウゲ科
Anemone debilis

高さ5〜15cmの細く繊細な多年草。根茎は短く紡錘形に膨らむ／根出葉は広卵形の3小葉からなり0〜1枚で花茎から離れて出,小葉は広卵形(写真右下の葉)／花茎の上部に3枚の苞葉が輪生して3全裂し,裂片は長さ2〜5cm。線状披針形で低い鋸歯がある／花は径1cmほど。花弁はなく,花弁状のがく片がふつう5枚ある／果実は径7mmほどの集合果・姫一華／✽4〜6月,🌱低地〜亜高山の日当たりのよい所,湿原,❖北・本(中部・北部),🟦5.3,札幌市砥石山／同属の**エゾイチゲ**(ヒロハヒメイチゲ,ヒロバヒメイチゲ)①はより大型で花は径2〜2.5cmあり,がく片はふつう5〜7枚で6枚が多い。苞葉の裂片は広披針形／蝦夷一華／✽5〜7月,🌱山地〜亜高山の林内,❖北,🟦6.3,十勝地方清水町剣山／両種ともごくふつうに見られるが,混生することはまずない

ニリンソウ　　　　　　キンポウゲ科
フクベラ
Anemone flaccida

高さ15〜30cmの変異の大きい多年草／根出葉は数枚つき,長い柄があって3全裂し,側裂片はさらに2深裂するので5つに裂けたように見える。終裂片の先はさらに切れ込む／花柄の基部に柄のない苞葉が3個輪生し,深い切れ込みがある。花は1〜4個つき径2.5cm前後。花弁状のがく片が5〜7枚あり,形は変異が大きい／果実には白毛が密生する／二輪草／✽4〜6月,🌱低地〜山地の明るい林内,❖北・本・四・九,🟦5.17,札幌市藻岩山／がく片が緑色の型を品種**ミドリニリンソウ**①といい,その変異幅は広い。そのほか八重咲き,赤みの差すもの②などが見られる／近似種**サンリンソウ**③はやや小型で苞葉には柄があり,花は1〜3個つき径1.5cmほど／三輪草／✽5月,🌱山地のやや湿った明るい林内,❖北(渡島半島)・本(中部以北),🟦5.15,渡島地方長万部町

エゾノハクサンイチゲ キンポウゲ科
カラフトセンカソウ
Anemone narcissiflora ssp. crinita
var. sachalinensis
高さ15～40 cmの多年草でしばしば群生する。花茎や葉柄に長軟毛が多い／根出葉は長い柄があり円心形で3全裂し、側片はさらに2深裂、終裂片は幅が広く先はとがらない。花柄の基部に苞葉が4枚輪生し、柄がなく線形に細裂する／花は1～5個ついて径2～2.5 cm。花弁状のがく片が5～7枚ある／蝦夷白山一華(白山は石川県にある高山)／❋6～8月、❦亜高山～高山の湿った草原、❖北、❀6.25、十勝連峰富良野岳

フタマタイチゲ キンポウゲ科
Anemone dichotoma
高さ40～70 cmの多年草。地下茎が伸びて所々で花茎を立てて群生する／根出葉はなく、茎は直立して基部に鱗片葉がつく。柄のない茎葉が対生し、3深裂して、裂片は広線形。上部に大きな鋸歯がある／花は二股状分枝点に3～7 cmの柄とともにつき、径2～3 cm。花弁状のがく片が5枚あり、外側が紅紫色をおび、有毛／果実は集合果で径4～5 mmの卵形／二叉一華／❋6～7月、❦低地の湿った草地や原野、❖北、❀6.25、釧路市音別

アズマイチゲ キンポウゲ科
Anemone raddeana
高さ15～25 cmの多年草／長柄がある根出葉が花茎近くに出、2回3出複葉で終裂片は円い鋸歯が少数ある／花茎には開花前まで長軟毛がある。花柄の基部に3枚の柄のある苞葉がつき、3小葉の先に不明瞭な切れ込みがある。花は1個つき径5 cmほどで花弁状のがく片が8～13枚ある。外側は紅色をおび、花糸の基部は紫色／集合果の果実は倒卵形で長さ3 mmほどの痩果で白毛がある／東一華／❋4～5月、❦低地～低山の明るい林内、❖北・本・九、❀5.12、札幌市砥石山

169

キクザキイチゲ　　　キンポウゲ科
キクザキイチリンソウ
Anemone pseudoaltaica

高さ10〜25 cmの多年草／根出葉・苞葉ともに柄のある3小葉に分かれ，小葉は羽状に切れ込み，苞葉の柄は広い翼となる／花は径4 cmほどで1個つき，白色〜紫青色①だがほとんどが白色。花弁状のがく片は8〜12枚／菊咲一華／❋4〜5月, 低地〜山地の明るい林内, ❖北・本(中部・北部), 5.16, 渡島地方長万部町／全体小型で高さ15 cm以下, 花径は3 cm以下でがく片が6〜8枚の型を品種**ピップイチゲ**②という／近似種**ヤチイチゲ**(**ウラホロイチゲ**)③は全体が小型で, 花の径2.5 cmほど。がく片は5〜8枚あり短く幅が広い。苞の側小葉には明らかな柄ある(キクザキイチゲにはない)／浦幌一華／❋4月〜5/中, ❖道東の低地〜丘陵の明るい林内や林縁, 5.9, 十勝地方浦幌町上厚内

ヒダカソウ　　　キンポウゲ科
Callianthemum miyabeanum

高さ10〜25 cmの多年草。無毛で粉白をおびる／葉は3出複葉で, 小葉は長さ2〜4 cmの卵状三角形でさらに深く切れ込む。根出葉には長い柄があり, 茎葉の柄は短い／花は径2.5 cmほどで, 葉が開く前から咲き始める。がく片は5枚だが花弁の数は一定せず6〜12枚ある①／集合果の果実は少数②／日高草／❋5/中〜6/上, ❖日高地方アポイ岳山系のかんらん岩地帯に稀産する固有種, 5.21, アポイ岳／同属の**キリギシソウ**③は開花時, 葉も展開し, 高さ25〜30 cm／崖草／❋5/下〜6/中, ❖夕張山地崕山の石灰岩地に稀産する固有(亜)種, 5.21, 崕山

ルイヨウショウマ　　キンポウゲ科
Actaea asiatica

高さ40〜60cmの多年草／大きな葉が2〜3個つき，長さ5〜8cm。2〜3回3出複葉で小葉は卵形〜狭卵形，先も鋸歯も鋭くとがる／小さな花が多数つき，がく片4個と長さ3mmほどのさじ形の花弁4〜6個は開花時に落ち，雄しべと花柱のない雌しべが残る①／果実は球形に近く，黒く熟し，柄は花序の軸とほぼ同じ太さとなる②／類葉升麻／❋5〜6月，低山の林内，❖北・本・四・九，6.9，札幌市砥石山／近似種**アカミノルイヨウショウマ**の果実は赤く熟し，柄は花序の軸より細く，花や果実はルイヨウショウマより多くつく③／❋6〜7月，山地〜亜高山の林内，❖北・本(北部)／果実が白く熟すものは品種**シロミノルイヨウショウマ**④といい，稀に見られる

ミツバオウレン　　キンポウゲ科
Coptis trifolia

高さ5〜10cmの小型で無毛の多年草。細い根茎が地中に伸びる／葉は根生し長い柄がある。小葉は3枚で柄がなく倒卵形〜倒卵円形，鋸歯縁で長さ2〜3cm，硬く光沢があり緑色のまま越冬する／花は径1cm前後，白い花弁状のがく片と黄色い小さなさじ形の花弁が4〜5個ある／三葉黄蓮／❋6〜7月，低地の湿原〜ハイマツ帯で日当たりのよい所，❖北・本(中部・北部)，6.30，知床羅臼岳／同属の**キクバオウレン**(オウレン)①は花時で高さ20cm前後で，その後大きく伸びる／根出葉は3出複葉となり，小葉はさらに裂け鋭い鋸歯縁となる／ふつう3個の花が横向きにつき径1cmほど，両性花と雄性花②があり，花弁状のがく片は5〜7個ある／❋4〜5月，人里近くの林内，❖北(二次的?)・本・四，4.17，渡島地方福島町

171

カラマツソウ　　キンポウゲ科
Thalictrum aquilegifolium var. intermedium
高さ50〜80cmの多年草。茎には縦の筋が走りよく分枝する／葉は3〜4回3出複葉で、小葉は長さ2〜3cm、先が3つに浅く裂ける。托葉や小葉の柄基部につく小托葉は膜質で目立つ／花は複散房花序につく。4個のがく片は開花と同時に落ち、花弁はなく、多数の雄しべと雌しべがある／果実には広い翼と長い柄があり、ぶら下がる①／唐松草／❋6月〜8/上、✿低地〜亜高山の明るい所、❖北・本、◎7.24、大雪山／近似種**エゾカラマツ**は托葉と小托葉があるが小さく目立たない②。果実には翼がなく、柄はきわめて短くぶら下がらず、巻いた残存花柱がある／❖北／また**ハルカラマツ**は托葉の縁が細かく裂けて③、小托葉はない。果実は球形に近く膨らみ、残存花柱は巻かない④／✿樹林下、❖北(石狩地方以東)・本(関東以北)

ナガバカラマツ　　キンポウゲ科
サマニカラマツ、ホソバカラマツ
Thalictrum integrilobum
高さ20〜30cmの無毛の多年草。茎や葉柄は針金状に細い／長い柄をもつ大きな根出葉があり、3〜4回3出複葉。花茎にも小さな複葉がつき、小葉は長さ2cm前後の線状長楕円形で、先はとがらず全縁。托葉と小托葉はない／花の径は1cm弱。花弁はなく白い雄しべがカラマツの葉状／果実はボート状へら形①／北海道固有種／長葉唐松／❋5/中〜6/上、✿❖日高地方アポイ岳周辺の林内や沢沿い、◎6.4、日高地方様似山道／近縁の**ミヤマカラマツ**②も茎が細く、托葉、小托葉がない。小葉は幅が広く長さとほぼ同じで浅い切れ込みがある。果実はぶら下がらない／❋5〜6月、✿山地の湿っぽい岩場、❖北・本・四・九、◎6.11、檜山地方厚沢部町厚雲峠

モミジカラマツ　　キンポウゲ科
Trautvetteria caroliniensis var. japonica
高さ25〜50cmの多年草。茎は直立して花序の部分に毛がある／葉は3〜7つに深く裂け、縁には粗い切れ込みと鋸歯がある。根出葉には長い柄があり、葉身は長さ5〜13cm、茎葉は小さい／花は径1.5cmほど。がく片は開花時に落ち、花弁はなく長さ8mmほどの白い雄しべが多数ある／果実は卵形で曲がった残存花柱があり、柄はない／紅葉唐松／❈6/下〜8月、⚘山地〜亜高山の湿った所、沢沿い、❖北・本・四、◉7.24、日高山脈チロロ川上流

センニンソウ　　キンポウゲ科
Clematis terniflora
他の物に絡まって伸びる、基部が木質のつる性の植物／葉は厚みとやや光沢があり、奇数羽状複葉で小葉は3〜7枚。卵形〜卵円形で全縁、時に切れ込みがあり、長さ3〜7cm。小葉には絡みつく柄がある／花は径4cmほど。花弁はなく4枚のがく片が花弁状になり、雄しべと雌しべは多数ある／果実には羽毛状になった花柱が残る①／仙人草／❈8〜9月、⚘野山の道端や林縁、海岸、❖北(渡島半島)・本・四・九、◉9.4、渡島地方松前町国道沿い

サラシナショウマ　　キンポウゲ科
Cimicifuga simplex
高さ40cm〜1.5mの多年草。茎は直立または斜上する／長い柄のある根出葉は2〜3回3出複葉で、小葉は卵形〜狭卵形で長さ3〜8cm、切れ込みと鋸歯がある／円柱形の花序は長いと弓なりに曲がる。花は多数つき、径1cmほどでがく片4〜5枚とそれより長い花弁が2〜3枚あるが、早くに落ち、雄しべは多数ある①／果実は袋状で長さ1cmほど／晒菜升麻(ゆでた若芽を水でさらして食用にしたことから)／❈8〜9月、⚘低地の林内〜高山草原、❖北・本・四・九、◉9.6、釧路市阿寒湖畔

バイカモ　　　　　　キンポウゲ科
ウメバチモ
Ranunculus nipponicus var. submersus

中空の茎が水中に伸びて長さ1〜2 mになる多年草／水中葉は長さ2〜6 cmで3〜4回3つに裂け，裂片はさらに分裂して終裂片は糸状になる／花は水中でも咲き，径1〜1.6 cm。花弁とがく片は5枚あり①，花床は有毛，雌しべも有毛で②，果期にも残る／梅花藻／❋6〜8月，🌱清流や水のきれいな湖沼，❖北・本，◉7.21，千歳川／小さな扇形の浮葉をつけるものを基準変種**イチョウバイカモ**という（写真下部に扇形の葉が見える）／近似種**チトセバイカモ**は全体が小型で花床に毛がない③／❖北（固有種）／**オオバイカモ**の茎は長く，葉も大きく，花の径は2 cm以上ある④。釧路地方に産する北海道固有種

フサジュンサイ　　　　　　スイレン科
ハゴロモモ
Cabomba caroliniana

茎が水中に伸びる多年生の沈水植物／葉は対生し（姿が似るバイカモ類は互生），3〜4回分裂して終裂片は糸状となり，全体が径5〜6 cmの扇形に広がる。茎の先端部や葉腋に花序と小さな広線形〜矢じり形の浮葉をつける／花は水上に出て開き，径1〜1.5 cmで花被片と雄しべは6個，雌しべは3個ある／房蓴菜／❋8〜9月，🌱湖沼やため池，❖原産地は北アメリカ，◉8.14，空知地方南幌町三重沼

ヒツジグサ　　　　スイレン科
Nymphaea tetragona var. tetragona

多年生の水草で,太い根茎が底を這い,細い葉柄と花柄を出す/葉は長さ5〜15cmの卵円形で水面に浮かび,両面が無毛。基部から中心部まで深い切れ込みがあり,裂片はふつう離れるが時に重なる/花は長い柄に1個ずつ咲き,径は5cmほど。緑白色の大きながく片が4枚,花弁は多数あり,雄しべの花糸は外側ほど幅広い/未草(未の刻=午後2時ころに開花するから)/❋7〜9月,低地〜山地の池沼,北・本・四・九,7.10,渡島地方長万部町/雌しべの柱頭が暗紅紫色になる型を変種**エゾベニヒツジグサ**①といい,増毛山地雨竜沼などに産する

ヤマシャクヤク　　　　ボタン科
Paeonia japonica

高さ40〜50cmの多年草/葉は2回3出複葉で,小葉は倒卵形〜長楕円形で長さ3〜8cm。裏面は無毛だが白っぽい/花は径4〜5cm。花弁は5〜7枚あるが平開せず満開でも花は球形で花弁の先端の開口部から雄しべと雌しべが覗かれる/袋果は縦に裂け,赤い偽種子と黒い球形の本種子が現れる①/山芍薬/❋5/下〜6月,低山の広葉樹林内,北・本・四・九,6.4,檜山地方ヤンカ山

ウスユキマンネングサ　ベンケイソウ科
Sedum hispanicum

高さ8〜20cmの多年草。やや株立ちとなり,茎と果実は赤みをおびる/葉は白っぽい緑色で互生し,びっしりとつく。葉身は長さ4〜7mmの線形〜線状披針形で,厚みがあり多汁質/花は茎の先の集散花序について平開し,がく片と白く先がとがった花弁が5〜6枚ある/薄雪万年草/❋6〜8月,空地や道端,原産地はヨーロッパ中部〜小アジア,6.29,胆振地方苫東石油備蓄基地

ノミノツヅリ　　　　ナデシコ科
Arenaria serpyllifolia var. serpyllifolia
高さ5〜25cmの2年草。全体に短毛が密生し，茎は下部からよく分枝する／柄のない葉が対生し，長さ3〜6mmの卵形〜広卵形で，先がとがる／花は葉腋に1個ずつつき，径4mmほど。がく片と花弁が5個，雄しべが10個あり，花弁はがく片よりはるかに短い。花柱は3本ある／果実は長さ3mmほど／蚤綴（綴は粗末な衣服）／❋5〜7月，🌱道端や畑地，空地，❖日本全土，📷5.27，札幌市真駒内

カトウハコベ　　　　ナデシコ科
Arenaria katoana var. katoana
高さ5〜10cmの多年草。地中を伸びる茎から地上茎を立てて株立ちとなり，毛が2列ある／葉は柄がなく対生し，長さ3〜7mmの狭卵形で先がとがる／花は径7mmほどで花弁は4〜5枚あり，がく片より長く平開する／加藤繁縷（発見者加藤泰行にちなむ）／❋7〜9月，🌱山地〜高山の超塩基性岩地，❖北（日高山脈・夕張山地）・本（北部），📷9.11，夕張岳／日高地方アポイ岳のものは葉が細く線状披針形で変種**アポイツメクサ**①と呼ばれる／アポイ爪草

メアカンフスマ　　　　ナデシコ科
Arenaria merckioides
高さ5〜15cmの多年草。細い地下茎が伸びてマット状に広がって生える。全体に軟毛がある／葉は対生し，柄がなく，長さ1〜2cmの長楕円形〜広卵形／花は径1.2cmほどで花弁とがく片は5枚，雄しべは10本，3裂した雌しべが1個あり，花弁はがく片より少し長い／雌阿寒衾／❋7〜8月，🌱高山のれき地，❖北（雌阿寒岳・知床山系），📷7.20，雌阿寒岳／東北地方の鳥海山により大きい変種**チョウカイフスマ**が分布するが，分けない見解もある

エゾタカネツメクサ　　ナデシコ科
Minuartia arctica var. arctica
高さ5〜8cmの多年草。マット状に広がって生え，茎の上部に腺毛がある／葉はやや多肉質で無毛，長さ5〜20mmの針形〜線形で，2〜4対生する。葉脈は1本ある／花は径1cmほど。花弁は狭倒卵形で5枚，長楕円形のがく片よりはるかに長い／蝦夷高嶺爪草／✺6/下〜8月，🌱高山のれき地，✣北，🔵8.11，東大雪山系ニペソツ山／近似種**エゾミヤマツメクサ**①は丈が低く，葉はやや扁平で弓状に湾曲し，縁に毛が多く脈は3本ある／🌱✣大雪山の高山れき地(固有変種)，🔵7.10，大雪山赤岳／**ホソバツメクサ**(コバノツメクサ)②は葉の幅が0.5mmほどで3脈があり，先が針状にとがる。花弁はがく片とほぼ同長で，がく片の先もとがる／🌱高山のれき地(主として超塩基性岩地)，✣北・本(中部・北部)，🔵8.16，夕張岳

ノハラツメクサ　　ナデシコ科
Spergula arvensis var. arvensis
高さ20〜50cmの1年草。茎や葉にまばらに腺毛がある／葉はやや肉質。狭線形で先はとがらず，10本ほどが何段も輪生状につき，基部に長さ1mmほどの膜質の托葉がある／花は径8mmほどで花弁は5枚，同長のがく片も5枚，雄しべは10本ある／種子に白い小突起が多数ある①／野原爪草／✺6〜8月，🌱道端や田畑の周辺，✣原産地はヨーロッパ，🔵7.11，胆振地方厚真町／変種**オオツメクサ**の種子に突起はない

ミミナグサ　　ナデシコ科
Cerastium fontanum ssp. vulgare var. angustifolium

高さ10〜25cmの2年草。茎は斜上気味に生え毛が密生する／葉は対生し長さ1〜3cmの卵形〜長楕円形で、両面に毛が密生し、全縁で先はとがらない。葉形を鼠の耳に見たてて名がついた／花は集散花序につき、径8mmほど。先が2裂した花弁とがく片が5枚あり、ほぼ同長で4〜5mm、小花柄よりも短い／耳菜草／❋5〜7月、🌱野山の道端や田畑の周辺、❖日本全土、❀5.16、札幌市藻岩山／変種**オオミミナグサ**①はより大型で茎は紅紫色をおびることが多く、がく片の長さは5〜6mm／**オランダミミナグサ**②は小花柄の長さががく片よりも短い／❖原産地はヨーロッパ

オオバナノミミナグサ　　ナデシコ科
Cerastium fischerianum

高さ20〜60cmの多年草。茎の下部は少し斜上して上部は直立し、全体に毛が密生している／葉は長さ1〜5cmの長楕円状披針形で先は円い／花は多数つくがややまばらで径2〜2.5cm。花弁とがく片は5枚あり、花弁は先が2中裂している／大花耳菜草／❋5〜7月、🌱海岸の草原や岩地、❖北・本・九、❀5.14、檜山地方乙部町／同属の**ミツモリミミナグサ**(タカネミミナグサ)①は高さ30cmほどまでで茎の下部に毛の列があり、上部〜花柄には腺毛が混じる／葉は線状披針形〜狭卵形と変異があり、長さ3cm以下。縁と裏面主脈に毛が多い／花弁の長さは1cmほど／三森耳菜草／❋6〜7月、🌱山地〜亜高山の岩場やれき地、❖北(渡島半島)・本(中部)、❀6.4、檜山地方ヤンカ山

オオヤマフスマ　　　　ナデシコ科
ヒメタガソデソウ
Arenaria lateriflora
高さ10〜15cmの多年草。地下茎が伸びてまとまって生え，茎は細く短毛がある／葉は対生し，長さ1〜2.5cmの長楕円形で，円頭で柄はない／花は雌花(写真の小さい花)と両性花①があり，両性花が大きく径1cm以上。雌花は径1cm以下。花弁は5枚あり，先は2裂しない。がく片は5枚，雄しべは10本，花柱は3個ある／大山衾／❋5/下〜7月，野山，時に海岸の草地や林縁，北・本・四・九，6.1, 札幌市真駒内桜山

タチハコベ　　　　ナデシコ科
Arenaria trinervia
高さ20〜30cmの1〜2年草。茎は枝を分けて地面に広がる／葉は対生し，長卵形で長さ1〜2cm，3脈が目立ち茎の下部につくものには柄がある／花は茎頂と葉腋にまばらにつき，長い柄がある。花弁は5枚でがく片よりも短いか時に消失する。がく片は先が鋭くとがり，長さ5mmほど，半透明で中央脈周辺のみ緑色①／立繁縷／❋5〜6月，山地の沢沿いや湿った林内，北(道央以南)・本・四・九，6.7, 胆振地方白老町

ナンバンハコベ　　　　ナデシコ科
ツルセンノウ
Silene baccifera var. japonica
つる性の多年草で，茎は分枝しながら伸びて長さが1.5m近くになる／葉は対生し，長さ3〜7cmの広披針形で先がとがり全縁，基部は狭まって柄に流れる。裏面脈上と縁に毛がある／がくは筒状から半球形に膨らむ。花弁は長さ1.5cmほどで先は2裂して下に反り，基部は糸状となる／果実は径1cmほどの球形で黒く熟す①／南蛮繁縷／❋7〜9月，山地の林内や林縁，北・本・四・九，8.1, 札幌市藻岩山／マンテマ属ではなく，ナンバンハコベ属とする見解もある

マツヨイセンノウ　　ナデシコ科
ヒロハマンテマ
Silene alba

高さ30〜80cmになる雌雄異株の1〜多年草。全体に短毛と腺毛が密生／茎葉は柄がなく対生し，長さ10cm前後／花は夕方開花し，径2〜3cmで先が2裂した花弁が5枚ある。雄花はがく筒の膨らみが小さく，雌花のがく筒は円錐状に大きく膨らみ，花柱5本が突き出る（①は断面）／待宵仙翁／✻6/下〜8月，🌱道端や空地，✤原産地はヨーロッパ，◉7.5，十勝地方更別村／近似種**フタマタマンテマ**（ホザキマンテマ）は花序が二股に分かれ，花柱は3本／✤原産地はヨーロッパ

シラタマソウ　　ナデシコ科
Silene vulgaris

高さ30〜70cmの多年草。全体が無毛で白っぽい緑色／茎葉は柄がなく対生し，倒披針形で長さ5〜10cm，先はとがる／花は細い柄の先に横〜下向きに咲き，雄花，雌花，両性花があるが形は同じ。径1.5cmほどで，花弁の先は2裂する。雄しべは10個，花柱は3本ある。がく筒は長さ1.5cmほどで白玉のように膨らみ，網目状の細脈が目立つ／白玉草／✻6〜8月，🌱道端や空地，✤原産地はヨーロッパ，◉6.24，十勝地方幕別町幕別

フシグロ　　ナデシコ科
サツマニンジン
Silene firma

高さ30〜80cmの2年草。茎は無毛で直立し，和名のように節の部分が暗紫色になる／葉は対生し，柄がなく長楕円形〜卵形で長さ3〜10cm，縁に白毛がある／花は葉腋から柄を出してやや上向きに咲き，径5mmほど。先が2裂した花弁が5枚あり，白色〜淡紅色①。がく筒は無毛で長卵形，長さ7〜10mm。雄しべは10本，花柱は3本ある／節黒／✻7〜9月，🌱低地〜低山で日当たりのよい所，✤北・本・四・九，◉9.8，札幌市藻岩山

アポイマンテマ　　　ナデシコ科
Silene repens var. apoiensis

高さ10〜25cmの多年草。茎は紫色をおびてわずかに毛がある／葉は対生し、柄がなく長さ2〜4cmの線状披針形で、表裏ともに紫色をおびる／花は横向きに咲き、径1.5cmほど。花弁は5枚あり、先が2浅裂して白色〜淡紅色①。がく筒には濃い筋がある／マンテマの語源は不明／❋7/中〜8月，✿日高地方アポイ岳の岩れき地。固有変種，◉8.27，アポイ岳／変種**チシママンテマ**②は全体に毛が多く、葉は幅が広く長楕円形／❋6〜7月，✿礼文島のれき地や周辺，◉6.29, 礼文島／基準変種の**カラフトマンテマ**③は後志地方大平山に稀産／◉9.9, 大平山

エゾマンテマ　　　ナデシコ科
Silene foliosa

高さ20〜40cmの多年草。茎は何本も出て株立ちとなり、下部に短毛が生え、上部の節で粘液を分泌する／葉は柄がなく対生して長さ3〜6cmの線状倒披針形／花は径1.5cmで花弁は5枚あり、先が2深裂し、裂片は細く幅は1mmほど。雄しべ10本、花柱3本が花から突き出る①／マンテマの語源は不明／❋7〜8月，✿海岸〜山地の岩場，✿北（上川地方以南，以西），◉7.13, 札幌市定山渓天狗岳

181

トカチビランジ　　ナデシコ科
Silene tokachiensis

高さ10〜20cmの多年草。根茎から多数の根出葉と花茎をつける／根出葉は幅が2〜5mmの細長いへら形／花茎は紫色でごく小さな葉が1〜3対つく。花は径2cmほど。がく筒はふっくらした卵形で紫色の筋がある／花弁は5枚で先が2裂し、白色から次第に赤みをおびてくる／大雪山固有種／ビランジの語源は不明／❋ 7/下〜8/中，✿東大雪山系の高山の岩場，◉8.4，東大雪山系／アジア大陸にもある**スガワラビランジ**とする見解もある

ハマハコベ　　ナデシコ科
Honkenya peploides var. major

根茎が分枝しながら砂地に伸びて高さ10〜20cmの地上茎を多数立て大きな株となる多年草。両性花株と単性花株がある／葉は卵形〜長楕円形で長さ3cm前後。多肉質で光沢があり、十字対生して基部と基部が合着する／花は径1cmほどで，花弁とがく片が5枚，雄しべが10本，花柱は3本ある／果実はほぼ球形①／浜繁縷／❋ 6〜8月，✿海岸の砂地，✿北・本(中部以北)，◉6.10，礼文島

クシロワチガイソウ　　ナデシコ科
Pseudostellaria sylvatica

高さ15〜30cmの多年草。さつま芋状の塊根が1〜数個つく／茎は細く直立して柄のない葉が対生する。葉身は長さ3〜8cmの線形〜線状披針形で全縁，先がとがり基部に毛がある／花は径8mmほどで花弁とがく片は5枚，花弁の先は2浅裂する／果実は径5mmほどの球形／これとは別に茎下部の節にあずき色の閉鎖花が数個つく①／釧路輪違草(鉢植の株に輪違いの符号をつけたことからといわれる)／❋ 5〜6月，✿山地の林下や湿原，✿北・本(北部)，◉6.4，日高地方日高町岩知志

ツメクサ ナデシコ科
Sagina japonica

高さ5〜15cmの1年草。茎は根出葉がロゼット状に出る根元で分枝して横に広がり，上部と小花柄，がく片に短腺毛がある①／葉は長さ7〜18mmの細い線形でやや多肉質，先がとがり柄と托葉はない／花は径4mmほどで花弁とがく片はほぼ同長で5枚ある／種子に微細な円柱形の突起がある／爪草／✲5〜9月，道端や家の周り，公園，✤日本全土，6.8，函館市街／近似種**チシマツメクサ**②は多年草で高さが5cm程度で短腺毛がなく無毛。利尻島と大雪山系の高山帯に稀産する／7.8，利尻山／**アライトツメクサ**③はツメクサより小型で，無毛の2年草。花は4数性で，花弁はふつうなく④，時に出る／阿頼度爪草(千島列島アライト島の名による)／✲5〜9月，歩道や公園，石畳の隙間など市街地の至る所，✤原産地はヨーロッパ・北アメリカ・オーストラリア，7.5，札幌市真駒内

ハマツメクサ ナデシコ科
Sagina maxima

茎は根元で分枝して地表を這うか斜上して伸び，長さが5〜25cmになる1年草または多年草／根出葉はロゼット状。葉は対生し，やや肉質で長さ1〜2cm／花は径5〜6mmで花弁は5枚，時に欠く。がく片は楕円形で白い縁どりと腺毛がある／種子に突起はない／浜爪草／✲5〜8月，海岸のれき地，✤日本全土，6.21，日高地方えりも町／品種**エゾハマツメクサ**はがく片が無毛／よく似るが別属の**ウシオツメクサ**①は対生する葉の合着部に膜質の托葉がある／塩湿地，✤北・本・九，7.29，根室市

ノミノフスマ　　　　　ナデシコ科
Stellaria uliginosa var. undulata

高さ10〜30cmの軟弱な1〜2年草。しばしば粉白をおびる／葉は長楕円形〜広披針形で長さ1〜2cm、柄がなく先はとがる／花はまばらにつき、径8mmほど、柄の基部に小さな苞がつく。花弁はがく片よりもやや長く、先が2深裂する①／蚤衾／❋5〜8月，❦低地〜山地の湿った林内、田の畦や水辺，❖北・本・四・九，◉5.6、檜山地方乙部町／夏の型は全体に細くて弱々しく、花弁を欠くことも多い②

シコタンハコベ　　　　ナデシコ科
Stellaria ruscifolia

高さ5〜20cmになり、全体無毛で粉白色をおびる多年草。茎は根元で分枝して株立ち気味となる／葉はやや多肉質で対生し、長さ1〜3cmの狭卵形で先がとがり、全縁／花は茎頂または葉腋から出る長い柄につく。がく片は先がとがり長さ5〜7mm、花弁はがく片の1.5〜2倍長で先が深く2裂する。雄しべはふつう10本ある／色丹繁縷／❋7〜8月，❦海岸〜高山の岩れき地，❖北・本(中部)，◉7.20、渡島地方松前小島

シラオイハコベ　　　　ナデシコ科
エゾフスマ
Stellaria fenzlii

高さ15〜40cmの多年草。茎は細く上部で大きくまばらな花序をつくる／対生する葉は柄がなく披針形で先がとがり、長さ5cmほど／花は径6mmほどで長い柄の先につく。花弁は5枚あるが時に欠き、先が深く2裂し、先がとがるがく片よりも短い。雄しべは5本、花柱は3〜5個ある／白老繁縷／❋6〜8月，❦山地〜亜高山の林内や林縁，❖北・本(北部)，◉6.24、大雪山朝陽山山腹

エゾハコベ　　　ナデシコ科
Stellaria humifusa

高さ15〜30cmの無毛の多年草／対生する葉は柄がなくやや多肉質で、線状長楕円形で全縁。先はあまりとがらず長さ1.5cmほど／花は葉腋から出る柄の先につき径8mmほど、がく片は長卵形で先がとがり、長さ4〜5mm。5枚の花弁はがく片と同長で先が深く2裂する。雄しべは10本、花柱は3本ある①／蝦夷繁縷／✾6/中〜8月，⚘海岸の湿地や塩湿地，❖北（東部），✿6.25，根室市温根沼

ミヤマハコベ　　　ナデシコ科
Stellaria sessiliflora

高さ10〜30cmの多年草。茎は毛の列があり、下部は伏臥して地面を這う／対生する葉は長さ1〜4cmの卵形〜広卵形で先がとがり、基部は円形〜浅い心形で柄がある。裏面脈上や基部に軟毛がある／花は葉腋から出る柄の先につき径1cmほど。がく片は披針形で長軟毛があり長さ4〜6mm。花弁は5枚あって先が深く2裂し、がく片より少し長い／深山繁縷／✾5〜6月，⚘山地の湿った林内，❖北・本・四・九，✿5.22，札幌市砥石山

エゾオオヤマハコベ　　　ナデシコ科
Stellaria radians

高さ40〜70cmの多年草。全体に伏毛が密生してくすんだ緑色に見える。茎は断面が四角で、上部で分枝するので茂み状となる／葉は対生し、柄がなく長さ6〜12cmの細長い長卵形で先は次第にとがる／花は枝先にまばらにつき径2cmほど。花弁は5枚あり、先が紐状に細かく裂ける／蝦夷大山繁縷／✾6〜8月，⚘低地〜低山の湿った草地，湿原の周囲，❖北・本（北部），✿8.8，釧路地方鶴居村

ナガバツメクサ　　　ナデシコ科
Stellaria longifolia var. legitima
高さ20〜40cmの多年草。茎は直立して4稜が走り，その上に小さな粒状突起が並ぶ①／葉は対生し線形で長さ1.5〜2.5cm，幅1.5〜2.5mm／花はまばらにつき，径6mmほど。花弁は5枚あり先が深く2裂し，がく片より少し長い／長葉爪草／✻6〜8月，🌱低地の湿った草地や湿原，❖北・本，◉6.29，苫小牧市／近似種**カラフトホソバハコベ**②はより大型で葉の幅が広く4mmほどあり，茎は斜上して稜上は平滑③／がく片の外縁は半透明の膜質④／✻6〜8月，🌱道端や空地，荒地，❖原産地はユーラシア，◉6.26，後志地方ニセコ町

オオイワツメクサ　　　ナデシコ科
Stellaria nipponica var. yezoensis
高さ10〜20cmの多年草。根茎から地上茎が多数出てマット状に広がる／葉は長さ2〜4.5cmの線形で先は次第に細くなって鋭くとがり，基部の縁にわずかに毛がある／花は径1.5cmほどで花弁は5枚あり深く2裂する／種子に乳頭状の突起が多数ある(②左)／大岩爪草／✻6/下〜8月，🌱高山のれき地，❖北(日高山脈・夕張山地)，◉7.2，日高山脈ピパイロ岳／近似種**エゾイワツメクサ**①はより小型で葉の長さは1〜2.5cm。種子には乳頭状の突起はなく，翼がある(②右)／❖北(大雪山の固有種)，◉7.24，大雪山小泉岳

コハコベ　　　　　　　　ナデシコ科
ハコベ
Stellaria media

茎の下部が地面を這い途中から立ち上がる1〜2年草で、高さ10〜20cm、茎の長さが大きいもので50cmほどになる／葉は長さ1〜4cmの卵形〜広卵形で先がとがる。下部の葉は有柄、上部は無柄／花は大きな集散花序につき、径6mmほどで花弁は先が2深裂し、がく片より短い。雄しべは1〜7本、花柱は3本ある①／種子に円いいぼ状突起がある／春の七草のひとつ／小繁縷／❋4/下〜10月、道端や田畑の周囲、土手、日本全土、4.26、札幌市／近似種**ミドリハコベ**(この種もハコベと呼ばれる)②は葉が大きく、雄しべは5〜10本あり③、種子にはとがったいぼ状突起がある(④左がコハコベ、右がミドリハコベ)／6.11、渡島地方松前町松前公園

ウシハコベ　　　　　　　　ナデシコ科
Stellaria aquatica

2年草または多年草で、茎は下部が地面を這い、長さは50cmほどになって多くの枝を分ける。ふつう紫色をおび、ハコベのように毛列はないが、上部に腺毛がある／葉は対生し無毛。卵形で大きいもので長さ5〜6cm、先がとがり下部のものは有柄／花は径7mmほどで花弁は5枚あり、先が深く2裂し、がく片よりやや短い。雄しべは10本、花柱は5本ある①／牛繁縷(ハコベより大きいから)／❋5〜9月、道端や畑の周辺、空地、日本全土、7.15、函館市函館山／同属の**オオハコベ**(エゾノミヤマハコベ)②は茎の片側に毛の列があって腺毛も生え、葉の縁にも毛がある。花弁はがく片より長く、花柱は3本③／❋5〜7月、低地〜低山のやや湿った林縁や草地、北、6.14、十勝地方足寄町

ヤマゴボウ　　　ヤマゴボウ科
Phytolacca acinosa

高さ1〜1.5 mの多年草。茎は無毛で直立する／葉は長さ10〜15 cmの楕円形〜卵状楕円形で、全縁で先はあまりとがらず、短い柄がある／花は葉と対生するように出る総状花序に多数つき径8 mmほど。花弁はなくがく片が5枚あり、赤みをおびて果時まで残る。雄しべは8本で葯が紫紅色①／果実は偏球形の液果で黒く熟し、花序は直立したまま／山牛蒡／❋6〜8月、🌱人里に近い路傍など、❖原産地はヒマラヤ〜中国、◉7.19、札幌市

ヨウシュヤマゴボウ　　　ヤマゴボウ科
アメリカヤマゴボウ
Phytolacca americana

高さ1.5〜2 mの大型の多年草。茎は赤みをおびることが多く、よく枝を分けてやや横に広がる／葉は長い柄があり、葉身は長さ5〜25 cmの楕円形。全縁で基部はくさび形、先は鋭くとがる／総状花序が葉と対生するように出て多数の花がつく。花の径は5 mmほどで花弁はなくがく片が5枚あり、白色〜淡紅色①、果時まで残り赤くなる。雄しべは10本あり、葯は白色。果期に花序は垂れ下がる／アメリカ山牛蒡／❋7〜10月、🌱人里に近い路傍など、❖原産地は北アメリカ、◉9.26(果期に近い)、三笠市

ヒトリシズカ　　　センリョウ科
Chloranthus quadrifolius

開花後茎と葉が伸びて高さ15〜30 cmになる無毛の多年草／茎の上端に2対の葉が接して十字対生するので輪生状に見える。葉身は卵形〜楕円形で光沢があり、鋭い鋸歯縁／茎頂に長さ2〜3 cmの花穂が1本つく。花弁とがく片がなく、花糸3本(基部に葯が2個)と雌しべ1個で花を形づくる①／一人静／❋4〜5月、🌱低地〜山地の明るい林内、❖北・本・四・九、◉5.24、江別市野幌森林公園

フタリシズカ センリョウ科
Chloranthus serratus
高さ30〜50cmの多年草／茎は直立して上端に接近して十字対生する葉を2(3)対つける。葉身は長さ8〜15cmの卵状長楕円形で光沢がなく，細かい鋸歯縁／茎頂に長さ3〜5cmの花穂を1〜4本(2本が多い)つける。花には花弁とがく片がなく，雄しべの花糸が拳状となって中に葯と雌しべを包んでいる①。果実が落ちた後，閉鎖花をつける株がある／二人静／❋5〜6月，🌿低地〜山地の広葉樹林内，❖北・本・四・九，◉6.21，札幌市藻岩山

カマヤリソウ ビャクダン科
Thesium refractum
茎は斜上または倒伏し，長さ10〜30cm。全草無毛で粉白色をおびる半寄生の多年草／葉はやや多肉質で互生し，線形で長さ2〜3cm／花は5〜15mmの曲がった柄があり，花弁はなく，がくは筒状で長さ4mmほど。先が4〜5に裂けて白い内側が星形に開く①。基部に細長い苞が2本ある／果実は壺形で縦筋が顕著②／鎌槍草／❋6〜7月，🌿亜高山の岩地や草地，❖北・本(北部)，◉6.4，日高地方アポイ岳／近似種**カナビキソウ**③は花の柄が短く5mm以下。苞も短い。果実の表面に網目模様がある④／鉄引草／❋6〜7月，🌿海岸〜山地の乾いた草地，❖日本全土，◉7.10，伊達市紋別岳

ドクダミ ドクダミ科
Houttuynia cordata
高さ20〜50cmの悪臭のある多年草。よく伸びる地下茎があり群生／葉は長さ4〜8cmの広卵形〜広卵心形で無毛，全縁，柄と托葉がある／花序の基部に白い大きな花弁状の苞がつく。花序は長さ1〜3cmの穂状で，上部に雄性の，下部に両性の花が多数つく。雄しべ3本と雌しべ3個で1つの花をつくり，雄花の雌しべは退化／毒矯／❋6〜8月，🌿人里の周辺。日陰に多い，❖日本全土(北海道は帰化)，◉7.21，後志地方蘭越町

ソバ　　　　　　　　　　タデ科
Fagopyrum esculentum

茎が直立し高さ30 cm～1 mになる1年草／葉は互生し、長い葉柄基部に鞘状の托葉がある。葉身は長さ3～8 cmの三角形で、全縁で先がとがる／茎頂と葉腋に総状花序がつく。花被は4～6裂し、雄しべは6～9個、花柱は2～3個で、長花柱花と短花柱花の株がある／果実は3稜形の痩果で長さ6 mmほど／蕎麦　✻6～8月，🌱道端や畑の周囲。道内各地で栽培されている，❖原産地は中央アジア～中国東北部，📷7.10, 石狩地方新篠津村

オオイタドリ　　　　　　タデ科
Fallopia sachalinensis

高さ1～3 mの雌雄異株で大型の多年草。根茎が伸び群生する。茎は中空／葉は長さ15～30 cmの広卵形で、基部は心形で先は次第にとがり、裏面は粉白色／花は葉腋から出る花序に多数つき、雄花序は立ち、雌花序は垂れる①。花被は5深裂／果実は3稜のある倒卵形で3個の翼がある②／大痛取／✻7～9月，🌱道端や山地，海辺の斜面，❖北・本(中部以北)，西日本に拡大中，📷(雄)8.9, 網走地方遠軽町白滝, (雌)8.28, 小樽市／近似種**ケイタドリ**③は葉の基部が心形にならず裏面は緑色，先は急にとがる／❖北・本・四・九，📷8.20, 伊達市大滝／**アイイタドリ(エゾイタドリ)** と呼ばれる，両種の交雑種と推定される型がしばしば見られる

ウラジロタデ　　　タデ科
ウラジロイワタデ
Aconogonon weyrichii var. weyrichii
高さ30cm～1mの雌雄異株の多年草（写真は雄株）。茎は少し分枝する／葉は長卵形で，大きいもので長さが20cm以上になる。先はとがり，裏面は綿毛が密生して真っ白に見える／円錐状の花序に小さな花が密につく。花被片は5枚で少し黄色みをおびる／果実は3稜のある倒卵形①／裏白蓼／❉6～9月，低地～高山のれき地，北・本（中部以北），7.21，胆振地方樽前山／葉の裏面の綿毛が少なく緑色に近く見えるものを変種オンタデ（イワタデ，ミヤマイタドリ）という

ヒメイワタデ　　　タデ科
チシマヒメイワタデ，カラフトオンタデ
Aconogonon ajanense
高さ10～30cmになる雌雄同株の多年草。茎は分枝して這うように伸びる／葉は厚く，長さ3～7cmの披針形～広披針形で柄はない／花は円錐状になった総状花序に多数つく。花被は5深裂して長さ3mmほどの裂片が花弁に見える①／果実は3稜形で光沢がある／姫岩蓼／❉7～8月，高山のれき地，北，7.20，雌阿寒岳

オヤマソバ　　　タデ科
Aconogonon nakaii
高さ15～40cmになる雌雄同株の多年草。茎は赤みをおび，よく分枝して葉をつける部分で交互に折れ曲がる／葉は卵形で，やや厚みがあって先はとがり，葉柄はごく短い／花は円錐花序に多数つき，花被は径3～4mm，深く5つに裂けて花弁のように見える／果実は痩果。3稜形で長さ4mmほど／御山蕎麦／❉7/中～9/上，亜高山～高山のれき地，北（局所的）・本（中部・北部），8.27，日高地方アポイ岳

シロバナサクラタデ　　タデ科
Persicaria japonica

高さ 50 cm～1 m の雌雄異株の多年草。地下茎が伸びて群生する／葉は互生し，葉身は長さ 10～15 cm の線状披針形で，質は硬くやや光沢がある。托葉鞘の上縁に長さ 1 cm ほどの毛がある／花穂は長さ 7～8 cm あり少し垂れる。花被は 5 裂して花弁状。花の色は白～淡紅色。雄花の雄しべは雌しべより長く，雌花の雌しべは雄しべより長い①／白花桜蓼／✻8月～10/上，🌱低地の湿地，❖北(上川地方以南)・本・四・九，❄9.27，渡島地方長万部町

エゾノミズタデ　　タデ科
Persicaria amphibia

水中と陸に生える型がある多年草／水中型の葉は水面に浮き，長楕円形で長さ 6～16 cm。光沢があり先はとがらず，基部は心形。柄があり托葉鞘は長さ 2 cm ほど／花穂は水面に突出し長さ 3～4 cm。花被片は 5 裂して花弁状／陸生型は茎が直立し，葉が細く光沢があって先が鋭くとがる①／蝦夷水蓼／✻7～9月，🌱湖沼とその周辺，❖北・本(中部・北部)，❄(水中型)7.14，宗谷地方猿払村，(陸生型)7.10，留萌地方幌延町

ムカゴトラノオ　　タデ科
Bistorta vivipara

高さ 10～40 cm の多年草／葉の多くは根際につき，長さ 2～10 cm，線状披針形で厚みと光沢がある。茎の上部につく葉ほど小さい／長さ 2～5 cm の穂状花序で，ふつう上部に花が多数つき，下部にむかご(珠芽)がついて時に花序上で発芽する。花被片はがくのみで，5 つに裂けてふつう白色，時に淡紅色／果実はほとんど熟さない／珠芽虎尾／✻7～8月，🌱高山のれき地や草地，❖北・本(中部・北部)，❄7.23，大雪山白雲岳

ギョウジャニンニク　　ヒガンバナ科
Allium victorialis ssp. platyphyllum　（ユリ科）

高さ40〜60cmの多年草。地下にしゅろ状繊維に包まれた鱗茎がある／葉は2〜3枚つき，幅の広いへら形で長さ15cmほど／花は径4〜5cmほどの球形花序に多数つき，花被片は長さ6〜7mmで6枚あり，裏面が淡紅色をおびる。雄しべは6本，雌しべは1本ある／若芽をキトピロと呼んで山菜として食用にされる／行者大蒜（深山で修行中の行者が食用にしたことからとされる）／❀6〜7月，山地の明るい林内や草地，岩場，❖北・本，⊙7.23，利尻山

ヤマジノホトトギス　　　ユリ科
Tricyrtis affinis

高さ30〜80cmの多年草。茎に下向きの毛がある／葉は長さ8〜18cmの卵状長楕円形で表面に濃色の斑が入り，先が鋭くとがり基部は茎を抱いている／花は茎頂と葉腋につき径2.5cmほど。紫色の斑点がある花被片が6枚あり，幅広の外花被基部に距がある。花の模様からこの名がついた。雄しべは6本で，3本の花柱の先は2裂している／果実は3稜柱形で長さ3cmほど／山路不如帰／❀8〜9月，山地の林内，❖北（胆振地方以南）・本・四・九，⊙8.23，苫小牧市

ツバメオモト　　　　　ユリ科
Clintonia udensis

高さは花時で20〜30cm，果時はその2倍近くになる多年草。しばしば群生する／葉は茎の下部に数枚つき，やや厚みがあり長さ20cm前後で幅広のへら形。柄はない／花は径1cmほどで花被片は6枚，雄しべは6本，雌しべは1個で柱頭が3裂する／果実は径1cmほどの球形で藍色①または黒く熟す／燕万年青（万年青は葉の形から。燕は藍色の実を燕の頭に見立てたとの説がある）／❀5〜6月，山地〜亜高山の林内，❖北・本（奈良以北），⊙5.10，石狩地方恵庭岳

チゴユリ　　　　イヌサフラン科(ユリ科)
Disporum smilacinum var. smilacinum

茎は斜上してふつう分枝せず，長さが20〜35cmになる多年草で，細い地下茎が伸びてやや群生する／葉は長さ4〜7cmの長卵形で先は鋭くとがる／花は茎頂に1〜2個つく。花被片は6枚あり長さ1.5cmほど。雄しべは6本，雌しべは1本で花柱の先端部で3裂する①／果実は球形で径1cmほど，黒く熟す②／稚児百合／❋5〜6月，↓山地の林内，❖北・本・四・九，◉5.22，札幌市真駒内保健保安林／変種**エダウチチゴユリ**③は全体に大きく高さが50〜70cm。1〜3回分枝する。花被片は長さ2cm前後，花柱は先端部で3裂する／◉6.5，日高地方日高町門別／近似種**オオチゴユリ**(アオチゴユリ)の外見はエダウチチゴユリにそっくりだが，花柱は基部近くから3裂する④／❋6〜7月，❖北(胆振地方・日高地方・釧路地方)・本(中部以北)

ホウチャクソウ　　　　イヌサフラン科
Disporum sessile　　　　　(ユリ科)

高さ30〜60cmの多年草。茎はふつう分枝して上部で斜上する／葉は長さ5〜15cmの広〜長楕円形で3〜5脈がある／花は長さ3cmほどで枝先に1〜3個下垂して先が緑色をおびる倒披針形の花被片が6枚あるが，筒形となって平開しない／果実は径1cmほどの球形で黒く熟す①／宝鐸草／❋5〜6月，↓低山〜山地の林内，❖北・本・四・九，◉5.21，札幌市手稲山

ヒメイズイ　　クサスギカズラ科(ユリ科)
Polygonatum humile
高さ 15～40 cm の多年草。地下に根茎が走りまとまって生える。茎は直立して稜がある／葉は長さ 4～7 cm の楕円形～楕円状披針形で，縁と裏面脈上に突起状の毛がある／花は葉腋から1個ずつぶら下がり，花冠は長さ 15～18 mm の筒形で先が緑色をおびて6つに浅く裂けている。雄しべは6本ある／果実は径 9 mm の球形で黒く熟す①／姫いずい(いずいはアマドコロ類の総称)／❋6～7月，🌿海岸や山地の草原，❖北・本・九，❀6.12，胆振地方厚真町

ワニグチソウ　　クサスギカズラ科
Polygonatum involucratum　　(ユリ科)
高さ 20～40 cm の多年草。茎に稜がある／葉は4～8枚つき長楕円形で長さ 5～10 cm／葉腋から出る長さ約 2 cm の柄の先に苞葉が1対つき，その基部から短い柄で花がぶら下がる。花冠は長さ約 2.5 cm の筒形で先が6浅裂する／果実は球形で黒熟す／鰐口草／❋6月，🌿低山の林内，❖北(石狩地方以南)・本・四・九，❀6.24，胆振地方厚真町／**コウライワニグチソウ**(コワニグチソウ)①の苞葉は披針形で小花柄につき，ヒメイズイとの自然雑種／❖北(石狩地方以南)，❀6.13，日高地方平取町

ミヤマナルコユリ　クサスギカズラ科
Polygonatum lasianthum　　(ユリ科)
茎は斜上して上部が紫色をおび，地表と平行に伸びて長さが 30～60 cm になる多年草／葉は長さ 7～10 cm の広～長楕円形で，先がとがり縁が波打ち，時に斑が入る／花は節から出た分枝した柄に2～4個ぶら下がり，長さ 2 cm ほどの筒形で，先が緑色をおびて6浅裂する。内側と花糸に白毛が密生する／果実は径 1 cm ほどの球形で黒く熟す／深山鳴子百合／❋6～7月，🌿丘陵～山地の広葉樹林内，❖北・本・四・九，❀6.16，札幌市真駒内保健保安林

オオアマドコロ　　クサスギカズラ科
Polygonatum odoratum　（ユリ科）
var. maximowiczii

茎が斜上して長さ60cm〜1mになる多年草で，顕著な稜がある。太い地下茎があり，甘味があるという／葉は長さ10〜20cmの長楕円形で先がとがり，柄はなく，裏面脈上に細かい突起がある／花は2〜4個葉腋から下垂し，筒形で長さ2.5cmほど。先が緑色で浅く6裂する／果実は径1cmほどの球形で黒く熟す／大甘野老／✽5/中〜6月，🌱山地の林縁や草地，❖北・本(北部)，◉6.1,苫小牧市／別変種**アマドコロ**は全体が小型で花の長さは2cm以下

オオナルコユリ　　クサスギカズラ科
ヤマナルコユリ　　　（ユリ科）
Polygonatum macranthum

茎は円柱形で稜がなく①，上部が弓なりとなり，長さが1〜1.6mになる多年草／葉は長さ15〜25cmの長楕円形で先がとがり，裏面は灰白色／花は葉腋から2〜4個ぶら下がり，先半分が太い筒形で長さ2.5〜3cm。先が緑色で浅く6裂して裂片は開出する。花糸基部付近に細かい突起が密生する／果実は球形で黒く熟す／大鳴子百合／✽6〜7月，🌱山地の林内でやや開けた所，沢沿いなど，❖北(渡島半島)・本・四・九，◉6.29，檜山地方厚沢部町

スズラン　　キジカクシ科(ユリ科)
キミカゲソウ
Convallaria majalis var. manshurica

高さが20〜35cmになる多年草。地下茎が伸びて群生する／根元から花茎とは別に，長さ10〜20cmの長楕円形の葉が2枚出，柄がなく基部は鞘状となって互いに抱いている／花茎の先が花序となって葉より低い位置で花を数個吊り下げる。花被片が合着した花冠は径8mmほどの鐘形で先が浅く6裂し，よい香りがする／果実は径1cmほどの球形で赤く熟す①／鈴蘭／✽5/下〜6月，🌱野山の明るい所，草原，❖北・本・九，◉5.31，胆振地方むかわ町穂別

ユキザサ　　　　キジカクシ科(ユリ科)
Maianthemum japonicum
軟毛がある茎の上部が斜上して長さが30〜50cmになる多年草／長さ6〜15cmの笹のような形の葉が5〜7枚互生し，裏面に細毛が多い／花は両性花で粗い毛が密生する円錐花序に多数つき，径9mmほど。花被片と雄しべは6個ある／果実は球形で赤く熟す①／若芽が山菜として採取され，衰退している／雪笹(雪のように白い花と笹のような葉をもつことから)／❇5〜6月，🌱山地の林内，❖北・本・四・九，❀6.12，日高地方新冠町

トウギボウシ　　　　キジカクシ科(ユリ科)
オオバギボウシ
Hosta sieboldiana
高さ60cm〜1mの多年草／長い柄がある葉が根元につく。葉身は長さ15〜30cmの広卵形で先はややとがり，基部は心形となる。側脈が多く，20〜34本もある／花は長さ5〜6cmの細いラッパ形で先が6つに裂ける。花柄基部に大きな白色の苞があり，開花前から目立つ／唐擬宝珠／❇7〜8月，🌱沢沿いの斜面や湿った岩場，❖北(西部・南部)・本・四・九，❀8.3，檜山地方雲石峠熊石側

ヤマユリ　　　　ユリ科
Lilium auratum
茎が直立またはゆるく弓なりになり，高さ1mを超える多年草／葉は多数互生し，狭披針形〜長卵形で長さ8〜18cm／花は茎の上部に横を向いて数個つき，径20cmほどの開いた漏斗形で，中央に黄色い条線が入り，全体に紫褐色の斑点がある花被片が6枚あって先端部が反り返る。花には芳香がある／地下の鱗茎は食用になる／山百合／❇7月〜8/上，🌱低山の開けた所，❖北(渡島半島南部に帰化)・本・四・九(本州以外は二次的と推定される)，❀7.20，渡島地方松前町

チシマアマナ　ユリ科
Lloydia serotina

高さ7〜15 cmの多年草。地下に円柱形の鱗茎がある／長さ9〜20 cm，幅1〜2 mmの線形の根出葉が2枚出る。茎葉も線形で2〜4枚つき，長さ1〜3 cm／花は茎頂に1個つき，6枚の花被片は長さ1〜1.5 cmの長楕円形〜倒卵状楕円形で先は円く，基部に腺体がある／さく果は広倒卵形で長さ5〜8 mm①／千島甘菜／❋6〜7月，🌱高山の岩地やその周辺，❖北・本(中部・北部)，❂6.17，夕張山地芦別岳

ホソバノアマナ　ユリ科
Lloydia triflora

高さ10〜25 cmの多年草。地下に長卵形に近い小さな鱗茎がある／花茎とほぼ同長で3稜線形の根出葉が1枚出るが軟弱。花茎につく葉は2〜3枚で，最下の葉は長さ3〜6 cmの披針形／花は1〜5個つき，花被片は長さ1〜1.5 cmで緑色の筋が入り，腺体はない。雄しべは6本ある／細葉甘菜／❋5〜6月，🌱低地〜低山の草地や明るい林下，❖北・本・四・九，❂5.21，石狩地方恵庭市恵庭公園

カワユエンレイソウ　シュロソウ科
Trillium channellii　(ユリ科)

高さ20〜40 cmの多年草。地下に太い根茎がある／葉は茎頂に3枚輪生し，広卵状菱形で先がとがる／花は茎頂から出る柄の先に横向きに1個つき，花弁は3枚で長さ2.5〜3 cmの広卵形。先がややとがる。がく片は3枚で先が鋭くとがる。雄しべは6本で花柱と同長か短く，葯は花糸の約2倍長①／川湯延齢草／❋5月〜6/上，🌱道東の山地の明るい林内，❂5.20，釧路地方弟子屈町川湯／自生地では次種オオバナノエンレイソウとも混生している

198

オオバナノエンレイソウ

シュロソウ科(ユリ科)
Trillium camschatcense var. camschatcense

高さ30〜70cmの多年草で群生することが多い／葉は3枚輪生し,広卵状菱形で先がとがる／花は茎頂から出る柄の先に1個,上〜斜め上向きにつく。花弁は3枚あり,大きいもので長さ6cmを超え,ふつう広卵形で先はとがらないが,変異が大きく,①のように細長い型もある。雄しべは6本あり,雌しべより長く,葯の長さは花糸の3倍ほど②。子房の先が濃い紫褐色となる／大花延齢草／❋5〜6月,🌱低地〜低山,時に亜高山の明るい林内や草地,❖北・本(北部),◉5.15,日高地方様似町,①5.28,釧路地方弟子屈町／子房全体が濃紫色のものを変種**チシマエンレイソウ**という③／近似種**ミヤマエンレイソウ**(シロバナエンレイソウ)④は花が横〜斜め下向きに咲く。花弁は長卵形でがく片とほぼ同長の長さ3cm前後,先がとがり,葯は花糸とほぼ同長／果実は円錐形で6稜が顕著／深山延齢草／❋5〜6月,🌱山地の広葉樹林内,❖北・本・四・九,◉5.25,石狩地方恵庭岳／花弁が咲き始めから淡紫色のものを品種**ムラサキエンレイソウ**⑤といい,子房が暗紫色のものを変種**エゾミヤマエンレイソウ**⑥という。両種の自然交雑種を**シラオイエンレイソウ**⑦といい,両親より大型で花弁と葉の縁が波打つ傾向が強い。雄しべは雌しべより短く,葯は花糸のほぼ2倍長だが判別が難しい場合もある

コバイケイソウ　シュロソウ科(ユリ科)
Veratrum stamineum var. stamineum

高さ50cm〜1mの多年草／葉は長さ10〜20cmの広楕円形で，顕著な平行脈で襞ができ，基部は鞘となって茎を抱く／花は茎上部の円錐花序に多数つき径1cmほど。花被片は6枚あり雄花と両性花がある。雄しべは花被片より長い／小梅恵草／❋6〜7月，🌿低地の湿原や草地〜亜高山の湿原や草地，低木帯，❖北・本(中部・北部)，◉6.30，日高山脈野塚岳／葉の裏面脈上に毛が密生するものを変種**ウラゲコバイケイ**という

マイヅルソウ　キジカクシ科(ユリ科)
Maianthemum dilatatum

高さ10〜25cmの多年草。細い地下茎が伸びて群生する／花茎にふつう2枚の葉が交互につく。葉身は長さ3〜10cmの長い心形で上の葉が小さい／花は総状花序に20個ほどつき，径5〜6mm。花被片は4枚あり反り返る。花柱はやや太い①／果実は径5〜8mmの球形で，まだら模様②から赤く熟す③／舞鶴草(2枚の葉の様子を鶴の舞う姿に見たてた)／❋5〜7月，🌿低地〜亜高山の林内や草地，❖北・本・四・九，◉6.23，十勝地方鹿追町白雲山／近似種**ヒメマイヅルソウ**④は全体に小型で葉は細め。茎の上部や葉柄，葉の裏面に柱状毛がある／姫舞鶴草／❋6〜7月，🌿針葉樹林下，❖北・本(中部・北部)，◉7.11，十勝地方鹿追町白雲山

ギンラン　　　　　ラン科
Cephalanthera erecta

高さ20～40cmの多年草。茎は直立して無毛／葉は数枚つき、長さ3～8cmの細長い楕円形ではっきりした脈がある／花は5～10個つき、柄の基部の苞は最下のものが葉状で大きいが花序よりも高くなることはない。花弁とがく片はあまり開かないが唇弁基部にある長さ2mmほどの距は顕著である①／銀蘭／✳︎5～6月、🌱低地～山地の林内、✤北・本・四・九、◉6.7, 札幌市／変種 **ユウシュンラン**②は高さが15cm以下と小型。葉は退化して小さい1～2枚のほかは鞘状となる。唇弁の距は長く3～4mmある⑤／祐舜蘭(植物学者・工藤祐舜の名から)／◉5.28, 江別市野幌森林公園／ギンランによく似た近似種**クゲヌマラン**(エゾノハクサンラン)③は唇弁の距がほとんど突き出ない④／✤北(空知地方以南)・本(中部・北部)、◉6.13, 札幌市真駒内

ササバギンラン　　　　　ラン科
Cephalanthera longibracteata

ギンランに似るが、大型で茎は直立し高さ30～50cmになる／葉は長さ5～15cmの長楕円状披針形で先がとがり、縁と裏面に白毛がある／花柄基部の苞は下部の1～2枚が大きく葉状で、花序と同じかより高くなる。唇弁の距ははっきりと下方に突き出る①／笹葉銀蘭／✳︎5～6月、🌱低地～山地の林内、✤北・本・四・九、◉6.7, 札幌市真駒内保健保安林

エゾチドリ　　　　ラン科
フタバツレサギソウ
Platanthera metabolia
高さ20〜40cmの多年草／長楕円形で長さ10〜18cmの大きな葉が向かい合うようにつく／花は茎の上部に多数つき径2cmほど。背がく片と2枚の側花弁が上に立ち，白く幅広の側がく片が開出して目立つ。唇弁は長い舌状で，距は長さ2.5cm前後で後方に伸びる①／蝦夷千鳥／❋7〜8月，🌱海岸近くの草地〜亜高山の草原，❖北，❀7.14，宗谷地方浜頓別町

オオヤマサギソウ　　　　ラン科
Platanthera sachalinensis
高さ40〜60cmの多年草で茎に稜がある／葉は茎の下部に2枚つき，長さ10〜20cmの長楕円形で光沢がある／花は長い穂状の花序につき，上方に曲がった長楕円形の側がく片と下方に伸びた唇弁が1平面をなす。背がく片と側花弁は90度立つようにつく①。距は長さ15〜20mmで後方やや下向きに伸びる／大山鷺草(ヤマサギソウに似ているが大きいことから)／❋7/下〜8月，🌱山地の林内，❖北・本・四・九，❀8.22，樺戸山地ピンネシリ

ツレサギソウ　　　　ラン科
Platanthera japonica
高さ40〜60cmの多年草。下部の葉は長さ10〜20cmの狭長楕円形で，柄はなく先がとがる。上部の葉ほど小さく細くなる／苞は線状披針形で花より長い。2枚の側花弁は背がく片に半ば包まれ，側がく片は後方に反り，唇弁は長く1.5cmほど。距は下に伸びて長さは4cm近い①。サギソウより花つきがよいためこの名がついた／連鷺草／❋6/中〜7/中，🌱野山の日当たりのよい所，❖日本全土(北海道は胆振地方以南)，❀7.2，函館市函館山

ミズチドリ　　　　ラン科
ジャコウチドリ
Platanthera hologlottis

高さ50〜80cmの多年草。茎は太く直立する／葉は互生し、下部の葉は長さ10〜17cmの線状披針形で光沢と厚みがある。上部の葉は小さくなり苞へと移行する／花序は長さ10〜20cm。多数の花をつけて、かすかな芳香があり、別名の由来となった。背がく片と側花弁が半球形にまとまり、側がく片は横に開出。唇弁は長さ約8mm①、距は長さ約1.3cm／水千鳥／❋7〜8月、🌿低地の湿原や湿地、❖北・本・四・九、◉7.29、根室市厚床

アリドオシラン　　　　ラン科
Myrmechis japonica

茎の下部が地面を這って立ち上がり、高さ5〜8cmになる多年草／葉は長さ1cmほどの広卵形で基部は円底。まばらに数枚が互生する／花は茎頂に1〜2個つき、長さ8mmほど。唇弁の基部が膨らみ、先が浅く2裂している／葉の様子がアカネ科のアリドオシに似ているためこの名がついた／蟻通蘭／❋7〜8月、🌿山地〜亜高山の樹林下、❖北・本・四、◉8.11、十勝地方鹿追町東ヌプカウシヌプリ

ミヤマウズラ　　　　ラン科
Goodyera schlechtendaliana

高さ10〜20cmの多年草／葉は下部に集中し、長さ2〜4cmの広卵形〜長卵形で、ふつう表面に白い斑が入る／花は一方に偏り、長さ6〜12mm。がく片や子房、花軸に縮毛や腺毛があり、唇弁内側に毛がある。側がく片はへの字形に曲がった長披針形で大きく開く①／深山鶉／❋8〜10月、🌿低地〜山地の林内、❖北・本・四・九、◉9.13、檜山地方ヤンカ山／近似種**ヒメミヤマウズラ**は小型で花は長さ4〜5mm。側がく片は卵形であまり開かず②、唇弁内側に毛がない／🌿針葉樹林下、❖北・本（中部・北部）

203

ミズトンボ　　　　　　　　　ラン科
Habenaria sagittifera
高さ30〜50cmの多年草。茎は直立し，3稜がある／葉は下部につき長さ5〜20cmの線形で先がとがり，基部は茎を抱く／花は10個ほどつき，背がく片と側花弁は白く，まとまって兜をつくる。側がく片は半切腎形で緑色とされるが写真のようにほぼ白い個体もある。唇弁は十字形に裂けて左右の裂片は斜上。距は長さ約2.5cm，先が緑色で急に膨らむ①／水蜻蛉／❋8〜9／上，低地の湿原，❖北・本・四・九，8.23，苫小牧市／近似種**オオミズトンボ**(サワトンボ)は側がく片が白色で斜開。唇弁の左右裂片は斜め下を向き，距は長さ2.5〜3cm，先は白色で緩く膨らむ。その変種**ヒメミズトンボ**(オゼノサワトンボ)はより小型。距は長さ1.5cm以下で先は膨らまない②

ミズバショウ　　　　　　　サトイモ科
ヘビノマクラ
Lysichiton camtschatcense
草丈は花時で10〜15cm，後に葉が伸びて1m近くになる大型の多年草。太い根茎があり群生する／純白の仏炎苞に包まれた長さ4〜8cmの肉穂花序に径3〜4mmの小さな花が多数つき，臭気がある。雌しべの周りを雄しべ4本と花被片4個が囲む／果実は熟しても緑色／水芭蕉／❋4〜7月，低地〜亜高山の湿地や水辺，❖北・本(中部以北)，5.20，釧路市阿寒湖周辺

ヒメカイウ　　　　　　　　サトイモ科
ミズザゼン，ミズイモ
Calla palustris
高さ15〜30cmの多年草。太い根茎が伸びて群生する／葉は長さ・幅ともに7〜12cmの円心形で厚みがあり，全縁で長い柄がある／花序の長さは1.5〜3cmで，外側が緑色，内側が白い長さ4〜6cmの仏炎苞に囲まれる。花は小さく，緑色の雌しべの周りに白い雄しべが並ぶ／液果は赤く熟す①／姫海芋／❋6〜7月，湿原の水辺や浅い水中，❖北・本(中部・北部)，6.25，釧路地方鶴居村

ヘラオモダカ　　　　オモダカ科
Alisma canaliculatum

高さ30cm〜1mの無毛の多年草／ヘら形の葉は根元に集まり，葉柄とともに長さ20〜30cm。厚みがあって先がとがり，3〜5脈が目立つ。基部は次第に細くなり柄に移行する／花は3本ずつ輪生する枝につき，径8mmほど。花弁とがく片は3個，雄しべは6個，雌しべは多数ある①／果実の背部に溝が1本入る／筐面高／❋7〜9月，🌱湿原の水辺や浅い水中，水田，✤日本全土，☀8.16，江別市／近似種**サジオモダカ**②の葉身はさじ形で基部は円形となり，柄との境は明らか。果実背面に2本の溝が入る／匙面高／✤北・本(北部)，☀8.7，日高地方日高町門別

オモダカ　　　　オモダカ科
Sagittaria trifolia

高さ30〜70cmの雌雄同株の多年草。地下に匍匐枝がある／葉は矢じり形で長さ7〜25cm，幅は変異が大きく，写真のような広葉型からアギナシのような細葉型まである。葉身下部先端が鋭くとがる(①左)／花は数段に輪生して下段には径2cmほどの雌花，上段には径2.5cmほどの雄花がつき，ともに花弁とがく片が3枚ある。黄色い雄しべと緑色の雌しべは多数ある／面高(葉身を人の顔に見立て，長い葉柄で高い位置にあることから)／❋7〜9月，🌱低地の水辺や水中，✤日本全土，☀8.25，空知地方月形町／細葉型によく似た別種**アギナシ**②は地下に匍匐枝はなく，葉柄基部にむかごができ，葉身基部先端はとがらない(①右，左はオモダカ)／顎無／❋8〜9月，✤北・本・四・九，☀8.20，苫小牧市

ウリカワ　　オモダカ科
Sagittaria pygmaea

高さ5〜20 cmの雌雄同株の多年草。匍匐枝が伸びて群生する／葉は根生し，長さ7〜15 cmの線形で上部が基部より幅広い。細く剝かれたマクワウリの皮に見たててこの名がついた／花序の基部に柄がない雌花が1個，時に2個つく①（つぼみは雄花）。雄花には柄があり3個輪生する。花弁はがく片とともに3個あり，長さ8 mmほど／瓜皮／✻7／下〜9月，🌱水田やその周辺，❖日本全土（北海道は空知地方以南），◉8.28，美唄市上美唄／本州以南では駆除のやっかいな水田雑草とされるが，北海道ではなかなか見られない

ミクリ　　ガマ科 (ミクリ科)
オオミクリ，カドハリミクリ
Sparganium erectum

高さ50 cm〜1.5 mの多年草。茎は直立し，地下茎が伸びて群生する／葉は幅が7〜15 mmの細長い線形で，下面に稜があり，先はとがらない／花序は分枝して枝の上部に雄性頭花が，下方に雌性頭花がつく。頭花は球形で苞は葉状。雄花には雄しべが3個，雌花には雌しべが1個あり，柱頭は花柱の2倍長／果実は径2〜3 cmの金平糖状の集合果①／実栗／✻7〜8月，🌱低地の水辺，水路，❖北・本・四・九，◉7.16，胆振地方むかわ町鵡川／同属のヒメミクリ②は小型で高さ30〜60 cm／葉の幅は3〜5 mm／花序は分枝しないか，下部の苞葉腋から1〜2本の短枝を出す。雄性頭花は上方に2〜7個つき，雌性頭花は柄がない／集合果は径1.5 cmほどで残存花柱は不明瞭③／姫実栗／🌱湿地や浅い水中，❖日本全土，◉7.15，苫小牧市／エゾミクリ④の雌性頭花には柄があり，柄は途中まで茎に合着している（腋上生）。流水中に生え，浮葉をつけることが多い／❖北・本（北部），◉8.22，釧路湿原

タマミクリ　　　　ガマ科(ミクリ科)
コミクリ
Sparganium glomeratum var. glomeratum
高さ30〜60cmの多年草。茎は直立し，花序は分枝しない／葉は幅6〜12mmで花序よりはるかに長い／花序の先端に雄性頭花が1〜2個つき，その下に接して雌性頭花が5〜6個つく。下部の雌性頭花は途中まで花序の軸に合着した柄がある(腋上生)／集合果は径1.5〜2cm／球実栗／❋7〜8月，低地〜山地の水辺や水中，北・本(中部・北部)，8.28, 後志地方雷電岳／近似種**ナガエミクリ**①は雄性頭花が3〜7個あり，雌性頭花の柄は花序の軸と合着(腋上生)しない／北・本・九，8.21, 北斗市大野

チシマミクリ　　　　ガマ科(ミクリ科)
タカネミクリ
Sparganium hyperboreum
多年生の浮葉植物／葉は長さ40cm以下，幅は2〜4mmの長い線形で，裏面に目立つ稜はなく扁平／花茎は水中を伸びて花序だけ水面上に立ち上がる。花序は分枝せず雄性頭花1〜2個の下に接して雌性頭花が2〜3個つく／果実は長さ3〜4mmの倒卵形で，残存花柱は短い①／千島実栗／❋8月，山地〜亜高山の池沼，北，8.10, 大雪山忠別沼／近似種**ホソバウキミクリ**②は葉がより長く80cm以下，雄性頭花は2〜3個，雌性頭花は2〜5個，最下の雄性頭花と最上の雌性頭花は離れてつく／細葉浮実栗／北・本(中部)，8.2, 増毛山地雨竜沼／**ウキミクリ**③は葉がさらに長く，幅は1〜2mm，花序は分枝する。産地は少ない／北・本(中部)，8.9, ニセコ神仙沼

209〜293 ▶

[赤・ピンクや赤紫の花]
● red, pink and purple flowers

他の色に収録の花（数字は収録頁）

カキラン 83	 ハエドクソウ 102	 オドリコソウ 108	 イヌハッカ 108
 ミヤマトウバナ 110	 ヒトツバイチヤクソウ 112	 タニタデ 135	 ジャコウアオイ 136
 タチオランダゲンゲ 142	 フシグロ 180	 ミヤマアズマギク 295	 ネバリノギク 296
 サクラスミレ 323	 レブンソウ 326	 ショウジョウバカマ 338	 エゾヒョウタンボク 342

キタノコギリソウ　　　キク科
ホロマンノコギリソウ
Achillea alpina ssp. *japonica*

高さ30〜70cmの多年草。全体に毛があり、特に花序に多い／茎葉は長さ5〜10cm、細かく羽状に浅〜深裂し、羽片は開出して鋸歯縁、基部に1〜2対の顕著な葉片がつく／頭花は散房状に多数つき径10〜15mm。筒状花を6〜8個の舌状花が囲んでいる。花の色や葉縁の裂け方の変異が大きい①／北鋸草／❋7〜9月，🌱海岸〜低山の草原，❖北・本(中部・北部)，📷7.25，礼文島／別亜種アカバナエゾノコギリソウ②は茎の中部につく葉が細かい鋸歯縁か浅裂してエゾノコギリソウ(p.85)に似るが，葉の基部に1〜2対の目立つ葉片がある。花色の濃淡差が大きい③／❖北，📷8.24，日高地方えりも町／いずれも種としてはノコギリソウ(p.85)に含まれる

ゴボウ　　　キク科
ノラゴボウ
Arctium lappa

高さ50cm〜1.5mの2年草。太い根が真っ直ぐに伸びて食用になる／根出葉は長心形で長い柄があり，花時には枯れずに残る。葉は厚みがあり，裏面には灰白色の綿毛が密生している／頭花は球形で径4cmほど。総苞片は針状で先が鉤状に曲がり，果時衣服や動物に付着して運ばれる。花はすべて筒状花／牛蒡／❋7〜9月，🌱道端や空地，❖原産地はヨーロッパ〜中国，📷8.10，札幌市藻岩山麓

エゾノキツネアザミ　　キク科
Cirsium setosum

高さ60cm〜1.8mの雌雄異株の多年草。地下茎が伸びて群生する。全体に蜘蛛毛があり，茎は上部で分枝する／根出葉は花時にはなく，茎葉は長さ10〜20cmの長楕円状披針形で，柄はなく不規則な粗い鋸歯縁，刺状の縁毛がある／頭花は長い柄があって上向きにつき，雌花は径1.5cm，雄花は2cmほどで筒状花のみからなる(①左：雌性頭花，右：雄性頭花)／アザミ属ではなくアレチアザミ属に分ける見解もある／蝦夷狐薊／❋7/下〜9月，🌱低地の道端や草地，❖北・本(北部)，◉8.17，日高地方平取町／人里や車道付近に限って生育しているので，外来の植物かも知れない／近似種 **セイヨウトゲアザミ**②は葉に大きな切れ込みと長さ3mmほどの鋭い刺があり，柄がなく基部は茎に延下する。頭花の柄は短い③／西洋刺薊／❖原産地はヨーロッパ，◉7.12，札幌市藻岩山スキー場

チシマアザミ　　キク科
エゾアザミ
Cirsium kamtschaticum

高さ1〜2mの変異の大きい多年草。茎は太く直立し，ほぼ無毛／根出葉は花時にはなく，茎葉は全縁〜羽状中裂だが下部ほど切れ込みが大きく，高所では羽裂しない傾向がある。縁には長短の刺があり，柄はなく基部は茎にほとんど延下しない／筒状花からなる頭花は横〜下向きにつき径4〜5cm，総苞片は7列で状態は様々①／千島薊／❋6〜8月，🌱山地〜高山の日当たりのよい所，❖北(渡島半島以外?)，◉7.2，恵庭市／近似種 **コバナアザミ**②は高さ2.5mほどにもなり，茎は上部でよく分枝する。頭花は小さく径3cmほどで総苞片は6列。ほとんど開出せず腺体(白い線状の部分)が目立つ③／小花薊／❋7/下〜9月，🌱低地〜山地の林縁や草地，道端，❖北(道央以北)，◉8.14，空知地方幌加内町／その他似た一群として総苞片が9〜10列のもの，総苞がスリムなものなどがあり，今後の研究が待たれる

エゾノサワアザミ　キク科
Cirsium pectinellum

高さ50cm〜1.5mの多年草。茎は細くほぼ無毛で刺もない／根出葉は花時には枯れる。茎葉は互生，櫛歯状に羽状全裂し中肋が顕著。羽片は幅5mm以下／頭花は下向き，総苞片は線形で6列，斜上〜開出する／蝦夷沢薊／❋7〜8月，🌱低地の湿地，❖北(道央以南)，❀7.20,苫小牧市／似たエゾマミヤアザミ①は根室半島の高層湿原に生え，高さ50cmほど，総苞片は8列，圧着／仮エゾキレハアザミ④は高さ約1m，茎に白毛と刺があり，葉は羽状中〜深裂／山地の林縁や湿地／北(後志以北,以東)／アッケシアザミ⑤は茎に刺のある翼が著しく，枝先が湾曲して大きな頭花が下垂し，苞葉が目立つ／北(道東の海岸部)／エゾノミヤマアザミ②は頭花の総苞片は開出して蜘蛛毛が目立つ③／🌱高山／北(大雪山，知床)

マルバヒレアザミ　キク科
Cirsium grayanum

高さ1〜2mの多年草／根出葉は花時には枯れ，茎葉は全縁〜羽状中裂と変異が大きく，下部の葉ほど切れ込みが大きい。葉の縁には刺があり，基部が翼となって茎に延下するかしない／頭花は横〜上向きにつき総苞片は6列。線状披針形で軟らかく，上部は斜上するが開出はしない①／円葉鰭薊／❋6/下〜9月，🌱海岸〜山地の林縁や草地，❖北(渡島半島)・本(青森県)，❀7.3,檜山地方上ノ国町／近似種ミネアザミは総苞片がやや太くて硬く，上部はあまり曲がらず内片に白い腺体があって多少粘る②。花期はやや遅く，生育地と分布域はマルバヒレアザミとほぼ重なる／リシリアザミは総苞片が大きく反り返る③，利尻島南部の低地に産する固有種

ヒダカアザミ　　キク科
Cirsium hidakamontanum

高さ80 cm～1.8 mの多年草。根出葉は花時に枯れる。茎葉は広卵形～広楕円形で下部を除いて分裂はせず，基部は耳状となって茎を抱く。刺は軟らかい／頭花は長い柄の先にぶら下がり，筒状花の色は濃く，ワインレッド色。総苞片は5列し披針形で平開する／痩果に明瞭な稜がある／日高山脈固有種／日高薊／❋6～8月，❁日高山脈のカール底から山麓までの沢沿い／◉6.29，十勝地方広尾町天馬街道沿い／**カムイアザミ**は茎に鋭い刺のある翼が顕著で①，葉は鋸歯縁，総苞片が大きく湾曲する②／山地山麓の林縁や草地／北(日高山脈，夕張山地)

エゾヤマアザミ　　キク科
(トウノアザミ)
Cirsium albrechtii

高さ1～1.8 mの多年草／葉は大きいもので長さ40 cm，幅15 cmほどになる。楕円状披針形で鋭い刺を伴った鋸歯縁，時に羽状浅裂する。裏面には綿毛が密生して緑白色／頭花は径2.5 cmほどで柄がなく，2～数個が横～上向きに接近してつく。総苞は長さ1.5 cm前後で片は短く長三角形①／蝦夷山薊／❋8～9月，❁野山の日の当たる所，❖北(太平洋側)，◉8.27，釧路地方弟子屈町。近年トウノアザミと別種であることが判明したが，学名は未定

アオモリアザミ　　キク科
オオノアザミ
Cirsium aomorense

高さ50 cm～1 mの多年草／長さ50～60 cmの大きな根出葉は花時にもあり，濃緑色で羽状深裂し，裂片には刺状の牙歯がある／頭花は径4 cmほどで上向きにつき，苞はつかない。総苞に蜘蛛毛があり，外片の先はややとがって斜開する／大野薊／❋8/下～10月，❁低地～低山の草地や道端，❖北(渡島半島と太平洋側)・本(北部)，◉8.30，根室市厚床／エゾヤマアザミとの雑種起源種**マヨワセアザミ**が知られる

サワアザミ　　キク科
Cirsium yezoense

高さ1～2.5mになる大型の多年草。茎に蜘蛛毛がある／根出葉は花時にも残存する。葉は大きく長さが50～60cmほどになり，下部の葉ほど羽状に深く切れ込み，縁の刺は少ない／径5cmほどの頭花が下向きにつき，基部近くに小さな葉片(苞葉)が数個ある①／沢薊／❋9～10月，野山のやや湿った所や沢沿い，北(道央以南)・本(中部・北部)，9.20，胆振地方豊浦町

セイヨウオニアザミ　　キク科
アメリカオニアザミ
Cirsium vulgare

高さ50cm～1.5mの2年草。茎は全体に毛と鋭い刺のある翼があり，よく分枝する／茎葉は大きいもので長さ40cm。不規則に深く切れ込み，裂片の縁は切れ込みと鋭い刺が並ぶ。裏面は白い綿毛が密生する／頭花は径4cmほどで上向きにつき，総苞は壺形，片の先は鋭い刺となる／痩果に羽状に分かれた冠毛がつく(写真の白い部分)／アメリカ鬼薊／❋8～9月，道端や空地，田畑の周辺，野原や河原，原産地はヨーロッパ，8.30，日高地方日高町門別

タカアザミ　　キク科
Cirsium pendulum

高さ1～2.5mになる大型の2年草。細い枝を上に向けて多数出す／下部の葉は花時にはなく，中部の茎葉は長さ15～25cm，羽状に深裂し，裂片は5対あって幅の変異は大きい／頭花は径2cmほどで枝先に下垂し，総苞外片は反るように平開する①。筒状花の狭い筒の部分の長さは他の部分の1.5～2.5倍／高薊／❋7～9月，低地の草地や原野，北・本(関東以北)，8.10，十勝地方浦幌町

213

ヤグルマアザミ　　キク科
Centaurea jacea

高さ30cm～1mの多年草。茎は上部で分枝する／葉は長さ4～10cmの披針形～楕円形で，全縁～低鋸歯縁，時に羽状浅裂してざらつく／頭花は径4cmほどで中心部に短い両性の，周囲に長さ2.5cmほどで先が不規則に切れ込む中性の筒状花がある。総苞片の先に中央部が褐色で周囲が鋸歯縁半透明膜状の付属体がつく①／矢車薊／❋ 8～9月，🌱 道端や空地，❖ 原産地はヨーロッパ，◉ 8.8，札幌市／近似種 **クロアザミ** は総苞片付属体の縁が糸状に細裂する②／❖ 原産地はヨーロッパ

オヤマボクチ　　キク科
Synurus pungens

高さ1～1.5mの多年草。茎は直立して白い蜘蛛毛がある／葉は心形で下部の葉は長さが30cmになる。柄があり裏面は蜘蛛毛が密生して白い／頭花は枝先にぶら下がり，径4cm前後。すべて両性の長さ2cmほどの筒状花からなる。総苞片は曲がった針状で開出する／雄山火口（この仲間の葉裏の毛を火打石から移す火口とした）／❋ 8～10月，🌱 野山の日当たりのよい所，❖ 北(石狩地方以南)・本・四，◉ 9.30，渡島地方七飯町庄司山

ヒメヒゴタイ　　キク科
Saussurea pulchella

高さ50cm～1.3mの越年草。茎に翼状の稜があり上部で分枝する／下部の葉は長さ10～15cmで羽状浅～深裂①または全縁，上部の葉は全縁，裏面に無数の腺点がある／筒状花からなる頭花は径1.4cmほど。総苞片の先に円形で花色と同じ付属体があり，蕾時でも美しい②／姫平江帯／❋ 9月，🌱 野山の日当たりのよい所，❖ 北・本・四・九，◉ 9.20，千歳市

ヒダカトウヒレン　　　キク科
Saussurea kudoana var. kudoana

茎は直立して紫色をおび，高さ20～50cmになる多年草／大きな葉は下部に集まり，長楕円状披針形で厚みと光沢があり，根出葉は花時も枯れない。上部の葉は極端に小さく細くなる／頭花は散房状につきすべて筒状花からなる。総苞は長さ1cmほどで先は尾状に伸びない①／日高唐飛廉／❋8～9月，🌱❖日高地方アポイ岳と周辺のかんらん岩地帯，◉8.26，アポイ岳／道北の蛇紋岩地帯に近似種**ウリュウトウヒレン**（ユウバリキタアザミ）②が産する／ヒダカトウヒレンを次種ナガバキタアザミの亜種とする見解もある

ナガバキタアザミ　　　キク科
Saussurea riederi ssp. yezoensis var. yezoensis

高さ15～40cmの変異の大きい多年草。ほぼ無毛／葉は三角状卵形で基部は翼となって茎に流れる。根出葉は花時に枯れ，上部の葉は極端に小さくならない／筒状花からなる頭花は10個ほどまとまってつき，総苞片，特に外片の先が尾状に長く伸びる①／長葉北薊／❋7/下～9月，🌱亜高山～高山の草地，❖北・本（北部），◉8.11，大雪山忠別岳／海岸草原などに生える**エゾトウヒレン**（②◉8.28，檜山地方上ノ国町）や**レブントウヒレン**は変種とされるが，総苞片の先が尾状に伸びない③ことから別種である可能性がある

215

ウスユキトウヒレン　　　キク科
コタカネキタアザミ
Saussurea yanagisawae var. yanagisawae
高さ5～20cmの変異の大きい多年草。全体に蜘蛛毛があり，白っぽく見える／葉は卵形に近いものから披針形まで変異がある／頭花は数個まとまってつき，小花はすべて筒状花。総苞は鐘形で長さ・幅ともに11～12mm／北海道固有種／薄雪唐飛廉／❋7～9月，🌱高山の砂れき地や草地，❖北，📷8.12，大雪山／主な品種は**ユキバトウヒレン**①，**タカネキタアザミ**，**ユキバタカネキタアザミ**，**ホソバエゾヒゴタイ**②，**オオタカネキタアザミ**③／①②③の撮影地はいずれも大雪山

ユキバヒゴタイ　　　キク科
Saussurea chionophylla
地面に張りつくように生え，高さ5～13cmになる多年草／葉は柄があり長さ4～9cmの広卵形で，革質で光沢がある。裏面に綿毛が密生して真っ白に見える／頭花は数個まとまってつき，小花はすべて筒状花／雪葉平江帯（トウヒレン属の植物にヒゴタイの名がしばしば使われるが，語源は不明で別属の植物）／❋7／下～8／中，🌱夕張岳上部の蛇紋岩地と日高山脈北部のかんらん岩地に固有，📷7.28，夕張岳／エゾシカの食害で衰退しつつあるという

フォーリーアザミ　　キク科
フォリイアザミ
Saussurea fauriei

高さ1〜1.8 mの多年草。茎には縮れた細毛が密に生え、葉から垂れた翼がある①／茎葉は卵形〜楕円状披針形で長さ10〜20 cm、先はとがり縁に硬い小牙歯があり、裏面は白い短毛が密生する／筒状花からなる頭花は密に多数つき、総苞は狭い筒形で長さ1 cm、径4 mmほど、片の先は円い／フォリイ薊(フォリイは植物採集を行ったフランス人宣教師名)／❋7〜9月、🌱海岸〜山地の日当たりのよい所に局所的, ❖北, ◉7.19, 樺戸山地隈根尻山

ヨツバヒヨドリ　　キク科
クルマバヒヨドリ
Eupatorium glehnii

高さ1〜1.5 mの多年草。まばらに毛がある／葉は3〜5枚輪生し、長楕円形で長いもので20 cm。鋭い重鋸歯縁で先がとがり基部は円形／花序はまばらな散房状で、頭花は4〜6個の筒状花からなり、総苞は長さ5〜6 mm／四葉鵯(ヒヨドリが鳴くころに咲くことからとする説もある)／❋7〜9月、🌱低山〜亜高山の日当たりのよい所, ❖北・本・四, ◉8.1, 利尻島／近似種**ヒヨドリバナ**(オオヒヨドリバナ)①の葉は倒卵形〜披針形で短い柄があり対生、頭花は白色が多い

サワヒヨドリ　　キク科
Eupatorium lindleyanum var. lindleyanum

高さ40〜90 cmの多年草。茎は細く縮毛が密生する／葉はやや厚く、柄がなく対生して3脈が目立つか①、3全裂して6枚が輪生状となる。両面に縮毛、裏面に腺点があり、鋸歯はまばらで低い／花序は散房、頭花の筒状花は5個、総苞片は2列／沢鵯／❋8〜9月、🌱低地の水辺や湿地, ❖日本全土, ◉9.3, 渡島地方長万部町／茎が頑丈で高さが1 m以上になり、葉は3深裂か3全裂するものを近似種**ミツバヒヨドリ**(ホソバノミツバヒヨドリ)といい、上のヒヨドリバナとサワヒヨドリの交雑種と推定されている

ヒメジョオン
キク科

Erigeron annuus

高さ30 cm〜1.2 mの2年草。茎は中実で直立し、長毛が散生する／根出葉は花時にはなく、茎葉は長さ5〜15 cmの長楕円形で先がとがり、下部の葉には粗い鋸歯と柄がある／頭花は径2 cmほどで筒状花群の直径は舌状花より短い①。舌状花は白色〜淡紅色①〜淡紫色。蕾の時は柄からうなだれる／姫女菀／✺ 6〜10月，低地〜山地の道端や空地，原産地は北アメリカ，7.3，札幌市／舌状花が退化したものを品種**ボウズヒメジョオン**（②上部）という／7.10，宗谷地方幌延町／近似種**ヘラバヒメジョオン**③は茎がほぼ無毛、葉はへら形で全縁、頭花の径は1.5 cmほどで筒状花群の直径は舌状花とほぼ同長／原産地は北アメリカ，7.1，苫小牧市／**ヤナギバヒメジョオン**④は葉が披針形〜線形で筒状花群の直径は舌状花より長い⑤／原産地は北アメリカ，7.8，苫小牧市

ハルジオン　　　キク科
ハルシオン，ベニバナヒメジョオン
Erigeron philadelphicus
高さ30～80cmの多年草。茎は軟毛があり中空①／根出葉はへら形で大きな鋸歯と柄があり，花時も残る。茎葉は長さ5～15cmの楕円状披針形で，柄がなく基部は広がり半ば茎を抱く／頭花は径2.5cmほどで筒状花を囲む舌状花は線状で幅は0.2mmほど。蕾の時は枝ごと大きくうなだれる／春紫菀／✽6～7月，☘道端や空地，✿原産地は北アメリカ，❀6.16，札幌市真駒内

エゾムカシヨモギ　　　キク科
Erigeron acer var. acer
茎は斜上したり横に伸びることも多く，長さ20～50cmになる多年草。茎には剛毛が密生してざらつく／根出葉はへら形，茎葉は倒披針形で長さは5cm前後，縁に低い鋸歯がある／頭花は雌性と両性の筒状花を雌性の舌状花が囲み，径1～1.5cm。総苞片に白い剛毛がある①／蝦夷昔蓬／✽7～9月，☘山地の岩場や急斜面，✿北・本(中部・北部)，❀7.15，利尻山／変種ムカシヨモギ(ヤナギヨモギ)の総苞片に剛毛はほとんどなく，細毛がある②

ヒメムカシヨモギ　　　キク科
Erigeron canadensis
高さ40cm～1.3mの1～2年草。群生することが多く，茎は直立して粗い毛が密生し，中部・上部で多数の枝を出す／明るい緑色の葉は線状披針形で下部の葉で長さ10cm前後，少数の低い鋸歯がある。上部の葉は線形で全縁／小さい頭花が円錐状に多数つき，径3mmほど。筒状花を囲む白い舌状花の先は浅く2裂する①／姫昔蓬／✽7～10月，☘道端や空地，田畑の周り，✿原産地は北アメリカ，❀8.14，札幌市石山

チシマヒョウタンボク　スイカズラ科
Lonicera chamissoi
高さ1〜1.5mの落葉低木。全体無毛で若い枝には4稜がある／葉はごく短い柄で対生し、長さ2〜5cmの広卵形〜楕円形で、質は薄く円頭または鈍頭。裏面は粉白色をおびて脈が隆起する／花は新しい枝上部の葉腋に2個ずつつき、花冠は2唇形で長さ8〜9mm、上唇は4裂し、下唇は垂れる／子房が合着しているので果実は窪みのない瓢箪形で赤く熟す①／千島瓢箪木／✻6〜7月、亜高山の低木帯、北・本(中部以北)、7.8、日高山脈伏美岳

ベニバナヒョウタンボク　スイカズラ科
Lonicera sachalinensis
高さ60cm〜2mでほとんど無毛の落葉低木／葉は長さ4〜7cmの卵状長楕円形〜楕円形で質はやや硬く、先はとがり基部は円形。裏面は葉脈が隆起するが白っぽくならない／花は長さ1.5〜2cmの柄に2個ずつつき、上下の2唇形で上唇は4浅裂し長さ7〜8mm。雄しべは5本、雌しべは1本ある／2花の子房が合着して果実は偏球形で赤く熟す①／紅花瓢箪木／✻6〜7月、原野〜亜高山の陽地、北、7.6、日高山脈オムシャヌプリ

タニウツギ　スイカズラ科
Weigela hortensis
高さ1〜2.5mで根元からよく分枝する落葉低木。枝は灰褐色で無毛／葉は長さ6〜10cmの卵状長楕円形で浅い鋸歯があり、先は鋭くとがる。裏面は短い白軟毛が密生して白っぽく見える／花は葉腋に2〜3個ずつつき、花冠は漏斗状で長さ3〜3.5cm。先が浅く5裂して径2.5cmほど／果実は長さ2cmほどの円柱形で縦に2裂する／谷空木／✻5〜6月、低山〜山地の日の当たる斜面や谷沿い、北(渡島半島・西部)・本、6.20、小樽市毛無山

リンネソウ　　スイカズラ科
メオトバナ，エゾアリドオシ
Linnaea borealis

細い茎が長く地表を這い，立ち上げる花茎の高さが5〜10 cmになる常緑で草本状の小低木／葉は対生し長さ1 cmほどの卵形〜倒卵円形で，質は硬く光沢があり，先は円く低い鋸歯がある／花は2つに分かれた柄から下向きにつき，花冠は漏斗状で長さ8〜10 mm。先が5つに裂けて内側は紅色をおびる／まれに結実し，痩果には腺毛が多い①／リンネ草（植物学者リンネに因んで）／✱6〜8月，🌿亜高山やハイマツ帯，❖北・本（中部以北），◉7.22，網走地方斜里岳

ミゾカクシ　　キキョウ科
アゼムシロ
Lobelia chinensis

茎が地表を這い5〜15 cmの枝を立ち上げる多年草／葉は互生し長さ1〜2 cmの披針形で，波状の鋸歯と光沢があり柄はない／長い柄のある花が葉腋に1個ずつつき，花冠は長さ1 cmほど。上下2唇形で各2裂，3裂するが裂片はほぼ同形同大なので一方に偏って5裂するように見える／溝隠（溝をふさぐようにはびこることから）／✱7〜9月，🌿水田の畦や湿地，❖日本全土，◉8.16，江別市野幌

ツルニンジン　　キキョウ科
ジイソブ
Codonopsis lanceolata

他の物に巻きついて2〜3 mに伸びるつる性の多年草。地中に人参状の根がある。茎は切ると白い乳液が出る／葉は短い枝に4枚輪生状につき，両端がとがった楕円形で裏面は白っぽい／花は長さ3 cmほどの鐘形で，内面に紫褐色の斑があり，大きながく裂片に包まれ異臭がする／蔓人参／✱7〜8月，🌿山地の林内，❖北・本・四・九，◉8.21，札幌市藻岩山／近似種バアソブ①は全体が小型で，花色は濃く，開花後がく裂片は反り返る

サギゴケ　サギゴケ科(ゴマノハグサ科)
ムラサキサギゴケ
Mazus miquelii

高さ5〜15 cmの多年草。対生する葉をもつ匍匐枝を伸ばして増える／葉は根生し長さ4〜6 cmの倒卵形で波状鋸歯縁／花冠は2唇形で長さ1.5〜2 cm，3裂した下唇に黄と褐色紋のある2隆条をもつ／鷺苔／❋5〜6月，🌱湿った草地や裸地，❖北・本・四・九，📷6.16，札幌市西区西野／品種シロバナサギゴケの花冠は白色①／近似種トキワハゼ②は1年草で匍匐枝を出さず，花冠は長さ1 cm前後で下唇は白っぽい③

ミヤマママコナ　ハマウツボ科(ゴマノハグサ科)
Melampyrum laxum var. nikkoense

高さ20〜50 cmの1年草。葉は対生し，長さ3〜6 cmの狭卵形で先がとがり，基部は広いくさび形で短い柄がある／花は枝先端の花序に苞葉を伴ってつくか葉腋に1個ずつつき，花冠は2唇形で長さ17 mmほど。下唇の喉部に黄色い隆起がある。がくはほぼ無毛で歯は鈍頭，苞葉に牙歯はない／深山飯子菜／❋8〜9月，🌱低山の明るい林内，❖北(石狩地方以南)・本，📷9.14，函館市南茅部／近似種ママコナ①は下唇喉部の隆起は白い米粒状で，がくに白長毛が密生して歯は鋭頭，苞葉も鋭頭，縁に鋭い牙歯がある②／❖北(渡島地方に少産)・本・四・九，📷8.27，渡島地方恵山／エゾママコナは下唇喉部の隆起は紫紅色，がくに白長毛はなく歯は尾状に伸び，苞葉に鋭い牙歯がある③が先はとがらない。北海道上川地方以東に局所的に分布する固有種

エゾヒナノウスツボ ゴマノハグサ科
Scrophularia alata

太い茎が斜上して長さが50cm〜1.5mになる大型の多年草。茎に翼のある4稜があり，花序には腺毛がある／葉は対生し，長さ8〜20cmの三角状卵形で質は厚く，基部は翼となって柄に流れる／花は円錐状に多数つき，花冠は長さ12〜15mm。2唇形で上唇は浅く2裂し，下唇は3裂する。がく裂片の先は円い①／蝦夷雛臼壺(花の形から)／❋6〜8月，❧海岸のれき地，❖北・本(中部以北)，◉8.17，知床半島羅臼町／近似種**オオヒナノウスツボ**②は全体が小型で葉が薄く，茎の稜に翼がなく，花冠の長さは8mmほど。がく裂片の先はとがる／❋7〜9月，❧山地の明るい所，❖北(後志地方以南)・本・四・九，◉7.27，函館市函館

シオガマギク ハマウツボ科(ゴマノハグサ科)
Pedicularis resupinata ssp. oppositifolia

変異の大きい多年草で，基準亜種となる**シベリアシオガマ**①の茎は直立して高さ70cm前後／葉は互生し，長さ4〜8cmの三角状狭卵形で細かい重鋸歯縁／花は中部の葉腋から咲き始めて上部の苞がある花序に至る。花冠は2唇形で上唇は嘴状，下唇は平たく先が3浅裂するが，多くはねじれる／道東・道北の原野はこの型／塩竈菊(葉が菊に似ることから。シオガマについてはミヤマシオガマ解説参照)／❋7/下〜8月，❧海岸〜亜高山帯の草地または樹林下，❖北・本・九，◉8.11，十勝地方十勝三股／高山に生えるものは丈が低く，下部の葉は対生または互生。花の多くは花序につき②，時に花序が詰まって変種**トモエシオガマ**の型③も見られる／7.18，夕張岳／渡島半島の山地と日高山脈の樹林下では茎は斜上または倒伏する。葉はすべて対生し，大きく，鋸歯も深くなる。花は葉腋④と茎頂につく⑤／◉④9.19，檜山地方ヤンカ山，⑤8.19，日高山脈楽古岳

223

キタヨツバシオガマ　　ハマウツボ科
ヨツバシオガマ　　　　（ゴマノハグサ科）
Pedicularis chamissonis ssp. chamissonis
var. hokkaidoensis

高さ20～60cmの多年草／茎は直立し，葉が4枚，時に3～6枚が数段輪生する。葉身は三角状広披針形で羽状全裂し，裂片は7～12対で浅い切れ込みがある／花序は細毛が密生し，花が4個ずつ7～12段輪生する。花冠は2唇形で上唇は鋭い嘴状となって下に曲がる／四葉塩竈／❋6/中～8月，↓亜高山～高山の草地，◆北・本(北部)，❀6.23，増毛山地暑寒別岳／全体に大きく花が15～30段つくものを変種**レブンシオガマ**という

タカネシオガマ　　ハマウツボ科
ユキワリシオガマ　　（ゴマノハグサ科）
Pedicularis verticillata

高さ5～20cmの1年草。全体に長軟毛がある／葉は4枚が数段輪生し，葉身は長さ2～5cmの狭長楕円形で，羽状深裂し先はとがらない／花は数段かたまってつき，花冠は2唇形で上唇は鋭い嘴状にはならない／高嶺塩竈／❋7～8月，↓高山のれき地，◆北・本(中部以北)，❀7.28，大雪山平ヶ岳／**ベニシオガマ**(リシリシオガマ)①はさらに小さく花冠は濃い紅色。利尻山の高山帯に稀産する／❀7.4，利尻山

ミヤマシオガマ　　ハマウツボ科
　　　　　　　　　　（ゴマノハグサ科）
Pedicularis apodochila

高さ10～20cmの多年草。茎に白い短毛が密生する／葉は互生して大きなものは根際に集まり長さ3～7cm。葉身は羽状に全裂して裂片はさらに羽状に裂ける／花は茎の先にまとまってつき，花冠は長さ2～3cm。2唇形でふつう上唇は先がとがらず下唇よりも長い／深山塩竈(塩竈は浜の景色を引き立てることから浜で美しい→葉まで美しいと掛けたとされる)／❋7月～8/中，↓亜高山～高山のれき混じりの草地，◆北(大雪山・日高山脈)・本(中部・北部)，❀7.8，日高山脈ピパイロ岳

224

コシオガマ ハマウツボ科(ゴマノハグサ科)
Phtheirospermum japonicum
高さ30〜60cmの1年草。全体に腺毛が密生して触ると粘る①／葉は対生して長さ4〜7cm。羽状複葉で小葉には粗い鋸歯がある／花は葉腋に1個ずつ横向きにつき，花冠は長さ2cmほど。2唇形で上唇は2裂，下唇は幅1.5cmほどで3裂する。がくは5裂して裂片の縁には切れ込みがある／小塩竈／❋9〜10月，低地〜山地の草地や裸地，北(道央以南と太平洋側)・本・四・九，9.25，苫小牧市樽前

ジギタリス オオバコ科(ゴマノハグサ科)
キツネノテブクロ
Digitalis purpurea
高さ1.2m前後になる多形な2年草，時に多年草／葉は互生し，葉身は披針形〜広卵形で，根出葉には長い柄があり，上部の葉ほど無柄に近くなる／花は総状花序に一方に偏って下垂する。花冠は鐘状〜膨らんだ筒状で先はやや2唇形。長さ5〜7.5cmで内側に暗紫色の斑点がある／観賞用や薬草として栽培され，白花など多くの交雑品種がある①／❋6/下〜8月，道端や空地，原産地は西・南ヨーロッパ，7.15，上川地方愛別町

アゼナ アゼナ科(ゴマノハグサ科)
Lindernia procumbens
高さ10〜20cmの1年草。茎は根元からもよく分枝する／葉は対生し柄がなく，葉身は長さ1〜2.5cmの卵円形で厚みと光沢があり，全縁／花は葉腋に1個ずつつき，花冠は2唇形で長さ6mmほど。上唇は2裂，下唇は3裂する。閉鎖花もつける／畦菜／❋8〜9月，水田や湿地，北・本・四・九，8.18，美唄市上美唄／近似種**アメリカアゼナ**の葉には柄と低い鋸歯がある／原産地は北アメリカ

ツタバウンラン　　　　オオバコ科
Cymbalaria muralis　　（ゴマノハグサ科）
茎が地表を這いながら枝を分けて伸びるつる性で無毛の多年草。長さ20〜50cmになる／葉は互生し，無毛で長い柄があって葉身は円形に近く，径1〜3cm。浅く5〜7裂してカエデ葉状／花は葉腋から出る細長い柄に1個ずつつき，花冠は長さ8mmほど。2唇形で上唇は2裂し，下唇は3裂して後方は距になり，喉部には黄色い隆起がある①／蔦葉海蘭，❈5〜9月，道端や法面，石垣や空地，❖原産地はヨーロッパ，6.4，札幌市真駒内

サワトウガラシ　　　　オオバコ科
Deinostema violaceum　（ゴマノハグサ科）
高さ5〜20cmの1年草。群生することが多い／長さ1cm以下で線形の葉が対生する／花は茎上部の葉腋から出る柄に1個ずつつき，がくは5深裂し柄とともに腺毛がある。花冠は2唇形で長さ5〜6mm。上唇は2裂，下唇は3裂する①。茎の中部以下には柄のない閉鎖花がつき，生育条件が悪いとすべてが閉鎖花となる／沢唐辛子，❈8〜9月，低地の湿原や水辺，❖北(胆振地方)・本・四・九，8.26，胆振地方白老町ヨコスト湿原

イワブクロ　オオバコ科(ゴマノハグサ科)
タルマイソウ
Pennellianthus frutescens
高さ10〜20cmの多年草。茎に4稜がある／葉は対生し，葉身は長さ4〜7cmの卵状長楕円形で厚みがあり，先がとがって鋸歯縁／花は茎の上部にまとまって横向きにつく。花冠は長さ2.5cmほどで外側に長毛があり，筒状で先は2唇形，上唇は2裂，下唇は3裂する。花序とがくに白い長毛が密生する／岩袋，❈6/中〜8月，高山のれき地や岩場，❖北・本(北部)，7.21，大雪山白雲岳

カノコソウ　スイカズラ科(オミナエシ科)
ハルオミナエシ
Valeriana fauriei
高さ40〜80cmの多年草。茎は直立して節に白毛がある／葉は対生し、花時枯れる根出葉には長い柄があり、上の葉ほど無柄になる。葉身は羽状に分裂して小葉は3〜7枚あり長さ5〜8cm。先がとがり鋸歯がある／花は茎頂の集散花序にまとまってつき、花冠は先が5裂して径5mmほど。基部に小さな膨らみがあり、3本の雄しべが長く突き出る①／鹿子草／❋6〜7月、🌱山地の草地や岩地、❖北・本・四・九、◉7.17, 空知地方幌加内町三頭山

オニク　ハマウツボ科
キムラタケ
Boschniakia rossica
茎が太く、ミヤマハンノキの根に寄生する高さ15〜30cmの1回結実性多年草／葉は葉緑素をもたず黄褐色で茎の周りに鱗状につく／茎の上部が穂状花序で多数の花がつく。花冠は2唇の壺形で長さ1cmほど①。基部に葉と同じような苞があり、歯のあるがくを隠している。雄しべは4本、雌しべは1個ある／御肉／❋7〜8月、🌱亜高山〜高山のミヤマハンノキ林、❖北・本(中部以北)、◉7.30, 東大雪山系ニペソツ山

ヒレハリソウ　ムラサキ科
コンフリー
Symphytum officinale
高さ40cm〜1mの多年草。全体に粗い毛があり、ざらつく。茎は顕著な翼があり、よく分枝して横に広がる／葉は互生して全縁、根出葉には長い柄がある／花は巻いた花序をほどくように10〜20個が咲いていく。花冠は長さ1.5〜2cmの中ほどにくびれがある筒形で、先が5浅裂。色は白色①〜紫色／鰭玻璃草／❋6〜8月、🌱道端や空地、❖原産地はヨーロッパ, ◉6.3, 札幌市真駒内

ムラサキシキブ　シソ科(クマツヅラ科)
Callicarpa japonica
高さ 1.5〜3 m の落葉低木。枝は断面が円く，新枝には星状毛がある／葉は対生して薄く，長さ 6〜12 cm の倒卵形〜卵形で先がとがり，縁にはやや細かい鋸歯がある。裏面に黄色い腺点が多数ある／花は枝先や葉腋から出る花序につき，花冠は 4 深裂して径 5 mm ほど。雄しべ 4 本と雌しべ 1 本が突き出る／果実は径 3 mm ほどの球形で紫色に熟す①／紫式部／❋7〜8月，低山の林内，❖日本全土(北海道は渡島半島・胆振地方・日高地方など)，7.23，日高地方アポイ岳

イブキジャコウソウ　シソ科
ヒャクリコウ
Thymus quinquecostatus var. ibukiensis
地面を這って伸びる矮小低木で，立ち上がりが高さ 10 cm ほどになる／葉は十字対生して葉身は厚みと光沢があり，長さ 1〜1.5 cm の卵形で先は円く，両面にがくや花とともに腺点があって芳香がする／花は茎の上部にまとまってつき，がくは 2 唇形。花冠も 2 唇形で長さ 7〜8 mm。雄しべ 4 本が突き出る／薬用や香料に利用される／伊吹麝香草／❋7〜9月，海岸〜亜高山の岩地，❖北・本・九，8.24，後志地方大平山

ジャコウソウ　シソ科
Chelonopsis moschata
高さ 60 cm〜1 m の多年草。茎は四角く根元が木質化して硬く，弓形に伸びる／葉は長さ 10〜20 cm の長楕円形で，鋸歯縁。先がとがり，基部は耳状にくびれる／花は葉腋につき花冠は長さ 4〜4.5 cm，筒形で先は 2 唇形で上唇よりも 3 裂した下唇が長い／果実は扁平な楕円形で長さ 8 mm ほど／麝香草(葉が良い香がすることからとされる)／❋7/下〜9月，山地の谷沿いや湿った林内，❖北(留萌地方以南)・本・四，7.31，札幌市手稲山

ニシキゴロモ　　　　　シソ科
キンモンソウ
Ajuga yesoensis

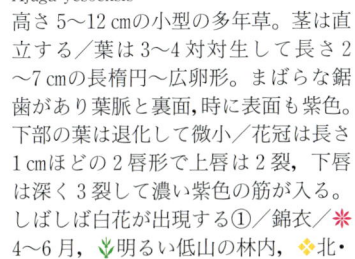

高さ5～12cmの小型の多年草。茎は直立する／葉は3～4対対生して長さ2～7cmの長楕円～広卵形。まばらな鋸歯があり葉脈と裏面、時に表面も紫色。下部の葉は退化して微小／花冠は長さ1cmほどの2唇形で上唇は2裂、下唇は深く3裂して濃い紫色の筋が入る。しばしば白花が出現する①／錦衣／✽4～6月，🌱明るい低山の林内，❖北・本・九，◉6.13，札幌市手稲山

クルマバナ　　　　　シソ科
Clinopodium chinense ssp. *grandiflorum*

高さ30～70cmの多年草。茎は四角柱で下向きの毛がある／葉は対生し，長さ4～6cmの長卵形で縁に浅い鋸歯がある／花は段をつくって輪生状につき，柄より長い線形の苞があり，がくは5裂して裂片の先は褐色をおびる。花冠は長さ1cmほどで下唇が大きい2唇形／車花／✽7～9月，🌱山地の道端，❖北・本・四・九，◉8.2，胆振地方有珠山／変種ヤマクルマバナ①は花冠の長さ5～6mmで白色に近く，がく裂片の先は緑色／◉8.4，小樽市天神

ナギナタコウジュ　　　　　シソ科
Elsholtzia ciliata

高さは変異が大きく，5～60cmになる1年草。全体に強い臭いと短軟毛があり，茎の断面は四角い／葉は長さ3～8cmの広卵形～狭卵形で，鋸歯縁で裏面に腺点が無数にある／花序は茎頂や枝先，葉腋について薙刀状にカーブし，多数の花が一方に偏って密につく。苞は心形で先が芒状にとがる。がくは多毛，花冠は長さ4～5mmで先が4裂し，4本の雄しべが突き出る／薙刀香薷／✽8～10月，🌱野山の草地や林縁，❖北・本・四・九，◉10.1，登別市

229

チシマオドリコソウ　　　シソ科
イタチジソ
Galeopsis bifida
高さ30〜60cmの1年草。茎は断面が四角形で下向きの剛毛が多い／葉は長さ4〜8cmの狭卵形で，鋸歯縁で先がとがり，短い柄がある／花は葉腋にまとまってつき，がくは有毛，5裂して裂片の先は長さ4〜5mmの針となり，その外側に針状の苞がある。花冠は長さ1.5cmほど。2唇形で上唇は2裂，下唇は3裂する。白花も比較的多い①／千島踊子草／❋7/中〜9月，✤原野や林道脇，❖北・本(中部以北)，❀8.9，釧路市釧路／帰化種との見解もある

ヒメオドリコソウ　　　シソ科
Lamium purpureum
高さ10〜25cmの2年草。茎は基部で分枝して4稜があり，下向きの短毛が散生する／葉は対生し，下部はまばらで長い柄があり，密集する上部ほど無柄に近くなる。葉身は心形で浅い鋸歯縁。表面にしわが多く，しばしば紫褐色をおびる。花冠は長さ1cmほどで2唇形／姫踊子草／❋5〜6月(10月)，✤道端や空地，❖原産地はヨーロッパ，❀5.13，札幌市／近似種**モミジバヒメオドリコソウ**①は鋸歯が深く切れ込み，次のホトケノザとの雑種起源とも考えられている／❀5.11，札幌市

ホトケノザ　　　シソ科
サンガイグサ
Lamium amplexicaule
高さ10〜30cmの2年草。茎は四角形で基部で分枝する／葉は対生し，下部で有柄，上部で無柄。葉身は長さ1〜2cmの扇状円形で円い鋸歯縁。蓮座に見たててこの名がついた／花は葉腋に数個ずつつくが閉鎖花のまま結実する蕾も混じる(①下)。花冠は外面に毛が密生し，長さ1.5〜2cm。2唇形で下唇に濃色の斑紋がある②／春の七草は別の植物／仏座／❋5〜7月，✤道端や空地，❖日本全土(北海道は帰化)，❀7.3，釧路市西港

ヒメジソ　　　　　　　シソ科
Mosla dianthera

高さ15〜40cmの1年草。茎は分枝して4稜がある／葉は対生し、卵状菱形で有柄、4〜6対の鋸歯がある／花は穂状にまばらにつき、花冠は2唇形で長さ4mmほど。苞は小さく披針形①／**姫紫蘇**／❋8〜9月，🌱低地〜山地のやや湿った所，◆日本全土，◉9.19，渡島地方木古内町／同属の**ヤマジソ**②は道内では高さが数cm〜10cm程度、苞は卵形で大きい③／🌱低地〜丘陵の裸地，◆北・本・四・九，◉8.18，苫小牧市／その変種**シロバナヤマジソ**④は高地熱所に生え、高さは20cm以上になる

ツルニガクサ　　　　　シソ科
Teucrium viscidum var. miquelianum

高さ20〜50cmの多年草。細い地下茎が伸びてやや群生する。茎は方形で下向きの曲がった毛がある①／葉は対生して長柄があり、葉身は長さ4〜10cmの狭卵形で、重鋸歯縁で先がとがる／花冠は長さ8〜10mm。2唇形だが2裂した上唇裂片は3裂した下唇の側片状となる。がくは腺毛が密生して5裂、上歯の先はとがらない(②左から2〜4番目)／**蔓苦草**／❋7〜9月，🌱野山の林内や道端，◆日本全土，◉7.29，胆振地方白老町／近似種**ニガクサ**は茎に下向きの細毛があり③，花冠は大きく長さ10〜12mm。がくに腺毛がなく短毛がある(②左端)／**テイネニガクサ**は茎がほぼ無毛。花冠は長さ7〜8mmで白色とされるが淡紅色の個体もある。がくに腺毛はほとんどなく、がく歯はすべて鋭くとがる(②右2つ)。樹林下に稀／**エゾニガクサ**は葉身が卵形で花序に開出毛が密生する④。林内にきわめて稀

メハジキ　　　　　　　シソ科
ヤクモソウ
Leonurus japonicus

高さ50cm〜1mの越年草。茎は方形で白い毛が密生する／茎葉は長さ10cmほどで3深裂し，裂片はさらに羽状に裂けてヨモギの葉に似る。上部の葉は披針形〜線形／花は上部の葉腋に数個ずつつき，苞は針状。がくは5裂して裂片の先は針状，花冠は外側に白毛が密生して長さ1cmほど。2唇形で下唇が3裂して中央の裂片がさらに2裂する①／目弾／❋8〜9月，↓野山の道端や空地，✿日本全土(北海道は胆振地方以南)，◉8.27，檜山地方上ノ国町

モミジバキセワタ　　　シソ科
Leonurus cardiaca

高さ70cm〜1.3mの多年草。地下茎が横に伸びてまとまって生える。茎は方形でよく分枝する／葉は対生し，葉身は長卵形で先が2〜3裂し，裂片には大きな牙歯がある。下部の葉ほど深く裂け，柄があり，上部ほど葉は小さく無柄となる／花は上部の葉腋に数個ずつつき，花冠は長さ1cmほどで外面に白長毛が密生，2唇形で下唇は3裂し濃色の斑紋がある／紅葉葉着綿／❋7〜8月，↓空地，✿原産地はヨーロッパ，◉7.15，札幌市北大構内

カキドオシ　　　　　　シソ科
Glechoma hederacea ssp. grandis

花時の高さが15〜30cmになる多年草。その後茎はつる状に伸びて長さ1mほどになる／葉は対生し，葉身は径2〜6cmの円心形で，柄があり鈍い鋸歯縁／花は葉腋に2〜3個ずつつき，花冠は長さ2〜2.5cm。2唇形で，大きな下唇は3裂して濃色の斑紋がある／垣通／❋5〜6月，↓野山の林縁や草地，✿北・本・四・九，◉6.4，伊達市伊達／基準亜種**コバノカキドオシ**(セイヨウカキドオシ)①は茎が立つ前に開花し，花冠の長さ1.5cmほどで3〜5個ずつつく／✿原産地はヨーロッパ，◉5.21，日高地方新冠町

オランダハッカ シソ科
Mentha spicata
高さ30〜70cmの無毛の多年草。強いハッカ臭がする。茎は断面が四角でよく分枝する／葉は対生して柄がなく，葉身は広楕円形で鋸歯縁。表面は光沢があるが，葉脈によるしわが著しい／枝先に花は輪生状に数段つくが，段の間隔がないので穂状の花序に見える。花冠は先が4裂して径3mmほど／オランダ薄荷／❋7〜10月，🌱道端や空地，畑の周辺，❖原産地はヨーロッパ，◉10.10，札幌市円山山麓

ヒメハッカ シソ科
Mentha japonica
高さ15〜40cmの多年草。細い地下茎が伸びて時に群生する。全体無毛で茎の節のみ有毛。茎の断面は四角形／葉は対生して柄がなく，葉身はやや質が厚く，長さ1〜2cmの長楕円形。先はとがらず鋸歯はなく，裏面に腺点がある／花は茎の上部に集まり，がくに腺点があり，花冠は長さ3.5mmほどで先が深く4裂する／全体にハッカ臭がある／姫薄荷／❋8〜9月，🌱低地の湿原や湿地，❖北・本，◉9.13，日高地方えりも町百人浜

ナガバハッカ シソ科
Mentha longifolia
高さ60cm前後の多年草。茎は断面が四角で白毛が多く，分枝は少ない／葉は対生して柄がなく，葉身は長楕円状披針形で先がとがり，裏面に白毛が密生して白っぽく見える／花は茎頂や枝先に輪生状に十数段つくが，段の間隔がないので長い穂状花序に見える。がくは白毛が密生して先が5裂し，花冠は外面に白毛があり，先が4裂して雌しべが突き出る／長葉薄荷／❋7〜9月，🌱道端や空地，❖原産地はユーラシア，◉8.12，札幌市

イヌゴマ　　　　　　　シソ科
Stachys aspera var. hispidula

高さ40〜80cmの多年草。地下茎が伸びてまとまって生える。茎は断面が四角く下向きの刺毛がある／葉は対生し，長さ4〜10cmの披針形で，粗い毛が多く，裏面脈上に刺毛がある／花は輪生状に数段つき，5裂したがく歯は針状。花冠は長さ1.5cm，2唇形で3裂した下唇に濃色の斑紋がある／犬胡麻／❋7〜9月，🌱原野や野山の湿地，❖北・本・四・九，📷9.9，空知地方月形町／変種 **エゾイヌゴマ**①は刺毛のほかに開出毛が多い

カワミドリ　　　　　　シソ科
Agastache rugosa

高さ40cm〜1.2mの多年草。茎は断面が四角で上部で分枝する／葉は対生して柄があり，葉身は長さ5〜10cmの広卵心形。鋸歯縁で先がとがり裏面に腺毛がある／花は茎頂と枝先に穂状に多数つき，がくは5裂して裂片は紅紫色に染まる。花冠は長さ1cmほどで上唇は2裂，下唇は3中裂し，中央の裂片は2浅裂する。4本の雄しべが雌しべとともに突き出る／河碧／❋8〜10月，🌱山地のやや湿った所，❖北・本・四・九，📷8.12，千歳市支笏湖畔

ハナトラノオ　　　　　シソ科
Physostegia virginiana

高さ80cm〜1.5mの1年草。茎は断面が四角であまり分枝しない／葉は対生して柄がなく，葉身は長さ5〜10cmの長楕円状披針形で質は厚く光沢があり，先がとがって縁に鋭い牙歯がある／花は茎頂の長い花序に4列になって多数つき，花冠は膨らんだ筒状で長さ2〜3cm。色は白色〜紅色／園芸植物として導入されたものが野生化／花虎尾／❋8〜9月，🌱道端や空地，❖原産地は北アメリカ，📷8.13，胆振地方安平町追分

クサキョウチクトウ　　ハナシノブ科
フロックス
Phlox paniculata
高さ60cm～1.2mの多年草。茎は直立して無毛か微軟毛がある／葉は十字対生または3輪生し，葉身は長さ7～12cmの長楕円状～卵状披針形で，縁毛はやや刺状／花は円錐状につき，花冠は径2.5cm。先は花弁状に大きく5裂して平開する。色は白色～紅色／様々な品種がつくられている①／草夾竹桃／❋7～9月，🌱道端や空地，❖原産地は北アメリカ，🌼8.20，夕張市

バシクルモン　　キョウチクトウ科
オショロソウ
Apocynum venetum var. basikurumon
高さ40～70cmの多年草。茎は赤みをおびてよく分枝し，切ると白乳液が出る／葉には柄があり互生するが，枝では対生となる。葉身は長さ2～5cmの長楕円状卵形で，円頭で鋸歯はない／花は円錐状につき，花冠は長さ6～7mmの鐘形で先が5つに裂ける／アイヌ語起源の名(別名のオショロは忍路で小樽市内の地名)／❋7月，🌱海岸の岩場，内陸沢沿いの岩場，❖北(日本海側・知床半島)・本(青森県・新潟県)，🌼7.18，石狩市浜益

セイヨウヒルガオ　　ヒルガオ科
Convolvulus arvensis
茎は無毛で，地面を這ったり他の物に巻きついて1m以上に伸びるつる性の多年草／葉は細い柄があり互生する。葉身は長さ1～3cmの卵状鉾形で基部は左右に少し張り出す。先はふつう円いが変異がある／花は花序に1～2個つき，花冠はやや5角形の漏斗状で径2～3cm。色は白色～淡紅色。苞は柄の途中に1～2枚つき小さい／西洋昼顔／❋6～8月，🌱道端や空地，❖原産地はヨーロッパ，🌼7.26，伊達市国道37号線沿い

235

ヒルガオ　　　　　　　ヒルガオ科
Calystegia pubescens

茎が他の物に巻きついて伸びるつる性の多年草で長さが1m以上になる／葉は長さ5～10cmの鉾形で鈍頭，基部は心形で長い柄があり，側片が斜め後方に張り出し，ふつう裂けることはない／花は葉と対生状に1個つき，朝開いて夕方閉じる。花冠は漏斗状で長さ5～6cm，がくは先が5裂するが卵形の大きな苞に隠れて見えにくい／昼顔／❋6～9月，🌱野山の草地，❖北・本・四・九，📷8.22，後志地方島牧村／近似種**コヒルガオ**①は全体に小型で葉は先がとがり，側片は横に張り出して先がへこむ（②は顕著な葉）。花冠は長さ3.5cmほどで，柄に縮れた翼がある（③左。右はヒルガオ）／❖日本全土，📷7.8，札幌市八剣山麓／近縁のヒロハヒルガオはp.107

ハマヒルガオ　　　　　ヒルガオ科
Calystegia soldanella

茎が地表や地中を伸びるつる性の多年草で，群生していることが多い／葉は長さ2～3cm，幅4cmほどの腎円形で長い柄があり，円頭または凹頭で質は厚く光沢がある／花冠はやや5角形の漏斗状で径と長さは5cmほど。苞はがく片とほぼ同長。雄しべは5本，雌しべは1本ある果実はほぼ球形で径1cm強①／浜昼顔／❋5～8月，🌱海岸の砂地，❖日本全土，📷6.17，檜山地方江差町

ガガイモ　キョウチクトウ科（ガガイモ科）
Metaplexis japonica
茎が他の物に絡まって伸びるつる性の多年草。切ると白い乳液が出る／葉は対生して有柄。葉身は長さ4〜10cmの長卵形で，先がとがり基部は心形／花は葉腋から出る柄に10個前後つき，花冠は鐘形で径1cmほど，先が5深裂し，裂片はまくれ，内側に毛が密生する。雄しべと雌しべが合着したずい柱から花柱が伸びる①／果実は表面がでこぼこした紡錘形で長さ10cmほど②。種子に長い絹毛がつく／蘿藦／❋7〜8月，🌱野山の草地や道端，✤北・本・四・九，❄8.11，奥尻島

オオカモメヅル　キョウチクトウ科
Tylophora aristolochioides　（ガガイモ科）
茎が他の物に絡みついて伸びるつる性の多年草／葉は柄があり対生する。葉身は長さ6〜10cmの三角状狭卵形で，先はとがり基部は心形／花は葉腋から出る花序に数個つき，花冠は径5mmほどで5深裂して裂片は綿毛が生え平開する。その内側に副花冠があり星状に5裂して裂片は球状でずい柱を囲む①／大鷗蔓／❋7〜9月，🌱山地の林内，✤北（石狩地方以南）・本・四・九，❄8.21，札幌市藻岩山

ベニバナセンブリ　リンドウ科
Centaurium erythraea
高さ20〜60cmでほとんど無毛の2年草。根元から何本か直立する4稜のある中空の茎を立てる／根元に長さ3〜5cmで長楕円形の葉が何枚もロゼット状に集まり，茎葉はより小さく細い。柄がなく対生して半ば茎を抱く／花はよく分枝し，苞葉のある集散花序につく。花冠は筒状で長さ1cmほど，先が5裂し，裂片は平開して径8mmほど。雄しべは5本で花冠筒部から突き出る①／果実は狭長円錐形で長さ7mmほど②／紅花千振／❋7〜8月，🌱低地の草地や空地，海岸，✤原産地はヨーロッパ，❄7.28，渡島地方長万部町国縫

237

チシマリンドウ　　　　リンドウ科
Gentianella auriculata
高さ5〜20cmの2年草。茎は無毛で4本の稜が走り上部で少し分枝する／茎葉は対生して長さ1〜3cmの狭卵形〜倒披針形で，先がややとがり鋸歯はない／花は茎頂や葉腋につき，がくは広卵形で円頭で基部が耳状となって互いに重なり，長さと幅はほぼ同長。花冠はがくの2倍長で先は5裂し，裂片は平開する。内側に糸状に細裂した付属片（内片）がある／千島竜胆／❋8〜9月，🌱高山のれき地や周りの草地，❖北（利尻島・礼文島・後志地方大平山），◉9.3，礼文島

ユウパリリンドウ　　　　リンドウ科
エゾオノエリンドウ
Gentianella amarella ssp. yuparensis
高さ5〜20cm，時に30cmになる1〜越年草。大きな個体は分枝する／葉は柄がなく対生し，長さ1.5〜3cmの細長い卵形で先はとがる／花冠は5裂して内片は長さ6〜7mm，基部まで細裂する。がくは3/4以上裂ける／夕張竜胆／❋7〜9月，🌱山地〜高山のれき地や周辺草地，❖北（大雪山・夕張山地・日高山脈），◉9.11，夕張岳／亜種オノエリンドウ①は花冠の内片が長さ3〜4mm，1/2〜2/3細裂する。がくも1/2〜2/3裂ける。羊蹄山と本州に産する

ミヤマアケボノソウ　　　　リンドウ科
Swertia perennis ssp. cuspidata
高さ15〜30cmの多年草。全体に滑らかで分枝しない／根元の葉は互生して長い柄があり，葉身は広卵形〜楕円形。茎葉は対生または互生する／花冠は径3cmほどで5裂し，裂片には濃い斑点と筋があり，基部には2つの蜜腺がある／深山曙草／❋7/下〜9月，🌱高山の湿った草地や岩地，❖北（大雪山・夕張山地・日高山脈）・本（中部・北部），◉8.7，夕張岳／北海道のものを**エゾミヤマアケボノソウ**と分ける見解もある

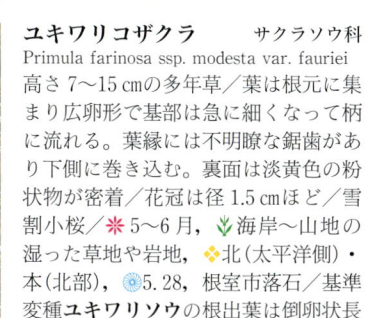

ユキワリコザクラ　　サクラソウ科
Primula farinosa ssp. modesta var. fauriei

高さ7〜15cmの多年草／葉は根元に集まり広卵形で基部は急に細くなって柄に流れる。葉縁には不明瞭な鋸歯があり下側に巻き込む。裏面は淡黄色の粉状物が密着／花冠は径1.5cmほど／雪割小桜／✹5〜6月，ᴪ海岸〜山地の湿った草地や岩地，❖北(太平洋側)・本(北部)，◉5.28，根室市落石／基準変種**ユキワリソウ**の根出葉は倒卵状長楕円形で基部は細く葉柄状になる。山地の岩場に局所的に産し少ない／変種**レブンコザクラ**①は全体に大型で花つきもよく，花序は球形になる。礼文島，夕張山地，知床半島，北見山地に知られる／◉6.7，礼文島／変種**サマニユキワリ**②は葉が細く，粉状物は少ない。日高地方アポイ岳周辺に産する／以上の形態上の違いは連続しているので区別のつかない場合も多い

ソラチコザクラ　　サクラソウ科
Primula sorachiana

高さ3〜10cmの多年草／葉は根元に集まり，長さ1〜3cmの楕円形〜へら形で先はとがらず，上部は鋸歯縁，基部は長い柄に流れる。質は薄く光沢がなく，表面はすりガラス状で裏面の粉状物は白色／花は散形状につき，花冠は花弁状に5深裂し，裂片は他のコザクラ類より広角度で2裂する／空知小桜／✹4〜6月，ᴪ❖日高山脈と夕張山地の沢沿いの岩場。固有種，◉5.29，日高山脈ピセナイ山／同属の**ユウパリコザクラ**①は花が2〜4個と少なく，花冠筒部はがくの2倍長と長い／✹6〜8月，ᴪ❖夕張岳上部の蛇紋岩地帯。固有種，◉7.30，夕張岳

エゾコザクラ　　サクラソウ科
Primula cuneifolia

高さ10〜20cmの多年草。全体が無毛／葉は根元に集まりやや多肉質。長さ1.5〜5cmのくさび形で，上半分に目立つ鋸歯がある／花は3〜10個つき，花冠は径2〜2.5cm。5裂した裂片は花弁状に開き，他のサクラソウ類と同様に短花柱花①と長花柱花②の2型がある／蝦夷小桜／❇7〜8月，↯高山の湿った草地，雪田や雪渓の融雪跡，✤北，◉7.22，大雪山トムラウシ山

ヒダカイワザクラ　　サクラソウ科
アポイコザクラ, アポイイワザクラ, ヒダカサクラソウ
Primula hidakana

高さ5〜15cmの多年草。横に伸びる根茎があってまとまって生える／葉はやや硬く，長さ2〜5cmの円形〜腎円形で浅く7裂し，不規則な鋸歯があって基部は深い心形。縁と裏面脈上に毛がある／花冠は径2.5cmほどで筒部の長さは約1cm，喉部は黄色／日高岩桜／❇5〜6月，↯✤日高山脈の岩場。固有種，◉5.17，日高地方アポイ岳／高山帯の岩場に生え，葉柄や花柄に長毛が生えるものを変種**カムイコザクラ**という

サクラソウ　　サクラソウ科
Primula sieboldii

高さ15〜30cmの多年草／葉は根元に集まり長毛のある長い柄をもつ。葉身は長さ4〜10cm，幅3〜6cmの卵形〜長卵形で，先は円頭で不規則な鈍い重鋸歯縁。基部は心形で表面は葉脈によるしわがある／花は散形状に数個つき，花冠の径は2.5cmほど。5深裂して裂片は平開し先が2浅裂。長花柱花と短花柱花が混在している／桜草／❇5〜6月，↯低地の明るい林内や草地，✤北(胆振地方・日高地方)・本・九，◉6.7，日高地方日高町門別

240

オオサクラソウ　　　サクラソウ科
Primula jesoana var. jesoana
高さ20～40cmの多年草／葉は数枚根生し，無毛の長い柄がある。葉身は長さ・幅ともに5～12cmの円心形で，7～9の浅い切れ込みがあり，裂片に不規則な鋸歯がある／花は茎頂に数個，時に2段につける。花冠は径2cm前後，5深裂して裂片はさらに2浅裂し，平開する／大桜草／❋5～6月，低山の明るい林内，北（渡島半島・西部・日高地方）・本（中部・北部），5.15，登別市／変種エゾオオサクラソウ①は茎や葉柄に長軟毛が多く，道東に多い／6.1，日高地方アポイ岳

クリンソウ　　　サクラソウ科
Primula japonica
高さ40～70cmの多年草。しばしば群生する／葉は根元に集まり，葉身は長さ15～40cmの楕円状へら形で，質は薄く表面にはしわがある。先は円く縁に鋸歯が並ぶが裏側に巻き込む／花は茎の上部に3～7段，数個が輪生状につく。花のつき方からこの名がついた。花冠は径2～2.5cm，5深裂，裂片の先は2浅裂し，平開する／九輪草／❋5/下～7月，低地～山地の湿った所，沢沿い，北（留萌地方以南）・本・四，6.10，釧路市阿寒湖付近

サクラソウモドキ　　　サクラソウ科
Cortusa matthioli ssp. pekinensis
var. sachalinensis
高さ15～30cmの多年草／葉は根元に集まり，開出毛が密生する長い柄がある。葉身は径2～8cmの腎円形で掌状に9～13中裂し，裂片の縁には鋸歯と毛がある／花茎にも毛が多く，花は茎頂から下垂する。花冠は径1.5cmほどの浅い鐘形で先は5深裂，裂片は斜開し，花柱が突き出る／桜草擬／❋6月，道内の山地林下や崖下に局所的，6.17，夕張山地崕山

ウミミドリ　　　　　　サクラソウ科
シオマツバ
Lysimachia maritima var. obtusifolia
高さ5〜20 cmの小型の多年草。地下茎が伸びて群生する。全体に無毛で茎は直立／葉は対生して柄がなく，葉身は長さ6〜15 mm。やや多肉質でつやがある／花は葉腋につき花冠がなく，がくが花弁状に5深裂して径6〜7 mm。雄しべは5本ある／果実は球形で径4 mmほど①／海緑／❇6〜7月，🌱塩湿地や海岸の泥地，❖北・本(中部・北部)，◉6.25，根室市春国岱

ベニバナイチヤクソウ　　ツツジ科
Pyrola asarifolia ssp. incarnata（イチヤクソウ科）
高さ10〜25 cmの常緑の多年草。地下茎が伸びて群生する／葉は下部に集まって長い柄があり，葉身は長さ3〜5 cmの広楕円形〜卵状楕円形で質はやや硬くつやがあり，低鋸歯縁で円頭／花は総状に下向きに多数つき，花冠は径12〜15 mm。花柱は長く，ゆるく曲がる／紅花一薬草／❇6〜7月，🌱山地の明るい林内や林縁，❖北・本(中部・北部)，◉7.3，胆振地方徳舜瞥山／ベニスズランの名で販売されたことがある

ヒメシャクナゲ　　　　　ツツジ科
Andromeda polifolia
高さ10〜30 cmの常緑の小低木／葉は長さ1.5〜3.5 cmの広線形〜楕円状披針形で，先はとがり縁は粉白色の裏側に巻き込む／花は枝先に下向きに数個つき，柄の色は花冠と同じで，がくは小さい①。花冠は長さ5〜6 mmのややつぶれた壺状で，先が5浅裂し裂片は平開する／姫石楠花／❇5〜7月，🌱低地〜亜高山の高層湿原，❖北・本(中部・北部)，◉5.17，渡島地方長万部町静狩湿原

イワナシ　　　ツツジ科
Epigaea asiatica

茎が地表を這い上部が立ち上がる常緑の小低木で長さは10〜25cm。赤褐色の毛がある／葉は短い柄があり、長さ3〜10cmの長楕円形で、革質で硬く表面は波打つ／花は枝先に数個つき、花冠は長さ1cmほどの筒形で先は浅く5裂する。雄しべは10本ある／果実は球形肉質で径8mmほど。表面に白毛が密生する①。食べると甘酸っぱい梨の味がする／岩梨／❋4〜6月，↓山地〜亜高山の尾根筋林下や岩地，❖北(日本海側)・本(近畿以北)，◉6.14，増毛山地雨竜沼

ミネズオウ　　　ツツジ科
Loiseleuria procumbens

茎や枝が地表を這いマット状に広がる常緑の矮小低木／葉は密につき、革質で光沢があり、長さ6〜12mmの狭長楕円形〜広披針形で、鈍頭、全縁。縁は白い細毛が密生する裏面に巻き込む／花は枝先に上向きにつき、花冠は鐘形で先が4〜5中裂して径4〜5mm。裂片は三角状卵形なので星形の花に見える／峰蘇芳／❋6/下〜8/上，↓高山のれき地，❖北・本(中部・北部)，◉7.7，日高山脈幌尻岳／北海道産のものは本州産より花色が濃い

チシマツガザクラ　　　ツツジ科
Bryanthus gmelinii

茎は分枝しながら地表を這い、マット状に広がる常緑の矮小低木で高さ2〜7cm／葉は広線形で密に互生し、厚みと光沢があり、長さ3〜4mm。縁を裏面に巻き込むので幅は1mmほど／枝先から花柄を伸ばして数個の花をつける。花は径7mmほどで花弁は4枚、雄しべは8本あり、さく果は先が細い卵形①／千島栂桜／❋7〜8月，↓高山のれき地，❖北・本(北部)，◉8.2，大雪山赤岳

エゾノツガザクラ　　　ツツジ科
エゾツガザクラ
Phyllodoce caerulea

高さ10〜30cmの常緑の小低木。よく分枝する／葉は密に互生し，長さ7〜12mm，幅1.5mmほどの線形で縁に細かい鋸歯がある／花は枝先に数個つき，花冠は長さ8〜10mmの長い壺形で，表面には柄とともに腺毛がある／蝦夷栂桜／❋7〜8月，🌱高山の雪田縁や草地，れき地，❖北・本(北部)，◉7.15，羊蹄山／同属のアオノツガザクラ(p.349)との間に様々な自然雑種が知られ，主なものは次の通り／雑種**コエゾツガザクラ**①は花冠が膨らんだ壺形で外側の腺毛はまばら。大きな群落をつくることが多い雑種／◉7.17，大雪山赤岳／変種**ニシキツガザクラ**②は花冠外側がほぼ無毛で紅紫色のしぼりが入る雑種／品種**ユウパリツガザクラ**③は花冠が上下につぶれた壺形の雑種(写真は白花)／このほか様々な形や色の花冠が知られる

ミヤマホツツジ　　　ツツジ科
Elliottia bracteata

高さ30〜80cmの落葉小低木でよく分枝する／葉は狭倒卵形で円頭微突端／花は総状花序につき，白色〜淡紅色で径2cmほど。花弁は3枚で後ろに反り返る。がくは5枚に全裂し雌しべの花柱はくるりと上に曲がる／深山穂躑躅／❋7〜8月，🌱亜高山の尾根筋，❖北・本(中部・北部)，◉7.21，胆振地方樽前山／よく似た別属**ホツツジ**①は高さ1〜2m，がくは杯状。花柱はわずかに曲がる／❋8〜9月，🌱山地樹林下，❖北・本・四・九，◉8.27，日高地方アポイ岳

コヨウラクツツジ　　　ツツジ科
コヨウラク
Rhododendron pentandrum
高さ1〜2.5 mの落葉低木。分枝して横に広がる／葉は枝先にやや輪生状につき，葉身は長さ2〜5 cmの長楕円形で，はじめ軟毛が多い／花は枝先から腺毛のある長い柄で数個ぶら下がる。花冠は径5 mmほどのいびつな壺形で光沢があり，先が浅く5裂する／果実の色と形は微小なリンゴ状／小瓔珞躑躅(瓔珞は仏像の首飾りで，花の形が似ることから)／❋5〜6月，🌿山地〜亜高山の林内，❖北・本(兵庫県以北)・四，❀6.20，東大雪山系ウペペサンケ山

ウラジロヨウラク　　　ツツジ科
Rhododendron multiflorum
高さ60 cm〜1.5 mの落葉低木／葉は枝先に輪生状につき,葉身は長さ3〜5 cmの倒卵形で表面に毛があり，裏面は白っぽく，主脈上に刺状の毛がある／花は枝先から数個ぶら下がり，がくは広線形に5全裂して長さは不揃い。花冠は長さ1.3 cmほどの筒形で先が5浅裂する／裏白瓔珞／❋6月〜7／上，🌿山地〜亜高山の尾根筋や林内，❖北(渡島半島)・本，❀6.13，渡島地方木古内町／北海道のものはがく裂片が5〜9 mmと長く，変種**ガクウラジロヨウラク**と呼ばれる型

サラサドウダン　　　ツツジ科
Enkianthus campanulatus
高さ1〜4 mの落葉低木／葉は枝先に輪生状に多数つき，葉身は肉厚で長さ3〜6 cmの広楕円形〜倒卵形。先がとがり，縁に細かい鋸歯がある。紅葉が美しい／10個以上の花が枝先の花序から長い柄でぶら下がり，花冠は長さ1〜1.5 cmの鐘形で，先が5裂して径1 cmほど。淡紅色で先の部分と何本もの縦筋が紅色／更紗どうだん(灯台の転訛)／❋6〜7月,🌿山地の明るい林地，❖北(渡島地方)・本・四，❀7.14，渡島地方恵山

エゾツツジ　　ツツジ科
Therorhodion camtschaticum

生育環境により高さが5〜30cmになる落葉小低木／葉は倒卵形で長さ3cm前後，先はとがらず縁と裏面に剛毛と腺毛がある／花冠は径3〜4cmの漏斗状で，5深裂して上の裂片に褐色の斑点がある。柄とがく筒には腺毛があり粘る①。雄しべは5本ある／蝦夷躑躅／❋6/下〜8/中，🌱高山のれき地や草地，❖北・本(北部)，❀7.23，十勝連峰富良野岳

エゾムラサキツツジ　　ツツジ科
Rhododendron dauricum

高さ15cm〜2mの半常緑の低木。よく分枝する／葉は長さ2〜6cmの長楕円形で，質は硬く光沢があり，縁が裏面にまくれ，表裏に円い腺点状の鱗片が密生する。越冬する葉と落葉する葉がある／花は枝先に数個つき，花冠は漏斗状で裂片は5深裂して径2〜3cm。新葉が開く前に開花する／蝦夷紫躑躅／❋5〜6月，🌱山地〜亜高山の明るい林内や岩地，❖北，❀6.24，東大雪山系西クマネシリ岳

ムラサキヤシオ　　ツツジ科
ムラサキヤシオツツジ
Rhododendron albrechtii

高さ1〜2mの落葉低木。枝や花軸，葉柄に褐色の腺毛がある／葉は長さ5〜10cmの倒卵形〜広倒卵形で，縁に細かい鋸歯と剛毛がある。裏面は淡緑色／花は枝の先端に数個ずつつき，花冠は漏斗状で5深裂して径3〜5cm。内面中心部に白毛が密生する。雄しべは10本／紫八汐／❋5〜6月，🌱山地の林内や林縁，❖北・本(中部・北部)，❀6.5，空知地方幌加内町三頭山

ヤマツツジ　　　　　　　ツツジ科
Rhododendron kaempferi

高さの差が大きく40cm～3mになる半落葉低木。枝や葉，がくに褐色の剛毛がある。枝は細く扁平／葉は長さ3～5cmの楕円形で，特に裏面脈上に剛毛が多い。夏出る葉は長さ1cmほどで越冬する傾向がある①／花は枝先に2～3個つき，花冠は漏斗状で5深裂して径4cm前後。雄しべは5本ある／山躑躅／❋5～6月，山地の乾いた日当たりのよい所や明るい林内，❖北(道央以南)・本・四・九，❀6.17，日高地方アポイ岳

サカイツツジ　　　　　　ツツジ科
Rhododendron lapponicum ssp. parvifolium

高さ30～70cmの常緑の小低木。全体に腺状の鱗片が密生してくすんだ色合い／葉は枝先に集まり，狭楕円形で長さ7～20mm，先は円く，縁に鋸歯がなく革質で硬い。裏面は腺状鱗片が密生して褐色／花は枝先に数個つき，花冠は径2cmほどの漏斗状。がくは5裂して縁に毛がある／北緯50度の樺太(サハリン)国境が発見地のためこの名がついた／境躑躅／❋5/下～6月，道東の湿地，❀6.2，根室市落石

ヒダカミツバツツジ　　　ツツジ科
Rhododendron dilatatum var. boreale

高さ1～2mの落葉低木。よく分枝する／葉は枝先に3枚輪生し，葉身は長さ3～5cmの菱状三角形で，裏面の特に脈上に褐色の毛が多く，先はとがる／花は1～3個つき，花冠は漏斗形で不均等に5深裂し，径3～4cm。雄しべは10本／蒴果は長さ1cmほど／日高三葉躑躅／❋5月，日高山脈南端部の樹林内，❀5.24，日高地方えりも町／本州に産するミツバツツジの変種だが，独立した種とする見解もある

247

ハクサンシャクナゲ ツツジ科
シロバナシャクナゲ，
シロバナハクサンシャクナゲ
Rhododendron brachycarpum
var. brachycarpum
高さ30 cm〜3 mの常緑の低木／葉は長さ5〜10 cmの長楕円形で，質は厚く硬く光沢があり，全縁で縁は裏面に巻き込む。裏面に軟毛が密生して褐色をおびる／花は枝先に短い総状花序をつくって数個〜15個つき，花冠は漏斗形で5裂して径3〜4 cm，内側に濃色の斑点がある。花色は白色〜淡紅色／白山石楠花／❋6/下〜8/中，🌱山地〜亜高山の樹林下，時に風衝草地，❖北・本（中部・北部）・四，◉7.31，日高地方アポイ岳

オオバスノキ ツツジ科
Vaccinium smallii var. smallii
高さ1 m前後の落葉低木。よく分枝して枝の断面は円い／葉は長さ3〜8 cmの楕円形〜広卵形で，先がとがり細鋸歯縁。基部は細くなって柄に至る／花は前年枝の先に1〜3個ぶら下がり，花冠は長さ6〜7 mmの鐘形で先が5浅裂し，がく筒は滑らか①／果実は黒く熟して酸っぱい②／大葉酸木／❋6〜7月，🌱山地〜亜高山の陽地，❖北・本・四，◉7.18，ニセコ山系／近似種**ウスノキ**（カクミノスノキ）③は葉の基部が円く，がく筒と果実に稜角があり④，果実は赤く熟し先が臼状に窪む⑤／臼木／❖北・本・四・九，◉5.27，札幌市／近縁の**ナツハゼ**は高さ1〜2 mになり，花序は細長く多数の花がつき，花冠は膨らんだ鐘形で花序とがく筒に白屈毛が目立つ⑥。果実は球形で黒く熟し，酸っぱい⑦／夏櫨／❋5/下〜7月，❖北・本・四・九，◉7.13，札幌市藻岩山

ヒメクロマメノキ　　　　　ツツジ科
(コバノクロマメノキ)
Vaccinium uliginosum var. alpinum
高さ5〜10cm,時に30cm以上になる落葉小低木。よく分枝して横に広がる。枝には稜角がなく断面は円い／葉は長さ1〜2.5cm,倒卵形で全縁,光沢がなく裏面は白っぽく,網状の脈が隆起する／花は前年枝の先に1〜2個つき,花冠は長さ1cmほどの壺形で,先は5浅裂して裂片は反り返る／果実は球形で黒熟し①,食べられ,甘酸っぱい／姫黒豆木／❋6〜7月,🌱高山のれき地や低木地,時に湿原,❖北・本(中部・北部),🔵7.3,大雪山赤岳／花が当年枝の先につく変種**クロマメノキ**は稀

クロウスゴ　　　　　ツツジ科
エゾクロウスゴ
Vaccinium ovalifolium var. ovalifolium
高さ20cm〜1.5mの落葉低木。枝に稜角があって断面は四角／葉は長さ2〜4cmの楕円形。全縁で無毛／花は若枝の葉腋に1個ずつつき,花冠は壺形で先が5浅裂する。淡紅色〜淡黄色／果実は球形で黒熟し食べられる①／黒臼子／❋6〜7月,🌱亜高山〜高山の陽地,❖北・本(中部・北部),🔵7.27,大雪山／変種**ミヤマエゾクロウスゴ**(マルバエゾクロウスゴ)は高山の雪田周辺に生え,背が低く葉は卵円形②／🔵7.26,大雪山

コケモモ　　　　　ツツジ科
コバノコケモモ
Vaccinium vitis-idaea
高さ5〜20cmの常緑の小低木。よく分枝してマット状に広がる／葉は長さ6〜12mmの卵状楕円形で全縁。硬く光沢がある／花は枝先に下向きに数個つき,花冠は長さ6mmほどの鐘形で先が4浅裂,色は白色〜淡紅色／果実は球形で赤く,完熟すれば食べられる①／苔桃／❋6〜7月,🌱亜高山〜高山の岩れき地やハイマツ林下,林縁,道北・道東部の湿原や海岸,❖北・本・四・九,🔵7.16,大雪山緑岳／亜高山帯には時に葉の長さが2cm以上になるものがある

249

ツルコケモモ　　　　　ツツジ科
Vaccinium oxycoccos

細い針金のような茎が地表を這って伸びる常緑の矮小低木／葉は長楕円形で先がとがらず全縁。長さ7～15 mmで大きさの差が大きい。質は厚く硬く光沢がある／花冠は4深裂し，裂片は外側に反り返り，柄に細毛がある／果実は球形で赤く熟す①／蔓苔桃／❋6～7月，高層湿原，北・本(中部・北部)，7.18，上川地方松山湿原／近似種**ヒメツルコケモモ**は葉が長三角形状で先がややとがり，長さ5 mm以下。花柄は無毛②。大雪山と道東・道北に分布するが少ない

アクシバ　　　　　ツツジ科
Vaccinium japonicum

高さ20～50 cmの落葉小低木。よく枝を分けて横に広がる。若い枝は緑色で鋭い稜があり断面が円い／葉は長さ2～6 cmの長卵形～披針形で短い柄があり，細鋸歯縁。裏面は白っぽい／花は長い柄でぶら下がり，花冠は4深裂して裂片は前種ツルコケモモのように外側に反り返る①／果実は球形で赤く熟す②／灰汁柴／❋6～7月，山地の広葉樹林内，北・本・四・九，7.9，札幌市真駒内柏丘

イワツツジ　　　　　ツツジ科
Vaccinium praestans

地下茎が伸びて地上部に枝を立て，高さ3～10 cmになる草のような落葉矮小低木／葉は茎頂に数枚まとまってつき，葉身は長さ3～5 cmの広倒卵形。細鋸歯縁で裏面脈上に軟毛が多い／花は枝先に葉に隠れるように1～数個つく。花冠は長さ5～6 mmの鐘形で先が5浅裂し，がく筒も先が5裂／果実は球形で赤く熟す①／岩躑躅／❋6～7月，山地～ハイマツ帯の尾根筋や樹林下，北・本(中部・北部)，7.1，日高山脈沙流岳

ヤナギラン　　　アカバナ科
Chamerion angustifolium

茎は直立して高さ1〜1.5mになる多年草。地下茎を伸ばしてしばしば群生する／葉は多数互生し，葉身は長さ8〜20cmの長披針形で先がとがり，全縁に見える細鋸歯縁／花は下から咲き上がり径2〜3cm。がく片と花弁は4枚，雌しべは1本で柱頭が4裂する／長角果に白い種髪と種子が多数ある／柳蘭／❋7〜8月，↯低地〜山地の陽地や裸地，草地，荒地，❖北・本(中部・北部)，⦿7.12, 札幌市藻岩山／アカバナ属に含める見解もある

エゾアカバナ　　　アカバナ科
Epilobium montanum

高さ15〜50cmの多年草。茎は円柱形で稜がなく上部に屈毛がある／葉は長さ3〜10cmの卵形で基部は円形。不揃いの鋭い鋸歯がある／花弁は4枚あり長さ7〜10mm。先に切れ込みがあり，雌しべは1本で柱頭は4裂する①。花色は白色〜淡紅色／果実の表面に屈毛がある／蝦夷赤花／❋6/中〜7月，↯低地〜山地の草原や林縁，時に市街地，❖北・本(中部・北部)，⦿7.7, 札幌市豊平峡

ヒメアカバナ　　　アカバナ科
Epilobium fauriei

高さ5〜20cmの小型の多年草。茎は短毛が2列に生え，断面は円い／葉は長さ1〜3cm，幅1〜4mmの線形で，1〜4対の低い鋸歯がある／花弁は4枚。長さ4〜7mmの倒卵形で先が2浅裂し，雌しべは1本で柱頭は棍棒状①／蒴果は長さ2〜4cm。伏毛があるか無毛／姫赤花／❋7〜8月，↯山地のれき地，林道沿い，❖北・本(中国以北)，⦿8.21, 渡島地方駒ヶ岳

251

アカバナ　　　アカバナ科
Epilobium pyrricholophum

高さ20〜60 cmの多年草。茎に稜がなく断面は円形で屈毛があり①、上部では腺毛が混じる／葉は長さ2〜6 cmの卵状披針形で粗い鋸歯があり、基部はやや茎を抱く。和名の由来は花期に下の葉が紅葉を始めるから／花は径1 cmほどで花弁は4枚。花柱は棍棒状／蒴果に腺毛が多く、種子につく毛は薄茶色／赤花／❋7〜9月、低地〜山地の湿った所、北・本・四・九、8.25、空知地方月形町

ホソバアカバナ　　　アカバナ科
ヤナギアカバナ
Epilobium palustre

高さ10〜40 cmの多年草。細い匍匐枝が地中や地表を伸びる／茎は直立して多少枝を分け、稜はなく断面は円形で短毛がある／葉は幅2〜12 mmの線形〜披針形で、先はとがり低い鋸歯縁／花は径8 mmほどで白色〜淡紅色。花弁は4枚で先が2裂し柱頭は棍棒状／蒴果に屈毛が密生する／細葉赤花／❋7/下〜8月、低地〜高山の湿原、北・本（中部以北）、8.5、釧路湿原

カラフトアカバナ　　　アカバナ科
Epilobium ciliatum

高さ35〜80 cmの変異の大きい多年草。茎は上部でよく分枝して屈毛が生え稜がある／葉は披針形〜長楕円形で先がとがり、細鋸歯縁／花弁は4枚、長さ3.5〜5 mmで先は2浅裂し、柱頭は棍棒状／蒴果は長さ4〜7 cm。屈毛のほかに腺毛がある①／樺太赤花／❋7〜9月、山地のやや湿った所、北・本（中部以北）、9.1、札幌市神威岳山麓

ミヤマアカバナ　　　アカバナ科
Epilobium hornemannii

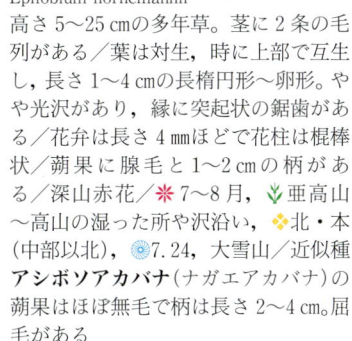

高さ5〜25 cmの多年草。茎に2条の毛列がある／葉は対生，時に上部で互生し，長さ1〜4 cmの長楕円形〜卵形。やや光沢があり，縁に突起状の鋸歯がある／花弁は長さ4 mmほどで花柱は棍棒状／蒴果に腺毛と1〜2 cmの柄がある／深山赤花／❋7〜8月，🌱亜高山〜高山の湿った所や沢沿い，❖北・本（中部以北），📷7.24，大雪山／近似種**アシボソアカバナ**（ナガエアカバナ）の蒴果はほぼ無毛で柄は長さ2〜4 cm。屈毛がある

イワアカバナ　　　アカバナ科
Epilobium amurense ssp. cephalostigma

高さ20〜60 cmの多年草。茎は屈毛が散生し①，上部で分枝する／葉は長さ3〜9 cmの披針形〜長楕円状披針形で，凸点状の鋸歯縁／花は径1 cmほどで花弁は4枚あり，柱頭は頭状②／蒴果に屈毛がある／岩赤花／❋7〜9月，🌱山地のやや湿った所に普通，❖北・本・九，📷9.2，札幌市百松林道／基準亜種**ケゴンアカバナ**は茎に屈毛が生える2稜があり③，蒴果はほぼ無毛。沢沿いに生える／この2亜種はそれぞれ独立種として扱われていた

ヒメハギ　　　ヒメハギ科
Polygala japonica

茎は基部で分枝して直立または斜上し，長さ10〜30 cmになる多年草／葉は互生し，長さ1〜2.5 cmの卵形〜広卵形で先はとがる／花は1花序にまばらに数個つき，がく片5枚中2枚が大きく花弁状。花弁は3個中2個が合着して長さ6〜7 mmの筒状となり，1個は小さな舟形で先が細裂する①／姫萩／❋5〜6月，🌱低地〜山地の日当たりのよい所，裸地や草の薄い所，❖北・本・四・九，📷6.18，渡島地方福島町

イワカガミ イワウメ科
Schizocodon soldanelloides
var. soldanelloides

高さ10〜20cmの常緑の多年草／長い柄のある葉が根元に集まり，葉身は基部がくびれた円形で長さ3〜6cm。厚くて鏡のような光沢があり，縁にややとがった大きな鋸歯がある／花は茎頂に数個つき，花冠は5裂して裂片の先は細かく裂ける／岩鏡／❋5/下〜6月，山地の岩場やその周辺，❖北・本・四・九，6.6，渡島地方恵山／品種**コイワカガミ**①は小型で葉の鋸歯は不明瞭。高山の草地に生えるが局所的／7.20，十勝連峰富良野岳／変種**オオイワカガミ**②は葉が大型で長さ8〜12cm。花冠の色は白色〜淡紅色。道内では渡島半島の多雪地帯の樹林下に生える／5.26，渡島地方福島町

ヒメアオキ ガリア科(ミズキ科)
Aucuba japonica var. borealis

下部が匍匐して高さ50cm〜1mになる常緑で雌雄異株の低木／葉は対生し，長さ10cm前後の長倒卵形で厚みと光沢があり，縁に凸点状の鋸歯がある／花は集散状にややまばらにつき，雄花は径1cmほどで花弁，がく片，雄しべは4個ずつある。雌花は径5mmほど／果実は長さ2cmほどの楕円形で春に赤く色づく①／姫青木／❋5月，低地〜山地の林内，❖北(後志地方以南)・本(中部以北)，5.8，檜山地方厚沢部町

エゾミソハギ　　　　ミソハギ科
Lythrum salicaria

高さ50cm～1.5mの多年草。地下茎が伸びて群生する。茎には稜と突起状の短毛がある／葉は対生し、長さ7cm前後の広三角状披針形で、裏面に突起状の短毛がある／花は穂状に多数つき、径2cmほど。花弁は6枚①、雄しべは12本あり、雌しべの長さに3通りある②（もう1型は外からほとんど見えない）／蝦夷禊萩／❋8月，⚘低地の湿地や水辺，❖北・本・四・九，◉8.14，江別市

キカシグサ　　　　ミソハギ科
Rotala indica

茎が直立または地面を這って長さ5～20cmになる無毛の1年草。時に地面に接した節から発根して大きな株となる／葉は対生し、長さ5～10mmの倒卵形で、厚みと光沢がある／花は葉腋に1個つき、径2～3mm。4数性で小さな花弁4枚，がく歯4個，雄しべが4個ある①／語源不明／❋8月，⚘低地の湿地，水田やその周辺，❖北（上川・留萌地方以南）・本・四・九，◉8.23，檜山地方上ノ国町

クロツリバナ　　　　ニシキギ科
ムラサキツリバナ
Euonymus tricarpus

高さ1～3mの落葉低木／葉は対生し、長さ5～12cmの楕円形～倒卵形で先はとがり、鋸歯縁。表面は葉脈がへこみ、しわ状となる／花は長い柄に数個ぶら下がり、径8mmほどで暗紫色の花弁が5枚，雄しべが5本ある／果実は球形で角状のひれが3個，時に4個つく①／黒吊花／❋6～7月，⚘亜高山の樹林内，❖北・本（中部・北部），◉7.8，夕張岳

255

ヒナスミレ　　　　　スミレ科
Viola tokubuchiana var. takedana
高さ3〜8cmの小型の多年草／葉は長さ3〜6cmの三角状卵心形〜長卵形で，鋸歯縁で先がとがる。時に葉脈に沿って白斑が入り，水平に広がる。葉柄は葉身の1〜3倍長／花は径1.5〜2cmで花弁は5枚あり，2枚の側弁基部にまばらに毛がある。距はやや太くて長い／雛菫／❋4〜5月，🌱低地〜山地の明るい林下，❖北(石狩地方以南)・本・四・九，🔵5.8，渡島地方七飯町大沼／全体小型のものを品種**エゾヒナスミレ**と分ける見解もある

アケボノスミレ　　　　　スミレ科
Viola rossii
高さ5〜10cmの多年草／葉は心形で先が細くとがり両面と柄に微毛がある。花期には長さ3〜4cm，花後6〜12cmになる／花は葉の展開に先だって咲き，径2〜2.5cm。花弁は5枚でやや厚みがあり，2枚の側弁基部にまばらな毛がある。唇弁の距は太くて短い／曙菫(曙の空の色を連想させる花色から)／❋4/下〜5月，🌱山地の明るく乾いた林内，❖北(渡島地方)・本・四・九，🔵5.7，函館市函館山

ゼニバアオイ　　　　　アオイ科
Malva neglecta
茎は毛があり，地面を這うかまたは斜上して長さ50cmほどになる2年草／葉には長い柄があり，葉身は円形で5〜7に浅く裂け，縁には不揃いの鋸歯がある／花は葉腋に2〜4個つき径1.2cm前後。花弁は5枚，がくは5裂する。多数の雄しべが合着して筒状になり，雌しべはその中を突き抜けて柱頭が上に出る①／果実は扁平で10個以上の分果からなる／銭葉葵／❋6〜8月，🌱道端や空地，❖原産地はユーラシア，🔵6.19，小樽市

256

エゾフウロ フウロソウ科
Geranium yesoense var. yesoense

高さ30〜80cmの多年草。よく分枝して茂みをつくる。茎や葉柄に斜め下向きの毛が密生する／葉は掌状に5深裂し，裂片はさらに切れ込んで終裂片は線形となる／花は2個ずつつき，径2.5〜3cm。花弁は5枚，がく片も5枚で長毛が密生する①／蝦夷風露／❋7〜8月，🌱海岸〜原野，❖北(主に太平洋側)・本(中部以北)，🔵7.15，十勝地方豊頃町／よく似た変種**ハマフウロ**②は全体に毛が少なく，茎や花柄の毛は下向きに寝③，葉は5中裂。終裂片は披針形とされるが，連続しているので区別のつかない場合もある。主に日本海側の海岸に分布／🔵9.4，渡島地方松前町

ピレネーフウロ フウロソウ科
Geranium pyrenaicum

茎は斜上することが多く，高さ20〜50cmになる多年草。茎には腺毛と長白毛が混じる／下部の葉には長い柄があり，葉身は径3〜7cmの円形で掌状に5〜7中〜深裂し，円い鋸歯縁となる。上部の葉は3〜5深裂し円くない／花は2個ずつつき，径1.5cm前後。花弁は5枚，先がV字状に切れ込む。がく片の先に突起がある／ピレネー風露／❋6〜9月，🌱道端や空地，❖原産地はヨーロッパ，🔵9.18，札幌市中央区の市街地／同属の**ヒメフウロ**(シオヤキソウ)①は1〜越年草。茎が直立せず高さ30cmほど。全体に縮毛と異臭がある／葉は3出複葉で小葉は1〜2回羽状深裂し，終裂片は幅1〜3mm／花は2個ずつつき径1.5cmほど／姫風露／❋6〜8月，🌱道端や空地，❖原産地はユーラシア。日本では本州と四国の石灰岩地帯に自生，🔵6.28，札幌市真駒内

コニシキソウ　　トウダイグサ科
Euphorbia maculata

茎は分枝しながら地面を這って伸び，長さ10〜20cmになる1年草。茎は褐色をおびて白い毛がある／葉は対生し，長さ5〜15mmの長楕円形で，中心部に黒紫色の斑があり先は円い／杯状花序が葉腋につき，1個の雌しべ(雌花)と数個の雄しべ(雄花)がある①／果実は丸みのあるつぶれた三角錐状で幅1.5mmほど①／小錦草／✽6〜9月，🌱道端や空地，❖原産地は北〜中央アメリカ，◉8.12，札幌市真駒内

ツリフネソウ　　ツリフネソウ科
Impatiens textorii

高さ40〜80cmの1年草。多汁質でやや軟弱。茎は赤みをおび分枝し，節が膨らむ／葉は互生し，葉身は長さ5〜13cmの菱状楕円形で，先がとがり鋸歯縁／径2.5cm，長さ4cm前後の舟形の花が細い柄でぶら下がる。花弁3個，がく片3個があり，下部のがく片が太い筒状となり後半が細くなって渦巻いた距となる／長さ約2cmの蒴果をつけ，触れると弾ける／釣舟草／✽7〜9月，🌱低地〜山地の湿った所，❖北・本・四・九，◉8.16，根室地方中標津町／白花品を品種**シロツリフネ**①という／同属の**オニツリフネソウ**(ロイルツリフネソウ)②は全体に大型で高さが1m以上になり，下部のがく片は袋状となって距はごく短い／❖原産地はヒマラヤ，◉9.5，札幌市中の島／**ハナツリフネソウ**③は花弁2枚が大きく平開して美しく，下部のがくは筒形で後部が細くなって長く伸びた距となる／❖原産地は西ヒマラヤ，◉7.20，札幌市真駒内

ミズオトギリ　　　　オトギリソウ科
Triadenum japonicum

高さ 30～70 cmの多年草。地下茎が伸びてまとまって生える。茎は直立して円柱形／葉は柄がなく対生し，葉身は長さ 4～7 cmの狭長楕円形で，先はとがらず明点がある。秋には美しく紅葉する／花は葉腋の花序につき径 1 cmほど。花弁は 5 枚，雄しべは 3 本 1 束となり，3 束あって①，雄しべの束の間には腺がある。開花は午後～夕方／水弟切／❋ 7/下～9月，湿地や沼地，水辺，❖北・本・四・九，7.28，江別市野幌森林公園

ヤマハギ　　　　マメ科
エゾヤマハギ
Lespedeza bicolor var. bicolor

高さ 50 cm～2 mの落葉半低木。葉は 3 出複葉で小葉は長さ 1.5～4 cmの広楕円形，頂小葉が少し大きい／葉腋から出る花序に蝶形花が総状につき，長さ 12～17 mm。がく筒は 4 裂する／果実は円く扁平で，熟しても裂開しない①／小枝は冬に枯れる／山萩／❋ 7/下～9月，低地～山地の日当たりのよい所，❖北・本・四・九，8.16，根室地方中標津町

イタチハギ　　　　マメ科
クロバナエンジュ
Amorpha fruticosa

高さ 1～3 mの落葉小低木／葉は奇数羽状複葉で小葉は 6～15 対。葉身は長さ 1.5～3 cmの長楕円形～卵形／花は長さ 6～15 cmの穂状に多数つき，長さ 5～7 mm。花弁は翼弁と竜骨弁が退化し，長さ 6～7 mmで黒紫色の旗弁 1 枚が筒状となり，そこから 10 本の雄しべと 1 本の雌しべが突き出る／全体に異臭がする／鼬萩／❋ 6～7月，道路の法面や空地，❖原産地は北アメリカ，7.7，札幌市小天狗岳

259

エゾモメンヅル マメ科
チシマモメンヅル
Astragalus japonicus

高さ30〜50cmの多年草／葉は奇数羽状複葉で小葉は3〜7対。葉身は長さ1.5〜3cmの長楕円形〜卵形，裏面に白軟毛／花は総状花序につき，長さ2cmほど。旗弁が他の弁より長い。がくは長さ5〜6mm，裂片は狭三角形で下方に偏り白毛が多い／蝦夷木綿蔓／❋6〜8月，🌱❖知床半島の海岸岩地や周辺草地，◎7.18，知床半島斜里町岩尾別／近似種**カリバオウギ**①は花の長さが2.5cmほどで，がくは長さ約8mm。がく裂片に黒い毛がある。檜山地方の海岸近くの山地断崖や河原に産する／◎6.17，檜山地方せたな町瀬棚

タマザキクサフジ マメ科
Securigera varia

茎は分枝しながら地表を這ったり斜上して長さが1m近くになる多年草／葉は奇数羽状複葉で小葉は柄がなく7〜12対。葉身は長さ1〜2.5cmの長楕円形／花は葉腋から出る長い柄の先につく球形の花序に10〜20個つき，長さ1cmほど。白っぽい竜骨弁の先が突き出る／球咲草藤／❋7〜8月，🌱道端，法面や空地，❖原産地はヨーロッパ，◎7.14，江別市角山／牧草などとして栽培され，北半球に広く帰化。道内でも所により法面などに大群生している

アメリカホド マメ科
アメリカホドイモ
Apios americana

茎が他の物に絡みついて伸び，長さが1〜3mになる多年草。地中に食用になる塊茎が連なる／葉は奇数羽状複葉で小葉は5〜9枚あり，葉身は卵形〜狭卵形／花は茎頂や葉腋から出る総状花序に密集してつき，紫褐色で旗弁の幅が広く長さの2倍長。翼弁と竜骨弁は曲がりくねる。がくの先は5浅裂する／果実は線形だが，北海道で結実するかは不明／アメリカ塊／❋8〜9月，🌱空地や荒地，❖原産地は北アメリカ，◎8.30，苫小牧市樽前

シャジクソウ　　　　マメ科
Trifolium lupinaster

茎はやや斜めに伸び，高さ20〜40cmになる多年草。根茎をもち株立ちとなる／葉は車輪状に分かれる複葉で，小葉は3〜5枚。長さ1.5〜4cmの狭披針形で，先はとがり細かい鋸歯縁。托葉は白い膜質で鞘となって茎を包む／花は葉腋から出る柄に半球形〜扇状に5〜15個つく。長さ1.3cmほどの蝶形花。がく裂片は針状にとがり有毛／車軸草／ ❋ 7〜8月， ✿ 海岸〜山地の乾いた草地や岩場，❖ 北・本(中部・北部)，◉ 8.8，知床半島斜里町ウトロ

ムラサキツメクサ　　　　マメ科
アカツメクサ
Trifolium pratense

高さ20〜60cmの多年草。茎に毛が多い／葉は互生するが，花序直下のものは対生して3出複葉。小葉は長さ3〜5cmの卵形で毛があり，ふつう表面中央部にV字形の白斑が入る。葉柄基部に大きな托葉がつく／花序は頂生し，径2〜2.5cmの球形に多数の花が集まる。長さ1.5cmほどの蝶形花で受粉後も下向きにならない／紫詰草／ ❋ 5〜10月， ✿ 道端や空地，牧野，❖ 原産地はヨーロッパ，◉ 6.16，渡島地方八雲町熊石／同属の帰化植物ベニバナツメクサの花序は円錐形，花色は深紅色①でヨーロッパ原産

シャグマハギ　　　　マメ科
シャグマツメクサ
Trifolium arvense

高さ7〜30cmになる1年草。全体に灰色の軟毛が多い／葉は3出複葉で小葉は狭長楕円形〜狭倒卵形，長さ5〜18mm，上部の葉は低い鋸歯縁で先端は短い針状／長さ1〜2.5cmで倒卵形〜円頭状の穂状花序に花が多数つく。がく裂片は濃紫紅色で針状，筒部の2倍長で淡紅灰色の長毛が羽毛状に密生して蝶形花を半ば隠している。花弁は白色〜淡紅色／赤熊萩／ ❋ 7〜9月， ✿ 道端や空地，❖ 原産地は地中海を囲む地方，◉ 8.20，苫小牧市

ヤブハギ　　　　　　　　マメ科
Hylodesmum podocarpum ssp. oxyphyllum var. mandshuricum

高さ60 cm～1 mの多年草。基部はやや木質／葉は互生するが茎の下部～中部に集中し，長い柄のある3出複葉。小葉は狭卵形～卵形で長さ3～7 cm／花は総状花序にまばらにつき，長さは3～4 mmの蝶形花／果実は種子が入った部分が半円形に区切られ，1～3個が連なる。鉤毛があって衣服や動物に付着して運ばれる①／藪萩／❋7～9月，🌱林縁や山道沿い，❖北・本・四・九，🔵8.30，札幌市藻岩山／変種ヌスビトハギの葉は一部に集中しない

カラフトゲンゲ　　　　　　マメ科
Hedysarum hedysaroides

高さ15～40 cmの多年草。太い根茎があり株立ちとなる／葉は長さ8～15 cmの奇数羽状複葉。小葉は長さ1.5～3 cmの長楕円形で13～17枚つき，裏面に白色の伏毛がある／葉腋から総状花序を出して長さ1.5～2 cmの蝶形花を密につける。蝶形花は竜骨弁が他の弁より大きい／果実は種子ごとの大きなくびれがある①／樺太蓮華／❋6～8月，🌱❖礼文島・大雪山・日高山脈の高山れき地や草地，🔵7.25，礼文島／品種チシマゲンゲは果実に毛がある

ヤハズソウ　　　　　　　　マメ科
Kummerowia striata

茎は直立または斜上して高さ15～30 cmになる1年草。茎には下向きの短毛が密生する／葉は互生し，3出複葉で小葉は長さ1～1.5 cmの長倒卵形。先端部を摘んで引くと矢はずの形にちぎれる①。柄の基部に薄茶色で膜質の托葉がある／長さ5 mmほどの蝶形花が葉腋に1～2個つくが，北海道では閉鎖花の場合が多い／果実は偏円形で先がとがる／矢筈草／❋8～9月，🌱道端や草地，❖日本全土（北海道は石狩地方以南），🔵8.21，檜山地方上ノ国町

エゾノレンリソウ　マメ科
Lathyrus palustris ssp. pilosus
高さが30〜80cmになる多年草。茎は分枝する巻きひげで他の物に絡みながら伸び，縦に3本の翼がある／葉は羽状複葉で先端が分枝する巻きひげとなり，小葉は3〜4対，長楕円形で長さ2〜4cm。花は長い柄の先にまばらにつき長さ2cmほどで，旗弁の大きい蝶形花／蝦夷連理草／✺6〜9月，✿湿地や湿った草地，原野，❖北・本(中部・北部)，❀6.27，釧路地方弟子屈町／**ヤナギバレンリソウ**①は茎の翼が発達し，小葉が1対で線形。法面などに生える／❖原産地はヨーロッパ，❀8.10，上川地方美瑛町

クズ　マメ科
Pueraria lobata
茎は木などに絡みついて伸び，長さが10mほどにもなる多年草。木質となる基部を除いて黄褐色の毛が密生する／葉は3出複葉で小葉は円形〜広楕円形，長さ10〜15cm，先がとがる／蝶形花は葉腋から出る花序に密につき，長さ2cmほど／果実は長さ7cm前後で褐色の長毛が密生する①／秋の七草のひとつ。根からくず粉，つるからくず布をつくる／葛／✺8〜9月，✿野山の林縁，土手，法面，❖日本全土，❀8.28，札幌市藻岩山

クロバナロウゲ　バラ科
Comarum palustre
茎は直立または斜上して高さが20〜70cmになる多年草。下部に伏毛，上部に腺毛がある／葉は羽状複葉で小葉は3〜7枚，長楕円形で長さ3〜7cm，粗い鋸歯縁で表面は白緑色，裏面はさらに白い／花は径2cm前後で花弁は小さく，がく片がはるかに大きい。その外側に小さな副がく片がつき，いずれも5枚ずつ。雄しべと雌しべは多数／黒花狼花／✺6〜8月，✿低地〜高地の湿原や水辺，❖北・本(中部・北部)，❀6.21，日高地方えりも町百人浜／キジムシロ属とする見解もある

263

ナワシロイチゴ　　　バラ科
Rubus parvifolius

主茎が地面を這って伸び,高さ20～30cmの刺のある枝を多数立てる落葉低木/葉は複葉で小葉は3枚,時に5枚,広倒卵形で頂小葉は長さ3～5cm,側小葉はやや小型。重鋸歯縁で先はとがらず表面はしわ状,裏面は綿毛が密生して白い/花は径2cmほど,花弁は5枚あり長さ7mmほどで直立し,白い綿毛が密生するがく片が平開する/集合果は球形で赤く熟して食べられる①/苗代苺/❋6～7月,🌱海岸～丘陵地の砂地や草地,❖日本全土,✿7.22,苫小牧市錦大沼

クロイチゴ　　　バラ科
Rubus mesogaeus

高さが1～2mになる落葉低木。茎は分枝しながらつる状に伸び,まばらに小さな刺がある/葉は3出複葉で小葉は先がとがった広卵形,頂小葉が大きく,重鋸歯縁,裏面は綿毛が密生して白色/花は小枝の先に数個つき,花弁は倒卵形,長さ5mmほどで直立し,がく片はその2倍長で平開して軟毛がある。腺毛はない/集合果は球形で赤から黒く熟し,食べられる①/黒苺/❋6～7月,🌱低地～山地の林縁や陽地,❖北・本・四,✿7.10,江別市野幌森林公園

ベニバナイチゴ　　　バラ科
Rubus vernus

高さ40cm～1mの落葉低木。幹や枝に刺はない/葉は3出複葉。頂小葉で長さ・幅ともに3～7cmの菱状広倒卵形。先はとがり重鋸歯縁。柄に軟毛がある/花は軟毛と腺毛のある柄の先について径2～3cm。花弁は5枚,腺毛と軟毛のあるがく裂片の約2倍長で平開せず斜めに開く/球形の集合果をつけ赤く熟して食べられる①/紅花苺/❋6～7月,🌱亜高山の湿った斜面や雪渓跡,❖北(西南部)・本(中部・北部),✿6.22,ニセコ山系目国内岳

ハマナス バラ科
Rosa rugosa

高さ50 cm〜1.5 mの落葉低木。よく分枝してこんもりした樹形となる。枝には短毛と刺が密生する／葉は奇数羽状複葉で,小葉は7〜9枚,楕円形〜長楕円形で質は厚く,表面は光沢があり,しわが多い／花は枝先に1〜3個つき,径6〜10 cmで花弁とがく片は5枚,雄しべと雌しべは多数ある／果実は球形で赤熟し,食用に利用される①／浜梨の転訛, ❇ 6〜8月, 🌱 海岸の砂丘や草地,山地のれき地, ❖ 北・本(山陰以北), ❀ 7.1,胆振地方白老町／ノイバラ(p.144)との自然雑種を**コハマナス**②という

オオタカネバラ バラ科
オオタカネイバラ
Rosa acicularis

高さ50 cm〜1.7 mの落葉低木。幹や枝に小さな刺が多い／葉は奇数羽状複葉で,小葉は5〜7枚,長さ2〜4 cmの長楕円形で先がとがり鋸歯縁。質は薄く,裏面は白っぽく葉軸に腺毛がある／花は枝先に1個つき,径3〜4 cm。花弁とがく片は5枚,雄しべと雌しべは多数あり,柄には腺毛と刺が多数つく／果実は長さ2 cmほどの紡錘形で赤く熟す①／大高嶺茨, ❇ 6〜7月, 🌱 山地〜亜高山の低木帯やれき地, ❖ 北・本(中部以北の日本海側), ❀ 7.14,東大雪山系ウペペサンケ山

カラフトイバラ バラ科
Rosa amblyotis

高さ60 cm〜2 mの落葉低木。幹や枝はほぼ無毛で分枝点に1対の大きな刺がある／葉は奇数羽状複葉で,小葉は5〜9枚,長さ2〜4 cmの長楕円形で鋸歯縁。長い托葉基部に1対の刺がある／花は径3〜4 cmで花弁とがく片が5枚あり,柄には刺がない／果実はほぼ球形で赤く熟す①／樺太茨, ❇ 6〜7月, 🌱 海岸〜山地の草地や林縁, ❖ 北・本(中部), ❀ 7.3,釧路市阿寒湖畔／別名として使われてきたヤマハマナスは別の植物の名である

エゾノシモツケソウ　　バラ科
Filipendula glaberrima

高さ40 cm～1 mの多年草。茎は直立してほぼ無毛／葉は奇数羽状複葉だが側小葉と頂小葉の大きさに極端な差があるので単葉に見える。頂小葉は掌状に5～7中～深裂し，側小葉は0～3対あり，いずれも鋸歯縁。下部の葉ほど長い柄があり，膜質の托葉がつく／茎頂に径4～5 mmの花が多数つき，花弁とがく片が4～5枚，花弁より長い雄しべが多数ある／蝦夷下野草／❋ 6～8月，🌱低地～山地の湿った所，湿原の周辺，❖北，◉7.6, 日高山脈オムシャヌプリ

エゾトウウチソウ　　バラ科
Sanguisorba japonensis

高さ40 cm～1 mの多年草。茎は上部で分枝する／葉は奇数羽状複葉で，小葉は9～13枚，長楕円形～卵状長楕円形。粗い鋸歯縁で裏面は白っぽい／花は径6 mmほどで，茎上部の長さ5～20 cmの長い穂に密に多数ついて下から咲き上がる。花弁はなく，がく片が4枚。上部が太く長い雄しべが4本，花から突き出る／蝦夷唐打草／❋ 7～9月，🌱❖日高山脈の岩場，特に渓谷沿い。日高山脈の固有種，◉8.14, 日高山脈幌尻岳額平川

ミヤマワレモコウ　　バラ科
Sanguisorba longifolia

高さ30～80 cmの多年草／葉は茎の下部に集まり，奇数羽状複葉で小葉は11～15枚，長楕円形で鋸歯縁／花は茎頂や枝先の長さ2～3 cmの穂に密につく。径4～5 mmで花弁はなく，4枚のがく片からそれより長い4本の雄しべが突き出る／深山吾木香／❋ 8～9月，🌱山地～亜高山の草地，❖北（日高地方）・本（中部・北部），◉8.27, 日高地方アポイ岳／2001年までナガボノアカワレモコウとされていた

ホザキシモツケ　　　バラ科
Spiraea salicifolia

高さ1～2mの落葉小低木。群生することが多い／葉は互生し，長さ3～10cmの披針～広披針形で，縁に鋭い鋸歯がある。柄はごく短い／花序は頂生し，円錐状で多数の花が密につき長さ7～15cm。花は径5～7mmで，花弁とがく片は5枚，花柱は5本あり，多数の雄しべは花弁よりはるかに長い①／穂咲下野／✽7～9月，↯原野や湿った草地，❖北・本(中部・北部)，◉8.8，釧路地方鶴居村

エゾスグリ　　　スグリ科(ユキノシタ科)
Ribes latifolium

高さ60cm～2mの落葉低木。新枝や葉柄，花軸に白い軟毛が密生し，褐色の腺毛が混じる／葉は掌状に切れ込み，長さ5～10cm。縁に重鋸歯があり，裏面は軟毛が密生して白っぽい／花は前年枝に房をつくってつき，径5mmほど。5枚の花弁はへら形で長さ2mmほどと小さく，鐘形のがく筒に隠れて見えにくい／果実は球形で赤く熟して食べられる①／蝦夷酸塊／✽5～6月，↯山地の林縁や疎林内，❖北・本(岩手県)，◉5.24，礼文島

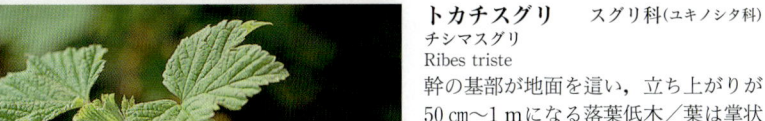

トカチスグリ　　　スグリ科(ユキノシタ科)
チシマスグリ
Ribes triste

幹の基部が地面を這い，立ち上がりが50cm～1mになる落葉低木／葉は掌状に浅く裂けて幅は5～10cm，鋸歯縁で裂片の先はとがらない／花は白い毛のある長さ5～8cmの房につき，径5～6mmでがく裂片が平開してスープ皿状。内側に小さな花弁が5枚ある／果実は球形で赤く熟す①／十勝酸塊／✽5～7月，↯低地～亜高山の林内や林縁にやや稀，❖北・本，◉7.11，大雪山高根ヶ原

267

エゾクロクモソウ　　ユキノシタ科
Micranthes fusca var. fusca
高さ10〜40cmの多年草／葉は根元に集まって長い柄がある。葉身は長さ6〜7cmの腎円形で，基部は心形で縁には大きな鋸歯がある／小さな花が円錐状に多数つき，径5mmほどで花弁とがく片は5枚，雄しべは10本ある。花序や花柄に腺毛があり，花色は淡緑色①〜暗紫褐色／蝦夷黒雲草／❋7〜9月，山地の沢沿いや湿った斜面，❖北・本(北部)，8.11，夕張岳／花柄などに腺毛のない型を品種**チシマクロクモソウ**，少ない型を品種**ウスゲクロクモソウ**という

ホソバコンロンソウ　　アブラナ科
ミヤウチソウ，ホソバタネツケバナ
Cardamine trifida
高さ15〜25cmの多年草。茎は直立してほとんど分枝しない。全体がほぼ無毛／葉は奇数羽状複葉だが3出複葉的になるものが多い。小葉は線形〜長楕円形で羽状の深い切れ込みがあり，裂片の先は急に狭まり，先端は刺のようにとがる／花は総状花序に10個ほどつき，花弁は4枚で長さ8mmほど／果実は長角果／細葉崑崙草／❋4/下〜5月，道北地方の林縁や草地に局所的，5.7，礼文島

ハクセンナズナ　　アブラナ科
Macropodium pterospermum
高さ50cm〜1mの多年草。茎は直立して分枝しない／根出葉は広卵形で長い柄があり，上部の葉ほど小さく柄がなくなる。中部の葉は長さ7〜12cmで先がとがり，鋸歯がある／花は長さ15〜40cmの総状花序に下から咲き上がる。白い花弁は線形で4枚あるが，外側にあるあずき色のがく片4枚の方が目立つ。雄しべは6本あり2本は短い／長さ3〜5cmの扁平な長角果／白鮮薺／❋7〜8月，亜高山〜高山の湿った草地，❖北・本(中部・北部)，8.16，大雪山白雲岳

オニハマダイコン　　アブラナ科
Cakile edentula

高さ20～40cmの1～2年草。茎は下部で分枝して株立ち状となる。全体に多肉質で白みをおびた緑色／葉は長さ4～8cmの長楕円形～倒卵形。縁の切れ込み方は全縁から羽状浅裂まで様々で不整の波状縁が多い／花は枝先や葉腋から出る花序につき径8mmほど。花弁は4枚で倒卵形，白色～淡紅色／果実は上下2節に分かれ，下部は翼のある逆四角錐状，大きな上部は稜のある先がとがった卵形／鬼浜大根／❋6～8月，🌱海岸の砂地，❖原産地は北アメリカ北東部，❀8.10，渡島地方長万部町静狩

ハマダイコン　　アブラナ科
Raphanus sativus var. hortensis
f. raphanistroides

茎は斜上または地面を這って長さ30～50cmになる1～2年草／根出葉は頂片が特に大きな羽状に分裂し，粗い毛がある。上部の葉ほど分裂せず，小さくなる／花は径2cmほどで花弁は4枚，倒卵形で基部が細くなって長い爪となる／太い長角果は数珠状にくびれて先が細く，嘴状となる①／ダイコンが野生化したものといわれるが，根は細くて硬く，食用にはならない／浜大根／❋6～8月，🌱海岸地帯，❖北・本・四・九，❀8.1，日高地方えりも町

ゴウダソウ　　アブラナ科
ルナリア
Lunaria annua

高さ50cm～1mの越年草。全体に粗い毛が多い／葉は長三角形～長い心形で波形の鋸歯があり先がとがる。下の葉ほど長い柄がある／花は総状花序につき径2cmほど。花弁とがく片は4枚あり，白花の個体もある／果実は径4cmほどのうちわ形で①，銀扇草や銀貨草とも呼ばれる／合田草（導入者の名から）／❋5/下～7月，🌱道端や空地，❖原産地はヨーロッパ，❀6.4，後志地方余市町

269

ムラサキベンケイソウ　ベンケイソウ科
Hylotelephium pallescens
茎は直立して高さが20〜50cmになる多年草。全体に多肉質で無毛／葉は対生または互生し，葉身は白っぽく長さ3〜6cmの狭卵形〜長楕円形で，浅くやや不明瞭な鋸歯がある／花は茎頂や葉腋から出た花序にびっしりつき，径1cmほどで，花弁ととがく片，雄しべは5個ある①／紫弁慶草／✽8〜9月，🌱☘道東・道北の海岸草原，📷8.15，網走地方小清水町原生花園

カラフトミセバヤ　ベンケイソウ科
エゾミセバヤ，ゴケンミセバヤ
Hylotelephium pluricaule var. pluricaule
高さ5〜8cmの多年草。何本もの茎を立てて株立ちとなる／葉は対生，時に互生して多肉質で粉白色をおびる。葉身は長さ1〜2.5cmの長楕円形〜倒披針形で，全縁で鋸歯と柄がない／花は密につき，花弁は5枚あって長さ4〜6mm。先はあまりとがらない。雄しべは花弁より短い／蝦夷見せば哉／✽8〜9月，🌱山地の岩場，☘北，📷9.2，札幌市神威岳／亜種**ユウパリミセバヤ**①は小型で花弁の先はとがる／近似種**ヒダカミセバヤ**②は高さ10〜15cm，葉は対生して卵形〜楕円形で少数の波状鋸歯があり，下部の葉には短い柄がある。雄しべは花弁と同長／日高見せば哉／✽8/下〜10/上，🌱海岸〜山地の岩場，☘北（日高〜釧路地方），📷9.16，日高地方えりも町／葉の先がとがるものを**アポイミセバヤ**と呼ぶことがある

エゾオオケマン　　　ケシ科
Corydalis gigantea

高さ1m前後になる大型の多年草。茎は中空で直立し、滑らか／茎葉は2～3回羽状複葉で終小葉はさらに切れ込み、裂片は狭披針形。裏面は著しく粉白色をおびる／花は総状花序に10から20個つき、長さ2～3cm。花弁は4個あり、上花弁の後方は太い筒状の距になる／果実は長さ2cm前後の太い棍棒状のさく果／蝦夷大華鬘(華鬘は仏殿の装飾物)／❋5/下～7/上，🌿❖夕張山地の渓流沿い。固有種，❄6.13，夕張山地富良野西岳

ムラサキケマン　　　ケシ科
Corydalis incisa

高さ20～50cmの軟弱な2年草。茎は稜があり無毛／葉は1～2回3出複葉で小葉はさらに深裂し、鋸歯縁。根出葉には長い柄があり、茎葉にも柄がある／花は長さ1.2～2cm、花弁は4個あり、上弁の後方は距となる。花柄の基部に扇状くさび形の苞がある／果実は長さ1.2cm前後の円筒形／紫華鬘(華鬘の意味は前種に同じ)／❋5～6月，🌿低地の明るくやや湿った林内，❖北・本・四・九，❄6.5，日高地方新冠町判官館

コマクサ　　　ケシ科
Dicentra peregrina

高さ5～20cmの多年草。根は太いひげ状で地上部の数倍に広がる／葉はすべて根生し、長い柄があって粉白色をおび、葉身は3出状に細かく裂けて終裂片は線状披針形／花は長さ2～2.5cmで花弁は4枚あり、外側の2枚は基部が膨らみ先が反り返る。内側の2枚は合着してやや筒形／蒴果は枯れた花弁に包まれたまま熟す／駒草(花の形を駒(馬)の顔に見たてた)／❋7～8月，🌿高山のれき地，❖北・本(中部・北部)，❄7.23，大雪山高根ヶ原

オオヤマオダマキ　　キンポウゲ科
Aquilegia buergeriana var. oxysepala
高さ40～80 cmの多年草。茎は直立して，まばらに毛がある／葉は2回3出複葉で小葉はさらに欠刻状に裂ける／花は下向きに咲いて径3～4 cm。がく片は5個あり卵形であずき色，花弁は淡黄色で長さ12～15 mm，上部が距となって内側に巻く。雄しべは多数，雌しべは5個ある／果実は袋果で5個が直立する／大山苧環(苧環は紡いだ糸を中空の玉状にしたもの。花をその形に見立てた)／✿6～7月，🌱山地の林内や河原，❖北・本・四・九，📷7.4，釧路市阿寒湖畔

クロバナハンショウヅル　キンポウゲ科
エゾハンショウヅル
Clematis fusca
茎が他の物に絡んで伸びるつる性の多年草で長さ1 m以上になる／葉は対生し，羽状複葉で小葉は2～3対，頂小葉が巻きひげになる。葉身は狭～広卵形で全縁，時に2～3中裂する／花は鐘形で長さ2 cmほど。花弁はなく，4枚のがく片の外面に暗紫色の軟毛が密生。雄しべと雌しべは多数／果実の長い花柱に毛が羽毛状に密生する／黒花半鐘蔓／✿7～8月，🌱湿った草地や湿原，❖北，📷7.25，深川市鷹泊

ミヤマハンショウヅル　キンポウゲ科
Clematis alpina ssp. ochotensis
茎が地表を這ったり他の物に絡んで伸びる，木質つる性の多年草／葉は対生し，1～2回3出複葉で小葉は長さ2.5～8 cmの広披針形。先はとがり時に深裂し，大きな鋸歯縁／花は広鐘形で長さ3 cmほどのがく片4枚が半開する。花弁は雄しべ群を囲むようにあるが①，雄しべとの中間の型もある／果実の長い花柱に羽毛状に毛が密生する／深山半鐘蔓／✿6～8月，🌱山地～亜高山の林内や陽地，❖北・本(中部・北部)，📷7.5，日高山脈幌尻岳／北海道産は花弁の幅が広いので変種エゾミヤマハンショウヅルとする見解もある

272

シラネアオイ　　キンポウゲ科
Glaucidium palmatum　（シラネアオイ科）

高さ20〜50cmの多年草。地下茎が伸びてしばしば群生する／葉は3枚つき，下の2枚は長い柄がある。葉身は掌状に7〜11中裂して幅は10〜15cm，裂片は鋸歯縁で両面に毛がある。上の葉は無柄で鋸歯縁／花は茎頂に1個つき径5〜8cm。花弁に見えるのは4枚のがく片。雄しべは多数，雌しべは2個ある／果実は2個が中央で合着して曲がった台形状①／白根葵／❋4/下〜6月，山地〜亜高山の草地や明るい林内，北・本(中部・北部)，4.23，胆振地方豊浦町

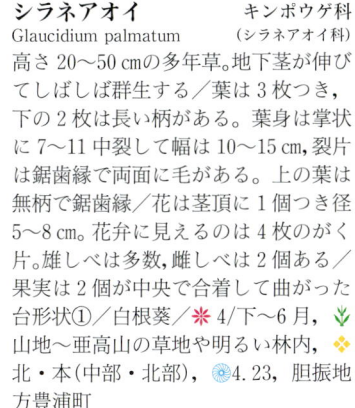

ベニバナヤマシャクヤク　　ボタン科
Paeonia obovata

高さ40〜50cmの多年草／葉は互生し，2回3出複葉。小葉は長さ4〜12cmの倒卵形〜長楕円形。全縁で裏面に白毛がある／花は茎頂に1個つき径4〜5cm。がく片は3個，花弁は5枚あるが平開せず半開きのまま満開となる。柱頭は渦巻いている／袋果を2〜3個つけ，裂開すると青黒い種子と赤い不稔の種子が現れる①／紅花山芍薬／❋6〜7月，低地〜亜高山の林内，北・本・四，6.6，札幌市手稲山／同属のヤマシャクヤクはp.175

ジュンサイ　　ジュンサイ科(スイレン科)
Brasenia schreberi

水中に生える多年草で根茎は地中に伸びて茎を出す／葉は互生して中心につく長い柄で水面に浮かぶ。葉身は長さ5〜10cmの楕円形で，表面は光沢があり，裏面は紫褐色／花は葉腋から出る柄の先につき水面で咲く。径2〜2.5cmでがく片と花弁が3枚ずつあり，雄しべは多数ある①／芽生えの時期はゼリー状の物質に包まれて食用に摘まれる／蓴菜／❋6〜8月，湖沼，日本全土，7.15，苫小牧市柏原

エゾカワラナデシコ　　ナデシコ科
Dianthus superbus var. superbus
高さ 30〜50 cmの無毛の多年草。全体に白みをおび，株立ちとなって茎は上部で分枝する／葉は対生し，長さ 5〜6 cmの線形〜披針形／花は径 5 cmほどで 5枚の花弁の先は細く深裂し，中心部に褐色の毛がある。がく筒は長さ 2.5 cm前後で 2 対の苞がある／蝦夷河原撫子／❋ 6〜9月，海岸〜高山の岩場や草地，北・本(中部・北部)，7.22，苫小牧市／高山に生え，がく筒が短く花色が濃い型は変種**タカネナデシコ**①とされるが中間の個体も見られる

ノハラナデシコ　　ナデシコ科
Dianthus armeria
高さ 20〜50 cmの 1 年草または越年草。茎は直立して短縮毛があり，上部ほど密生する／根生葉は柄がありへら形。茎葉は対生し無柄。線形で毛がある／花は茎頂や枝先に 2〜数個つき，花弁は 5 枚平開して中央部は白く，花弁全体に白点が散在し，中部に濃紅色点があり，環状の模様となる，先端部は不規則な鋸歯状縁となる。がく筒は長さ 2 cm前後あり，先が 5 裂し短毛が密生する／野原撫子／❋ 7〜8月，道端や空地，土手，原産地はヨーロッパ，8.1，上川地方比布町

エンビセンノウ　　ナデシコ科
Silene wilfordii
高さ 50〜80 cmの多年草。茎は直立，または他の物に寄りかかる／葉は無柄で対生し，長さ 3〜7 cmの狭卵形で先がとがる／花は茎頂にまとまってつき，径 3〜4 cm。5 枚の花弁はがく筒先端で折れ曲がって平開し，先が 4 深裂して裂片は線形／燕尾仙翁／❋ 7〜8月，山間の湿地，北(胆振地方・日高地方)・本(中部)，8.26，日高地方日高町門別／同属の**アメリカセンノウ**(**ヤグルマセンノウ**)①は茎に白毛が密生し，花弁の先は 2 浅裂する／原産地はヨーロッパ

カムイビランジ　　　ナデシコ科
Silene hidaka-alpina

高さ4〜10cmの多年草。茎に下向きの短毛が密にある／葉は対生し，長さ1.5〜3cmの倒卵形〜長楕円状披針形。先はとがり突起状の微毛縁で質はやや厚い／花は茎頂に1個つき，径1.5cm前後。5枚ある花弁の先は浅く2裂する。がく筒は長さ11mmほどで先が5裂し，裂片はとがらない。雄しべは10本，花柱は3個ある／ビランジの語源は不明／❋7/中〜8月，🌿❀日高山脈の稜線上や沢源頭の岩場，カール壁，◉8.1，日高山脈中部

ムシトリナデシコ　　　ナデシコ科
Silene armeria

高さ20〜50cmの1〜2年草。全体が無毛でやや白みをおびる。茎の節間に褐色の粘液を分泌する部分があるが，虫を捕らえるものではない①／葉は対生し無柄で半ば茎を抱く。葉身は長さ5cm前後の長卵形で，先がとがり全縁／花は散形状につき，径1.5cmほど。花弁は5枚で先が浅く窪む。がく筒の先は5浅裂／虫取撫子／❋7〜8月，🌿道端や空地，河原，❀原産地はヨーロッパ，◉7.5，苫小牧市沼の端

アケボノセンノウ　　　ナデシコ科
Silene dioica

高さ20〜80cmの雌雄異株の多年草でやや株立ちとなる。茎や葉に長軟毛が密生する／下部の葉は長さ3〜12cmのへら形で長い柄がある。上部の葉ほど小さく，対生し，長卵形〜広卵形で柄がない／花は径1.5cmほどで5枚の花弁の先が2裂する。がく筒は雄花で筒状，雌花で長卵形①，どちらも10本の脈があり長さ1〜1.2cm／曙仙翁／❋5〜8月，🌿道端や空地，荒地，❀原産地はヨーロッパ，◉8.29，十勝地方足寄町上足寄

サボンソウ　　　　ナデシコ科
シャボンソウ
Saponaria officinalis

高さ30〜60cmの全体無毛の多年草。茎は直立して4稜がある／葉は対生し柄がなく、葉身は長さ2.5〜10cmの長楕円形〜卵状披針形。先はとがり、3脈が目立ち、質はやや厚い／花は集散状につき、径2〜2.5cm。花弁は5枚あり、先が浅く裂ける。花柱は2本あり、花から突き出て先が巻く。がく筒の先は5裂、裂片はさらに浅裂／水溶の汁液が泡立つのでシャボン草／❇7〜8月，道端や空地，❖原産地はヨーロッパ，8.11，札幌市真駒内

ウスベニツメクサ　　　　ナデシコ科
Spergularia rubra

ふつう茎が分枝しながら地表を伸び、長さ5〜20cmになる1年草または多年草。枝先は斜上する。全体に多肉的／葉は対生して長さ1〜1.5cm，幅0.5〜1mm。基部に膜質・卵形で先が鋭く裂ける托葉がある／花は径7mmほどで花弁は5枚あり、がく片より少し短い。雄しべは5〜10本，花柱は3個ある①／薄紅爪草／❇6〜8月，道端や空地，❖原産地は北半球の温帯，6.16，小樽市第3埠頭

ヌカイトナデシコ　　　　ナデシコ科
Gypsophila muralis

ほぼ無毛の茎がよく分枝を繰り返してこんもりした草姿となり、大きいもので高さが20cmを超える1年草／葉は長さ2〜15mmの糸状〜針状線形で対生する基部が合着し，托葉はない／花は径5〜7mm。花弁は5枚あって3本の濃い筋が目立ち，鐘形のがく筒の2倍長。花柱は2本ある／園芸植物のカスミソウの仲間／糠糸撫子／❇7〜10月，道端や空地，❖原産地はヨーロッパ，9.15，胆振地方厚真町

オオイヌタデ　　タデ科
Persicaria lapathifolia var. lapathifolia

高さ50cm〜1.2mの1年草。よく分枝し，節は膨れて赤みをおびる／葉は互生し，長さ10〜20cmの狭披針形〜卵状披針形で，托葉鞘に縁毛はない①。側脈は20〜30対ある／花は長さ7〜8cmで下垂する穂状の花序に密に多数つき，花被は4〜5個に分裂する②／果実は光沢のある先がとがった円形③／大犬蓼／❇8〜10月，道端や空地，河原，畑地，北・本・四・九，9.24，札幌市／変種**サナエタデ**④はより小型で茎の節は膨れず，葉の側脈は7〜15対か不明瞭。花穂は長さ4cm以下で下垂しない／早苗蓼／❇7〜9月，7.25，旭川市

イヌタデ　　タデ科
Persicaria longiseta

高さ20〜50cmの1年草。茎の下部は横に這い，節から発根する／葉は互生し，長さ4〜8cmの披針形〜長楕円形で，托葉鞘の上縁に鞘と同長の長い毛がある①／花は長さ2〜5cmの穂に密につき，花被は5個に分裂する／果実は3稜形で黒くつやがある／犬蓼／❇7〜9月，道端や空地，荒地，北・本・四・九，9.19，江別市／近似種**ハルタデ**は茎に軟毛が多く，托葉鞘に長さ1〜2mmの短い縁毛がある②／果実はレンズ状で3稜形のものも混じる／❇6〜9月，日本全土／**ハナタデ**は葉の先が尾状に細くなり，葉の中央に濃い斑がある③。花はまばらにつき④，托葉鞘と縁毛はイヌタデに同じ⑤／低地の林下，日本全土

ヤナギヌカボ　　　　　タデ科
Persicaria foliosa var. paludicola

茎は斜上することが多く、長さ20〜40cmになる1年草。茎は上部で分枝する／葉は互生し、質はやや厚く、長さ4〜7cmの線状披針形。両面に毛があり、若い裏面には腺毛もある。托葉鞘に長い縁毛がある／花序の穂は細く、花はややまばらにつき、長さ1.5mmほど／果実はレンズ形／柳糠穂（穂上の花が糠のように小さいヌカボタデに似て葉が細いことから）／❋ 8〜9月，✿低地の水辺や水田の周辺，❖北（上川地方・十勝地方・胆振地方）・本・九，❀9.10，旭川市東旭川

タニソバ　　　　　タデ科
Persicaria nepalensis

高さ10〜50cmの1年草。群生することが多い。茎は無毛で赤みをおび、よく分枝する／葉は幅2cmほどの卵形〜狭卵形で先がとがり、基部は葉柄に流れて翼となって茎を抱く／花は枝先に頭状にかたまってつき、花被は4個に分裂して長さ3mmほど。色は白色〜緑色〜淡紅色／果実はレンズ形／谷蕎麦／❋ 8〜10月，✿低地〜山地の湿った所，❖北・本・四・九，❀8.31，十勝地方陸別町北稜岳

ママコノシリヌグイ　　　　　タデ科
トゲソバ
Persicaria senticosa

長さ1〜2mの1年草。茎に下向きの刺があり他の物に寄りかかるように伸びる／葉は長さ・幅ともに4〜8cmの三角形で、基部に逆刺と細毛のある長い柄がつき、柄の基部は茎を包むつば状の托葉がある／花は頭状にまとまってつき、花被は5個に分裂して長さ4mmほど／果実は膨らんだ3稜形／継子尻拭／❋ 8〜10月，✿野山の湿った所，❖日本全土，❀9.26，渡島地方松前町松前公園

ウナギツカミ（アキノウナギツカミ）　タデ科
Persicaria sagittata

長さ30cm〜1mの1年草。茎は下部が横に伸びてから斜上し，下向きの刺がある／葉は長さ5〜10cmの細長い三角形で先がとがり，基部は矢じり形となって茎を抱いている／花は枝先に頭状につき径3mmほど。花被（がく）は5個に分裂し，基部は白色，上部は淡紅色，柄は無毛／果実は3稜形で長さ2mmほどで黒く，少し光沢がある／鰻攫／❋7〜9月，🌱低地〜山地の湿地，水辺，❖北・本・四・九，📷9.16，江別市野幌／近似種**ナガバノウナギツカミ**①の葉は線形に近く，長い柄があって基部は茎を抱かない。花の柄に腺毛がある②／果実には光沢がある／❖北・本・四・九，📷8.28，苫小牧市弁天沼／かつて花期と生育環境の違いにより，**ウナギツカミ**と**アキノウナギツカミ**が分けて扱われていた

ミゾソバ　　　　　　　　　　タデ科
オオミゾソバ，ウシノヒタイ
Persicaria thunbergii var. thunbergii

茎は下部が横に伸びて斜上〜直立し，長さ40cm〜1mになる1年草。茎に下向きの刺があり，よく分枝して茂みをつくって群生状となる／葉は長さ4〜10cmの鉾形で側片が横に張り出し，基部は浅い心形となって，下部の葉には狭い翼のついた柄がある。柄の基部には漏斗状の托葉がつく／花は茎頂の集散花序に密につき，花被は5個に分裂する／果実は3稜形でつやはない／溝蕎麦／❋8〜10月，🌱低地〜山地の湿った所，❖北・本・四・九，📷8.31，十勝地方足寄町／葉が大きく濃色の斑が入り，葉柄の翼が著しい**オオミゾソバ**と呼ばれた型①から，葉が小さく鉾形にならない**マルバヒメミゾソバ**②と呼ばれた型まで変異が大きいが，形態とサイズは連続している／近似種**サデクサ**③の葉は細い鉾形で葉柄基部の托葉に切れ込みがあり，果実はつやがある／❖北・本・四・九，📷8.29，釧路地方標茶町

ヤノネグサ　　タデ科
Persicaria muricata

茎は下部が地表を這ってから斜上して長さ40～80cmになる1年草。茎に下向きの刺がある／葉は互生し、長さ3～7cmの長楕円形～卵形。先がとがり、基部はくびれ、裏面主脈上に刺があって縁には刺状の鋸歯がある。托葉鞘は長さ1～2cmで長い縁毛がある／花は枝先に集まり、花被は5個に分裂して白色だが先端が赤く、柄に腺毛がある①／果実は3稜形／矢根草／❋8～10月，低地の水辺や湿地，❖北・本・四・九，9.19，江別市野幌森林公園

オオケタデ　　タデ科
オオベニタデ
Persicaria orientalis

高さ1～1.6mの大型の1年草。茎は長毛が密生し、よく分枝する／葉も毛が密生して裏面に腺点がある。中部のものは卵形で基部は心形で柄があり、長さ10～25cm。上部のものほど細く小さくなる。托葉鞘は長さ1～2cm、時に葉状に広がる／花穂は枝先につき、長いもので長さ10cmあり、先が垂れる。花は密に多数つき、花被片は5枚／果実はレンズ形／大毛蓼／❋8～10月，道端や空地，❖原産地は東～南アジア，9.8，苫小牧市樽前

ミズヒキ　　タデ科
Persicaria filiformis

高さ40～80cmの多年草。全体に伏毛がある／葉は互生し、長さ7～15cmの楕円形～長楕円形で中央に濃色斑がある／花穂は長さ20～40cmあり、花はまばらにつく。花被片は4枚で、上片は赤色、下片は白色、側片2枚は上部が赤色、下部が白色で、上からは赤く、下からは白く見える①／果実は膨れたレンズ形で、先が鉤形になった花柱が残り、衣服や動物に付着して運ばれる／水引／❋7～9月，低地～山地の林内や林縁，❖日本全土，9.12，札幌市藻岩山

エゾイブキトラノオ　　タデ科
アミメイブキトラノオ
Bistorta officinalis ssp. pacifica
高さ20cm〜1mの多年草／根出葉は長さ8〜20cm，幅2〜5cmの卵状長楕円形で，基部は長い葉柄に流れて翼となる。茎葉はより小さく細くなり，柄の基部に茶褐色の托葉鞘がある／花は茎頂の長さ3〜6cmの円柱花序に密につき，花被は白色〜淡紅色で5深裂し，長さ3mmほど，雄しべは8個ある／果実は3稜形でつやがある／蝦夷伊吹虎尾／❋7〜9月，🌱海岸〜高山の草原，❖北・本（中部・北部），●7.19，十勝連峰三峰山

オクエゾサイシン　　ウマノスズクサ科
Asarum heterotropoides
高さ10〜15cmの多年草／短い茎が地中にあり，先から長い柄のある2枚の葉を出す。葉身は幅5〜12cmの心形で，全縁で先はややとがる／花は葉の間から出る長い柄の先に横向きにつく。花弁はなく，肉厚で膨らみのあるがく筒の先が3裂して裂片は反り返り①，径13mmほど。雄しべは12個，花柱は6個ある／奥蝦夷細辛／❋5〜6月，🌱低山〜亜高山の林内，❖北・本（北部），●6.3，日高山脈ペケレベツ岳／夕張山地から日高山脈にかけて葉の先が鋭くとがり，がく裂片は反り返らず，先が指で摘んだようにつぶれた型②があり，仮の和名を**ヒダカサイシン**③としておく／●5.19，日高地方新冠町／また渡島地方松前付近には近縁の**フタバアオイ**④が野生化している

281

ヤチヤナギ　　ヤマモモ科
Myrica gale var. tomentosa

高さ30〜90cmの雌雄異株の落葉低木／葉は長さ2〜4cmの長卵形で，くすんだ淡い緑色で上方に低い鋸歯があり，柄はほとんどない／花は展葉前に咲き，雄花序は長さ1cmほどの松かさ状①，鱗片状の苞が3枚輪生して雄しべは4〜6個ある。雌花序は長さ2〜3mm，苞の間から2個の柱頭が覗く②／果実の集まりも松かさ状で長さ1〜1.5cm／谷地柳／❋4月〜6/上，🌱低地の湿原，❖北・本(近畿以北)，◉(果期)7.18, 苫小牧市

アサツキ　　ヒガンバナ科(ユリ科)
Allium schoenoprasum var. foliosum

高さ30〜50cmの多年草。地下に狭卵形の鱗茎がある／葉は円筒形で径4mmほど／花は茎頂に球形〜半球形の花序をつくって密に多数つき，花被片は6枚あり長さ8〜12mm。6本の雄しべは花被片よりはるかに短い①／浅葱／❋6/下〜8月，🌱海岸〜山地の岩場や草原，❖北・本・四，◉7.4, 後志地方島牧海岸／基準変種**エゾネギ**は花が大きく花被片の長さが14mm前後／変種**ヒメエゾネギ**②は小型で花数が少なく，花被片の長さ6〜8mm。日高地方アポイ岳周辺などに産するとされるが区別の難しい場合もある／変種**シロウマアサツキ**は花被片の長さ6〜8mm，雄しべは花被片とほぼ同長③。高山のれき地や蛇紋岩地に生える／❖北・本(中部)

ヒメニラ　　　ヒガンバナ科(ユリ科)
ヒメビル
Allium monanthum

高さ5〜12 cmの雌雄異株の多年草。わずかに野菜のニラに似た臭気がある／地下の鱗茎から葉を1〜2枚出し,広線形で長さ10〜20 cm,幅3〜8 mm／花は1〜2個つき,花被片は6枚あるが平開しないので鐘状で長さ5 mmほど。基部に薄い膜状で卵形の苞が1個つく。雄花は稀で,雌花の花柱は短く3裂する①／姫韮／❋4/下〜5月,🌱低地〜低山の明るい林内や草地,❖北・本・四,◉5.9,十勝地方浦幌町

ミヤマラッキョウ　　　ヒガンバナ科(ユリ科)
Allium splendens

花茎は直立または斜上して高さ15〜30 cmになる多年草。地下の鱗茎はしゅろ状繊維に被われる／葉は3〜4枚つき,幅3〜7 mmの扁平な線形で花茎より短い／花は茎頂の球形〜半球形状の花序につく。花被片は6枚あり,長さ4 mmほどの卵状長楕円形で先は円い。6本ある雄しべは花被片より長く,基部に狭披針形の鱗片がある／深山辣韮／❋7〜8月,🌱山地〜亜高山の岩地や草地,❖北・本(中部・北部),◉8.1,夕張岳

ノビル　　　ヒガンバナ科(ユリ科)
Allium macrostemon

高さ40〜80 cmの多年草。地下の径1.5 cmほどの鱗茎から断面が三角状の花茎を立てる／茎の下方に葉が2〜3個つき,断面は三日月状で長さ25 cm前後／花は茎頂の散形花序につく。花序にはしばしば珠芽(むかご)が混じり,すべてが珠芽になることも,花序上で発芽する場合もある。花被片は6枚で長さ4〜5 mm,1本の紫色の筋がある①。雄しべは花被片より長い／野蒜(蒜はネギ類の総称)／❋6月,🌱低地の道端や草地,❖日本全土,◉6.26,十勝地方足寄町

283

ヒメヤブラン　　キジカクシ科(ユリ科)
Liriope minor

花茎の高さが5～15 cmの常緑の多年草。横に伸びる地下茎がある／葉は常緑，細い線形ですべて根生し，長さ5～20 cm，幅2～3 mm／花は径1 cmほどで，花被片は6枚あり基部で合着するので杯状となる。雄しべは6本／果実の皮は熟す途中で破れ，球形で黒い種子が露出する①／姫藪蘭(葉がランに似て藪に生えるヤブランよりも弱々しいことから)／✻7～8月，🌱海岸近くの草地，◆日本全土(北海道は日高地方～渡島半島)，◉7.17，檜山地方上ノ国町

ツルボ　　キジカクシ科(ユリ科)
サンダイガサ，スルボ
Barnardia japonica

花茎の高さが20～40 cmの多年草。地下の径2 cmほどの鱗茎から花茎と葉を出す／葉は根生し，長さ15～25 cmほどの扁平な線形で，花期には枯れていることが多い／花は総状に密について下から咲き上がり，径8～10 mm。花被片は6枚あり開花後反り返る／蔓穂／✻8月，🌱野山の日当たりのよい所，◆日本全土(北海道は日高地方～渡島半島)，◉8.20，渡島地方松前町

カタクリ　　ユリ科
Erythronium japonicum

高さ10～15 cmの多年草。地中にある鱗茎から2枚の葉と花茎を出す／葉は長さ6～12 cmの長楕円形で全縁，やや肉質でふつう表面に紫褐色の斑が入る／花は下向きに1個つく。6枚ある花被片は後方に反り返り長さ4～6 cm，基部近くにW字形の蜜標がある／果実は3稜形で長さ1.5 cmほど①。種子に蟻の好む付属体がつき運ばれる／鱗茎は澱粉を含み食用にされた／片栗／✻4～5月，🌱野山の明るい林内や草地，◆北(天塩地方以南・十勝地方以西・北見市端野)・本・四・九，◉5.12，札幌市

エンレイソウ　シュロソウ科(ユリ科)
Trillium apetalon

高さ20〜40cmの多年草。地下の大きな塊茎から花茎を1〜数本出す／葉は茎頂に3枚輪生し、円みをおびた菱形で網状脈があり、長さ・幅ともに10〜15cm／花は1個つき、内花被片(花弁)はなく、外花被片(がく片)3枚のみで長さ1.5〜2cm、あずき色または緑色①。雄しべは6本、子房が1個あり、柱頭は3裂する／果実は稜のある球形で径2〜2.5cm②／延齢草／❋4〜6月、低地〜亜高山の明るい林内、❖北・本・九、◉4.18, 札幌市砥石山／この種は果実(子房)が黒紫色のクロミノエンレイソウ③と緑色のアオミノエンレイソウ②の品種に大別される／またがく片が緑色で子房が黒く葯が白い型を品種トイシノエンレイソウ④という／ミヤマエンレイソウ(p.199)との種間雑種をヒダカエンレイソウ⑤といい、大型でがく片の先が三角状に鋭くとがり、大きく美しい花弁が0〜3枚つく／オオバナノエンレイソウ(p.199)との種間雑種をトカチエンレイソウといい、きわめて稀に出現し、コジマエンレイソウに似る／同属で近縁のコジマエンレイソウ⑥は海岸近くの林下に産し、大型で、がく片は長楕円状で三角状にとがらない。花弁は0〜3枚、子房が黒い型もある⑦

オオシュロソウ　シュロソウ科(ユリ科)
Veratrum maackii var. japonicum

高さ0.5〜1mの多年草。茎の根元がしゅろ状の繊維に包まれる／下部に大きな葉がつき、長楕円形で長さ20〜35cm、幅3〜12cm。上部の葉は小さく細くなる／長い複総状花序には密に毛があり、花は径1〜1.5cm。花被片は6枚あり、基部が粘る①。雄花と両性花がある／大棕櫚草／❋7〜8月、山地〜亜高山の草地や林下、❖北・本(中部・北部), ◉8.7, 夕張岳／葉の幅が狭いものを変種ホソバシュロソウと分ける見解もある／花が緑色の型を変種アオヤギソウ②という

クロユリ　　　　　　　　　　ユリ科
Fritillaria camtschatcensis
var. camtschatcensis

高さ15〜50cmの多年草。地中に分裂しやすい鱗茎がある／葉は4〜5枚が2〜4段輪生して長さ7〜8cm／花は茎頂に横向きに数個つき，悪臭がする。花被片は6枚あり，長さ3cmほど。雄しべは6本，花柱は3裂／結実しない低地の型と結実する高山型があり，後者を変種ミヤマクロユリと分けることがある／黒百合／❋6〜8月，↓低地〜高山の湿った草地，❖北・本(中部・北部)，❀6.6，空知地方長沼町

ザゼンソウ　　　　　　　　サトイモ科
ダルマソウ
Symplocarpus renifolius

高さ20〜40cmの多年草。地下茎は太くて短い／展開した葉は長さ40〜50cmの心形で太い葉柄がある／花は葉の展開前に咲き，肉穂花序は短い舟形の仏炎苞に囲まれる。花は4数性で花被片と雄しべが4個ある。開花時の発熱現象で苞の内側の温度が高くなり悪臭もある／坐禅草／❋4〜5月，↓低地〜亜高山の湿った所，❖北・本(日本海側)，❀5.12，江別市野幌

ヒメザゼンソウ　　　　　　サトイモ科
Symplocarpus nipponicus

葉の高さ30〜50cmの多年草／春，花に先立ち葉を出して広げる(①葉柄基部にある黒色のものが果期の花序)。葉身は長さ20cm前後の三角状長心形で長い柄がある／その葉が枯れ始めるころ開花し，長さ2cmほどの肉穂花序を囲む仏炎苞の長さは4cmほど／果実は翌年の春〜夏に熟す(②左下)／姫坐禅草／❋6/下〜7月，↓低地〜山地の湿地，❖北・本，❀7.12，札幌市西岡水源地

コアニチドリ ラン科
Amitostigma kinoshitae

高さ10〜20cmの多年草。地中に太い塊根がある／細い茎が直立し，葉は下部にふつう1枚つき，葉身は線状披針形で長さ4〜8cm／花は数個つき，がく片は長さ4mmほどで上片は楕円形，側片はつぶれた卵形。唇弁は長さ8〜10mmで3裂し，基部付近に2条の紫線が入る①。距は後方に伸びて長さ1.5mmほど／小阿仁千鳥(小阿仁は発見地である秋田県内の地名)／❋7月，🌿湿原，特に高層湿原，❖北・本(北部)，◉7.22，根室半島

カモメラン ラン科
Galearis cyclochila

高さ10〜20cmの多年草で，茎に3稜がある。根は紐状で数本ある／根元に大きな葉が1枚つき，広楕円形で長さ4〜6cm／茎頂にふつう2個の花をつけ，がく片3枚と側花弁が上部に集まって兜状になる。唇弁は大きく長さ1cmほどの広楕円形で平開し，縁は細かく波打って全面に紅紫色の斑点がある。距は細く後方に伸びる／鷗蘭／❋6月，🌿山地樹林内や苔むした岩，❖北・本(中部以北)・四，◉6.14，釧路地方弟子屈町

ホテイアツモリ ラン科
ホテイアツモリソウ
Cypripedium macranthos var. macranthos

高さ25〜35cmの多年草／葉は互生し，長さ10〜15cmの長楕円形で，先が鋭くとがり基部は鞘状となって茎を強く抱く／花は1個，葉状の苞とともに茎頂につく。大きく丸い袋状の唇弁をもち，卵形の背がく片と細い側花弁が唇弁の穴を被うようにつく／布袋敦盛／❋6月，🌿海岸〜亜高山の草地，❖北・本(中部・北部)，◉6.5，札幌市定山渓天狗岳／礼文島ではカラフトアツモリソウ(p.82)との交雑種C.×ventricosum(ウェントリコスム)①が出現した

ヒメホテイラン　　　　　ラン科
Calypso bulbosa var. bulbosa

高さ10〜15cmの多年草。地中に楕円状の偽球茎がある／秋に1枚の葉を広げて越冬。葉身は長さ1.5〜3cmの卵形で全体に細かく波打つ／花は1個つき，唇弁以外の花弁とがく片は線状披針形で四方に開く。唇弁は白い袋状で長さ2.5〜3.5cm，入口に褐色の斑紋と毛があり，背面の2裂した距は上からは見えない／姫布袋蘭／❋5月，山地の針葉樹林下，時に人工林下，北(渡島半島)・本(中部)，5.11，檜山地方厚沢部町／自生地では距が唇弁の下から突き出る変種**ホテイラン**も混生

ハクサンチドリ　　　　　ラン科
Dactylorhiza aristata

高さ10〜40cmの多年草／葉は数枚互生し，広線形〜披針形で長さ7〜15cm／花は総状に5〜20個つき，色の変異が大きく径2cmほど。がく片や側花弁の先が伸びて鋭くとがる。唇弁は長さ1cmほどと大きく，濃紫色の斑と突起状毛があり先は3裂する／白山千鳥／❋6〜7月，低地〜高山の湿った草地，北・本(中部・北部)，6.12，礼文島／葉に暗紅紫色の斑点があるものを品種**ウズラバハクサンチドリ**①といい，中央高地と日高山脈に産する／7.22，大雪山

ミヤマモジズリ　　　　　ラン科
Neottianthe cucullata

高さ10〜20cmの多年草。根の一部が球形に肥厚する／2枚の葉が根元から地表に広がる。葉身は長楕円形〜広披針形で長さ3〜6cm／花はやや多数偏ってつく。側花弁とがく片がまとまって兜状になり，唇弁は基部近くで3深裂して裂片は細くて先がとがる。距はやや細く前方に曲がる／深山捩摺(花が捩摺に似て深山に生えることから)／❋7/下〜9/上，山地樹林帯の岩場やその周辺，北・本(中部・北部)・四，8.31，日高地方平取町

オクシリエビネ　　　　　ラン科
Calanthe puberula var. okushirensis

高さ20〜40cmの多年草。地下に球形の偽球茎がある／葉は数枚つき長さ10〜25cmの狭長楕円形で平行脈が目立ち，先は鋭くとがる／花はややまばらに総状に10〜20個つく。がく片は狭卵形で先が細くなって鋭くとがり，長さ1.5〜2cmで後方へ反り返る。側花弁は線形で先がとがり，唇弁は広卵形で3深裂し，中裂片が大きく菱形状／本・四・九に分布するナツエビネの変種で葉の裏面に短毛があるとされるが，それほど顕著ではない／奥尻海老根／❋8月，🌿山地の樹林下に稀，❖北(奥尻島)・本(青森)，🔵8.21，奥尻島

エビネ　　　　　　　　　ラン科
Calanthe discolor

高さ20〜40cmの多年草。地表に連なる偽球茎が海老に似る／葉は根元に2〜3枚つき，長さ15〜25cmの長楕円形で，枯れずに越冬する／花は総状に多数つく。唇弁を除いた花弁とがく片は狭卵形で緑色をおびた褐色，長さ12〜20mm。唇弁は大きく先が3深裂し，中裂片の先は浅く2裂する①。距は細く長さ8mmほどで後方に伸びる／海老根／❋5〜6月，🌿低山の明るい林内，❖北(渡島半島)・本・四・沖，🔵6.6，函館市函館山

ネジバナ　　　　　　　　ラン科
モジズリ
Spiranthes sinensis var. amoena

高さ10〜30cmの多年草。やや肥厚した根がある／大きな葉が根生し，長さ5〜20cmの線形〜狭倒披針形で，先はとがり基部は柄状に細くなる。茎の上部には鱗片状の葉がつく／花序は長さ5〜15cmで白毛があり，花は螺旋状に連なるように多数つく。径4〜5mmで唇弁は白色，側花弁とがく片は淡紅色①／捩花／❋7〜9月，🌿道端や草地，芝生，土手など，❖日本全土，🔵8.6，釧路市阿寒白湯山

ノビネチドリ ラン科
Neolindleya camtschatica

高さ25〜60cmの多年草／長楕円形の葉が4〜10枚つき、上のものほど細く小さくなって苞へと移行する。葉身は長さ7〜15cmで目立つ葉脈と波打つ縁が特徴／花は穂状の花序に密に多数つく。ふつう唇弁に筋があり、長さ3〜4mmの距が曲がって前に突き出る①。白花の出現率が高い②／延根千鳥(次種のように掌状の根がないことから)／✱5〜6月、↓低山〜亜高山の林縁など、❖北・本(中部・北部)・四、◉6.5、札幌市豊平峡

テガタチドリ ラン科
Gymnadenia conopsea

高さ30〜60cmの多年草。根の一部が掌状(手形)に肥厚し、茎は太い／葉は互生し、長さ6〜20cmの広線形〜線状披針形で、やや厚く先はとがり、基部は鞘状となって茎を抱く／花は茎の上部に密に多数つき、上がく片と側花弁が集まり兜をつくり、側がく片は水平に開く。唇弁は先が3浅裂して裂片の先は円い。距は細く長さ1.5〜2cm／手形千鳥(掌状の根があることから)／✱7〜8月、↓高山帯の草地、道東では原野、❖北・本(中部・北部)、◉7.29、根室半島

サワラン ラン科
アサヒラン
Eleorchis japonica

高さ15〜30cmの多年草。径6mmほどの偽球茎から花茎と1枚の葉を出す／葉身は線状披針形で長さ6〜15cm、幅7〜10mm／花は茎頂に1個つき、横向きに咲き、がく片や花弁は斜めに開く。唇弁以外の花被片はほぼ同形同大で倒披針形で先がとがる。唇弁は中央に隆起線があり、先が浅く3裂するが裂片の先は円い／沢蘭／✱7月、↓湿原、特に高層湿原、❖北・本(中部・北部)、◉7.10、渡島地方長万部町静狩湿原

サイハイラン　　　　　ラン科
Cremastra appendiculata var. variabilis

高さ30〜50cmの多年草。偽球形から花茎と1枚，時に2枚の葉を出す／笹に似た葉は長さ20〜30cm，幅4〜8cmで無毛，3本の縦脈が目立つ。ふつう開花後，葉は枯れて秋に新葉が出て越冬するが，開花時に葉が枯れて無い個体も少なくなく，モイワランと誤認されやすい／花はやや一方に偏って斜め下向きに多数つく。唇弁以外の花被片はほぼ同形同大で斜開し，やや短い唇弁を半ば隠している。唇弁は先が3裂し，基部に小さな距がある①／采配蘭／❋5/下〜6月，低地〜山地の林内，北・本・四・九，6.12，札幌市砥石山／花が似ている近似種**モイワラン**②はふつう葉をもたず菌寄生に生活を依存する。花茎は暗紫色で花色も濃く，花被片はほとんど開かないほか，細部に形態の違いが認められる／藻岩蘭／❋6月，山地の広葉樹林内，北・本(北部)，6.25，札幌市藻岩山

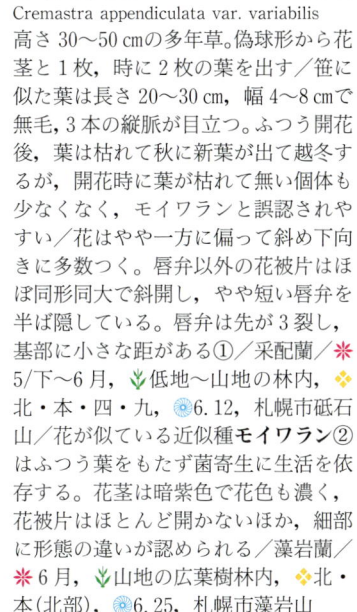

トキソウ　　　　　ラン科
Pogonia japonica

高さ15〜25cmの多年草／葉は茎の中部に1枚つき，長さ3〜10cm，幅7〜15mmの狭長楕円形でやや直立し，基部は翼状となって茎に流れる／花は茎頂に1個つき，基部に葉状の苞がある。がく片3枚は長さ2cmほどの狭長楕円形で，側花弁は少し短く，唇弁は先が3裂し，中裂片に肉質突起が多数ある①／朱鷺草(花色が鳥類のトキに似るから)／❋6〜7月，低地〜山地の湿原，北・本・四・九，7.10，渡島地方長万部町静狩湿原／近似種**ヤマトキソウ**②③の葉はやや厚く，がく片の長さは1.5cmほどでほとんど開かず，色は淡く白色に近い／低地〜亜高山の草地，北(上川以南・釧路以西)・本・四・九，7.14，渡島地方恵山

291

スズムシソウ　　　ラン科
Liparis makinoana

高さ10〜30 cmの多年草。偽球茎から花茎と2枚の葉を出す／葉身は長さ4〜12 cm，幅2.5〜7 cmの長楕円形で，縦筋が目立つ／花はややまばらに数個〜10個つき，がく片は線形で側片は唇弁の下に隠れる。側花弁は糸状，唇弁は大きく平らに開き，倒卵円形で長さ1.2〜1.7 cm，幅1.2〜1.5 cm①／鈴虫草／❋6〜7月，🌱山地の林内，❖北・本・四・九，✿6.27，伊達市伊達／近似種 **セイタカスズムシソウ**②は唇弁が長さ7〜9 mm，幅6〜7 mmと小さく，丸まることはない③／7.9，胆振地方安平町早来／**オオフガクスズムシソウ**（エゾノクモキリソウ）④の唇弁は長さ1.5 cm，幅1 cmほどで下に大きく丸まり⑤，緑色の花もある⑥／6.27，札幌市硬石山／**クモキリソウ**（p.380）の唇弁は幅が6 mm以下で下に丸まり，ほとんどが緑色花⑦／唇弁基部に濃紫色の斑点があるものを**シテンクモキリ**といい本州と道北地方に知られる

ジガバチソウ　　　ラン科
Liparis krameri

高さ8〜20 cmの多年草。径1 cmほどの偽球茎から花茎と2枚の葉を出す／葉身は長さ3〜8 cmの卵形で縁が細かく波打つ／花は10〜20個つく。がく片3枚は線形で先がとがり，側花弁は糸状で水平〜後方へ開き，いずれも長さ1 cm前後。唇弁は幅3 mmほどの狭倒卵形で基部で折れ曲がって下を向き，先はとがり，7本の濃い筋がある①。花色によりクロ，アオをつけて呼ぶことがある／似我蜂草／❋6〜7月，🌱山地の林内，❖北・本・四・九，✿6.26，檜山地方厚沢部町

ウラシマソウ　　　　　　サトイモ科
Arisaema thunbergii ssp. urashima

高さ30～40cmの雌雄異株の多年草。地下の偏球形の茎から偽茎を立ち上げる／葉は鳥足状に分裂して11～17枚の小葉となる。小葉は長さ5～20cmの披針形で、濃緑色で光沢があり鋭頭／花序は葉より下に位置し、縦縞のある仏炎苞に包まれ、多数の花がつく。雄花と雌花は栄養状態に左右される。花軸の先は長さ50cmにもなる細い紐状の付属体となり、これを浦島太郎の釣糸に見たてた／浦島草／❋5～6月，低山の林内，❖北(日高地方～渡島半島)・本・四・九，5.18，渡島地方松前町

イボクサ　　　　　　ツユクサ科
イボトリグサ
Murdannia keisak

茎の下部が分枝し、節から発根しながら地表を這って上部が高さ20～30cmに立ち上がる1年草／葉は長さ3～7cmの長披針形で先がとがり、基部は鞘状となる／花は葉腋に1個つき、花弁は3枚あり、卵形で先は円く長さ5mmほどで、がく片よりも少し長い。雄しべ6本のうち3本の葯が淡紫色の仮雄しべ①。開花せずに結実する閉鎖花の場合が多い／疣草／❋8～9月，低地の湿地，水田の周辺，❖日本全土(北海道は空知地方以南)，8.18，苫小牧市錦小沼

ハイマツ　　　　　　マツ科
Pinus pumila

幹が地表を低く這い、高さ50cm～2m、時に4～5mに立ち上がる常緑の低木／葉は5枚(本)が1束となってつき、少し曲がった3稜の針状で長さ3～8cm、縁にまばらな微鋸歯がある。上面は深緑色、下面は帯白緑色／雄花の花序は若枝を囲むようにつき(写真下部の花)、黄色い花粉を撒く。雌花は枝の先端部につき紅紫色(写真右上の花)／長さ3～5cmの卵形の球果をつけ、鱗片は広卵形。種子に翼はない／這松／❋6～7月，高山の尾根や斜面，❖北・本(中部・北部)，7.3，大雪山高根ヶ原

295〜339 ▶

[青や青紫の花]
blue and violet flowers

他の色に収録の花（数字は収録頁）

キクザキイチゲ 170

ウスユキトウヒレン 216

ヒメジョオン 218

サギゴケ 222

トキワハゼ 222

アゼナ 225

イワブクロ 226

ツタバウンラン 226

サワトウガラシ 226

ムラサキシキブ 228

ニシキゴロモ 229

カキドオシ 232

ユウバリリンドウ 238

ムラサキケマン 271

ミヤマハンショウヅル 272

キクニガナ キク科
チコリ
Cichorium intybus
高さ50 cm〜1.2 mの多年草。茎はよく分枝する／根出葉は羽状に裂けてタンポポの葉状になり，上部の葉ほど切れ込みがなくなり，サイズも小さくなる／頭花は茎の上部にまばらにつき，径3〜4 cm。舌状花のみからなる。総苞には短い外片と長い内片があり，腺毛がまばらに生える／痩果に冠毛はなく，細かい鱗片がある／菊苦菜／❋7〜9月，道端や空地，❖原産地はヨーロッパ，7.18，石狩市石狩／ヨーロッパでは野菜として利用されてきた

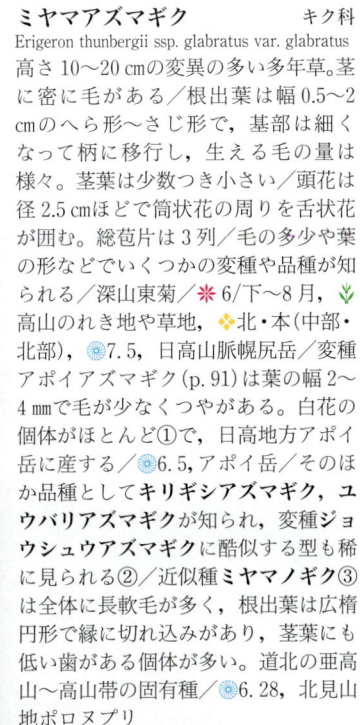

ミヤマアズマギク キク科
Erigeron thunbergii ssp. glabratus var. glabratus
高さ10〜20 cmの変異の多い多年草。茎に密に毛がある／根出葉は幅0.5〜2 cmのへら形〜さじ形で，基部は細くなって柄に移行し，生える毛の量は様々。茎葉は少数つき小さい／頭花は径2.5 cmほどで筒状花の周りを舌状花が囲む。総苞片は3列／毛の多少や葉の形などでいくつかの変種や品種が知られる／深山東菊／❋6/下〜8月，高山のれき地や草地，❖北・本(中部・北部)，7.5，日高山脈幌尻岳／変種アポイアズマギク(p.91)は葉の幅2〜4 mmで毛が少なくつやがある。白花の個体がほとんど①で，日高地方アポイ岳に産する／6.5，アポイ岳／そのほか品種として**キリギシアズマギク，ユウバリアズマギク**が知られ，変種**ジョウシュウアズマギク**に酷似する型も稀に見られる②／近似種**ミヤマノギク**③は全体に長軟毛が多く，根出葉は広楕円形で縁に切れ込みがあり，茎葉にも低い歯がある個体が多い。道北の亜高山〜高山帯の固有種／6.28，北見山地ポロヌプリ

エゾノコンギク　　　　　　　キク科
Aster microcephalus var. yezoensis

高さ 0.5〜1 m の多年草。茎は上部でよく分枝し，葉とともに短剛毛が密生してざらつく／葉は長さ 4〜10 cm の長楕円形で下部で少しくびれ，縁に粗い鋸歯がある／頭花は径 2〜2.5 cm，筒状花の周りを 20 個以下の舌状花が囲む。総苞は半球形で総苞片は 3 列／蝦夷野紺菊／❋8〜10月，🌿低地〜山地の草地，❖北，◉9.19，渡島地方長万部町／同属の**ユウゼンギク**(メリケンコンギク，シノノメギク)①は全体がほぼ無毛。葉は細く線状楕円形で全縁か低い鋸歯がある。総苞は皿形，片は先がとがる。舌状花は 20 個以上ある／友禅菊／🌿道端や空地，❖原産地は北アメリカ，◉9.19，江別市／**ネバリノギク**②は茎の上部や葉，頭花の柄，総苞片に腺毛があって粘る。葉が細く線状楕円形で全縁，基部は耳状となって茎を抱く。頭花は径 3〜3.5 cm と大きく，舌状花は 20〜60 個つく。花色は濃く，紅色から紫色まで／❖原産地は北アメリカ，◉9.15，日高地方平取町／本州に自生する別属**カントウヨメナ**③(◉9.26，渡島地方松前町)と**ユウガギク**が野生化しており，冠毛はきわめて短い(④左がカントウヨメナ，右はエゾノコンギク)

ウラギク　　キク科
ハマシオン
Tripolium pannonicum

高さ30〜60cmの2年草。群生することが多い。茎は上部で分枝し，葉とともに無毛／葉は長さ6〜12cmのへら状広線形で，全縁でやや厚く滑らかな肉質。基部はわずかに茎を抱く／頭花は散房状に多数つき，径2〜3cmで筒状花の周りを舌状花が囲む。冠毛は果時に長さ15mmほどになる／浦菊（海岸に生えることから）／❇8〜10月，🌱海辺の湿地，❖北(東部)・本・四・九，◉9.27，根室地方別海町

エゾムラサキニガナ　　キク科
Lactuca sibirica

高さ60cm〜1mの多年草。茎や葉を切ると白い汁が出る。茎は無毛で上部で多少分枝する／葉は長さ7〜15cm，幅1〜3cmの披針形で時に羽状浅裂する。縁に牙歯があり，先がとがって葉柄はなく，基部は半ば茎を抱く。裏面は白みをおびる／頭花は径3〜4cmで舌状花のみからなる／痩果は偏平で長い冠毛がある①／蝦夷紫苦菜／❇8〜9月，🌱原野や林間の湿った所，❖北(渡島半島と日高地方を除く)，◉8.16，根室地方中標津町

エゾマツムシソウ　　スイカズラ科
Scabiosa jezoensis　（マツムシソウ科）

高さ20〜30cmの多年草／葉は羽状分裂して多数の根出葉と2〜3対の茎葉がつく。葉の長さは5〜10cmで羽片は先の鋭い線形の裂片に裂ける／頭花は径4cm前後で多数の筒状花からなる。中心部の花冠は小さく筒状，周辺部の花冠は2唇形で上唇は小さく2裂し，下唇は大きく先は3裂する。4本の雄しべは長く，花冠から突き出る／蝦夷松虫草／❇7〜9月，🌱海岸〜山地のれき地や草地，❖北・本，◉8.30，日高地方えりも町／一稔性多年草の別種**マツムシソウ**の道内分布は疑問

297

ツリガネニンジン　　キキョウ科
ツリガネソウ，トトキ
Adenophora triphylla var. japonica

高さ40 cm～1 mの変異の多い多年草。太い根がある。茎は円柱形で直立し，切ると白い汁が出る／葉は4～5枚ずつ輪生し，葉身は長楕円形で鋸歯縁／花も数段輪生し，花冠は長さ2 cmほどの鐘形で先が5裂し，がく裂片は糸状線形／釣鐘人参(花の形と朝鮮人参に似る根から)／❋8～9月，低地～山地の草原や湿地，北・本・四・九，8.18，礼文島／丈が低く，花序と花の柄が短い型を変種ハクサンシャジンというが，中間の型もある

モイワシャジン　　キキョウ科
Adenophora pereskiifolia

高さ30～90 cmの変異の多い多年草／茎葉は互生または対生，時に輪生し，葉身は長さ2～8 cmの披針形～卵形で，先がとがり鋸歯縁／花は輪生せず総状につき，花冠は鐘状で先が5裂。がく裂片は披針形。花色は青紫色～白色①／藻岩沙参／❋7/中～9月，山地～高山の岩場やその周辺，北・本(北部)，7.19，胆振地方徳舜瞥山／変種ユウバリシャジン②は花冠が半球形～広鐘形で花柱が長く突き出る。夕張岳に産する／同属のシラトリシャジン③は花冠の先が深く切れ込み，がく裂片は卵形。道北の蛇紋岩地帯に産する固有種

チシマギキョウ　　　キキョウ科
Campanula chamissonis

高さ5〜13cmの多年草。根茎が横に這って株をつくる／葉は根元に集まり，葉身は長さ2〜9cmのへら形だが変異の幅が大きく①②，表面につやがあり縁に鈍い鋸歯がある。葉脈は網目状。茎葉は小さく少ない／花は横向きに1個つき花冠は長さ3〜3.5cm。先は5つに裂け，裂片に長毛がある。がく裂片は三角形で全縁／千島桔梗／❋7〜8月，高山の岩場やれき地，草地，北・本(中部・北部)，7.24，大雪山忠別岳

イワギキョウ　　　キキョウ科
Campanula lasiocarpa

高さ4〜10cmになる多年草／葉は根元に集まり，葉身は長さ2〜5cmのへら形で，つやはなく縁に突起状の鋸歯がある。茎葉は数個つき，小さく細い／花は上〜やや横向きにつき，花冠は長さ2〜2.5cm。先が5つに裂け裂片に毛はない。がく裂片は線形で刺状の鋸歯がある／岩桔梗(桔梗に似て高山の岩場に多いことから)／❋7〜9月，高山の岩場やれき地，草地，北・本(中部・北部)，8.24，大雪山トムラウシ山

キキョウ　　　キキョウ科
Platycodon grandiflorus

高さ20〜60cmの多年草。茎や葉を切ると白い乳液が出る／葉は互生し長さ4〜7cmの長卵形で，先はとがり縁に鋭い鋸歯がある。裏面は白みをおびる／花は1〜数個つき，花冠は鐘形で先が深く5つに裂け，裂片は広く開いて径は4〜5cmになる／秋の七草のひとつ。庭などで広く栽培されるが，道内での自生は少ない／桔梗(音読みした漢名から)／❋7/下〜9月，海岸〜山地の岩場や草地，北・本・四・九，8.26，日高地方えりも町

サワギキョウ　　キキョウ科
Lobelia sessilifolia

高さ50cm〜1mの多年草。茎は中空で無毛／葉は密に互生し，線状楕円形で長さ4〜7cm。先はとがり，無柄で細鋸歯縁。上部の葉は苞へと移行する／花は下から咲き，花冠は長さ2.5〜3cmで2深裂し，上唇はさらに2深裂，下唇は3中裂し，裂片の縁に白毛がある／沢桔梗／✻8〜9月，▽野山の水辺や湿地，❖北・本・四・九，◉8.17，根室半島／同属の**ロベリアソウ**(セイヨウミゾカクシ)①は高さ1mほどの1年草で全体に毛が多く，花冠は長さ1cm以下／❖原産地は北アメリカ

ムシトリスミレ　　タヌキモ科
Pinguicula vulgaris var. macroceras

高さ5〜15cmの多年草／葉は根元に集まり四方に広がる。葉身は長さ1.5〜4cmの長楕円形で，やや多肉質で軟らかく縁は内側に巻き，表面に腺毛と腺体が密生して粘る消化液を分泌し，小虫を捕らえる／花は横向きに1個つき花冠は筒状で上下の2唇に分かれる。上唇は短く2裂し，下唇は3裂し，内側に白毛がある。線形の距が後方に伸びる／虫取菫／✻7〜8月，▽亜高山〜高山の湿ったれき地や草地，❖北(夕張山地・日高山脈)・本(中部・北部)・四，◉8.10，日高山脈幌尻岳

ムラサキミミカキグサ　　タヌキモ科
Utricularia uliginosa

高さ3〜15cmの1年草／糸状の地下茎が伸び，所々で小さなへら形の葉と捕虫嚢をつける。花茎は直立して数個の鱗片状の葉をまばらにつける／がくは2裂し，花冠は長さ3〜4mmの2唇形で上唇は下唇より短く，下唇基部の距は下を向く①／紫耳掻草／✻8〜9月，▽湿原の泥土地，❖日本全土，◉8.25，空知地方月形町／近似種**ホザキノミミカキグサ**②はより大型で，距は下唇の下から前に突き出る／◉8.25，空知地方月形町

ハマウツボ　　　　ハマウツボ科
Orobanche coerulescens

高さ10〜30cmの1年生の寄生植物／葉緑素のある通常の葉はなく，太い茎に褐色の鱗片状葉が多数つく／花序には白い長軟毛が密につき，花冠は2唇形で長さ2cmほど。上唇は浅く2裂，下唇は3裂して裂片の縁は波打つ／本州ではカワラヨモギに，道内ではハマオトコヨモギに寄生する／オトコヨモギに寄生し，花序の毛が少ない型を品種**オカウツボ**という／浜靫／❋7〜8月，🌱海岸の砂地や草地，✻日本全土，🔹8.2，礼文島

ホソバウルップソウ　　　オオバコ科
Lagotis yesoensis　　　　　（ウルップソウ科）

高さ15〜40cmの無毛の多年草／根出葉は長さ7〜13cmの長楕円状披針形で，質は厚く光沢があり多肉質。低い鋸歯と長い柄がある。茎葉は卵形で柄がない／花は穂状に密に多数つき，花冠は長さ1cmほどの2唇形で，上唇は楕円形で先がやや浅く2裂し，雄しべとほぼ同長①／細葉得撫草／❋7〜8月，🌱✻大雪山の固有種で上部の湿ったれき地や草地，🔹7.10，大雪山高根ヶ原／近似種**ウルップソウ**（ハマレンゲ）②は葉身が広卵形。雄しべは短く上唇の約半分③／❋5/下〜6/中，✻北(礼文島にやや稀)・本(中部)，🔹5.31，礼文島

キクバクワガタ　　オオバコ科
Veronica schmidtiana　（ゴマノハグサ科）
ssp. schmidtiana

高さ8〜20 cmの変異の大きい多年草／葉は茎の下部に多くつき，やや厚みがあり，長狭卵形で羽状に中〜深裂して毛と柄がある／花は穂状に多数つき，花冠は花弁状に4深裂して径8〜10 mm。2本の雄しべが長く突き出る／菊葉鍬形／✽ 5/中〜7月，Ⅴ海岸〜高山の岩場やれき地，◆北，◉7.20，十勝連峰富良野岳／葉や茎に白い毛が多い型を品種**シラゲキクバクワガタ**①といい，利尻島や礼文島に産する／◉5.26，礼文島／葉が長卵形で羽状に浅裂または鋸歯状縁になり，しばしば裏面が紫色になる型を変種**エゾミヤマクワガタ**（エゾミヤマトラノオ）②といい，道内蛇紋岩地帯に産する／◉7.5，夕張岳／これの葉が細長く，切れ込みの深くなった型が品種**アポイクワガタ**で，日高地方アポイ岳に産する

エゾルリトラノオ　　オオバコ科
Veronica ovata ssp. miyabei　（ゴマノハグサ科）
var. miyabei

高さ50 cm〜1 mの多年草／葉は対生し，長さ5〜12 cmの長卵形でやや厚く硬く，鋭い鋸歯と柄があり，裏面は短毛が密生して白く見える／花は穂状に密に多数つき，花冠は4深裂し長さ5 mmほど／蝦夷瑠璃虎尾／✽ 6/下〜8月，Ⅴ海岸の草地やれき地，◆北・本（北部），◉8.7，日高地方えりも町／変種**ヤマルリトラノオ**①は葉の裏面に毛がないかわずかにあり，山地に生える／◉6.30，日高山脈オムシャヌプリ

テングクワガタ　　　オオバコ科
ハイクワガタ　　　　　（ゴマノハグサ科）
Veronica serpyllifolia ssp. humifusa

高さ10～25cmの多年草。茎の下部は地面を這う／葉は対生し，葉身は長さ1～2cmの楕円形でやや厚みと光沢があり，3脈が目立って鋸歯はない／花序は長く腺毛があり，花が10～20個つく。花冠は花弁状に4深裂し，径5～7mm／天狗鍬形(果期のがくが兜の鍬形に似ることから)／❋6～8月，🌱山地～亜高山のやや湿った林内や草地，❖北・本(中部)，📷6.30，夕張岳／よく似た帰化種で基準亜種コテングクワガタはp.100

ヒヨクソウ　オオバコ科(ゴマノハグサ科)
Veronica laxa

高さ25～70cmの多年草。茎は軟毛が密生する／葉はきわめて短い柄で対生し，長さ2～3cmの卵形で，先がとがり軟毛が密生して鋸歯縁。葉腋から花序も上部が開いたU字形に対生する／花冠は花弁状に4深裂し，径6～8mm／比翼草(対生する長い花序の形から)／❋6/下～8月，🌱山地の明るい所，❖北(胆振地方・渡島半島)・本・四，📷6.30，胆振地方有珠山／近似種**カラフトヒヨクソウ**①は毛が少なく葉の基部は茎を抱く／🌱道端や空地，❖ヨーロッパ～サハリン，📷6.11，空知地方幌加内町添牛内

エゾノカワヂシャ　　　オオバコ科
Veronica americana　　　（ゴマノハグサ科）

茎の長さ30～50cmの無毛の多年草で，下部が地表を這い，分枝して上部が斜上する／葉は短い柄で対生し，長さ4～6cmの長楕円形で，やや厚く光沢があって浅い鋸歯縁／花は長い花序につき花冠は4深裂して径6mmほど。長さ1cm前後の柄がある／蝦夷川萵苣(食べられることから，川辺に生えるチシャの意味)／❋6～8月，🌱湿地や水辺，❖北，📷7.12，礼文島／同様な生育環境で葉柄のない帰化種**カワヂシャモドキ**が記録されている

オオイヌノフグリ　　オオバコ科
Veronica persica　（ゴマノハグサ科）
茎の長さ20〜40cmの1〜2年草で，下部は地面を這い，分枝して上部が斜上〜直立する。茎に軟毛がある／葉は下部で対生，上部で互生し，長さ1〜2cmの卵円形で低い鋸歯がある／花は上部の葉腋に1個ずつつき，花冠は4深裂して径8mmほど。裂片は下の1枚が小さい。花の柄は2〜3cmと長く，葉より上に出て咲く／果実は偏円形で中央が大きくへこみ，和名の由来となる①／大犬陰嚢，❋5〜7月，🌱道端や空地，畑地，土手，❖原産地は西アジア，📷5.7，札幌市真駒内

タチイヌノフグリ　　オオバコ科
Veronica arvensis　（ゴマノハグサ科）
茎は直立して毛があり，高さ10〜25cmの1〜2年草／葉は下部で対生し柄があって，上部で互生し無柄となる。葉身は卵形でわずかに鋸歯と毛がある／上部の葉腋に柄のない小さな花がつく。花冠は花弁状に4深裂し，径4mmほどで下の1裂片が小さい①。花は落ちやすい／立犬陰嚢／❋5〜7月，🌱道端や畑地の周辺，❖原産地はヨーロッパ，📷5.28，空知地方月形町／同属でヨーロッパ原産の**アレチイヌノフグリ**は茎の下部が地面を這い，花に長さ5mm余の細い柄がある

フラサバソウ　　オオバコ科
Veronica hederifolia　（ゴマノハグサ科）
茎は分枝して斜上または地表を這い，長さ10〜30cmになる越年草で長毛が散生／葉は下部で対生，上部で互生し，長さ2〜10mmの柄がある。葉身は長さ4〜10mmの卵円形で，先が大きく3つに裂けているものが多く，下部の葉は鋸歯状／花は葉腋から長い柄を出してつき，花冠は4深裂して径4〜5mm。がく裂片は三角状卵形で先がとがり，白い縁毛が目立つ①／フラサバ草(フランシェとサバチェという学者名から)／❋5〜6月，🌱道端や空地，❖原産地はヨーロッパ，📷6.4，伊達市有珠

エゾヒメクワガタ　　　オオバコ科
ハクトウクワガタ　　　（ゴマノハグサ科）
Veronica stelleri var. longistyla

高さ5〜20 cmの多年草。群生することが多い。茎は直立して株立ちとなり、白い軟毛がある／葉は5〜8対対生し、葉身は長さ1〜3 cmの広卵形で両面に毛があり、縁には少し鋸歯がある／花は茎の上部にまとまってつき、花冠は花弁状に4深裂して径1 cmほど、花色は白色〜淡紅色〜紫青色。花柱が長く、5〜7 mm／蝦夷姫鍬形／❋7〜8月，✿高山草地，❖北，◉7.20，十勝連峰上富良野岳

エゾクガイソウ　　　オオバコ科
　　　　　　　　　　　（ゴマノハグサ科）
Veronicastrum sibiricum var. yezoense

高さ1〜2 mの大型の多年草。茎は直立して分枝しない／葉は数段にわたって5〜10枚が輪生し、その様子からこの名がついた。葉身は長さ10 cm前後の狭長披針形で、先がとがり鋸歯縁で裏面に毛がある／長い花序が茎頂や上部の葉腋につき、多数の花が密につく。がくは5裂し、花冠は筒状で先が4裂し長さ7 mmほど。2本の雄しべと花柱が突き出る／果実は円柱形で種子は微小／蝦夷九蓋草／❋7〜8月，✿低地〜山地の明るい所，❖北・本(北部)，◉7.24，十勝地方足寄町

オオセンナリ　　　ナス科
Nicandra physalodes

高さ30〜80 cmの1年草。茎は無毛で稜があり分枝して枝を広げる／葉は互生し，葉身は長さ5〜10 cmの卵形で無毛，縁に不規則で大きな鋸歯がある／花は上部の葉腋に1個ずつつき，花冠は口の広い漏斗状で中心部が白く，長さ2 cm，径3 cmほど。がくは5深裂し，花後，生長して膜質となり，果実を包むホオズキ状となる①／果実は球形の液果で径1.5 cmほど／大千成／❋8〜9月，✿道端や空地，❖原産地は南アメリカ，◉8.29，札幌市中央区の市街地

305

ヤマホロシ　　　　　　　ナス科
ホソバノホロシ
Solanum japonense

茎はややつる状となって横に伸び，長さ1m以上になる多年草／葉は互生し，葉身は長さ3〜6cmの三角状狭卵形で，全縁か中裂片が特に大きく3裂するものが多い／長い柄でぶら下がるように数個の花がつき，花冠は5深裂して径1.5cmほど。裂片は反り返る／果実は径7mmほどの球形の液果で赤く熟す①／山裡／❈7〜9月，🌱山地の林内，❖北・本・四・九，🔵8.30，渡島地方八雲町熊石

オオマルバノホロシ　　　　ナス科
Solanum megacarpum

茎はややつる状となって伸び，長さ1mほどの多年草／葉は互生し，葉身は長さ4〜8cmの卵形〜狭卵形で先がとがり，縁に鋸歯はなく，長い柄がある／花は1〜2回分枝する集散花序につき，花冠は5深裂して径1〜1.2cm，裂片は反り返る／果実は楕円形の液果で径7〜10mm，長さ15mmほど①／大円葉裡／❈7〜9月，🌱低地〜山地の湿地やその周辺，❖北・本(中部・北部)，🔵9.14，釧路市釧路

ムシャリンドウ　　　　　　シソ科
Dracocephalum arguense

茎は直立または斜上して高さ15〜40cmになる多年草で，断面はほぼ四角。白い細毛がある／葉は対生し，長さ2〜6cmの広線形で，質は厚く光沢があり全縁。縁は裏面に巻き込む／花は穂状花序に密につき，花冠は長さ4cmほど。2唇形で上唇は2浅裂，下唇は3裂し大きな中裂片がさらに2浅裂する。がく裂片の先は鋭くとがる／武佐竜胆／❈7〜8月，🌱海岸近くの草地，❖北・本(中部・北部)，🔵7.15，十勝地方豊頃町

カイジンドウ　　　　　　　シソ科
Ajuga ciliata var. villosior
高さ30〜40cmの多年草。茎は断面が四角で白毛が密にある／葉は対生し、中部以上の葉身は長さ4〜8cmの卵形で、縁に不規則に大きく鈍い鋸歯が数個ある／花は茎の上部にやや輪生状につき、花冠は長さ1.8cmほど。2唇形の筒形で、上唇は小さく、大きな下唇は3裂し、中裂片が大きい。雄しべは4本／果実は4つに分かれる（4分果）／甲斐神頭／❉6〜7月, ❦低山の明るい林内, ❖北（網走以南）・本・九, ◉6.30, 札幌市藻岩山

キランソウ　　　　　　　　シソ科
ジゴクノカマノフタ
Ajuga decumbens
全体に毛が多く、茎は地面を這うように四方に伸び、断面は円形〜楕円形で四角くはない。節から発根しない／葉も地面を被うように広がり、葉身は長さ4〜6cmの倒披針形で、濃緑色でやや光沢があり、縁には粗く鈍い鋸歯がある／花は葉腋につき、花冠は2唇形で上唇はごく小さく、下唇は3裂し、大きな中裂片の先は2つに裂ける／金瘡小草／❉5月, ❦低地〜低山の林縁や人里付近, ❖北（渡島半島）・本・四・九, ◉5.20, 渡島地方福島町

ミソガワソウ　　　　　　　シソ科
Nepeta subsessilis var. subsessilis
高さ50cm〜1.2mの多年草。茎の断面は四角／葉は対生し、柄があって長さ6〜14cmの広卵形〜広披針形。先がとがり鈍い鋸歯縁／茎頂と葉腋に花穂をつくり、唇形花がつく。花冠は長さ2.2〜3cm, 筒部が長く下唇は3裂して中央裂片に濃色の斑点がある／味噌川草（木曽川の支流名から）／❉7〜9月, ❦山地の湿った斜面や沢沿い, ❖北・本・四, ◉7.18, 夕張岳／葉が円心形に近く、花が大きい型を変種**エゾミソガワソウ**と分ける見解がある

ウツボグサ　シソ科
カコソウ
Prunella vulgaris ssp. asiatica

茎は根元が曲がり，直立して高さ10〜30cmになる多年草で白い毛がある／葉は対生して長さ1〜3cmの柄があり，葉身は三角状長卵形で長さ2〜5cm／花は茎頂の長さ3〜6cmの穂につき，花冠は2唇形で長さ1.5〜2cm。上唇は兜状で下唇は3裂する。花後，根元から匍匐枝を出す／靫草／✹6〜8月，🌱低地〜山地の草地や道端，明るい所，❖北・本・四・九，◉7.11，礼文島／高地に生え，匍匐枝を出さない型を変種**ミヤマウツボグサ**という

ヤマハッカ　シソ科
Isodon inflexus

高さ40cm〜1mの多年草。茎は断面が四角で稜に下向きの毛がある／葉は対生し，葉身は長さ3〜6cmの広卵形で縁に粗い鋸歯があり，基部は細くなって柄の翼となる／花は茎頂や枝先の穂にまばらにつく。花冠は2唇形で長さ7〜9mm。上唇は4裂して立ち上がり，下唇は2裂して前に突き出て内側に巻く。香りはほとんどない／山薄荷／✹8〜9月，🌱野山の林縁や草地，❖北・本・四・九，◉9.8，札幌市真駒内

クロバナヒキオコシ　シソ科
Isodon trichocarpus

茎は直立または弓なりになり，高さ50cm〜1.2mの多年草で，茎の断面は四角い／葉は柄があり，対生して長さ6〜15cmの三角状広卵形〜披針形。先はとがり鋸歯縁／花は散房花序にまばらにつき，花冠は長さ9〜11mmの2唇形で，上唇は4裂して立ち上がり，下唇は舟形で前に突き出る①。がくは筒状で5裂し，油脂質の腺点が密にある／黒花引起（由来はp.108のヒキオコシ参照）／✹8〜9月，🌱山地の林縁や沢沿い，❖北（留萌地方以南）・本（北部），◉9.13，後志地方尻別岳

ナミキソウ　　　　　　　　シソ科
Scutellaria strigillosa

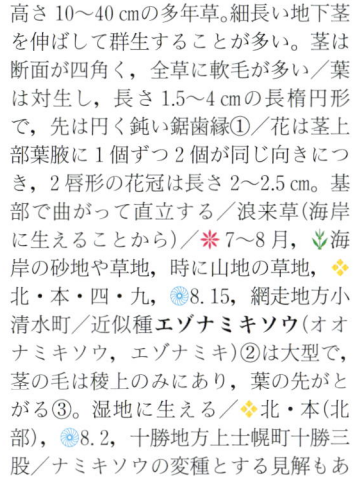

高さ10〜40cmの多年草。細長い地下茎を伸ばして群生することが多い。茎は断面が四角く、全草に軟毛が多い／葉は対生し、長さ1.5〜4cmの長楕円形で、先は円く鈍い鋸歯縁①／花は茎上部葉腋に1個ずつ2個が同じ向きにつき、2唇形の花冠は長さ2〜2.5cm。基部で曲がって直立する／浪来草(海岸に生えることから)／❋7〜8月，🌱海岸の砂地や草地、時に山地の草地，✤北・本・四・九，◉8.15，網走地方小清水町／近似種**エゾナミキソウ**(オオナミキソウ，エゾナミキ)②は大型で，茎の毛は稜上のみにあり，葉の先がとがる③。湿地に生える／✤北・本(北部)，◉8.2，十勝地方上士幌町十勝三股／ナミキソウの変種とする見解もある

エゾタツナミソウ　　　　　　シソ科
Scutellaria pekinensis var. ussuriensis

高さ15〜40cmの多年草。地下茎があり，茎の断面は四角い／葉は長い柄があって対生し，葉身は長さ2〜4cmの卵状三角形で，ほとんど無毛で鋸歯縁／花は茎上部に穂状につき，花冠は筒部が長い2唇形で長さ2cmほど。腺毛が密生し，白い下唇が扇状に開く／蝦夷立浪草／❋6〜8月，🌱山地の林内，✤北・本(中部・北部)，◉7.9，日高山脈北部／変種**ヤマタツナミソウ**は葉の両面に毛がある

ハッカ　　　　　　　　シソ科
メグサ
Mentha canadensis

地下茎から地上茎を立てて高さ20cm〜1mになる芳香のある多年草。茎の断面は四角い／葉は対生して長さ4〜7cmの狭卵形〜卵形で，先がとがり鋸歯縁。裏面に腺点がある／花は上部の葉腋に球状にかたまってつき，花冠は長さ4〜5mm。白毛があり先が4裂する。がくは筒状で先が鋭く5裂して腺点と毛がある／薬用植物で栽培もされている／薄荷／✹7〜9月，⚘低地〜山地の湿った草地，❖北・本・四・九，◉9.19, 空知地方長沼町

カリガネソウ　　　シソ科(クマツヅラ科)
Tripora divaricata

高さ1m前後の，異臭がする多年草。全体に短毛が密生し，茎は断面が四角い／葉は柄があって対生し，葉身は長さ5〜12cmの卵形〜広卵形で，先がとがり縁に鋸歯がある／花は茎頂や葉腋から出る花序にまばらにつき，花冠は先が2唇形に大きく開く筒形で全長2cm，筒部8mmほど。雌しべと4本の雄しべが上唇に沿って突出し，大きく湾曲する。下唇は前に突き出て濃色の斑点がある／雁金草／✹8〜9月，⚘山地の林縁，やや開けた所，❖北・本・四・九，◉9.8, 札幌市真駒内

ノムラサキ　　　　　ムラサキ科
Lappula squarrosa

高さ15〜50cmの1年草／葉は柄がなく互生し，葉身は長さ2〜5cmのへら形で，茎同様上向きの毛がある／巻いた状態の花序は花が下から咲くに従い真っ直ぐに伸びていく。花は苞葉と反対側の節間につき，花冠は浅く5裂して径2〜3mm。がくは5深裂して花の柄とともに粗い毛が密生する／果実は4つに分かれて先が鉤状になった刺が2〜4列並ぶ／野紫／✹6〜7月，⚘道端や空地，❖原産地はアジア〜地中海地方，◉6.29, 小樽市第3埠頭

エゾルリムラサキ　　　　ムラサキ科
Eritrichium nipponicum var. albiflorum
f. yesoense
高さ10〜25 cmの多年草。全体に灰白色の剛毛が密生する／根出葉は線状披針形で多数が重なり合うようにつき，長さ3〜6 cm。茎葉は10個前後つき，柄はなく披針形で長さ1.5〜3 cm／花は総状花序につき，花冠は5裂して径1 cmほど。のど部に黄色い付属体がある。白色の個体も少なくない／蝦夷瑠璃紫／❀7〜8月，🌱亜高山〜高山の岩れき地，❖北，☀7.6，日高地方アポイ岳／基本種ミヤマムラサキは全体小型で花の径7〜8 mmとされ，本州中部に分布

エゾムラサキ　　　　ムラサキ科
Myosotis sylvatica
高さ20〜40 cmの多年草。全体に粗い毛が多い／根出葉は長さ2〜6 cmの線状披針形。茎葉は長さ2〜4 cmの長楕円形で，基部は茎を抱く／花は巻いた花序を伸ばしながら咲き，花冠は5裂，裂片は平開して径5〜8 mm。がくは5深裂して鉤状の毛がある／蝦夷紫／❀5〜7月，🌱山地の湿った所，沢沿い，❖北・本(中部)，☀5.10，日高地方新ひだか町静内御園／近似種**ワスレナグサ**(ノハラワスレナグサ)①はやや大型でがくに鉤状の毛はなく，伏毛が密生する②／🌱道端や空地，水辺時に水中，❖原産地はヨーロッパ，☀5.20，札幌市／**ノハラムラサキ**③は1〜2年草で，花は小さく径2〜3 mm。裂片は平開せず斜めに開く。がくの基部付近に鉤形の毛がある④／❖原産地はヨーロッパ，☀5.13，札幌市→ノムラサキ(p.310)

311

エゾルリソウ　　ムラサキ科
Mertensia pterocarpa

高さ10〜30cmの多年草／葉は互生し，下部の葉には長い柄がある。葉身は長さ2.5〜7cmの広卵形〜長楕円形で先がとがり，単子葉植物のような脈が走って，茎とともに白みをおびる／花は茎頂の花序から垂れ下がり，花冠は長さ8〜12mmの筒状で，先が浅く5裂するが裂片は平開しない。咲き始めは淡紅色をおびる①／蝦夷瑠璃草／❋7〜8月，🌱高山れき地や浅い草地，❖北，◉7.20，十勝連峰オプタテシケ山

ハマベンケイソウ　　ムラサキ科
Mertensia maritima var. asiatica

茎は分枝して地表を這い，長さ1mほどになる無毛の多年草。全体に粉白色をおびる／葉は厚く肉質で長さ3〜8cmの長楕円形〜倒卵形〜広卵形。全縁で先は円いか突端状にとがる／花は茎頂や枝先から垂れ下がり，花冠は長さ1〜1.3cmの筒状で，先が少し広がり5裂するが裂片は開かない。咲き始めは淡紅色をおびる。雄しべは5本／果実は4分果／浜弁慶草／❋7〜8月，🌱海岸の砂地，❖北・本(北部)，◉7.13，礼文島

ホタルカズラ　　ムラサキ科
Lithospermum zollingeri

高さ15〜25cmの多毛な多年草／葉は互生し，倒披針形〜へら形で長さ2〜6cm／花冠は花弁状に5深裂して径1.8cmほど。裂片は平開し，中央に毛が密生した白い筋がある。雄しべは5本。花後，長さ1m近い匍匐枝を伸ばし，そこに翌年の新しい株ができる／蛍蔓(花の色を蛍の光にたとえた)／❋5〜7月，🌱低地〜低山の草地や林縁，❖日本全土(北海道は西南部)，◉6.2，渡島地方松前町／ムラサキ(p.101)と同属の植物

オニルリソウ ムラサキ科
Cynoglossum asperrimum
高さ50cm〜1mの2年草。全体に粗い剛毛がある。茎は分枝し，枝はやや水平に伸びる／葉は互生し，長さ5〜15cmの長楕円状披針形で両端はとがり，下部の葉には柄がある／枝先の花序に花はまばらにつき，花冠は5裂して径3〜4mm①。がくは5裂して長さ2mmほど／果実は4分果で先が鉤状になった毛が密生して動物や衣服について運ばれる②／鬼瑠璃草／✻7〜8月，↓山地の林内や林縁，草地，❖北・本・四・九，❀7.29，空知地方浦臼町

シベナガムラサキ ムラサキ科
Echium vulgare
茎は直立して高さ50cm〜1mになる越年草。全体に白い剛毛がある／根出葉は長さ10cmほどの倒披針形で柄がなく，葉脈は主脈だけが明瞭。茎葉はへら形／花は葉腋から出る短く巻いた花序につき，花冠は長さ1〜2cmの筒状の漏斗形で先が5裂し，雄しべ5本と雌しべが花冠から長く突き出る①／蕊長紫／✻6〜8月，↓道端や空地，耕地の縁，❖原産地はヨーロッパ，❀7.3，苫小牧市

ヒメツルニチニチソウ キョウチクトウ科
ウィンカ，ビンカ
Vinca minor
茎は分枝して地表を這い，長さ60cm前後になる常緑性の半低木。花をつける茎はやや立ち上がる／葉は対生し，長楕円形で質は硬く，厚みと光沢があり，先がとがってほぼ無柄／花は葉腋に1個つき，花冠は筒状で先が5裂して裂片は巴状に平開し，径4cmほど。がく裂片は無毛／姫蔓日々草／✻5〜7月，↓道端や空地，❖原産地はヨーロッパ，❀5.22，札幌市／同属の**ツルニチニチソウ**のがく裂片は有毛，葉は卵形〜広卵形で有柄

チョウジソウ　　キョウチクトウ科
Amsonia elliptica

茎は直立し高さ40〜80cmの無毛の多年草／葉は互生し，葉身は長さ6〜10cmの長楕円状披針形で，全縁で先は鋭くとがり，柄はほとんどない／花は茎の上部に集散状につき，花冠は筒状で先が5深裂し，裂片は線形で大きく開いて径1.3cmほど。がくも5深裂する。花形がフトモモ科のチョウジに似るからこの名がついた／果実は円柱状の袋果で，長さ3〜7cm／丁字草／❋6〜7月，低地の草地や林内のやや湿った所，北(空知地方以南)・本・九，6.9，美唄市上美唄

エゾノハナシノブ　　ハナシノブ科
エゾノハナシノブ
Polemonium caeruleum ssp. yezoense var. yezoense

高さ35〜70cmの多年草／葉は互生し，奇数羽状複葉で小葉は19〜25枚。披針形で長さ3cmほど／花序と花の柄，がくには腺毛がある。花冠は花弁状に5深裂して径3cmほど，裂片の先はわずかにへこむ。がくも5深裂し，裂片は狭披針形で長さは幅の3〜6倍，子房の乗る花盤に5歯がある／蝦夷花忍(忍はシダの意味で，葉がシダに似ていることから①)／❋6〜7月，道央の山地岩場やその周辺，6.13，札幌市豊平峡／よく似た花が多く区別点は次の通りだが，判別し難い個体もある／変種**ミヤマハナシノブ**②は花冠裂片の先は突起状にとがり，花盤は波状に浅裂。道央〜西部に産する／6.2，日高山脈ピセナイ山／花序や茎が無毛であればその品種**ヒダカハナシノブ**／亜種**カラフトハナシノブ**③は花冠裂片の先はとがらず，がくは中裂し，礼文島に産する／6.15，礼文島／その品種**レブンハナシノブ**は花序が詰まった型／**クシロハナシノブ**④は亜種**キョクチハナシノブ**の変種で繊細な湿原型。道東に産する

フデリンドウ リンドウ科
Gentiana zollingeri
高さ5〜10cmの2年草。茎に稜と微細な突起がある／地表にロゼットをつくらず茎葉は対生し、葉身は厚く肉質。長さ5〜15mmの卵形〜広卵形で柄がなく先がとがる。裏面は紅紫色／花冠は長さ18〜25mmで先が5裂し径15mmほど。裂片間に小さな副片がある。がく筒も5裂し、裂片の先は鋭くとがる／緑色の苗の状態で越冬する／筆竜胆（茎と花の様子を筆に見たてた）／❋5〜6月，野山の日当たりのよい所，北・本(中部・北部)，5.26，札幌市真駒内保健保安林

ミヤマリンドウ リンドウ科
Gentiana nipponica
高さ5〜15cmの多年草。地表を這う茎から花茎を立ち上げる／葉には柄がなく対生して、葉身は長さ5〜12mmの広披針形〜狭卵状長楕円形で先はとがらず、やや厚く光沢がある／花は1〜数個つき、花冠は長さ1.5〜2.2cm。先が5裂して裂片は副片とともに平開し、先はとがる。がく裂片の先はとがらない／深山竜胆／❋7〜9月，高山の湿った草地や湿原，北・本(中部・北部)，8.2，日高山脈北戸蔦別岳

リシリリンドウ リンドウ科
クモマリンドウ
Gentiana jamesii
高さ5〜12cmの多年草。茎の下部は地面を這い、しばしば分枝する／葉は柄がなく対生して葉身は長さ7〜15mmの広披針形〜長楕円形で全縁。質はやや厚く光沢がある／花は少数つき、花冠は長さ2.5cm。先は5裂して裂片は平開するが、三角形の副片は内側に折れてのど部をふさぐ。がく裂片は反り返る／利尻竜胆／❋7〜8月，高山の湿った草地。利尻山、大雪山系、夕張岳に産す，7.23，大雪山高根ヶ原

タテヤマリンドウ　　　リンドウ科
Gentiana thunbergii var. minor
高さ5～15cmの無毛の2年草／根出葉はロゼット状で花時も残り，長さ1.5～2cmの卵形～狭卵形で，先がとがり全縁。茎葉は細く小さく2～3対つく／花冠は長さ1.5～2cmで先は5裂し，裂片は副片とともに斜開する。副片の先は細かく裂けている。花色は白色～淡青紫色。がく筒は長さ8mmほどで先が5裂し，裂片は三角状披針形／立山竜胆／❋5～6月，🌿低地の湿原，湿地，❖北(西部)・本(中部・北部)，✻5.28，空知地方月形町

エゾリンドウ　　　リンドウ科
Gentiana triflora var. japonica
高さ30～90cmの変異の多い多年草／葉は柄がなく対生し，葉身は披針形で長さ6～10cm，幅1～2.5cm。全縁で先がとがる。裏面は白っぽい／花は茎頂と上部の葉腋に数個ずつつき，花冠は筒状で長さ4～5cm。先は5裂して裂片は好条件下で斜開し，径2cmほど／蝦夷竜胆／❋9～10月，🌿低地～山地の草地，❖北・本(中部以北)，✻9.4，釧路地方浜中町／品種**エゾオヤマリンドウ**①は亜高山～高山に産し，丈が低く少数の花がほとんど茎頂につく／✻9.11，標津山地西別岳／品種**ホロムイリンドウ**②は湿原型で葉は細く幅1cm以下。少数の花がほとんど茎頂につく／✻9.5，北見山地浮島湿原

ヨコヤマリンドウ　　　リンドウ科
Gentiana glauca

高さ3〜12cmの多年草。同じ株から暗紫色の有花茎と無花茎を出す／葉は数対つき、柄はなく、互いに基部で合着して短い鞘をつくる。葉身は長さ1.5cm前後の楕円形〜長楕円形。先はとがらず全縁で厚みとつやがあり、白みをおびる／花は1〜7個つき、花冠は長さ1.5cmほどで先は浅く5裂するが、裂片はほとんど平開せず、好条件下でわずかに開く。写真はその状態／横山竜胆／✽7〜8月、🌱高山のれき地や薄い草地。大雪山に産する、❄7.19、大雪山比布岳

ツルリンドウ　　　リンドウ科
Tripterospermum japonicum var. japonicum

茎は地面を這ったり他の物に絡み、長さが40cm〜1mになるつる性の多年草／葉は対生し、葉身は長さ3〜8cmの三角状卵形で先がとがり全縁。3脈が目立つ／花冠はラッパ形で長さ3cmほどで先が5裂し、径2cmほど／果実は長さ1.5cmほどの俵形の液果で、赤く熟す／蔓竜胆／✽7/下〜10月、🌱低地〜山地の林内、✦北・本・四・九、❄9.27、樺戸山地浦白山／高山型の変種**テングノコヅチ**は茎が地表を這い、短く根元からよく分枝し、花が小さく、がく裂片が線状披針形とされるが、中間型が多い

ホソバノツルリンドウ　　　リンドウ科
Pterygocalyx volubilis

茎は細く他の物に絡みついて伸びる、長さ40〜80cmほどのつる性の1年草／葉は柄がなく対生し、葉身は薄く長さ2〜4cmの広披針形〜線状披針形、全縁で先がとがる／花は葉腋から出る長い柄につき、花冠は長さ3〜3.5cmで先が4つに裂ける。花色は白色〜淡青紫色。がく筒は長さ1.5〜2cmで目立つ4稜があり、先は4つに裂ける／果実は蒴果で長さ約1cm／細葉蔓竜胆／✽9〜10/上、🌱山地の林内、✦北・本・四、❄9.30、札幌市藻岩山

チシマセンブリ リンドウ科
Swertia tetrapetala ssp. tetrapetala
高さ10〜30cmの2年草。茎の断面は四角い／葉は柄がなく対生し，葉身は三角状披針形で長さ2〜3.5cm／花は茎頂や上部の葉腋につき，花冠は花弁状に4深裂して径1cmほど。裂片に濃色の斑点があり，中央に長楕円形の蜜腺溝がある①／千島千振／✼8〜9月，🌱海岸〜山地の草地や蛇紋岩地帯，❖北・本(中部・北部)，☀8.27，日高地方アポイ岳／高山に生え，丈が低く蜜腺溝が短い型を変種**エゾタカネセンブリ**と分ける見解もある

チシマフウロ フウロソウ科
Geranium erianthum
高さ20〜50cmの多年草。茎はよく分枝して葉柄とともに下向きの伏毛が密生する。葉は掌状に深く5〜7裂し，裂片はさらに切れ込んで先がとがる／花は茎頂の集散花序に集まってつき，径2.5〜3cm。花弁は5枚で柄に屈毛が密生し①，がく片には長毛が密生して腺毛も混じる／果実は棒状で長さ3cmほどで，皮が下から巻くように割れる／千島風露／✼6〜8月，🌱海岸(道東・道北)〜高山の草地，❖北・本(北部)，☀7.19，胆振地方徳舜瞥山／花色が淡い型を品種**トカチフウロ**②という／近似種**エゾグンナイフウロ**③は葉の切れ込みが深く，裂片の先は鋭くとがる。茎や葉柄，花柄，がく片に腺毛が密生する④／🌱道内山地の岩場やその周辺，☀6.14，札幌市豊平峡

エゾノタチツボスミレ　　スミレ科
Viola acuminata

高さ20〜40 cmの多年草。地上茎のある変異の多いスミレ／葉は心形で数枚つき，上部の葉ほど大きく長さ1.5〜5 cm。柄の基部に櫛歯状に裂けた長さ3 cmほどの托葉がある／花は径1.3〜2 cmで花弁は5枚あり，側花弁内側に白い毛がある。距は白く短く長さ2〜3 mm。花色は淡紫青色〜白色。白花では花弁が円い傾向がある①／蝦夷立壺菫／❋5〜6月，🌱山地の明るい林内や草地，原野，◆北・本(岡山以北)，◉6.14，十勝地方上士幌町

タチツボスミレ　　スミレ科
Viola grypoceras

高さ5〜15 cmで花後さらに大きくなる多年草。地上茎のあるスミレ。茎や葉柄は無毛か短毛が生える／葉は長さ2〜4 cmの心形で，葉柄基部に櫛歯状に裂けた托葉がある／花柄は葉腋と根元から出る。花は径1.5〜2 cmで花弁は5枚あり，側花弁内側には毛がない。距はやや細く，長さ5〜8 mmで紫色①／立壺菫／❋5〜6月，🌱低地〜山地の明るくやや乾いた所，◆日本全土，◉5.10，札幌市／近似種**オオタチツボスミレ**(クサノスミレ)②はやや大型で高さ15〜25 cm。葉は円みが強く，花柄は茎頂や葉腋から出て根元からは出ない。唇弁の距は白色③／托葉はより幅が広く裂け方は浅い④／❋4/下〜6月，🌱低地〜山地の林内や谷間，◆北・本・四・九(福岡)，◉5.16，札幌市砥石山

ナガハシスミレ　　　スミレ科
テングスミレ
Viola rostrata

高さ10〜20cmの多年草。地上茎のあるスミレで、花以外はタチツボスミレ(p.319)に似る／葉は長さ2〜5cmの心形で、やや厚く、つやがある。葉柄基部の托葉は櫛歯状に裂ける。花時、越冬した濃緑色の根出葉が残る／花柄は葉腋と根元から出る。花は径1.5cmほどで花弁は5枚あり、側花弁に毛はなく、唇弁の距は長く2cm前後あって後ろ上方に突き上げる／長嘴菫／✳4〜5月，🌱低山の明るい樹林下，◆北(西南部・浜頓別)・本(島根以北)・四，✲5.8，檜山地方厚沢部町

イソスミレ　　　スミレ科
セナミスミレ
Viola grayi

高さ5〜20cmの多年草。地上茎のあるスミレで太く丈夫な地下茎があり、大きな株となることが多い／葉は長さ1.5cm前後の心形で厚みと光沢があり、表側に巻く。托葉は櫛歯状にやや浅く裂ける／花柄は葉腋から出るが、茎が短く根元から出るように見える。花は径2〜2.5cmで花弁は5枚あり、円みが強いので重なり合って咲く。側花弁に毛がなく、距は太くて短く白い／磯菫／✳5月，🌱海岸の砂浜，◆北(南西部)・本(鳥取以北)，✲5.23，石狩市はまなすの丘公園

オオバタチツボスミレ　　　スミレ科
Viola langsdorfi var. sachalinensis

高さ30cmほどの多年草／葉は長さ3〜7cmの円心形で質は軟らかく、波状の鋸歯がある／花は径2〜3cmと大きく花弁は5枚ある。全体に濃色の筋が入り、側花弁には白毛があって距は短い。側がく片の先は鋭くとがる／大葉立壺菫／✳5〜7月，🌱低山〜山地の湿地, 湿原，◆北・本(中部以北)，✲6.22，増毛山地雨竜沼／知床山系には従来高山型の変種とされていた別種**タカネタチツボスミレ**を産し、側がく片の先がとがらない

アイヌタチツボスミレ　　　スミレ科
Viola sacchalinensis

高さ5〜15cmの多年草。地上茎があるスミレ／葉は心形で、裏面は紫色をおびることがある。葉柄基部に浅く櫛歯状に裂けた托葉がある／花は径2cmほどで花弁は5枚あり、側花弁内側には白い毛が密にある。唇弁の距はやや長く白色。花弁の形に変異がある①／アイヌ立壺菫／❋5〜6月、山地のれき地や草地、明るい林内、北・本(中部以北)、5.20、紋別市、①5.26、礼文島／**アポイタチツボスミレ**②は超塩基性岩地帯に見られる品種で、全体に紫色をおび、葉は表面に光沢がある濃緑色、裏面は紫色で表側に巻く。超塩基性岩地帯から外れるに従い形質は基本種に近くなる／日高地方アポイ岳、日高山脈北部、夕張岳、道北の蛇紋岩地帯では多産、5.27、アポイ岳

ミヤマスミレ　　　スミレ科
Viola selkirkii

高さ3〜10cmの多年草。地上茎がないスミレで、地下茎が伸びて群生することが多い／葉は長さ2〜4cmの心形で、縁は波状の鋸歯となって先が摘んだようにとがる／花は径1.5〜2cmで花弁は5枚あり、側花弁基部に毛はなく、唇弁の距はやや長い円筒形で長さ6〜8mm／深山菫／❋5〜6月、低地〜亜高山の林内や林縁、北・本・四、5.21、札幌市手稲山／葉の表面葉脈に沿って白い斑が入る型を品種**フイリミヤマスミレ**①といい、葉の裏面は紫色をおびることが多い。針葉樹林下ではこの型を見ることが多い／5.14、檜山地方江差町

ニオイタチツボスミレ スミレ科
Viola obtusa
高さ5〜15cmの多年草。地上茎のあるスミレだが花期には無茎のように見える／葉は長さ2〜4cmの心形で先はあまりとがらず、柄の基部に櫛歯状に裂けた托葉がある／花柄は根元から出るものが多く、微細な毛が密生する。花は径1.5〜2cmで花弁は5枚あり、円みが強く重なり合うように咲き、中心部の白と周囲の色のコントラストが強い。側花弁基部は無毛。唇弁の距はやや太く、淡紫色。条件により芳香がある／匂立壺菫／❋5月、🌱明るい林内や草地、❖北（南部）・本・四・九、◉5.25、函館市五稜郭

イブキスミレ スミレ科
Viola mirabilis var. subglabra
高さ8〜12cmの多年草。地上茎のあるスミレだが開花初期は無茎に見える／葉は心形で、質は薄く葉柄基部の托葉は広線形で切れ込みはない／花は径1.5〜2cmで花弁は5枚あり、側花弁基部は無毛、時に有毛。距は長さ5〜7mmで白い。開花後、茎が伸びて先に対生した葉と閉鎖花か開放花をつける／伊吹菫／❋5月、🌱低山の明るい林内、❖北（日高地方）・本（広島以北）、◉5.19、日高地方日高町門別

タニマスミレ スミレ科
オクヤマスミレ
Viola epipsiloides
高さ5〜10cmの多年草。地上茎のないスミレで地中浅く伸びる細い地下茎から葉柄や花柄を出す／葉は長さ2〜5cmの円みのある心形で、質は軟らかくつやがなく葉脈がへこんで無毛／花は径1.5cmほどで花弁は5枚あり、側花弁基部に白毛がある。距は短く袋状／谷間菫／❋6月〜8/上、🌱❖道内の山地〜高山の湿地や湿原に局所的、◉8.3、大雪山高原温泉

スミレ　　　　　　　　スミレ科
Viola mandshurica

高さ5～20cmの多年草。地上茎のないスミレ／葉は何枚も根元から出,長さ3～9cmの細長いへら形～鉾形で有毛または無毛。先はとがらず柄に顕著な翼がある／花は径2cmほどで花弁は5枚あり,側花弁基部は有毛。唇弁中央部は白地に紫色の筋が入る。距は長さ4～7mm／菫／❋5～6月,🌱海岸～低山の陽地,❖北・本・四・九・屋久島,🔹5.28,札幌市藻岩山／変種アナマスミレは日本海岸に生え,葉は厚く光沢があり,表側に巻く

スミレサイシン　　　　スミレ科
Viola vaginata

高さ5～15cmの多年草。地上茎のないスミレで太い根茎がある。葉柄と花柄,葉脈は暗紫色をおびる／葉は先が細くとがった心形で長さ5～8cm。開花時にまだ開き切らず,花後さらに大きくなる。花は径2～2.5cmで花弁は5枚あり,側花弁基部は無毛。唇弁中央部は白地に紫色の筋が入る。距は短く袋状①／菫細辛／❋4～5月,🌱山地の湿った林内,❖北(主に西南部)・本・四,🔹5.5,札幌市砥石山

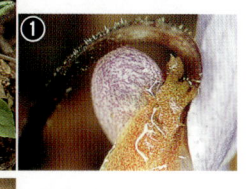

サクラスミレ　　　　　スミレ科
Viola hirtipes

高さ8～15cmの多年草。地上茎のないスミレ／葉は三角状長卵形で長さ5～8cm。柄には翼がなく,開出する毛が多い／花は大きく径2.5cmほど。花弁は5枚あり,上弁2枚が大きく,先端が桜の花弁のようにへこむ個体があり,和名の由来とされるが,へこみ方は浅い①／側花弁基部には白い毛が密生する。距は長さ6～9mm／桜菫／❋5月～6/中,🌱低地～低山の明るい林下や林縁,❖北・本・四・九,🔹5.26,渡島地方恵山

323

アカネスミレ　　　スミレ科
Viola phalacrocarpa

高さ5～10cmの多年草。地上茎のないスミレ。全体に毛が多い／葉は三角状卵形だが変異が多く、長さ2～5cm。先はとがらず、毛と鋸歯がある／花は径1.5cmほどで花弁は5枚あり、側花弁基部に白い毛が密生する。唇弁の距は細くて長く、長さ6～9mmでふつう有毛、時に無毛。子房にも毛がある／茜菫／✽5月～6/上，野山の日の当たる所，北(上川地方以南)・本・四・九，5.26，札幌市藻岩山

アオイスミレ　　　スミレ科
ヒナブキ
Viola hondoensis

高さ3～8cmの小型の多年草／根元から新葉が筒状に巻いて出る。葉身は長さ2～3cmの円形～円心形で、花後は5～8cmと大きくなる。裏面は毛が密生／花は径1～1.5cm，花弁は5枚あり，基部に少し毛がある側花弁が前に突き出るようにして咲く。唇弁の距は短い。白花も多い／花後，匍匐枝を伸ばして新苗をつくる／果実は球形で種子に蟻の好む種枕がつく／葵菫／✽4～5月，低山の林内や林縁，北・本・四・九，4.17，札幌市白川市民の森

エゾアオイスミレ　　　スミレ科
マルバケスミレ
Viola collina

高さ3～10cmの多年草。上のアオイスミレに似るが越冬する葉はなく，匍匐枝は出さない／葉は先がとがった円心形で長さ2cmほど。柄とともに毛が密生する。花後大きくなるが5cmほど／花は径1.4cmほどで2枚の上弁が後ろに反り，側弁と唇弁が前に突き出る形で咲くことが多い。側弁基部に毛がある。白花も割合ある／蝦夷葵菫／✽4/中～5月，山地～亜高山の陽地。蛇紋岩地帯に多い，北・本(中部以北)，4.23，渡島地方七飯町

コスミレ　　　　　　　スミレ科
Viola japonica
高さ3～10 cmの多年草。地上茎がないスミレ／葉は長さ2～5 cmの長卵形～長三角形で表面は灰色をおび、濁った緑色。縁には低い鋸歯が並ぶ／花は径1.5～2 cmで花弁は5枚あり、側弁は基部から開き毛はない。唇弁は白っぽく紫色の筋が目立つ。道内では閉鎖花をつける個体がほとんど／小菫／✹4/中～5/中，🌱低地の明るい所や林内，❖北(南部)・本・四・九，◉5.3，函館市見晴公園／北海道では二次的に生えた可能性がある

ニオイスミレ　　　　　スミレ科
Viola odorata
高さ5～15 cmの多年草。地表に匍匐枝を伸ばしながら新苗をつくって群生する／葉は長さ2～5 cmの円心形で両面に短毛が密生する。托葉は長三角形で縁に腺毛がまばらにある／花は径1.5～2 cmで花弁は5枚あり、側弁基部に毛が少しあって唇弁の距は長さ4～5 mm。花は濃色で香りがある／果実は球形で、種子には大きな種枕がある／匂菫／✹4月～5/上，🌱道端や空地，❖原産地はヨーロッパ～西アジア，◉4.19，札幌市北大構内

ヤブマメ　　　　　　　マメ科
Amphicarpaea bracteata ssp. edgeworthii var. japonica
茎は他の物に絡んで伸び、長さが1 m近くになるつる性の1年草。茎や葉柄、葉，花軸に伏毛がある／葉は3出複葉で小葉は卵形～広卵形／花(開放花)は花序に数個つき、長さ1.5～2 cmの蝶形花。別に小さな閉鎖花が葉腋について莢状に結実する①／地表近くの葉腋からは長い枝が地中に伸びて「落花生」が結実する②／道内のは変種ウスバヤブマメとする見解もある／藪豆／✹8～9月，🌱野山の草地や林縁，❖北・本・四・九，◉8.21，胆振地方昆布岳

325

ムラサキモメンヅル　マメ科
Astragalus laxmannii var. adsurgens

茎は地表を這い上部が立ち上がり長さ10〜60cmになる多年草／葉は奇数羽状複葉で長さ5〜15cm。小葉は17〜21枚あり，狭長楕円形で粉白色をおび，長さ1〜2.5cm。托葉は披針形で2枚の基部が合着する／花は長さ2〜5cmの総状花序に10〜20個斜め上を向いてつき，蝶形花の竜骨弁の先はとがらない／果実は莢状で長さ1cmほどで上を向く／紫木綿蔓／✵6/下〜8月，🌱山地〜亜高山のれき地，❖北(後志地方・渡島半島)・本(中部・北部)，◉6.28，後志地方大平山

ムラサキウマゴヤシ　マメ科
アルファルファ
Medicago sativa

高さ30cm〜1mの多年草／葉は3出複葉で小葉は長さ1〜3cm，上部に数対の鋸歯がある／花は10〜20まとまってつき，長さ8〜11mmの蝶形で，竜骨弁の先はとがらない。がくは深く5裂して裂片は線状に細く，先は針状に鋭くとがる。花色は紅紫色①〜青紫色，時に白色②／果実は1.5〜3回螺旋状に巻いて扁平，径4〜6mm／紫馬肥／✵6〜8月，🌱道端や空地，土手，河原，❖原産地は地中海地方〜西アジア，◉6.29，小樽市第3埠頭

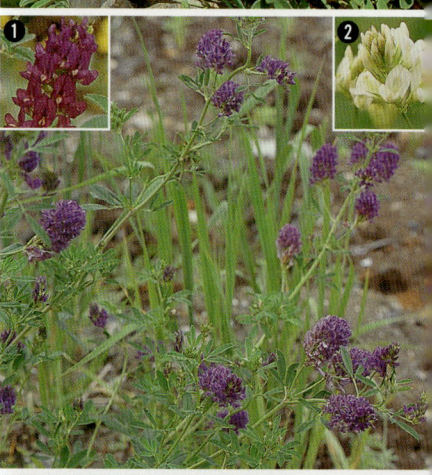

レブンソウ　マメ科
Oxytropis megalantha

高さ10〜25cmの多年草。全体に白い縮毛が多い。太い根茎から多数の葉と2〜3本の花序を出す／葉は奇数羽状複葉で長さ5〜8cm。小葉は8〜11対，長さ1〜2cmの卵状狭長楕円形〜卵状広披針形で裏面に毛が密生する／花は総状に5〜15個つき，長さ2cmほどの蝶形花で，旗弁の先は円い。がくは長さ1cmほどで長白毛が密生し，歯は三角形／長さ2cmほどの豆果には黄褐色の毛が密生する／礼文草／✵6〜7月，🌱❖礼文島のれき地や草地。礼文島の固有種，◉6.10，礼文島

エゾオヤマノエンドウ　　マメ科
Oxytropis japonica var. sericea

高さ10cm以下の多年草。根が太く木質化する。茎は長さ5～10cm／葉は数個が根生し長さ2～5cm。奇数羽状複葉で小葉は4～7対つき,長さ5～10mmで両面に白い絹毛が密生する／花は茎頂にふつう2個つき,長さ17～20mmの蝶形花で旗弁が特に大きく,白い斑が目立つ／大きな袋状の莢の豆果は長さ3～4cmある①／蝦夷御山豌豆(御山は石川県の白山を指す)／❇7月～8/上,🌱❖大雪山の砂れき地や風衝草地,📷7.13,大雪山／本州に分布するオヤマノエンドウの変種とされる

ヒダカゲンゲ　　マメ科
Oxytropis revoluta

高さ10cm前後の多年草／葉は奇数羽状複葉で小葉は4～7対あり,長さ1cmほどで幅2～3mm／花は茎頂に1～4個つき,長さ1.5～2cmの蝶形花で,がくには黒い毛がある①／果実は長さ1.3～2cmの豆果で長さ4～8mmの柄がある／日高蓮華／❇6/下～8/上,🌱❖日高山脈北部～中部高山帯の草地やれき地,📷7.21,カムイエクウチカウシ山／近似種**ヒダカミヤマノエンドウ**②は日高山脈北部に産し,がくに白い毛がある③。小葉は5～8対あり,表面と縁に黄褐色の粗い毛が密生する／7.15,ピパイロ岳／これと同種とされていた近似種**マシケゲンゲ**④は増毛山地に産し,小葉は8～13対あり,表面はほぼ無毛で裏面に伏毛がある。旗弁の先は顕著にへこむ。増毛山地の固有種／📷7.2,暑寒別岳

327

オオバクサフジ　マメ科
Vicia pseudo-orobus

長さ80cm〜1.5mのつる状の多年草／葉は羽状複葉だが小葉は互生して4〜10枚つき、先端は分枝する巻きひげとなる。葉身は長さ3〜5cmの卵形で、質は薄く葉脈の網目は裏面に浮き出る。托葉はやや大きい／花は総状花序に多数つき、蝶形花で長さ13〜15mm／豆果の莢は長さ2.5〜3cm／大葉草藤／❋8〜9月、🌱林縁や草地、◆北・本・四・九、◉9.18、日高地方新冠町／近似種**ヨツバハギ**①は茎が直立または斜上し、葉は偶数羽状複葉で小葉は対生して4〜8枚。質は硬くやや厚い／蝶形花は長さ10〜12mm／豆果の莢は長さ3〜4.5cm②／四葉萩／◉9.13、日高地方新冠町

ナンテンハギ　マメ科
フタバハギ
Vicia unijuga

高さ40cm〜1mの多年草。茎に稜がある／葉は2、時に3小葉からなる複葉で小葉は長さ2〜6cmの卵形〜広披針形。先がとがり全縁。葉柄基部に卵形の托葉がある／花は総状につき、長さ1〜1.5cmの蝶形花で、苞は微小で花時には落ちる／豆果は長さ2.5〜3cm／南天萩(葉の様子がメギ科のナンテンに似ることから)／❋6〜9月、🌱野山の草地や林縁、◆北・本・四・九、◉6.6、札幌市八剣山／近似種**ツガルフジ**①は広披針形の小葉が3〜4対つき、苞は大きく果時まで残る／津軽藤／❋7〜8月、🌱山すその陽地、◆北(渡島半島南部)・本(北部)、◉7.27、檜山地方上ノ国町

クサフジ　　　　　　　マメ科
Vicia cracca

茎は軟毛があり，長さが 1.5 m ほどになるつる性の多年草／葉は羽状複葉で先端が 3～5 本の巻きひげとなる。小葉は 9～12 対あり，葉身は披針形～広線形で長さ 1.5～3 cm，幅 2～6 mm／花は総状花序に密に多数つき，長さ 10～12 mm の蝶形花で，旗弁の立ち上がった部分(舷部)と残りの部分(爪部)が同じ長さ。柄はがくの末端につく①／豆果の莢は扁平で長さ 2～3 cm／草藤／✳ 6/下～8 月，🌱 低地～山地の陽地，✿ 北・本・九，⦿ 7.8，空知地方栗山町／近縁の**ビロードクサフジ**②は 1～越年草で，全体に軟毛が多く，蝶形花は長さ 1～2 cm。旗弁の爪部は舷部の約 2 倍長で柄はがく末端より前方にずれてつく③／🌱 道端や空地，✿ 原産地はヨーロッパ～西アジア，⦿ 6.16，小樽市第 3 埠頭

イブキノエンドウ　　　　　マメ科
Vicia sepium

茎の長さ 30 cm～1 m のつる性の多年草／葉は羽状複葉で先端は 3 分枝した巻きひげとなり，小葉は 4～7 対つく。葉身は長さ 1.5～3 cm の狭卵形で，先は円いか少しへこむ。托葉は半月形で長さ 5 mm ほど／花は蝶形花で葉腋にふつう 2 個ずつつき長さ 1.5 cm ほど。がくに軟毛がまばらにある／豆果の莢は長さ 3～4 cm で熟すと黒色になる／伊吹野豌豆(滋賀県伊吹山の薬草園に植えられたものが帰化したことから)／✳ 6～7 月，🌱 土手や草地，✿ 原産地はヨーロッパ，⦿ 6.6，空知地方南幌町夕張川堤防

329

ヒロハクサフジ　　　マメ科
Vicia japonica var. japonica

茎の長さ30cm～1mのつる性の多年草。茎に顕著な稜と伏毛がある／葉は羽状複葉で先端は分枝する巻きひげとなり、小葉は10～16枚つく。葉身は長さ1～2cm、幅5～10mmの長楕円形で、先は円い。側脈は主脈から35度以上の角度で分かれる。托葉は小さく先が2裂する／長さ2～3cmの総状花序に蝶形花がつき、長さ12～15mm／広葉草藤／❋7～9月、❧海岸の草地やれき地、❖北・本(近畿以北)、❀8.2、礼文島西海岸

ツルフジバカマ　　　マメ科
Vicia amoena

茎の長さ70cm～1.7mのつる性の多年草／葉は羽状複葉で先端は巻きひげとなり、小葉は10～16枚が互生する。葉身は長楕円形～狭卵形で長さ1.5～3cm。側脈は主脈から30度以下の角度で分かれる。托葉はやや大きく数個の歯がある／花は総状花序に偏って多数つき、蝶形花で長さ1.2～1.5cm／豆果の莢は狭楕円形で長さ2～2.5cm／蔓藤袴／❋8～9月、❧野山の草地や林縁、❖北・本・四・九、❀8.28、千歳市美笛峠東側

ハマエンドウ　　　マメ科
Lathyrus japonicus

茎は稜があり、地表を這って長さ20～60cmになる多年草。全体に粉白色をおび、ほとんど無毛／葉は羽状複葉で先端が巻きひげとなり、小葉は8～12枚ある。葉身は長さ1～4cmの卵形～楕円形で、質は厚く肉質。托葉は大きく、三角状卵形で長さ1.5～3cm／花は蝶形花で長さ2.5～3cm／豆果の莢は長さ4～5cm①／浜豌豆／❋5～7月、❧海岸の砂地やれき地、❖北・本・四・九、❀6.11、檜山地方江差町

ツルマメ　　　　　　　マメ科
Glycine max ssp. soja

茎は他の物に巻きついたり絡んだりして伸び、長さ1.5m前後になる1年草。茎や葉柄、果実に褐色の毛が下向きに密生する／葉は3出複葉で小葉は狭卵形〜広披針形で長さ2.5〜8cm／花は葉腋につき蝶形花で長さ5〜6mm①。閉鎖花もつける／豆果の莢は長さ2.5〜3cm②／大豆の原種といわれる／蔓豆／❋8〜9月、🌱野山の草地や河原、❖日本全土（北海道は渡島半島〜日高地方），⊛8.23，檜山地方上ノ国町

ルピナス　　　　　　　マメ科
ラッセルルピナス，タヨウハウチワマメ
Lupinus polyphyllus

茎が直立して高さ1m以上になる多年草。各地で群生する／葉は根元から出る長い柄の先につき、車状に分裂する複葉（掌状複葉）。小葉は7〜12枚あり、披針形〜倒披針形／花序は総状で長さ40〜70cmになり、蝶形花が密に多数つく。花色は多彩で青紫，桃①，白，黄，橙のほか2色花もある／ラッセルは交雑種から品種改良した園芸名／❋5/下〜7/中，🌱道端や空地，廃屋の周囲，原野，❖原産地は北アメリカ，⊛6.12，伊達市大滝

エゾアジサイ　アジサイ科(ユキノシタ科)
Hydrangea serrata var. yesoensis

高さ1〜1.5mの落葉低木。根元の幹から何本もの茎が出て株立ちとなる／葉は対生し、葉身は長さ10〜15cmの卵状楕円形で、先が細くとがり粗い鋸歯縁／花序の周りを4枚のがく片がつくる美しい飾り花が囲み、中心部に5枚の花弁とがく片がある小さな両性花が集まる。雄しべは10本、花柱は3本ある①／蝦夷紫陽花／❋7〜8月，🌱山地の林内，谷間，❖北・本・九，⊛8.26，日高山脈野塚岳

331

エゾエンゴサク ケシ科
Corydalis fumariifolia ssp. azurea

高さ10〜25cmの変異の大きな多年草。群生することが多い。地中に球形〜卵形の塊茎がある／葉は1〜2回の3出複葉で，小葉の形は線形〜卵形まで様々①②／花は総状花序につき長さ2cmほど。花弁は4個あり上花弁の後方は円柱形の距になる（③は断面）。花の色も様々で白①〜桃④〜淡紫⑤〜濃紫色⑥まで／果実は蒴果で長さ1.5〜2.5cm⑦／蝦夷延胡索／✻4〜5月，低地〜山地の湿った林下や草地，北・本（中部・北部），4.23，札幌市藻岩山，①4.27，札幌市八剣山，②5.3，十勝地方足寄町

ミヤマオダマキ　　　キンポウゲ科
Aquilegia flabellata var. pumila

高さ10〜25cmのほとんど無毛の多年草／根生葉は数個出て長い柄の基部は膨らんで鞘状。2回3出複葉で小葉裂片はさらに浅く裂ける／花はやや下向きに咲き、径3〜4cm。がく片は5枚あり花弁より大きく長さ2.5cmほど。花弁は先端部が白く、後方は距となって巻く／袋果は長さ2〜3cm／深山苧環（苧環は紡いだ糸を中空の玉状にしたもの。花をその形に見立てた）／✽6〜8月，⚘高山のれき地や草地，❖北・本（中部・北部），❀6.10，礼文島

クサボタン　　　キンポウゲ科
Clematis stans

高さ1m前後の雌雄異株の多年草／葉は長い柄があって対生し、3出複葉。小葉は長さ4〜10cmの卵形で、浅く3裂し裂片には不揃いの鋭い鋸歯がある／花は花序の軸に輪生状に下向きにつき長さ1〜2cm。花弁はなく、絹毛が生えるがく筒の先が4裂して裂片が反り返る。雌花は雄花より小さく①，それぞれ雄しべと雌しべが退化／果実は痩果で，羽毛状の毛がある長く伸びた花柱が残る②／草牡丹／✽7/下〜9月，⚘山すその林縁や草地，❖北(渡島半島)・本，❀8.12，渡島地方福島町

アマ　　　アマ科
Linum usitatissimum

高さ40〜90cmの繊細で無毛の1年草。茎は円柱形でよく分枝する／葉は互生し，長さ2〜5cmの葉身は線形〜披針形で，灰緑色で全縁，先が鋭くとがり，3脈が目立つ／花は径1.5〜2cmで，花弁は5枚あるが落ちやすい。雄しべは5本あり，基部で合着している／茎から繊維を，種子から亜麻仁油を採るため昔から栽培されてきた。観賞用にも栽培される／亜麻／✽7〜8月，⚘道端や空地，❖原産地は中央アジア，❀8.10，釧路市釧路西港

333

エゾトリカブト　　　キンポウゲ科
Aconitum sachalinense ssp. yezoense

茎は直立または弓なりに曲がり長さ70cm〜2mの多様な擬似1年草／葉は3全裂し，裂片はさらに2中〜深裂して欠刻片は卵状披針形／花は茎頂や葉腋から出る花序に下から咲き，烏帽子(5枚のがく片)の長さは3cmほど。上がく片の嘴は急にとがる。がく片に囲まれて2個の花弁と無毛の雌しべが3個，雄しべが多数ある(①花の断面)。花の柄に屈毛がある／トリカブト属中，最強の毒性があるという／蝦夷烏兜／❋8〜9月，低地〜山地林内や草地，❖北，◉9.15，札幌市豊滝／原野に生え茎が直立して葉に厚みと光沢がある型を変種**テリハブシ**，亜高山帯に生え茎は分枝せず，小形の散房花序がつく型を変種**ウスバトリカブト**と分けることがある／基準亜種**カラフトブシ**②は葉の欠刻片は線形となり，上がく片の嘴は次第に細くなってとがる。花の柄に屈毛がある。道東・道北の湿原周辺や原野に産する／◉8.30，釧路地方浜中町／**セイヤブシ**はこの蛇紋岩変形型で道北の蛇紋岩地帯に産する／変種**リシリブシ**③は風衝地型で，花序が散房状で花が密につき，利尻山と礼文島などに生える／◉8.4，利尻山／近縁の**シコタントリカブト**④は葉が全裂せず中〜深裂，花柄には屈毛があって知床半島に産する／◉8.30，知床半島斜里町ウトロ

334

エゾノホソバトリカブト　キンポウゲ科
Aconitum yuparense var. yuparense
茎が直立または斜上して高さ30cm～1mになる擬似1年草／葉は3～5深裂し，裂片はさらに深く切れ込んで欠刻片は幅1.5～3.5mmの線形～線状披針形になる／花はまばらな散房状について上から咲き，5枚のがく片が2個の花弁と3個の雌しべ，多数の雄しべを包んでいる。花柄には屈毛があり①，雌しべにも屈毛がある②／蝦夷細葉鳥兜／❋8～9月，亜高山～高山の草地，北(中央高地以西)，8.14，後志地方尻別岳／よく似た変種**ヒダカトリカブト**は日高山脈に産し，雌しべはほとんど無毛③／同属の**ダイセツトリカブト**④も外見がよく似ているが，花の柄には開出毛があり，中央高地に産する。屈毛が混じる個体は雑種と考えられる／8.20，十勝連峰富良野岳

オクトリカブト　キンポウゲ科
Aconitum japonicum ssp. subcuneatum
茎は直立または弓なりに曲がり，長さ80cm～2mの擬似1年草。地下の塊根は母根と子根に分けられる／葉はやや厚く長さ6～18cm。掌状に5～7中裂し裂片には粗い鋸歯がある／花は散房または円錐花序についてふつう上から咲き，長さ3.5～4.5cm。2個の花弁は烏帽子状のがくに囲まれる。花柄には曲がった毛がある／根にはエゾトリカブト(p.334)に次ぎ日本で2番目に強い毒性があるという／奥鳥兜／❋8～10月，山地の林内や林縁，北(西南部)・本(中部以北)，10.3，小樽市

335

アヤメ　　　　　　　　　アヤメ科
Iris sanguinea

高さ30～60 cmの多年草。褐色の繊維に被われた根茎が横に伸びる／葉は長さ30～50 cm,幅5～12 mmで細い主脈があるが目立たない／花茎は直立して分枝しない。花は茎頂に2～3個つき,外花被基部に虎斑模様がある。内花被は大きく直立する①／菖蒲／❋6～7月,🌱山すそや原野,❖北・本・四・九,◉6.13,日高地方アポイ岳／近似種**ヒオウギアヤメ**②はより大型で分枝し,花柄の基部に苞がつく。葉の幅は1～2 cmで主脈は細くて目立たない。内花被は著しく小さい③／檜扇菖蒲／❋6～8月,🌱低地～山地の湿った草地や湿原,❖北・本(北部),◉7.5,釧路地方厚岸町／**カキツバタ**④は葉の幅が広く1.5～3 cmあり,主脈は不明瞭。花の径は10～12 cmで外花被基部中央に白色～黄白色の斑があり,網目模様はない。内花被は大きく直立する⑤／杜若／❋6～7月,🌱湿原や水辺の浅い水中,❖北・本・四・九,◉6.11,渡島地方長万部町静狩湿原

ノハナショウブ　　アヤメ科
Iris ensata var. spontanea

高さ40〜80cmの多年草。根茎は分枝して褐色の繊維に被われる。しばしば群生する／葉は長さ20〜60cm,幅5〜12mm。主脈が太くはっきりと浮き出る／花は径10cmほど。やや赤みをおびた紫色で外花被基部中央に黄色い斑が入る①。内花被はやや大きく直立する／野花菖蒲／❋7〜8月，🌱海岸〜山地の湿った草原や湿原，❖北・本・四・九，◎7.5,苫小牧市勇払／観賞用に植えられるハナショウブは内花被片が大型になった園芸品種で，花色も変化に富んでいる

ヒトフサニワゼキショウ　　アヤメ科
Sisyrinchium mucronatum

高さ15〜30cmの無毛の多年草。茎は細く扁平で翼があり，分枝しない／葉は線形で長いもので20cm,幅2.5mmほど。基部は茎を包んでいる／茎の上部に大きな苞とともに1個の花序がつく。花は1〜数個つき，径1cmほどで花被片は6枚ある。花被片の先は凸端状にとがり，基部は黄色い／一房庭石菖／❋6〜7月，🌱道端や空地，❖原産地は北アメリカ，◎6.13,釧路市阿寒湖畔スキー場

ムスカリ　　キジカクシ科(ユリ科)
アルメニアクムムスカリ
Muscari neglectum

高さ10〜30cmの多年草。地下に小さな鱗茎がある／葉は根元から数本出，長さは10〜30cmの線形でやや多肉質／花は茎頂の総状花序に多数密に下向きにつく。花被片は合着して壺形となり，長さ5mm前後。先端は6裂して裂片は反り返る。雄しべは6本，雌しべは1個ある。花序の頂部に淡い色の不稔性の花がつく／❋4〜5月，🌱道端や空地，公園，❖原産地は地中海東部，◎4.30,札幌市中央区の市街地

ショウジョウバカマ　シュロソウ科（ユリ科）
Heloniopsis orientalis
高さ10〜20cmの多年草。花後、花茎は40〜50cmに伸びる／葉はロゼット状に多数つき、葉身は長さ5〜13cmの細長いへら形で、光沢とやや厚みがある／茎頂に半球形の花序ができ、小さな花が多数つく。花被片は6枚あり長さ1.3cmほどで、湿原のものは淡紅紫色①、山地のものは紫色。花柱は長く突き出る／猩猩袴（花を猩猩の赤い顔に、葉をその袴に見立てたものと想像される）／❋5〜7月、↓低地の湿原〜亜高山の湿った草地、❖北・本・四・九、◉6.21，大雪山

コバギボウシ　キジカクシ科（ユリ科）
Hosta sieboldii var. sieboldii f. spathulata
高さ40cm〜1mの多年草／葉は根生して斜めに立つ。葉身は長さ15〜30cmの披針形〜長楕円形で、葉脈が目立ち、縁がやや波打って基部は次第に細くなり葉柄の翼となる／花はやや下向きに数個〜10個つき、長さ5〜6cm。花被片6枚が基部で合着して漏斗状となり、開口部は6枚の裂片となって径5cmほど。雄しべは6本／小葉擬宝珠／❋7〜8月、↓低地〜亜高山の湿原や草地、❖北・本・四・九、◉8.11，札幌市空沼岳／北海道のものは葉が大きく、花の細い筒部が短い変種**タチギボウシ**と分ける見解もある

ツユクサ　ツユクサ科
Commelina communis
高さ30〜50cmの1年草。茎は下部が地表を這い分枝して節から発根し、枝先が立ち上がる／葉は長さ5〜8cmの広披針形で先がとがり、基部は鞘となって茎を抱く／上部の葉腋から出る枝先に苞に包まれた花序があり、1日1個ずつ開花する。花にはがく片が3枚あり、花弁は3枚のうち2枚が大きく水色。雄しべ6本中2本が1本の雌しべと同様に長く突き出し、4本は不稔①／露草／❋8〜9月、↓道端や畑地、河原、❖日本全土、◉8.20，札幌市真駒内

ムラサキツユクサ　　　　ツユクサ科
Tradescantia ohiensis

高さ50〜80cmの多年草。茎は円柱形でやや多汁／葉は広線形で表面が内側に巻き，弓なりに曲がる。基部は鞘状となって茎を抱く／花は茎頂に多数つき径2〜2.5cm，花序の基部に葉と同じような苞がつく。がく片3枚の先に毛があり，大きな花弁が3枚ある。花糸には多細胞の紫色の長毛が密生し，細胞分裂などの観察材料として利用される／紫露草／❇6〜8月，🌿道端や空地，廃屋周辺，✤原産地は北アメリカ，❋7.4，札幌市／同属の**オオムラサキツユクサ**の花は径2.5〜5cm，苞は短く，がく片に長軟毛が多い

ミズアオイ　　　　ミズアオイ科
Monochoria korsakowii

高さ20〜40cmの1年草／根出葉は長さ10〜20cmの長い柄があり，葉身は長さ5〜10cmの円心形で，光沢と厚みがある。花茎につく葉(苞葉)は柄が短い。葉がカンアオイ類に似るからこの名がついた／花序は総状で葉より高くなり，一日花が下から咲き上がる。花は径2〜3cmで花被片は6枚あり，内花被の幅が広い。6本ある雄しべのうち1本が長く花糸に突起があり，葯は紫色①，残りの葯は黄色／水葵／❇8〜9月，🌿低地の水辺，水田，✤北・本・四・九，❋8.29，江別市野幌／同属の**コナギ**②は全体が小型で花序は葉の高さより低く，葉は長さ3〜7cmで形は披針形〜卵心形まで様々。花は径1.5〜2cm／✤日本全土(北海道では南部)，❋8.23，檜山地方上ノ国町

339

341〜387 ▶

[緑やクリームの花]
green and green-white flowers

他の色に収録の花(数字は収録頁)

バイモ 78

エゾノヨツバムグラ 104

ジンヨウイチヤクソウ 111

ミドリニリンソウ 168

オオイタドリ 190

ヒメイワタデ 191

ホウチャクソウ 194

エゾチドリ 202

オオヤマサギソウ 202

ミズトンボ 204

エゾクロクモソウ 268

エンレイソウ 285

アオヤギソウ 285

エゾノクモキリソウ 292

アキタブキ　　　キク科
オオブキ
Petasites japonicus ssp. giganteus

高さ1～2mの大型で雌雄異株の多年草。地中に伸びる太い地下茎から葉と花茎を立ち上げる／葉は径1.5m以下の腎円形で縁に粗い鋸歯があり，葉柄は中空で太く代表的な山菜として食用にされる／早春に見られるフキノトウ①は若い花茎で頭花が集まり，星形の花冠をもつ雄株②と糸状と星形の花冠をもつ雌株③がある／雄株は花後間もなく枯れ，雌株は1m近く伸びて果実が熟すと冠毛が風を受けて運ばれる／栽培もされている／秋田蕗／❋4～5月，🌱低地～山地の河畔や草地，❖北・本(関東以北)，◉5.30，札幌市定山渓

ヨブスマソウ　　　キク科
Parasenecio hastatus ssp. orientalis

高さ1～2m，時に2.5mを超える大型の多年草。茎は中空で上部に縮毛がある／中部につく葉は長さ25～35cm，幅30～40cmの三角状鉾形で，先がとがり縁は突起状の鋸歯がある。基部は次第に細くなって柄の翼へと移行し，柄の基部は耳状となって茎を抱く／頭花は円錐花序に多数つき，総苞は長さ1～1.2cm，1個の頭花に6～9個の筒状花がある①。花冠の長さは8～9mm／夜衾草／❋7/下～9月，🌱原野や山地の沢沿い，林内，❖北・本(関東以北)，◉8.4，樺戸山地神居尻山／同属のミミコウモリとモミジガサはp.93

エゾヒョウタンボク　　スイカズラ科
Lonicera alpigena ssp. glehnii
高さ1〜2mの落葉低木。若い枝に4稜があり、軟毛はない／葉は長さ5〜15cmの長楕円形〜卵状楕円形で先がとがり、ふつう裏面に毛がある／花は新枝基部から出る長い柄の先に2個ずつ子房が合着した形でつく。花冠は内面に毛があり、2唇形で長さ1〜1.5cm。上唇の先はさらに4浅裂する／果実はほぼ球形で赤く熟す①／蝦夷瓢箪木／✽5〜6月、🌱山地〜亜高山の林内や林縁、◆北・本(北部)、🌀6.9、夕張岳／同属の**ネムロブシダマ**は若い枝と花柄に長毛があり、子房は合着しない

ケヨノミ　　スイカズラ科
Lonicera caerulea ssp. edulis var. edulis
高さ1m前後の落葉低木。若い枝には軟毛が多い／葉は長さ3〜6cmの長楕円形で、両面に毛が多い／花は新枝の葉腋から出る柄の先に2個ずつつき、基部には2対の小苞に包まれ合着した子房がある。花冠は長さ1.8cmほどのラッパ状で先が均等に5裂し、外面に毛がある／果実は青黒く熟して食べられる①／✽5〜7月、🌱山地〜高山ののれき地や草地、◆北・本(中部・北部)、🌀6.23、東大雪山系東ヌプカウシヌプリ／葉や若枝がほぼ無毛の型を変種**クロミノウグイスカグラ**といい、ハスカップとして栽培される／黒実鶯神楽

エゾニワトコ　　レンプクソウ科
Sambucus racemosa　　（スイカズラ科）
ssp. kamtschatica
高さ2〜5mの落葉低木。幹の中心部の髄は太い／葉は長さ15〜30cm。奇数羽状複葉で小葉は5〜7枚あり長さ10cm前後。鋸歯縁で先がとがる／花序には突起状の毛があり、花は集散状に多数つく。花冠は5深裂して径5mmほど。裂片は反り返る／果実は径4mmほどの球形で赤く熟す①／蝦夷接骨木／✽5〜6月、🌱低地〜山地の日の当たる所、◆北・本(北部)、🌀6.12、釧路市阿寒／果実が黄色く熟す型を品種**キミノエゾニワトコ**という

342

シロバナカモメヅル　キョウチクトウ科
オオバナカモメヅル　　　　（ガガイモ科）
Vincetoxicum sublanceolatum var. macranthum

茎が地表を這ったり物に絡みついて伸びるつる性の多年草。よく分枝し、葉柄や花序に毛がある／葉は対生し、長さ10cm前後の三角状長卵形で、全縁で先がとがり基部は円いかやや心形／花は葉腋から出る花序に数個ずつつき、花冠は深く5裂して径2cmほど。内側に少し毛がある／果実は長い袋果で長さ7〜8cm／白花鷗蔓／❋7/下〜8月，低地〜低山の草地，北・本(中部・北部)，8.25，空知地方月形町

スズサイコ　キョウチクトウ科(ガガイモ科)
Vincetoxicum pycnostelma

茎が直立または斜上して高さ30〜80cmになる多年草／葉は対生し、柄がなく、葉身は長さ6〜12cmの狭披針形〜線状楕円形でやや厚い／花序は茎頂や上部の葉腋につき、まばらに花をつける。花冠は径1.5cmほどで5深裂し、裂片は線状三角形で開出して碇形に見える。副花冠裂片は内側に著しく曲がる①／果実は長披針形の袋果で長さ5〜8cm／鈴柴胡／❋7/中〜8/中，低地〜山地の日当たりのよい所に稀，北・本・四・九，7.25，深川市鷹泊

エゾノクサタチバナ　キョウチクトウ科
Vincetoxicum inamoenum　　（ガガイモ科）

高さ30〜50cmの多年草。茎は直立して分枝せず、上部に毛がある／葉は短い柄があって対生する。葉身は長さ6〜10cmの長卵形〜長楕円形で先はややとがり、基部は円形／花は上部の葉腋に集散状に数個つき、花冠は径7mmほどで先が5深裂し、副花冠裂片は小さく三角形／果実は披針形の袋果で長さ4〜5cm／蝦夷草橘／❋6月〜7/上，山地〜亜高山のれき地や草地に局所的，北，6.29，夕張山地崢山／この頁の3種の属名は、かつてCynancumとされていた

アカネ　　　　　　　　　アカネ科
Rubia argyi

茎はよく分枝し,他の物に絡みながら伸びて長さ2mほどになる多年草。茎に下向きの刺が乗る4稜がある／葉は長い柄があって4枚が輪生(1対は托葉)し,葉身は三角状長卵形で長さ3～5cm／枝先や葉腋から集散花序が出て多数の花がつく。花冠は4～5裂して径3mmほど／果実は球形で,黒く熟す①／根は茜色の染料として利用された／茜／❋8/下～10/上,🌱低地や山すそ,❖北(南部)・本・四・九,🌀9.26,渡島地方松前町／近似種 **オオアカネ**(p.105下の別名オオアカネとは別種)の葉は4～6枚輪生し,日高～胆振地方にあるがきわめて稀

オオキヌタソウ　　　　　アカネ科
Rubia chinensis f. mitis

高さ30～60cmの多年草。細い根茎があり,茎は直立して4稜があり無毛／葉は柄があって4枚が輪生する。葉身は長さ6～10cmの三角状長卵形で先はとがり,基部は円形ないし浅い心形でほとんど無毛／花は茎頂や葉腋から出る集散花序にややまばらにつき,花冠は4～5深裂して径3～4mm／果実は2分果だが一方が大きく径3～4mmの球形で,黒く熟す／大砧草／❋6～7月,🌱低地～山地の樹林下,❖北・本(中部・北部),🌀7.7,江別市野幌森林公園

ヨツバムグラ　　　　　　アカネ科
Galium trachyspermum

高さ20～30cmの多年草。茎は根元でよく分枝してやや株立ち状となり,4稜があり無毛／葉は柄がなく4枚が輪生する。葉身は長さ5～15mmの卵状長楕円形～長楕円形で,先は突端状にとがり,縁に白毛がある／花は枝先や葉腋から出る短い花序に少数がやや密につき,花冠は4裂して径1.5mmほど。花柄の先に1～2個の小さな苞がある／果実には曲がった突起状の毛がある①／四葉葎／❋6～7月,🌱山すそや低山の林縁や草地,❖北(渡島半島)・本・四・九,🌀7.3,渡島地方松前町

ミヤマキヌタソウ　　アカネ科
Galium nakaii

高さ15〜30cmの多年草。地下茎が伸びて群生する。茎は直立して4稜がありほとんど無毛／葉は柄がなく4枚が数段輪生し、葉身は長卵形〜広披針形で先は次第に細くなってとがり、3脈が目立つ／花は茎頂や上部葉腋から出る集散花序にまばらにつき、花冠は4深裂して径3mmほど／果実には短毛が密生する。同じ環境に生えるエゾノヨツバムグラ(p.104)と混同されやすい／深山砧草／❋6〜7月，❤山地〜亜高山の湿った林下や岩場，❖北・本(北部)，❀7.10，胆振地方オロフレ山

ヤエムグラ　　アカネ科
Galium spurium var. *echinospermon*

茎は他の物に絡んだり寄りかかりながら伸びて長さ80cmほどになる1〜2年草。茎に4稜があり、その上に下向きの刺がある／葉は柄がなく6〜9枚が何段にも輪生する。葉身は長さ3〜4cmの倒長披針形で先が鋭くとがり、裏面主脈上と縁に逆向きの刺がある／花は葉腋から出る集散花序に多数つき、花冠は4深裂して径2mmほど／果実は2分果で鉤状の毛が密生する①／八重葎／❋6〜7月，❤道端や空地，畑地，❖日本全土，❀6.21，日高地方様似町

オオバノヤエムグラ　　アカネ科
Galium pseudoasprellum

茎は地面を這ったり物に絡んだり寄りかかりながら伸びて、長さ1m以上になる多年草。茎に4稜があり、その上に小さな下向きの刺がまばらにある／葉は柄がなく4〜6枚輪生する。葉身は大きさが不揃いで長さ1.5〜3.5cmの倒披針形で、裏面主脈と縁に逆向きの刺がある／花は葉腋から出る長い柄をもつ花序にまばらにつき，花冠は4〜5深裂して径2mmほど①／果実に鉤状の毛が密生する／大葉八重葎／❋7〜8月，❤山地の林縁や原野，❖北・本・四・九，❀8.6，札幌市藻岩山

レンプクソウ　　レンプクソウ科
ゴリンバナ
Adoxa moschtellina

高さ8〜15cmの無毛で軟弱な多年草。地中に白く細長い根茎を伸ばして群生することが多い／根出葉は2回3出複葉で，茎には3出複葉が対生する／花は茎頂に5個集まる。柄がなく，先端に花冠が4深裂する花が上向きに，その下に花冠が5深裂する花が横向きにつく①／連福草（たまたま根が福寿草と連なっていたのを見た人が名づけたという）／✹4〜5月，☘湿った林内，❖北・本（近畿以北），◉5.7，札幌市白川市民の森

アマチャヅル　　ウリ科
Gynostemma pentaphyllum

茎は他の物に絡みついて伸び，長さが1m以上になってこんもりした茂みをつくる雌雄異株の多年草／葉は巻きひげと対生し，掌状複葉で小葉は5枚あり，短い柄がある。葉身は長さ10cmほどの卵状長楕円形で先がとがり鋸歯縁／花は葉腋から出る花序につき，花冠は5深裂して径5〜6mm。裂片は細く尾状に伸びる①。雄株の花序が大きく，雄しべは5個ある／果実は径7mmほどの球形で黒く熟す②／甘茶蔓／✹7〜9月，☘低地〜山地の林縁，❖北・本・四・九，◉8.9，札幌市砥石山

ゴキヅル　　ウリ科
Actinostemma tenerum

茎が他の物に絡み，長さ1.5mほどになる雌雄同株の1年草／葉は巻きひげと対生。葉身は長さ3〜12cmの長い鉾形〜心形で大きな葉は浅く3〜5裂し，時に波状の鋸歯縁となる／葉腋から出る長い柄に雄花と雌花がつき，がくと花冠は5深裂して径5mmほど。裂片の先は細くとがる①／果実は長さ2.2cmほどの長卵形で基部側半分に突起が散在し，先の半分は種子とともに落ちる②／合器蔓（果実の形から）／✹7〜9月，☘低地の水辺や湿地，❖北・本・四・九，◉9.6，釧路湿原

テンニンソウ　　　シソ科
Comanthosphace japonica

高さ50cm～1mの多年草。茎は直立して断面は四角い／葉は柄があり対生し，葉身は長さ10～20cmの長楕円形～広披針形。鋭い鋸歯縁で先はとがり，基部はくさび形で葉柄に移行する／花は茎頂の総状花序にびっしりとつき，花冠は筒部が長い2唇形で長さ8mmほど。上唇は浅く2裂，下唇は3裂する。4本の雄しべが花から突き出る①／天人草／❋8/中～9/中，↓林道沿いの樹林下，❖北(石狩地方＝二次的に生えたものか？)・本・四・九，❀9.4，札幌市定山渓

ハナイカリ　　　リンドウ科
Halenia corniculata

高さ10～35cmになる無毛の2年草。茎は直立して4稜があり，大きい個体は少し分枝する／葉はほとんど無柄で対生し，葉身は長さ2～6cmの楕円形で，全縁で先がとがり3脈が目立つ／花は葉腋から出た柄につく。がくは4全裂し，花冠は先が4深裂して裂片の下部が長く伸びて距となって四方に開出するので船の碇に似る。雄しべは4本，雌しべは1個ある／花碇／❋8～9月，↓海岸～山地の草地や原野，❖北・本・四・九，❀9.3，礼文島

ビロードホオズキ　　　ナス科
Physalis heterophylla

高さ50cm前後の多年草。全体に腺毛が密生してビロードのような感触がある。茎はよく分枝して横に広がる／葉にはふつう波状の鋸歯があり，長さ6cmほど／がくは筒状で毛が密生する。花冠は口が広いラッパ形で縁は浅く5裂し，中心部は紫褐色。花後，がくがホオズキ状に膨らみ，中に径1cmほどの球形の実がつく(①は断面)。甘酸っぱく食べられる／ビロード酸漿／❋7～9月，↓道端や空地，❖原産地は北アメリカ，❀8.7，札幌市真駒内

アキグミ　　　　　　　　グミ科
Elaeagnus umbellata

高さ 2～3 m の落葉低木。若い枝や葉の裏面に銀白色の鱗片が密生する／葉は互生し，葉身は長楕円状披針形で長さ 4～8 cm／花は葉腋に 1～7 個まとまってつき，花冠はなく，がく筒が筒状で先が 4 裂して径 6 mm ほど。表面に銀白色の鱗片が密生する／果実は球形で赤く熟す①／秋茱萸／❋5～6 月，↡低地～低山の林縁や原野，❖北・本・四・九，◉6.21，日高地方えりも町／近似種**トウグミ**はやや大型で花は 1～2 個ずつつき，果実は楕円形

キバナシャクナゲ　　　　ツツジ科
Rhododendron aureum

高さ 10～30 cm の常緑の小低木。幹は地面を這い多くの枝を立ち上げる／葉は長さ 3～6 cm の長～広楕円形で，無毛で質は厚くて硬く，表面は葉脈に沿ってへこみ，ややしわ状となる／花は枝先に 5～6 個集まってつき，花冠は径 3～4 cm の漏斗形で，先が 5 裂して上部裂片内側に濃色の斑点がある／果実は長楕円形で褐色の毛が密生する／黄花石楠花／❋6～8 月，↡高山のれき地やハイマツ帯，❖北・本(中部・北部)，◉6.20，東大雪山系ニペソツ山

ハナヒリノキ　　　　　　ツツジ科
Eubotryoides grayana var. grayana

高さ 50 cm～1.2 m の落葉小低木。よく分枝する／葉は長さ 3～10 cm の楕円形～長楕円形で縁に長毛があり，表面はやや光沢があるが葉脈が浮き出る／花は長さ 10 cm ほどの穂に下垂し，花冠は壺形で径 4 mm ほど。先が 5 裂する／果実は上を向く／有毒植物で葉の粉末を殺虫に利用した／嚏木／❋6～8 月，↡野山の陽地，❖北・本，◉7.23，上川地方上川町／変種**エゾウラジロハナヒリノキ**①は葉がやや肉質で大きく幅が広く，裏面が粉白色

ウラシマツツジ　　　　ツツジ科
クマコケモモ
Arctous alpinus var. *japonicus*

高さ5cm以下の落葉矮性低木。茎は地中を伸び，分枝して広がる／葉は倒卵形で硬く光沢があり，細脈がへこむ／花は枝先に1～数個ついて葉が開く前に咲き，花冠は壺形で先が5裂して少し開く／果実は球形の液果状。黒く熟すころ葉の紅葉が美しい①／裏縞躑躅（葉裏の網目状になった葉脈の様子から）／❋6月～7/上，🌱高山の乾いたれき地や草地，❖北・本(中部以北)，◉7.2，大雪山黒岳

コメバツガザクラ　　　　ツツジ科
ハマザクラ
Arcterica nana

高さ3～10cmの常緑の矮性低木。幹は地表を這い分枝して広がり，枝を立ち上げる／葉は3枚が輪生する。葉身は長さ5～10mmの長楕円形で，質は厚くて硬く光沢があり，縁は少し裏に巻く／花は枝先に3個ずつ下向きにつき，花冠は長さ4～5mmの壺形で，先が浅く5裂する。よい香りがする／蒴果には花柱が残る／米葉栂桜／❋5/下～7月，🌱亜高山～高山の岩場やれき地，❖北・本(中国以東)，◉6.22，十勝連峰富良野岳

アオノツガザクラ　　　　ツツジ科
Phyllodoce aleutica

高さ10～30cmになる常緑の小低木。幹は地表を這い，多数の枝が斜上する／葉は密に多数つき，長さ5～15mmの線形で，細鋸歯がある縁は少し裏面に巻き込む。裏面主脈上に白細毛が密生する／花は下向きに5～10個つき，花冠は長さ7～8mmの壺形で無毛，先が浅く5裂する。がくと柄に腺毛が密生する／青梅桜／❋7～8月，🌱高山の雪田跡や草地，❖北・本(中部以北)，◉8.5，後志地方狩場山／同属のエゾノツガザクラとの間に多様な雑種が見られる→p.244

349

シャクジョウソウ　　ツツジ科
Hypopitys monotropa　（イチヤクソウ科）

高さ10〜20cmの多年生の菌根植物で全草に葉緑素がない／茎は肉質で直立し、鱗片状に退化した葉が互生する／花は茎頂に下向きに数個〜10個つく。花冠は鐘形で長さ1.3cmほど。がく片は4〜5枚、花弁は4枚ある／果実は蒴果で上を向き①、種子は微細で無数にできる／錫杖草／❋7〜8月、山地の樹林下、❖北・本・四・九、7.30, 苫小牧市

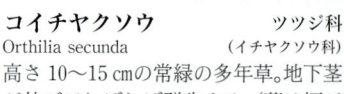

コイチヤクソウ　　ツツジ科
Orthilia secunda　（イチヤクソウ科）

高さ10〜15cmの常緑の多年草。地下茎が伸びてしばしば群生する／葉は柄があり、長さ1.5〜3cmの卵形で、質は硬く光沢があり、細かい鋸歯がある／花は細突起のある総状花序に片側に10個ほどが偏ってつく。花冠は長さ5〜6mmの鐘形で、先は5深裂するが裂片はほとんど開かない。花柱が花から突き出る／小一薬草／❋7〜8月、山地の樹林下（針葉樹林下に比較的多い）、❖北・本(中部以北)、7.14, 胆振地方樽前山

ハナイカダ　　ハナイカダ科（ミズキ科）
Helwingia japonica

高さ1〜1.5mになる雌雄異株の落葉低木。若枝は緑色／葉は長さ4〜12cmの倒卵形〜楕円形で先は鋭くとがり、鋸歯は低いが先が芒状にとがる。基部は細く柄に移行する／花は葉の表面主脈上につき、径5〜6mm。花弁は3〜4枚でやや反り返る。雄花は数個〜十数個まとまってつき、雄しべは3〜4本ある①。雌花はふつう1個つき、雄しべはない／果実は球形の液果で黒く熟す②／花筏／❋5/中〜6/中、山地の林内や林縁、❖北(南部)・本・四・九、6.1, 渡島地方松前町

350

オオチドメ ウコギ科(セリ科)
Hydrocotyle ramiflora
高さ5〜20cmの多年草。茎は地表を長く這い，所々で根と花茎を出す／葉は長い柄があって互生し，葉身は径1.5〜3cmの円形で，光沢と波形の浅い鋸歯がある／花は葉腋から出る長い柄上の散形花序に10個ほどつき，花弁は5枚，雄しべは5本ある①／大血止／❋6〜8月，🌱野山のやや湿った日の当たる所，❖北・本・四・九，📷7.3，渡島地方松前町／近似種**ヒメチドメ**②は小型で花茎が立たず，葉は扇形で5〜7裂し，道南にある

エゾユズリハ ユズリハ科
Daphniphyllum macropodum ssp. humile
高さ1m前後の雌雄異株で常緑の低木。下部でよく分枝する／葉は長さ10〜15cmの長楕円形〜狭長楕円形で先がとがり，革質で硬く表面に光沢があり，裏面は白っぽい。新葉が出てから古い葉が落ちるのでこの名がついた／花は葉腋の総状花序につき，がく片と花弁がない。雄花は雄しべが房状にまとまり①，雌花(左の写真)は雌しべの花柱が3裂している／果実は長さ1cmほどの楕円形で暗青色に熟す②／蝦夷譲葉／❋5〜6月，🌱低地〜山地の林内，❖北(主に日本海側)・本(中部・北部)，📷(雌株)6.14，江別市野幌森林公園

351

ノウルシ　トウダイグサ科
Euphorbia adenochlora

高さ30〜60cmの多年草。茎は太く直立し、切るとかぶれる乳液が出る／葉は互生、上部で5枚が輪生する。葉身は長さ5〜8cmの長楕円形〜披針形で全縁で先はとがらない／輪生葉の基部から散形に枝を出し、先に黄色い苞葉のある杯状花序がつく。花序には雄花(雄しべ)数個、雌花(雌しべ)1個、腎形の腺体が4個ある(①マルミノウルシ)／果実(子房)にはいぼ状の突起がある②／野漆／❋5月、↯低地の湿った草地、❖北(西部・南部)・本・四・九、◎5.23、渡島地方長万部町／近似種マルミノウルシ③は苞葉が緑色で、果実(子房)は表面が滑らか④／❋4/下〜5月、↯低山の林内、❖北・本(関東以北)、◎5.7、札幌市硬石山

ナツトウダイ　トウダイグサ科
Euphorbia sieboldiana

高さ20〜50cmの多年草。茎は直立して紫色をおび、切ると白い乳液が出る／長楕円形で長さ3〜6cmの葉が中〜下部で互生する。上部では5枚が輪生し、幅が広い／輪生する葉の基部から散形に枝を出して先に苞葉と杯状花序をつけ、そこからさらに枝を出して苞葉と花序をつける。花序には数個の雄花(雄しべ)と1個の雌花(雌しべ)、両端の角が長く立った三日月形の腺体が4個つく①／夏燈台(草姿が明かりに使った燈架に似ることから)／❋5〜6月、↯低山の明るい所、❖北(上川地方以南)・本・四・九、◎5.31、函館市南茅部／近似種ヒメナツトウダイ(ヒメタイゲキ)は小型で高さが30cm以下、花序は2段にならず、腺体両端の角は短くやや開く②。ナツトウダイの変種とする見解もある／❋6〜7月、↯山地〜亜高山のれき地や草地、❖北・本(中部以北)、◎6.29、夕張岳

マツバトウダイ　　　トウダイグサ科
Euphorbia cyparissias

高さ10〜30 cmの多年草。群生することが多い／葉は密に互生し，茎頂の葉は多数輪生する。葉身は松の葉のように線形で長さ2〜4 cm，幅0.5〜3 mm／輪生する葉の基部から散形に枝が多数出て先に黄色い苞葉と杯状花序がつく①。花序には雄花(雄しべ)数個と雌花(雌しべ)1個，半月形の腺体が4個ある／果実は偏球形で深い溝がある／松葉燈台(燈台は昔明かりに使用した燈架のこと)／❋5〜6月，🌱道端や空地，❖原産地はヨーロッパ，📷6.1，苫小牧市高丘

エノキグサ　　　トウダイグサ科
アミガサソウ
Acalypha australis

高さ20〜60 cmの1年草。茎は直立，分枝し，伏毛がある／葉は柄があり互生し，葉身は長さ3〜8 cmの長卵形で，浅い鋸歯縁で先がとがる／花は葉腋から出る枝先の花序につき，基部に雌花が，2 cmほどになる花軸に雄花が穂状につく(①の上部)。雌花は苞葉に包まれるように咲き，花被片3枚，花柱は細かく裂ける(①の下部)。雄花は小さな花被片3枚と雄しべ8本がある／榎草(葉がエノキの葉に似る)／❋8〜10月，🌱道端や畑地，❖日本全土，📷10.11，札幌市真駒内

ドクウツギ　　　ドクウツギ科
Coriaria japonica

下部で分枝して横に枝を出す，高さ1〜1.5 mの落葉低木／葉は新枝に対生し，複葉に見える。葉身は長さ4〜10 cmの卵形〜卵状披針形で，全縁で先が鋭くとがる／長さ2〜5 cmで無葉の雄花序と，長さ5〜15 cmで小さな葉がつく雌花序が当年枝基部につく。がく片5枚，小さな花弁5枚，雄しべ10本，雌しべ5本がある／果実は5分果で黒く熟す①／有毒植物／毒空木／❋5〜6月，🌱海岸付近の斜面や山の陽地，❖北(留萌地方以南)・本(中部・北部)，📷6.1，石狩市浜益

ウド　　ウコギ科
Aralia cordata

高さ1～2mの大型の多年草。茎に粗い毛がある／葉は2回羽状複葉で、小葉は長さ5～15cmの楕円形～卵形で、先がとがり鋸歯縁／茎頂に球形の散形花序が多数つき、分枝して円錐状となる。雌花の花序は枝先につき径3～4cm①、雌花は径3～5mm、5枚の花弁は開花とともに落ちる。雄花の花序は枝の途中につき小さい／果実は球形で黒く熟す②／代表的な山菜で栽培もされる／独活／✽7/下～8月，山地の日当たりのよい所，北・本・四・九，8.2，石狩地方当別町道民の森

ハリブキ　　ウコギ科
Oplopanax japonicus var. japonicus

高さ30cm～1mの雌雄異株の落葉小低木。幹は分枝せず鋭い刺が密生する／葉は幹の頂端に数枚つき、径20～40cmの円心形で、掌状に5～9中裂し、裂片には切れ込みと重鋸歯がある。表面の脈上と柄に刺がある／花は幹の頂端から出る花序に多数つき、径4～5mm。花弁は5枚、雄しべは5本ある／果実は径6mmほどの球形で赤く熟す①／針蕗／✽6～7月，山地～亜高山の林内や草地，北・本(中部・北部)，6.27，胆振地方徳舜瞥山

ノブドウ　　ブドウ科
Ampelopsis glandulosa var. heterophylla

茎は赤みをおび、分枝しながら這ったり物に絡みついて伸びるつる性の多年草で、長さは2mほど／葉は巻きひげと対生し、長さ6～12cmの三角形で、先が3～5浅～中裂または裂けない／花序は葉と対生し、径4～5mmほどの小さな花を多数つける。花弁と雄しべは5個あるが早くに落ちる／果実は球形で色は白，紫，桃，緑と様々①。これらはすべて虫こぶで、正常な実はまずないという／野葡萄／✽7～9月，野山の日当たりのよい所，日本全土，8.21，札幌市円山

ヤブガラシ　　　　　　　　ブドウ科
ヤブカラシ，ビンボウカズラ
Cayratia japonica

茎は分枝しながら物に絡みつき，長さが数mにも伸びて大きな茂みをつくるつる性の多年草／葉は鳥足状の掌状複葉で小葉は5枚／花序は巻きひげと同様に葉と対生し，扁平。花は径5mmほど，花弁は緑色で4枚，雄しべは4本あるが，開花後落ちて子房と子房を囲む橙色から淡紅色へと変化する花盤が残る①／果実は球形で黒く熟すが道内ではほとんど結実しない／藪枯／❋8〜9月，道端や空地，❖日本全土(北海道は石狩地方以南)，8.20，渡島地方松前町

ミヤマハンモドキ　　クロウメモドキ科
ユウバリノキ
Rhamnus ishidae

幹は地表を這い，枝が直立または斜上して高さが30cmほどになる雌雄異株の落葉低木／葉は互生し，長さ3〜8cmの卵形〜広楕円形で，6〜10対の側脈が目立つ。ミヤマハンノキ(p.406)の葉に似るが鋸歯は鈍い／雄花は1〜5個ずつ，雌花は1個葉腋につき，花弁はなく，がく片が5枚，時に4枚ある／果実は球形で赤から黒く熟す①／深山榛擬／❋5〜6月，山地〜亜高山の超塩基性岩地帯，❖北(固有種)，5.20，日高地方アポイ岳

クマヤナギ　　　　　　クロウメモドキ科
Berchemia racemosa

他の木などに巻きついて伸びるつる性の落葉低木。幹に対し直角に分枝する／葉は長さ3〜6cmの卵形〜長楕円形で光沢と厚みがあり，全縁で葉脈が明瞭／花は総状または複総状花序に密に多数つき，径3〜4mm。がく片と花弁，雄しべが5個ずつあるが，花弁は小さく花糸を包む／果実は長さ7〜8mmの長楕円形で，開花1年後に赤から黒く熟し食べられる①／熊柳／❋8〜9月，低地〜山地の林縁や林内，❖北(胆振地方以南)・本・四・九，8.19，胆振地方白老町

355

コウモリカズラ　　　ツヅラフジ科
Menispermum dauricum

茎が這ったり物に絡んで伸びるつる性で雌雄異株の落葉低木。下部は木質化して越冬するが，上部は枯れる／葉は蝙蝠の羽根を連想させる，浅く5〜9裂した長さ5〜15 cmの三角状卵形で全縁。柄は縁からずれた位置につく／花は小さく密につき，径4〜5 mm。雄花はがく片4〜6枚，花弁5〜10枚があり①，雌花は雌しべが3〜4個あって柱頭が浅く2裂する／蝙蝠蔓／❋6〜7月，🌱野山の林縁，❖北・本・四・九，🌀6.19，札幌市

アオツヅラフジ　　　ツヅラフジ科
Cocculus trilobus

茎は紫色をおび，這ったり物に絡んで伸びる，つる性で雌雄異株の落葉低木。全体に短毛が多い／葉は心形に近い三角状卵形で浅く3裂，長さ・幅ともに3〜6 cm。厚みとやや光沢があり，全縁で先は円い／花は葉腋の円錐花序につき，径5 mmほど，がく片と花弁，雄しべともに6個，外側のがく片3枚は小さい。花弁の先は2裂して裂片の先はとがる①／果実は径7 mmほどの球形で黒く熟す②／青葛藤／❋7〜8月，🌱海岸〜丘陵の草地，❖日本全土(北海道は南部)，🌀7.27，函館市立待岬

イタチササゲ　　　マメ科
Lathyrus davidii

茎が物に絡まって伸びるつる性で無毛の多年草。茎は中空で3〜4稜があり，長さ1 m以上になる／葉は先が巻きひげとなる偶数羽状複葉，基部に大きな托葉がある。小葉は4〜5対つき，柄がなく長さ3〜8 cm。全縁で裏面は粉白色をおびる／花は総状花序につき，長さ1.5 cmほどの蝶形花で，花弁は開花後イタチの毛に似た黄褐色になる／果実は扁平な豆果で長さ7〜8 cm／鼬豇豆／❋7〜8月，🌱野山の日の当たる所，❖北(石狩地方以南)・本・九，🌀7.28，苫小牧市

タイツリオウギ　　　マメ科
Astragalus shinanensis

茎は直立または斜上して高さ20〜70cmになる多年草。茎の上部や葉軸，葉裏に白毛がある／葉は奇数羽状複葉で小葉は6〜11対つき，葉身は狭長楕円形で長さ6〜22mm／花は総状に数個〜10個つき長さ1.5〜2cmの蝶形花。がくに黒い短毛が多く，歯は細く突起状にとがる／釣られた鯛のように豆果がぶら下がり，長さ2〜2.5cmで袋状に膨らんで表面はほとんど無毛①／鯛釣黄耆／✽6〜7月，山地〜亜高山の岩場周辺，北・本(中部・北部)，7.13，札幌市定山渓天狗岳／後志地方大平山のものは花が小さく，がく歯が低い基準変種キバナオウギとされる／東大雪山系の高山帯に産するものは全体に小型で茎は匍匐し，別種トカチオウギ②とされているがタイツリオウギに含める見解もある／✽7〜8月，高山の岩場，北(東大雪山系の固有種)，7.29，ニペソツ山

モメンヅル　　　マメ科
Astragalus reflexistipulus

茎が地表を這って伸び，長さ50〜80cmになる多年草／葉は奇数羽状複葉で小葉は7〜9対つき，葉身は長さ2〜5cmの長卵形〜長楕円形，全縁で先はややとがる／花は葉腋から出る花序に8〜15つき，12〜13mmの蝶形花で旗弁が最も長い。がく筒の歯は尾状に長く伸びて先がとがる①／果実の莢は弓状に曲がった長さ3.5〜4.5cmの細い円柱形で先がとがる②／木綿蔓／✽6〜7月，河原や山地の草地，北・本，6.30，胆振地方むかわ町穂別／同じような環境に同属のカラフトモメンヅル③が生え，茎は長さ20〜50cm。這うか斜上し白伏毛が密生する。がく筒と果実に黒い伏毛が密生する④。果実は楕円状の円筒形で長さ1.5〜2cm／✽5〜6月，北，5.16，北見市仁頃

リシリオウギ　　　マメ科
Astragalus frigidus ssp. parviflorus
高さ15〜30cmの多年草。茎は下部が地表を這い斜上する／葉は奇数羽状複葉で小葉は3〜6対あり，葉身は長さ1〜3cmの狭卵形で裏面に軟毛が散生する／花は葉腋から出る花序に5〜10個つき，長さ1.5cmほどの蝶形花。がく歯は狭い三角形で先がとがり，黒褐色の毛が多い／果実の莢は少し膨らんだ袋状で黒褐色の毛が多い／利尻黄耆／✳7〜8月，↓高山のれき地や草地，❖北（利尻山・大雪山）・本（中部），◉7.26，大雪山白雲岳

リシリゲンゲ　　　マメ科
Oxytropis campestris ssp. rishiriensis
高さ10〜15cmの多年草。茎は地表を這って花茎と葉を出して株立ち状となり，葉柄とともに白い毛が多い／葉は奇数羽状複葉で小葉は8〜12対あり，葉身は長さ1〜2.5cmの広線形で裏面に白毛がある／花は茎頂に5〜10個つき，蝶形花で長さ2cmほど。がく筒に黒い毛がある／長卵形の豆果が斜め上を向いてつき，長さ2〜2.5cm／利尻蓮華／✳6/下〜7月，↓高山のれき地やその周辺，❖北（利尻山・夕張岳），◉7.3，夕張岳

イワオウギ　　　マメ科
Hedysarum vicioides ssp. japonicum
高さ20〜80cmの多年草。太い根茎から株立ち状となる。膜質鞘状で褐色の托葉がある／葉は奇数羽状複葉で小葉は5〜12対あり，葉身は長さ2〜2.5cmの長狭卵形で裏面に長毛がある／花は総状花序に10〜30個ついて下から咲き上がり，長さ1.4〜2cmの蝶形花／豆果の莢はくびれのある節果なのがこの属の特徴①／岩黄耆／✳6/下〜7月，↓山地〜高山の岩場やれき地，❖北・本（中部以北），◉7.13，夕張岳

ホドイモ マメ科
ホド
Apios fortunei

茎が物に絡みついて伸びる，長さ2mほどのつる性の多年草。地中に径1～2cmの塊根(いも)ができる／葉は奇数羽状複葉で小葉はふつう5枚，頂小葉が大きく長さ5～10cm，卵形で先が細くとがる／花は複雑な蝶形花で長さ7mmほど。上に大きな旗弁が1枚，下に赤い筒状の翼弁が2個，間に2枚の竜骨弁が合着してS字状にねじれている①／道内で結実するかは不明／塊芋／❇8～9月，🌱低地～低山の林縁など，❖北(渡島半島)・本・四・九，⦿8.23，檜山地方上ノ国町

ツタウルシ ウルシ科
Toxicodendron orientale ssp. *orientale*

気根により岩や他の幹をよじ登る，つる性で雌雄異株の落葉木本／葉は3出複葉で小葉は長さ5～15cmの卵形。短い柄があり全縁だが幼樹では切れ込み状の鋸歯がある。新葉は赤く，秋にも紅葉して①，触れるとかぶれる／花は葉腋から出る花序に多数つき，がく片と花弁，雄しべは5個ある。花弁は雄花で長さ3mmほどで雌花は小さい／果実は偏球形で長さ5～6mm②／蔦漆／❇6月，🌱低地～山地の林内，❖北・本・四・九，⦿6.14，札幌市豊平峡

ハゴロモグサ バラ科
Alchemilla japonica

高さ15～35cmの多年草。全体に白い毛がある／葉は円心形で主脈とともに掌状に7～9浅裂し，裂片は円く鋸歯縁。根出葉は径4～7cmで長い柄があり，茎葉には短い柄と目立つ托葉がある／花は小さな散形花序に密につき，柄がなく径3mmほど。花弁はなく，がく片と副がく片，雄しべが4個ずつある／羽衣草(ヨーロッパ産同属の英名レディスマントルの訳から)／❇7～8月，🌱高山の開けた所，❖北(夕張岳に稀産)・本(中部)，⦿7.3，夕張岳

アラシグサ　　　ユキノシタ科
Boykinia lycoctonifolia

高さ20〜40cmの多年草。横に伸びる地下茎から白い腺毛が密生する花茎を立てる／葉は腎円形で掌状に7〜9中裂し，裂片には不揃いの切れ込みと鋸歯がある。根出葉には長い柄があり，茎葉は互生する／花は小さく，がく片と花弁，雄しべが5個ずつあり，花弁は長さ2mmほどでがく片よりもやや短い①／蒴果は長さ7〜8mm／嵐草（気候の厳しい高所に生えるから）／❋7〜8月，亜高山の草地，❖北・本（中部・北部），7.3，夕張岳

エゾノチャルメルソウ　ユキノシタ科
Mitella integripetala

高さ25〜40cmの多年草。地下茎から花茎と根出葉を出す／葉は三角状卵形で浅く3〜5裂し，不規則な鋸歯縁で幅は5cm程度／花は腺毛の密生する花序にまばらにつき，径1cmほど。がく片は長三角形で5枚あり，花弁5本は糸状でがく片より長く，ともに後方に反り返る①。雄しべは5個ある／種子は黒く光沢がある。果実の様子からこの名がついた／蝦夷チャルメル草／❋6〜7月，山地の沢沿い，❖北（日本海側）・本（北部），7.15，増毛山地雨竜沼山腹

マルバチャルメルソウ　ユキノシタ科
Mitella nuda

高さ15〜25cmの多年草。地表に細い匐匍枝が伸びる。花茎は直立して葉柄とともに腺毛が多い／葉は根元から少数出て長い柄がある。葉身は長さ・幅ともに1.5〜3.5cmの円心形で，両面に毛があり，浅い鋸歯縁／花はややまばらにつき径8mmほど，先が5裂したがく筒は皿状で，裂片は長三角形でやや反り返る。花弁5枚は線〜糸状で4対の枝がある①／種子は黒く光沢がある②／円葉チャルメル草／❋5〜6月，山地の樹林下，❖北・本（南アルプス），6.21，十勝地方上士幌町糠平

コマガタケスグリ　　スグリ科
Ribes japonicum　　（ユキノシタ科）

高さ2mほどの落葉低木。枝は横に広がる／葉は長い柄があって互生し，葉身は掌状に裂けて幅15cm前後。鋸歯縁で裏面に油点が散在する／花は長さ30cmほどになる穂に多数つき径8mmほど。がく筒の先は5裂して裂片は花弁よりもはるかに長い。花弁は扇形で雄しべは5本ある①／果実は球形で赤黒く熟す②／駒ヶ岳酸塊(最初に採集された木曾駒ヶ岳による)／❋5〜6月，山地〜亜高山の林内や沢沿い，北・本・四，6.5，札幌市豊平峡

クロミノハリスグリ　　スグリ科
Ribes horridum　　（ユキノシタ科）

幹が匍匐して高さが1mに満たない落葉低木。よく分枝して横に広がり，枝には刺が密生している／葉は刺のある柄があって互生する。径5cmほどの円心形で掌状に5中裂し，裏面にも刺毛がある／花は総状花序にややまばらにつく。花柄やがく筒に腺毛があり，花弁は5枚で扇形，平らに開く／果実は球形で黒く熟し，表面に生える腺毛が刺に見える①／黒実針酸塊／❋6月，北(中央高地の樹林下)，6.21，大雪山石北峠西部

トガスグリ　　スグリ科(ユキノシタ科)
Ribes sachalinense

幹の下部が地表を這い，高さ30〜60cmになる落葉低木。分枝して横に広がる／葉は円心形で掌状に5〜7中裂し，裂片には切れ込みと鋸歯がある／花は総状に数個つき，径5〜6mm。柄に腺毛が密生し，がく筒の先が5裂して裂片は平開して，5枚の花弁よりはるかに長い。雄しべは5本ある／果実は径8mmほどの球形で赤く熟す。表面に腺毛が密にある①／栂酸塊／❋5〜6月，低地〜山地の林内や林縁，北・本・四，6.21，大雪山大雪湖周辺

カラクサナズナ　　アブラナ科
カラクサガラシ，インチンナズナ
Lepidium didymum

茎が基部から分枝して匍匐，斜上して高さ10〜20cmになる越年草。全草に悪臭がある／根出葉は花時には枯れ，茎葉は羽状に全裂して，側裂片は3〜7対ある。花序は葉腋につき，径1mmほどの微小な花が多数つく。がく片は4枚，花弁は0〜4枚あり，いずれも平開しない。雄しべは6本あるが，黄色い葯をつけるのは2本①のみ／唐草薺／❋6〜9月，🌱道端や空地，❖原産地はヨーロッパあるいは南アメリカ，◎7.5, 苫小牧市／他の同属はp.166

キバナイカリソウ　　メギ科
クモイイカリソウ
Epimedium koreanum

高さ20〜30cmの多年草／葉は2回3出複葉で小葉は長卵形で長さ5〜10cm，幅3〜5cm。先はとがり基部は心形で質は薄く縁に刺毛がある／花は下向きにぶら下がり，がく片8枚のうち4枚は早落性。花弁は4枚あり，先の1.5cmほどが碇状の距となり斜開する。雄しべは4本ある／黄花碇草／❋5〜6月，🌱山地の林内や草地，❖北(留萌地方以南)・本(近畿以北)，◎5.29, 檜山地方江差町

ルイヨウボタン　　メギ科
Caulophyllum robustum

高さ40〜70cmの多年草。太い根茎がある。茎は直立して緑白色で滑らか／葉は1〜2個つき，2〜3回の3出複葉。小葉は長さ5〜8cmの倒卵形で，時に顕著な切れ込みが入る／花は茎頂につき，径1〜1.5cm。6枚のがく片が大きく花弁状。花弁6枚はがく片より濃色で内側に輪をつくる①。雄しべは6個，雌しべは1個ある／果実は径7mmほどの球形で青黒く熟す／類葉牡丹(葉がボタンの葉に似るから)②／❋5〜6月，🌱低地〜山地の林内，❖北・本・四・九，◎6.13, 札幌市藻岩山

ミツバベンケイソウ　ベンケイソウ科
Hylotelephium verticillatum

茎は中空で硬い直立し、高さ 30～80 cm になる多年草。全体に白緑色／葉は数段にわたって 3～4 枚,時に 5 枚が輪生状につく。葉身は長さ 3～10 cm の広披針形で,厚く肉質で縁に不揃いな低い鋸歯がある／花は茎の上部に集散状に密に多数つき,5 数性でがく片が 5 枚,長さ 5 mm ほどの花弁が 5 枚あり,雄しべは 10 個ある／三葉弁慶草／❋ 8～9 月,山地の岩場や林内,沢沿い,北・本・四・九,8.15,北大雪山系平山中腹

アオノイワレンゲ　ベンケイソウ科
Orostachys malacophylla var. aggregeata

高さ 10～25 cm の多年草だが開花後枯死するので 1 稔性植物／根出葉は何枚も重なりながら放射状に広がるロゼットをつくる。葉身は長さ 3～7 cm の倒長卵形～長楕円形で,扁平,肉質,緑色で先がとがる／花は穂状に密に多数つき径 6～12 mm。広卵形の苞葉が 1 枚,がく片 5 枚,花弁 5 枚,雄しべ 10 本があり,花弁は長さ 5～7 mm の倒披針形で平開しない。雄しべの葯は赤紫色①／青岩蓮華／❋ 9～10 月,海岸～山地の岩場,北・本(北部)・九(北部),9.26,札幌市八剣山／変種の**コモチレンゲ**(レブンイワレンゲ)②は葉腋から走出枝を出し幼苗をつくって増える。葉は卵形～広卵形で粉白色をおびる。葯の色は黄色～淡紅色③／北海道内の海岸岩上,9.29,日高地方様似町

363

エゾ(ノ)レイジンソウ　キンポウゲ科
Aconitum gigas

高さ0.5〜1mの多年草／長い柄がある根出葉は幅10〜30cmの腎円形で、7〜9裂／花は長さ2.5〜3cm、5枚のがく片が花弁や雄しべ、雌しべを包む。花弁は2個、金槌形で長い柄に舷部と直線〜大湾曲する距がつく①②。花の柄には屈毛が密生(③右)／蝦夷伶人草／✳︎6〜8月、山地の林縁や林内、北(道央以北、以東)、6.18、札幌市定山渓／**カムイレイジンソウ**はがく片先端部に紫褐色の斑紋⑥／旭川市周辺の蛇紋岩地／**マシケレイジンソウ**は花の柄に開出毛(③左)、距は太く長い／増毛・樺戸山地の固有種／**オシマレイジンソウ**の距は太く短い／積丹半島〜渡島半島／**ヒダカレイジンソウ**は花の長さ約2cm、緑色を帯び上がく片が三角錐状⑤／大雪、夕張、日高山地／**ソウヤレイジンソウ**は心皮(果実)に斜上毛が密生⑦／道北に局所的／**コンブレイジンソウ**は花が淡紫青色で柄に開出毛／**ニセコレイジンソウ**には屈毛が生える④／2種ともニセコ山地周辺に分布

アキカラマツ　キンポウゲ科
Thalictrum minus var. hypoleucum

高さ50cm〜1.5mの無毛の多年草。茎は直立して上部でよく分枝／葉は2〜3回の3出複葉で小葉は長さ1〜3cm。先が浅く3〜5裂し、裏面は帯白色／花は円錐花序に多数つき、花弁はなく、がく片が4枚あり多数の葯が細く白い花糸でぶら下がる①／数個の集合果がつき柄は1cm以下／秋唐松／✳︎7〜9月、低地〜山地の草地、北・本・四・九、7.19、札幌市藻岩山／山地に生え、果柄が1〜4cmと長い型を変種**オオカラマツ**(コカラマツ)②という／同属の**チャボカラマツ**の茎は斜上または横に伸びて長さ30cm程度。小葉は長さ8〜16mmで葉脈は、裏面で隆起③。花糸は赤紫色／矮鶏唐松／✳︎6月、北海道内山地の岩場／その変種**アポイカラマツ**④は日高地方アポイ岳と後志地方大平山に産し、より小型で小葉裏面に微腺毛が散生する／6.6,アポイ岳

ツクモグサ　　　　キンポウゲ科
Pulsatilla nipponica
高さ5～15cmの多年草。はじめ全体に白い長軟毛が密生している／根出葉は長い柄があり、葉身は長さ1.5～4cmの広三角形で、2回3出複葉で小葉はさらに線形状に裂ける。茎葉は3枚が輪生して短い柄がある／花は茎頂に1個ついて径3～4cm、花弁はなく花弁状のがく片が6枚あり、外側に長軟毛がある。雄しべと雌しべは多数ある／痩果の花柱が伸びて羽毛状になる①／九十九草／❋5～6月、↯高山のれき地やその周辺、❖北・本(中部)、◉6.11、東大雪山系ニペソツ山

チョウセンゴミシ　　　　マツブサ科
Schisandra chinensis
岩や他の幹を伝って伸び、長さ2mほどになるつる性で雌雄同株の落葉木本／葉は長い柄があり、葉身は長さ3～8cmの倒卵形～楕円形で縁に不揃いの低い鋸歯がある／花は雄花と雌花があり、葉腋から長い柄を出して垂れ下がり、径1cmほど。花被片は6～9枚あり、長楕円形で長さ1cm程度あるが、平開しない／球形の果実は房状に連なり、径7mmほどで赤く熟す①／朝鮮五味子(果実に5つの味が含まれるから)／❋6月、↯低地～山地の林内や林縁、❖北・本(中部・北部)、◉6.20、上川地方愛別町石垣山

マツブサ　　　　マツブサ科
Schisandra repanda
つる性で雌雄異株の落葉木本、長さ数m／葉は長い柄があり、枝先に2～数枚がまとまる。葉身は厚みと鈍いつやがあり、広卵形～広楕円形で長さ4～8cm／花は葉腋から出る長い柄につき、径1cmほど。花被片は10枚ほどあり、ほぼ円形で平開しない。雌花は雄しべがなく、雌しべが多数。雄花は雌しべがなく合体した雄しべがある／球形の果実が房状に集まり、径1cmほどで黒く熟す①／松房／❋7月、↯山地の林内、❖北(南部)・本・四・九、◉7.26、函館市戸井

カンチヤチハコベ　　ナデシコ科
Stellaria calycantha

高さ10～40 cmの軟弱な多年草。茎は4稜があり，よく分枝して茂み状となる／葉はほぼ無柄で対生し，葉身は線状披針形～披針形で長さ5～17 mm，幅1.5～4 mm／花は小さく径7 mmほどで花弁はないか，あっても微小。がく片は4～5枚あり卵形で長さ2～3 mm／果実は長卵形でがく片より長く突き出る／寒地谷地繁縷／❋7～8月，🌿高山の湿地や沢沿い，❖北(大雪山・日高山脈)・本(中部)，❀8.11，大雪山高根ヶ原

シバツメクサ　　ナデシコ科
Scleranthus annuus

高さ3～15 cmの1年草または越年草。茎の基部は地表を這って分枝し，やや株立ち状となる／葉は対生し，葉身は長さ3～10 mmの線形で，肉質で硬く，基部同士が合着して短い膜質の鞘となる／花は茎頂か下部の葉腋につく。花弁は退化し，がく筒が5深裂して裂片は狭三角形で長さ1.5 mm。雄しべは5本，花柱は2本／果実は壺形で，がくとともに落ちる／芝爪草／❋6～8月，🌿道端や空地，❖原産地はヨーロッパ，❀7.15，釧路市釧路西港

イノコズチ　　ヒユ科
ヒカゲイノコズチ
Achyranthes bidentata var. japonica

高さ50 cm～1 mの多年草。茎は直立して断面は四角／葉は対生し，葉身は長さ5～15 cmの広楕円形で，先がとがり全縁／花はややまばらに横向きに咲き①，花被片は3枚あって長さ3～4 mm／果実は下向きになり，3本の針状の苞で衣服や動物に付く。苞の基部に膜質の付属体がつく②／猪子槌／❋8～9月，🌿低地～山地の林内，❖北・本・四・九，❀9.2，札幌市円山／変種ヒナタイノコズチは葉が厚く花が密につき③，苞の付属体は微小

ネバリタデ　　　タデ科
Persicaria viscofera

高さ40〜80cmの1年草。茎と葉に伏毛がある。茎上部の節間と花柄から粘液を分泌して触ると粘る／葉は互生し，葉身は長さ4〜10cmの披針形〜広披針形で，先がとがり全縁。托葉鞘は膜質で上縁に長さ4mmほどの毛があり，鞘の表面にも長軟毛がある①／花序は長さ3〜5cm。花被は5深裂して腺点がある／粘蓼／❋8〜9月，🌱野山の日当たりのよい所，❖北・本・四・九，◉9.3，後志地方尻別岳／変種オオネバリタデは大きく葉は長披針形／各部の毛は短いとされるが判別は難しい

ヤナギタデ　　　タデ科
マタデ
Persicaria hydropiper

高さ40〜80cmの1年草。よく分枝し，葉は互生して葉身は披針形〜長卵形で長さ3〜12cm。小さな腺点があって先はとがり，縁はざらつく。托葉鞘の縁毛は短い／花穂は細く弓状に垂れて長さ5〜10cm。花被は4〜5深裂して腺点があり，裂片の先が淡紅色をおびる①／種子は凸レンズ形／若芽や葉に辛味があり，刺身のつまにする／柳蓼／❋8月〜10/上，🌱低地の湿った所や水辺，❖日本全土，◉9.24，札幌市篠路

イシミカワ　　　タデ科
Persicaria perfoliata

茎は他の物に絡んで伸び，長さ1〜2mになる1年草。茎には下向きの刺があり絡みつく／葉は互生し，葉身は角のない三角形で長さ2〜6cm。全縁で柄は基部近くにつく。托葉鞘の上部は円形の葉状となって茎を抱く／枝先や葉腋から長さ1〜2cmの花序を出して10〜20花がつく。花被は5中裂し，裂片はあまり開かない／やがて花被は肥大して球形の果実となり，青く色づく①／石見川／❋7〜9月，🌱野山の湿った所，❖日本全土，◉8.24，空知地方新篠津村

ミチヤナギ　タデ科
ニワヤナギ
Polygonum aviculare ssp. aviculare

茎が分枝しながら地表を這って上部が直立または斜上し，長さ10〜40cmになる1年草／葉は互生し，無毛で白みをおびた緑色。葉身は変異が大きいが長さ1〜5cmの長楕円形で，大小の葉に大別される（異葉性）／花は葉腋に数個ずつつき，花被は5裂して径3〜4mm。裂片は斜開して白く縁どられる①／果実は3稜形で細かい突起が密にある／道柳／✹6〜10月，✾道端や空地，荒地，❖日本全土，◉8.5，十勝地方豊頃町／亜種**ハイミチヤナギ**②の茎はふつう匍匐し，節間が短く2cm以下。葉は長楕円形〜長楕円状披針形で長さ1cm以下／❖原産地はヨーロッパ，◉10.3，檜山地方厚沢部町／亜種**オクミチヤナギ**（ホソバミチヤナギ，エゾミチヤナギ）③は茎が斜上〜やや直立。葉は長さ5〜25mmの線形〜披針形〜楕円形で先はとがる／果実は広い面と狭い面がある3稜形／✾❖北海道内の道端や畑地，海岸，◉8.5，十勝地方豊頃町／近似種**アキノミチヤナギ**（ナガバハマミチヤナギ）④は茎が直立し，葉は倒披針形で先がとがり，上部の葉は小さく落ちやすい。托葉鞘は細裂する。海岸の砂地などに生える

カラハナソウ　アサ科(クワ科)
Humulus lupulus var. cordifolius

茎が他の物に巻きつき絡まって長大に伸びる，つる性で雌雄異株の多年草。茎と葉柄に逆向きの刺がある／葉は対生して3〜5中裂する葉としない葉があり，鋸歯縁／雄花は円錐状に多数つき，径5mmほどで花被片は5枚，雄しべは5本ある。雌花は葉腋から出る柄の先につき，2花ずつ苞に包まれる①／やがて苞は大きくなって長さ3〜4cmの松かさ状となり②，腺点のある果実③を包む／唐花草／✹8〜9月，✾道端や林縁，原野，❖北・本（中部・北部），◉8.28，胆振地方白老町

カナムグラ　　　アサ科(クワ科)
Humulus scandens

茎が他の物に絡まって伸びる，つる性で雌雄異株の1年草。茎も葉柄に逆向きの刺毛がある／葉は対生し，葉身は掌状に5〜7深裂して幅は5〜10 cm。鋸歯縁で両面に粗い毛があり，ざらつく／雄花は円錐状の大きな花序にまばらにつき，径3 mmほど。花被片は5枚で大きな葯がぶら下がる①。雌花は葉腋から出る柄の先につく小さな松かさ状の花序につく／果穂は長さ1 cmほど／金葎／❋8〜9月，🌿低地〜低山の林縁や道端，❖日本全土(北海道は渡島半島)，◉9.26，渡島地方松前町

アサ　　　アサ科(クワ科)
Cannabis sativa

高さ1〜2 mの雌雄異株の1年草。茎は直立して断面は四角，よく分枝する／葉は掌状に5〜9分裂する複葉で，小葉は線状披針形で先がとがり鋸歯縁。根出葉には長い柄がある。上部の葉はあまり分裂しない／雄株の花序は円錐状で雄花は花被片5個，雄しべ5個があり黄色い葯が目立つ。雌株の花穂は枝先について短く，花は苞に包まれ花柱2個が突き出る／別名大麻。所持は処罰の対象となる／麻／❋8〜9月，🌿道端や空地，❖原産地は南・中央アジア，◉9.30，網走地方津別町

コフタバラン　　　ラン科
フタバラン
Neottia cordata

高さ10〜20 cmの多年草。茎は直立してほとんど無毛／三角状腎形の葉が茎の中ほどで向かい合ってつく。やや厚みとつやがあり，長さ・幅ともに1〜2 cm／花は茎の上部に数個〜10個つき，がく片3枚と花弁2枚はほぼ同形同大で長さ1.5〜2 mm。唇弁は先が2深裂して裂片の先は鋭くとがる①。がく片と花弁は果期まで残る／小二葉蘭／❋6〜7月，🌿山地〜亜高山の樹林下，❖北・本(中部以北)・四，◉7.23，大雪山平ヶ岳〜忠別沼

369

ミヤマフタバラン　　　　ラン科
Neottia nipponica

高さ10〜25cmの多年草／葉は茎の中ほどに向かい合ってつき，葉身は長さ1〜2.5cmの幅の広い三角状心形で，光沢があり，先が短くとがる／花序に腺毛があり，花は数個〜10個つく。唇弁は長さ6mmほどで紫色をおび，先が2中裂して基部近くに小さな裂片がある①／深山二葉蘭／❋8月，🌱亜高山の樹林下，❖北・本・四・九，◎8.12，東大雪山系ニペソツ山／近似種**タカネフタバラン**②の花は透明感のある緑色で唇弁基部近くに小裂片はない／❖北(東部)・本(中部以北)

コアツモリソウ　　　　ラン科
Cypripedium debile

高さ10〜20cmの多年草／葉は2枚が向き合って茎の先につく。葉身は長さ3〜5cmの円心形で，質はやや硬く光沢があり，鋸歯はないが縁は波打ち，先はとがる／花は葉腋から出る細い茎の先にぶら下がって葉で隠れるようにつき，長さ2cmほど。唇弁以外の花弁とがく片はおおむね披針形で長さ1〜1.5cm。唇弁は長さ1cmほどの袋状で紫色の筋が入る①／小敦盛草／❋5月〜6/上，🌱低山の暗い樹林下，❖北(西南部)・本(中部以北)，◎5.30，檜山地方厚沢部町

キバナノアツモリソウ　　　　ラン科
Cypripedium yatabeanum

高さ20〜40cmの多年草。茎や花柄に軟毛がある／葉は対生状につき，葉身は長さ6〜15cmの楕円形で先がとがる／花は苞葉の先につき，長さ3〜4cm。黄色い地に褐色の斑紋がある。上がく片は立ち上がり，長さ2〜2.5cmの広卵形で，側花弁はくびれのある狭長卵形。唇弁は袋状の筒形で，開口部は内側に巻き込まない／黄花敦盛草／❋6/中〜7/上，🌱低地〜亜高山の草地，❖北(釧路地方・夕張山地)・本(中部以北)，◎7.5，釧路地方白糠町

370

レブンアツモリソウ　　　ラン科
Cypripedium macranthos var. flavum
高さ15〜30cmの多年草。茎に縮毛がある／葉は3〜4枚が互生し、葉身は長さ5〜15cmの長楕円形で先が鋭くとがり、基部は短い鞘状となって茎を抱く／花は茎頂に1個つき、上がく片が庇のように張り出して、側花弁は広く短い。唇弁は長さ3.5〜5cmの大きな袋状、花色は白色〜クリーム色／礼文敦盛草／❋5/下〜6月、🌿礼文島の草地、❄6.6, 礼文島北部／「種の保存法」の特定国内希少種に指定されている／基準変種はホテイアツモリ(p.287)

クマガイソウ　　　ラン科
Cypripedium japonicum
高さ30〜40cmの多年草。地下茎が伸びて所々から茎と葉を出す。茎に粗い毛が密生する／葉は茎の中ほどに向かい合ってつき、葉身は径10〜15cmの扇形で、折りたたまれた放射状の襞が目立つ／花は1個下垂し径8cmほど。がく片と側花弁はほぼ同形同大で、長さ4〜5cmの長楕円形。唇弁は袋状で表面に淡紫紅色の模様が入る／熊谷草(唇弁を熊谷直実が背負う母衣に見立てた)／❋5/下〜6/中、🌿低地〜低山の明るい林内、❄北(石狩地方〜日高地方〜渡島半島)・本・九、❄6.1, 胆振地方白老町

シュンラン　　　ラン科
ホクロ
Cymbidium goeringii
高さ10〜25cmの根茎の短い多年草／常緑で硬い葉が叢生し、長さ20〜35cm、幅6〜10mmの線形で、縁に微鋸歯があってざらつく／花は直立し鱗片葉に被われた花茎にふつう1個つき、各片の外側が緑色。唇弁はがく片より短く、白色で濃赤紫色の斑点があって、距はない／春蘭／❋4〜5月、🌿低山の明るい林内、❄北(渡島半島・奥尻島)・本・四・九、❄4.18, 渡島地方八雲町熊石

ヒトツバキソチドリ　　　ラン科
キソチドリ
Platanthera ophrydioides var. monophylla
f. monophylla

高さ15～30cmの多年草／茎の下部に大きな葉が1枚水平に開く。葉身は長さ3～6cmの長楕円形～卵形でやや光沢があり，基部は茎を抱く。上部の葉は鱗片状／花は十数個つき，がく片3枚はやや膜質で上がく片が狭卵形，側花弁の先端は細くなって上に曲がる。唇弁は細長く，長さ6～10mm。距はそれより少し長く，後方に伸びるか前に垂れる①／一葉木曾千鳥／❋7～8月，🌱山地～亜高山の樹林下や草地，❖北・本(中部)，🔵7.2，深川市鷹泊／高さが30～50cmと大きく，大きな葉が2～3枚つく型を基準変種**オオキソチドリ**②という／近似種**ヤマサギソウ**③は全体により多肉質。下部の葉は斜開して長さ5～10cm。花の各片は上記2変種より幅が広く，唇弁は長さ1～1.5cm，距は長さ1.2～2cmで斜め上に伸びる／山鷺草／❋6/中～7月，🌱山地の日当たりのよい草地，❖北・本・四・九，🔵6.26，日高地方アポイ岳

ガッサンチドリ　　　ラン科
Platanthera takedae ssp. uzenensis

高さ10～25cmの多年草／茎の下部に大きな葉が2枚つき，最下の葉は長さ5～7cmと大きく広卵形で，上部の葉は小さくなり苞に移行する／花は5～10個つき，花のつくりは前種キソチドリに似るが，側花弁と側がく片の幅が広い。距は短く長楕円形で長さ約3.5mm①／ミヤマチドリの亜種／月山千鳥／❋7～8月，🌱亜高山の林下や草地，❖北・本(中部以北)，🔵8.14，北大雪山系ニセイカウシュッペ山

コバノトンボソウ　　　　　　ラン科
Platanthera tipuloides ssp. nipponica

高さ20〜40cmの多年草／茎は直立し下部に長さ3〜7cmの葉が1枚直立〜斜上してつく。葉身は細長い楕円形でやや厚みがある。中〜上部の葉は鱗片状／花は一方に偏ってつき，花弁は黄色でがく片は緑色。上がく片と2枚の側花弁が兜状となり①，唇弁の距は長さ12〜18mmで後方斜め上にはね上がる／小葉蜻蛉草／❋7月〜8/上，🌿低地〜山地の湿原，❖北・本・四・九，🔵7.14，渡島地方長万部町静狩湿原／基準亜種**ホソバノキソチドリ**②は茎の中部につく葉が比較的大きく，花が一方に偏ってつかず，唇弁の距は下を向くか前方に曲がる③／細葉木曾千鳥／❋7〜8月，🌿低地〜高山の湿地や湿った草地，❖北・本(近畿以北)・四，🔵8.11，十勝連峰オプタテシケ山

シロウマチドリ　　　　　　ラン科
ユウバリチドリ
Limnorchis convallariifolia

高さ20〜50cmの多年草。茎はやや太く直立して稜がある／葉は5枚以上あって互生し，長さ5〜8cmの長楕円形で上のものほど小さい／花は十数個つき，花より長い苞がある。唇弁と距はほぼ同長で長さ5〜7mm。上がく片は長さ4〜6mmで，側花弁とともに兜状となる①／白馬千鳥／❋7/下〜8月，🌿亜高山〜高山の湿った草地，❖北(大雪山・夕張岳)・本(中部)，🔵7.23，大雪山五色ヶ原

ジンバイソウ　　　　　　ラン科
Platanthera florentii

高さ20～40cmの多年草／茎は細く,基部近くに大きな葉が対生状につく。葉身は長さ5～12cmの長楕円形で表面に光沢があり,縁は波打つ。その上につく葉は鱗片状／花は穂状に5～10個つく。がく片と側花弁は長さ5mmほど,唇弁は長さ1cmほど。唇弁の距は下方に曲がり,長さ1.5～2cm／神拝草(銀バエが訛ったという説もある)／❉8月～9/上,↓低地～低山の広葉樹林下,❖北(後志～胆振地方以南)・本・四・九,◉8.18,苫小牧市

トンボソウ　　　　　　ラン科
Platanthera ussuriensis

高さ20～40cmの多年草／葉はふつう2枚つき,葉身は長楕円形で長さ5～10cm,幅1～3cm／花は長さ3～10cmの穂状に多数つき,上がく片と側花弁が兜状に丸まる。唇弁は長さ3.5mmほどで基部近くの左右が円くふくらむ①。距は長さ5～6mmで下に曲がる／蜻蛉草／❉7～8月,↓低地～低山の林内,❖北・本・四・九,◉7.29,胆振地方白老町／近似種**ヒロハトンボソウ**②は高さ30～60cm,葉は長～広楕円形で長さ10～20cm。花はやや密につき,唇弁は長さ4mmほどで,左右のふくらみの先がとがる③。距は長さ1cmほど／❉6～7月,↓低地～山地の林縁,❖北・本,◉7.5,胆振地方厚真町／**イイヌマムカゴ**④の距は楕円形で長さ1.3mmほど。唇弁と同様に白色／❉8月,❖道内では渡島に分布／これら3種はツレサギソウ属ではなく,トンボソウ属として扱われることもある

タカネトンボ   ラン科
Limnorchis chorisiana

高さ8〜20cmの多年草／地表近くに大きな葉が対生状につく。葉身は長さ2〜6cmの広楕円形で厚みと光沢があり、花は10〜15個がやや密につき径3〜4mm。唇弁の先は円く、距は太く短く、長さ1〜1.5mm①／高嶺蜻蛉／✻7〜8月、🌱亜高山〜高山の草地、❖北・本(中部以北)・四、🔵7.19、胆振地方徳舜瞥山／変種ミヤケラン②は高さ20〜40cm。葉は離れてつき、狭楕円形で鋭頭。花は15個以上多数つく。低地〜山地の樹林下にあるが、中間の個体もある／🔵7.13、利尻島

アオチドリ   ラン科
ネムロチドリ
Dactylorhiza viridis

高さ15〜40cmの多年草／葉は2〜4枚が互生する。葉身はやや肉質で長さ4〜10cmの長楕円形／花は総状に多数つき、苞は葉状で花よりはるかに長い。がく片3枚が兜状となり、側花弁はその中に隠れる。唇弁は長さ1cmほどで先が3裂するが中裂片は微小①。距は長さ約3mm。しばしば花軸や唇弁、子房が紫褐色をおびる／青千鳥／✻5〜7月、🌱山地の林内や草地、❖北・本(中部以北)・四、🔵6.13、札幌市砥石山

エゾスズラン   ラン科
アオスズラン
Epipactis papillosa

高さ30〜60cmの多年草。茎や葉に褐色の短毛があってざらつく／葉は数枚が互生し、葉身は長さ7〜12cmで基部は茎を抱く／花は一方に偏って総状に20〜30個つき、径1.5cmほど。がく片と花弁は長さが1cm前後。唇弁は先端部が卵形、後部が内側に巻いて内面は暗褐色。ずい柱は大きく、唇弁後部とほぼ同長①／蝦夷鈴蘭／✻7〜8月、🌱山地〜亜高山の林内、❖北・本・四・九、🔵7.29、夕張岳／同属のカキランはp.83

375

アケボノシュスラン　　　ラン科
Goodyera foliosa var. laevis

茎は地表を這って先端部が立ち上がる，高さ5〜10 cmの多年草／葉はやや密に互生し，葉身はやや厚く光沢があって長さ2〜4 cm，幅1〜2 cmの楕円形〜卵形．葉脈が白い縦筋となって目立つ／花は上部に数個つき長さ8〜10 mm．がく片は狭卵形で長さ8 mmほどで花弁もほぼ同長，唇弁は基部が少し膨らむ／曙繻子蘭(葉の様子が織物の繻子に似るから)／❋8〜9月，🌱山地の樹林下，❖北・本・四・九，◉8.17, 札幌市砥石山

ベニシュスラン　　　ラン科
Goodyera biflora

茎の基部が横に伸びて上部が立ち上がり，高さ4〜8 cmになる多年草／葉は数枚互生する．葉身は長さ2〜4 cmの卵形〜長卵形で，表面は濃い緑色でややビロード状，葉脈に沿って白い斑が入る／花は茎頂に1〜2個つき，長さは3 cmほど．がく片と側花弁はほぼ同長で先は円い．がく片外面には白毛がある．唇弁は少し短く基部は膨れ，先は下にくるりと巻いている／紅繻子蘭／❋7/中〜8/中，🌱低地〜山地の暗い樹林下，❖北(胆振〜檜山地方)・本・四・九，◉8.5, 檜山地方厚沢部町

ツリシュスラン　　　ラン科
Goodyera pendula

樹の幹や岩に着生する常緑の多年草で，茎は垂れ下がり長さ10〜20 cm／葉は数枚互生し，長さ2〜3.5 cmの線状披針形〜卵形でつやがあり，縁は波打つ／垂れ下がった茎の先端が上に伸びた花序となり，花は一方に偏って密に多数つく．がく片は長さ4 mmほどの狭卵形で外面有毛．側花弁は狭倒披針形，唇弁は広卵形／吊繻子蘭／❋8月，🌱山地の樹林内，❖北・本・四・九，◉8.23, 檜山地方江差町／北方のものは葉が広く，変種**ヒロハツリシュスラン**とされる

オニノヤガラ　　　ラン科
ヌスビトノアシ
Gastrodia elata

茎が直立して高さ50cm〜1mになる葉緑体をもたない多年生の腐生ラン。地下に塊茎がある／葉は鱗片状でまばらにつく／花は20〜50個つき，花冠は壺形で合弁花類に見えるが，がく片と側花弁が合着したもの。先端が裂けているのはその痕跡。唇弁は花筒から出て下に巻き込み，縁が細かく裂けて裂片が内側に巻いている①／ナラタケ菌と共生（寄生に近い）する／鬼矢柄／❋6〜7月，低地〜低山の林内や林縁，北・本・四・九，7.12，札幌市西岡水源地

サカネラン　　　ラン科
Neottia papilligera

高さ25〜40cmの，葉緑体をもたず栄養分を地中の菌類に頼る，多年生の腐生ラン。太く短い地下茎から肉質の根が多数出，先がやや上を向く。茎や花の柄，子房に毛が密生する／葉は膜質でやや鞘状／花は穂状に密に多数つき，唇弁は長さ1cmほど。2深裂して裂片は横に開き，距はない①／逆根蘭（根の伸びる方向から）／❋5〜6月，低山の林内，北・本・九，5.25，札幌市砥石山／近似種エゾサカネランは茎や花の柄，子房に毛がない

ヒメムヨウラン　　　ラン科
Neottia acuminata

高さ10〜20cmの葉緑体をもたない多年生の腐生ラン。茎は細く軟弱で無毛／茎の下部に膜質で鞘状の葉がある／花序が長く多数の花がつく。苞は膜質で花の柄を包む。花は径5〜6mmで，すべてのがく片と花弁は卵状狭披針形で先がとがり，反り返る①。唇弁が上に位置してやや短く，幅が広い／姫無葉蘭／❋6月，山地の針葉樹林内，北・本（中部），6.13，利尻島

377

トラキチラン ラン科
Epipogium aphyllum

高さ10〜20cmの葉緑体をもたない多年生の腐生ラン。茎は肉質で基部が膨れ，地中に珊瑚状の菌根茎がある／鱗片状の葉はまばらにつき，膜質でやや鞘状／花は1〜数個つき，一般のランとは上下が反転した形。がく片と側花弁は線形で垂れ下がり長さ1.5cmほど。唇弁はボート状で側裂片や内側に赤い斑点と隆起線，突起列があり複雑。距は袋状で直立する①／発見者神山虎吉にちなんでこの名がついた／虎吉蘭，❈7/下〜8月，山地の針葉樹林内，❖北・本(中部)，8.6，大雪山

ヤチラン ラン科
Malaxis paludosa

高さ5〜10cmの多年草／葉は根元に2〜3枚つき，長さ1〜2.5cmの狭長楕円形で，先はとがらず質はやや厚い／花後，先端にむかごができるという／花序は花茎の半分ほどで小さな花が多数つく。花は一般のランとは上下が反転した形。がく片は狭卵形で長さ2mmほどで上がく片が下を向く。側花弁は卵形で長さ1mmほど。唇弁は長さ約1.5mmの三角状卵形で上を向いてつき，基部が内側に巻く①／谷地蘭／❈8月，高層湿原，❖北・本(中部以北)，8.17，根室半島

ホザキイチョウラン ラン科
Malaxis monophyllos

高さ10〜30cmの多年草／葉は根元に1〜2枚つき，1枚が特に大きくなる。葉身は長さ4〜8cmの広卵形で，全縁で基部は急に細く鞘状となって茎を包む／花序に長さ2〜3mmで一般のランとは上下が逆転した微小な花が多数つく。がく片は披針形で，背がく片が細い側花弁とともに下を向き，側がく片は斜上して唇弁は先が尾状に細くなる①／穂咲一葉蘭，❈7〜8月，山地の林内，岩場や樹の幹上，❖北・本(近畿以北)・四(高山)，7.15，大雪山

イチヨウラン ラン科
ヒトハラン
Dactylostalix ringens

高さ10〜20cmの多年草／葉は根元に1枚つき，葉身は長さ3〜6cm，幅2.5〜4cmの卵円形で，厚みと光沢がある。その上部に鱗片葉がやや鞘状となってつく／花は茎頂に1個つき，がく片と側花弁は明るい緑色で長さ2〜2.5cm，紫色の斑点があり，時にない。唇弁は3中裂し，中裂片が大きく長さ7mmほどで白く，ふつう紫紅色の斑点がある／一葉蘭／❋5〜6月，🌱山地の樹林下，❖北・本・四・九，✿5.15，檜山地方厚沢部町

コイチヨウラン ラン科
Ephippianthus schmidtii

高さ5〜15cmの多年草。細い地下茎が伸びる／根元に柄のある広卵形で長さ1.5〜3cmのやや厚い葉がつき，葉の色は暗紫色と濃緑色の2タイプがある。花茎の基部に鱗片葉が2枚つく／花は1〜数個つき，径7mmほどでうつむいて咲く。3枚のがく片は大きく同形同大。側花弁は小さい。唇弁は長さ5mmほどで輪郭のぼやけた赤い斑紋がある①／小一葉蘭／❋7〜8月，🌱山地〜亜高山の樹林下，❖北・本(中部・北部)，✿8.11，大雪山大雪湖付近

トケンラン ラン科
Cremastra unguiculata

高さ25〜40cmの多年草。地中の偽球茎は卵円形／葉は1〜2枚，葉身は長さ10〜15cmの長楕円形で，やや革質で硬い。花後，枯れて秋にホトトギスの胸のような暗紫色の斑点が目立つ新葉が出て越冬する／花はまばらに数個〜12個つき，長さ2.5cmほど。がく片3枚と側花弁は長さ1.2〜2cmの線状倒披針形でふつう紫色の斑点がある。唇弁は倒卵形で白く，先が3浅裂し，基部付近に小さな側片がある①／杜鵑蘭／❋6月，🌱低地〜低山の林内，❖北(上川〜胆振)・本・四，✿6.7，札幌市真駒内保健保安林

クモキリソウ　　　　　　ラン科
Liparis kumokiri

高さ15〜25cmの多年草。地表の偽球茎から2枚の葉と花茎を出す／葉は長さ6〜10cmの長〜広楕円形で，縁は細かく波打つ／花は5〜15個ついて柄は斜上し，がく片は細い筒状となり長さ8mmほどで開出し，側花弁はさらに細く下垂する。唇弁は幅6mmほどあり，中ほどで下に巻き込む①。花の色はふつう緑色，時に淡暗褐色／雲切草／✹6〜7月，🌱山地の樹林下や草地，❖北・本・四・九，📷7.16，日高地方アポイ岳／きわめてよく似たシテンクモキリとオオフガクスズムシソウはp.292

ノギラン　　　　　キンコウカ科(ユリ科)
Aletris luteoviridis

高さ10〜30cmの多年草／葉は根元に多数つき，葉身は長さ6〜15cmの線状倒披針形でやや厚く光沢があり，全縁で先はややとがる／茎は時に花序の部分で分枝して花は穂状に密に多数つく。花は径1〜1.2cm，花被片は6枚あり，長さ6〜8mmの線状披針形で平開し，雄しべは6本ある／芒蘭(花の形が芒をもつランに似るから)／✹7〜8月，🌱山地の草地やけき地，❖北・本・四・九，📷7.21，胆振地方樽前山

ネバリノギラン　　キンコウカ科(ユリ科)
Aletris foliata

高さ20〜50cmの多年草／茎は直立して葉は根元にまとまってつく。葉身は長さ10〜15cmの線状披針形で，やや厚く光沢があり，先はとがる。茎につく葉は小さい／花は茎の上部に総状につき，長さ6〜7mmの筒形〜壺形で，花冠は6裂するが裂片は開かない①。雄しべは6本ある。花序や花，柄に腺毛があり粘る／粘芒蘭／✹6〜7月，🌱湿原や山地，亜高山の草地，❖北・本・四・九，📷7.10，胆振地方オロフレ山

キジカクシ　　キジカクシ科(ユリ科)
Asparagus schoberioides

高さ40cm〜1mの雌雄異株の多年草。茎はよく分枝して稜がある／葉は膜質の小さな鱗片状。針状の葉に見えるものは枝が細かく分枝したもので，偽葉または葉状枝と呼ばれ，3〜7個束になって長さ1〜2cmで湾曲する／花は偽葉腋に数個つき，長さ3mmほどで花被片は6枚で平開しない。雄しべは6本ある①／液果は径7〜8mmの球形で，赤く熟す②／雉隠／❋6月〜7/上，🌿低山の林縁や草地，❖北・本・四・九，●6.21, 胆振地方むかわ町穂別／**アスパラガス**(オランダキジカクシ)は同属

チシマゼキショウ　チシマゼキショウ科
Tofieldia coccinea var. coccinea　　(ユリ科)

高さ5〜15cmの多年草／大きな葉が根元に集まり扁平で剣状，長さ3〜8cm，幅2〜4mm／花は楕円形の花序に密につき，花柄は長さ約1mm。花被片は6枚で長さ2〜3mm／果実は球形の蒴果／千島石菖／❋6〜8月，🌿高山のれき地や草地，❖北・本(中部以北)，●6.8, 礼文島／変種**アポイゼキショウ**(チャボゼキショウ)①は花柄の長さ1.5〜2mmで花はまばらにつき，日高地方アポイ岳や後志地方大平山などに産する。渓谷岩上のものは葉が長く，花はさらにまばらになる

ヒメイワショウブ　チシマゼキショウ科
Tofieldia okuboi　　　　　(ユリ科)

高さ6〜15cmの多年草／葉は長さ3〜7cm，幅2〜6mmの扁平な線形で，先は急に細くなってとがる。縁に細かい突起があってざらつく／花は総状花序にややまばらにつき，長さ3mmほどで上を向き，花被片は6枚ある。雄しべは6本あり，雌しべは緑色／花後，花序はさらに伸び，果実も上を向き，長さは花被片の約2倍／姫岩菖蒲／❋7月〜8/中，🌿高山のやや湿った草地，❖北・本(中部以北)，●7.8, 夕張岳

ツクバネソウ　　シュロソウ科(ユリ科)
Paris tetraphylla
高さ20〜40cmの多年草。根茎が長く伸びてその節から円柱形で直立する茎を出す／葉は柄がなく茎頂にふつう4枚，時に5〜6枚輪生する。葉身は長さ4〜10cmの先がとがった卵形で，3本の葉脈が目立つ／花は茎頂に上向きに1個つき，花弁はなく，がく片(外花被)が4枚，雄しべが8本，花柱が4本あり，子房は緑色①／果実は球形の液果で黒く熟す②／衝羽根草／✽5〜6月，🌱低地〜山地の林内，❄北・本・四・九，📷6.1，札幌市藻岩山

クルマバツクバネソウ　シュロソウ科
Paris verticillata　　　　　(ユリ科)
高さ20〜30cmの多年草。根茎を伸ばして増える／葉は柄がなく茎頂に6〜8枚輪生し，葉身は長さ5〜20cmの披針形で葉脈3本が目立ち，先がとがる／花は茎頂に上向きに1個つき，がく片4枚は長さ3〜4cmの狭披針形で，その間から出る花弁は糸状で垂れる。雄しべは8本あり，葯隔が長く突き出る①。花柱は4本，子房は黒紫色／液果は球形で黒く熟す／車葉衝羽根草／✽5〜6月，🌱低地〜低山の林内，❄北・本・四・九，📷6.7，礼文島

オゼソウ　　サクライソウ科(ユリ科)
Japonolirion osense var. osense
高さ15〜35cmの多年草。匍匐枝を伸ばして増え，群生することが多い／根出葉は数枚がまとまり，長さ10〜30cm，幅2〜4mmの線形で，縁はざらつく。花茎には鱗片状の葉がつく／花は50個前後つき，径5mmほどで花弁(内花被)3枚はがく片(外花被)3枚より大きい。雄しべは6本／尾瀬草／✽6月，🌱低地の蛇紋岩地，❄北(北部)・本(中部)，📷6.8，留萌地方幌延町／道内の型は丈が高く，花数が多く，ややまばらにつくので変種**テシオソウ**として扱われることもある

382

オオバタケシマラン ユリ科
Streptopus amplexifolius

高さ 50 cm～1 mの大型の多年草。茎は2～3回にわたって2分枝する／葉は互生し、葉身は長さ 6～12 cmの卵状楕円形で、先は鋭くとがり、基部は心形となり茎を抱く／花は葉腋から出る一ひねりして折れ曲がった長い柄の先につき径 12～13 mm。花被片6枚は反り返り、基部は紫褐色をおびる／果実は径1 cmほどの楕円形の液果で赤く熟す①／大葉竹縞蘭／✻6～7月、🌱山地～亜高山の湿った所、❖北・本(中部・北部)、⊙6.23, 大雪山

ヒメタケシマラン ユリ科
Streptopus streptopoides ssp. streptopoides

高さ 15～30 cmの多年草。地下茎が伸びて群生する。茎は分枝しないか1回分枝し、基部が直立。中部から弓なりに斜上し、突起状の毛がある／葉は互生し、葉身は卵状楕円形で柄はなく茎は抱かない。葉の縁に突起状の微細な歯がある①／花は葉腋からぶら下がり、径7 mmほどで柄は折れ曲がらない。花被片6枚は反り返り、雄しべは6個ある②／液果は球形で赤く熟す③／姫竹縞蘭／✻6～7月、🌱亜高山～ハイマツ帯の林内や草地、❖北・本(中部・北部)、⊙6.20, 東大雪山系ウペペサンケ山／亜種**タケシマラン**④は丈が高くしばしば1～2回分枝し、その場合、葉は細長くなる。葉の縁に微細な歯はない⑤。山地林内に生え、分枝型は西南部に多い／⊙6.3, 渡島地方大千軒岳

383

オオウバユリ ユリ科
Cardiocrinum cordatum var. glehnii
高さ1〜1.5 mの大型の1回繁殖型多年草。地下に鱗茎があり、小鱗茎をつくって栄養繁殖も行う／葉は偽輪生状について長い柄がある。葉身は長さ15〜25 cmの卵状長楕円形で光沢と厚みがあり、基部は心形で葉脈は網目状／花は横向きに5〜20個つき、長さ12 cm、径6 cmほど。花被片は6枚あり平開しない／果実は上向きにつき、種子は扁平、半透明で膜状の翼に囲まれ①、母体は鱗茎ごと枯死する／大姥百合／❋7〜8月、低地〜低山の林下、北・本(中部・北部)、8.1, 恵庭市恵庭公園

リシリソウ シュロソウ科(ユリ科)
Anticlea sibirica
高さ10〜25 cmの多年草。地下の鱗茎から細い花茎と葉が出る／葉は数枚が根生し、長さ10〜20 cm、幅4〜10 mmの線形で基部は細い。茎葉はないか、少数つき小さい／花は円錐状の花序に数個〜十数個まばらにつき、径1.5 cmほどで苞は長さ3〜25 mmの狭披針形。花被片6枚は斜開し、内側に黄緑色の大きな腺体がある①／雄しべは6本あり花被片より短い。外面は紫白色／利尻草／❋7〜8月、礼文島と利尻島の高山草地、7.26, 礼文島

バイケイソウ シュロソウ科(ユリ科)
Veratrum oxysepalum
高さ60 cm〜1.5 mの多年草。茎は直立して分枝はしない／葉は互生し、葉身は長さ15〜30 cmの広楕円形〜卵状長楕円形で、葉脈の部分がゆるい襞となる／花は分枝する総状花序に多数つき、両性花と雌しべを欠く雄花が混在し、径2〜2.5 cm。花被片は6枚、外面に短毛が密生する。雄しべは6本、花柱は3裂する／果実は長卵形で長さ2〜3 cm／梅蕙草／❋6〜8月、低地〜亜高山の湿った林内や草地、北・本(中部・北部)、8.26, 大雪山／同属のコバイケイソウはp. 200

シオデ　　　サルトリイバラ科(ユリ科)
Smilax riparia

茎の長さ2〜4mのつる性で雌雄異株の多年草。よく分枝する／葉は短い柄があって互生、葉身は長さ5〜15cmの卵状楕円形で、やや厚みとつやがあり葉脈の部分がへこんで目立つ。葉腋から巻きひげが出て他の物に絡みつく／花序は葉腋から出る柄につき球形。雄花は径1cmほどで雌花は7mmほど。ともに花被片は6枚で反り返る／液果は径1cmほどの球形で黒く熟す①／名はアイヌ語の転訛／牛尾菜／❋7〜8月，低山の林縁や野原，北・本・四・九，7.4，檜山地方上ノ国町

サルトリイバラ　　　サルトリイバラ科（ユリ科）
Smilax china

茎の長さ50cm〜2mのつる性で雌雄異株の半低木。茎には下向きに曲がった刺がまばらにある／葉は長さ3〜12cmの円形〜楕円形で厚くつやがあり、裏面は白みをおびる。葉腋に托葉がつき、その先が巻きひげとなる／花序は葉腋から出る柄につき球形。花被片は雄花・雌花ともに6枚。雄花には雄しべが6本ある／径8mmほどの球形の液果は赤く熟し①、切花にも利用される／猿捕茨／❋5〜6月，低山の林縁など，北(西南部)・本・四・九，6.6，函館市函館山

ホロムイソウ　　　ホロムイソウ科
Scheuchzeria palustris

高さ10〜25cmの多年草。根茎が長く伸びて節から根を出す／葉は丸まって幅は約2mmの半円柱状で花茎より高く伸び、硬く、基部は鞘状となって茎を包む／花は茎頂に総状に数個つき、花被片は6枚あって長さ3mmほど。雄しべは6本あり、葯が大きく長さ4mmほど。雌しべは3個ある／果実は長さ7mmほどの広楕円形の袋状で、3個ずつ集まる①／名は発見地名にちなんだもの／幌向草／❋6〜7月，低地〜亜高山の湿原，北・本(近畿以北)，7.23，大雪山沼ノ原

オニドコロ　　ヤマノイモ科
トコロ
Dioscorea tokoro

つる性で雌雄異株の多年草。茎は他の物に絡みついて長さ3mほどになる／葉は互生し，長さ7〜15cmの円心形〜三角状心形で，先がとがり全縁で無毛。葉柄基部にむかごはつかない／雄花は葉腋から1〜数本立つ花序につき，花被片は緑色で6枚，雄しべは6個①。雌花は下垂する花序につく／さく果は3個の翼あり／鬼野老／❇7／下〜8月，🌱低地〜低山の林縁，❖北(石狩地方以南)・本・四・九，🔵(果期)10.5，檜山地方江差町／同属の**ウチワドコロ**②は葉に短毛があり，葉の縁は掌状に浅くなだらかに切れ込む／北(石狩地方)・本，🔵9.6，札幌市豊平峡／**ヤマノイモ**(ジネンジョ)③は対生する葉があり，しばしば葉腋にむかごができる／花被片は白色で開かない／地下に肉質の塊根があり，食用にする／❖日本全土(北海道は阿寒地方と胆振地方以南)，🔵8.30，渡島地方松前町

カラスビシャク　　サトイモ科
ハンゲ
Pinellia ternata

高さ15〜40cmの雌雄同株の多年草。地中に径2cmほどの球茎がある／葉は3出複葉で小葉は長さ3〜8cm,時に分枝点や葉柄の中間にむかごがつく／長さ5〜6cmの仏炎苞に包まれて，上部に雄性の，下部に雌性の花がついた穂状の花序があり，先端は付属体となって長く仏炎苞の外に伸びる／烏柄杓(仏炎苞をヒシャクに見たてた)／❇6〜8月，🌱畑地や空地，庭，❖日本全土(北海道は石狩地方以南)，🔵6.11，渡島地方松前町松前公園

386

コウライテンナンショウ サトイモ科
Arisaema peninsulae

高さ30cm～1mの雌雄偽異株で変異の大きな多年草。栄養などの好条件下では壮大な雌株となる。地中にある偏球形の塊茎から葉と花茎を立てる／茎に見えるものは偽茎といい、鞘状となった葉柄下部で、毒蛇マムシのようなまだら模様がある。葉は鳥足状の複葉で2個つき、小葉は5～17枚で狭倒卵形～広楕円形、全縁で先がとがる／花は葉より高い位置につくことが多く、肉穂花序は長さ10cmほどで白い縦筋のある仏炎苞に包まれている。花序の上部は棍棒状の付属体となる(①は仏炎苞の断面と雄花序)／果実は球形で赤く熟す②／高麗天南星／✳5～6月、低地～低山の林内、北・本・四・九、6.1, 苫小牧市／同属の**ヒロハテンナンショウ**③は高さ40cm以下。葉は1個つき、小葉はふつう5枚で葉身は楕円形～広楕円形。仏炎苞は時に暗褐色をおび、縦筋が隆起して断面は波形、葉より低い位置につく。赤く熟す実をつける④。塊茎に子球が2～3個ずつまとまってつく／北・本・九の日本海側、6.6, 札幌市砥石山／**カラフトヒロハテンナンショウ**⑤は葉が1～2個つき、仏炎苞の縦筋が隆起せず、塊茎に子球が1個ずつつくことでヒロハテンナンショウと区別できるがコウライテンナンショウとは見分けにくい。小葉は5～9枚(ふつう7枚)で小葉の幅が広いこと、花は葉と同じか低い位置につくことなどが目安となる／北(利尻島・礼文島・天塩地方), 6.9, 礼文島

[目立たない花]

● miscellaneous

389〜439 ▶

他の色に収録の花（数字は収録頁）

オオヨモギ 10	 ヒメヨモギ 14	 エゾユズリハ 351	 オオチドメ 351
 ドクウツギ 353	 エノキグサ 353	 ツタウルシ 359	 カラクサナズナ 362
 アキカラマツ 364	 イノコズチ 366	 ヤナギタデ 367	 カラハナソウ 368
 キジカクシ 381	 ホロムイソウ 385		

ブタクサ キク科
Ambrosia artemisiifolia

高さ30〜80cmの1年草。茎はよく分枝して白い長軟毛が多い／葉は下部で対生,上部で互生し,2回羽状分裂して終裂片は線状／雄花の花序は枝先に穂状となり雄頭花を下向きに多数つける。総苞は半割りしたカプセル状で,中に小花が多数入る。雌花序は雄花序の基部につき,1〜数花が上〜横向きにつく①／花粉アレルギーを引き起こす植物として有名／豚草(英語名の訳から)／❋7〜9月,🌱道端や空地,✤原産地は北アメリカ,📷9.3,札幌市藻岩山スキー場／同属の**オオブタクサ**(クワモドキ)②は1〜3mになる1年草。全体に毛があり,ざらつく。葉は長さ30cmほどで掌状に3〜5裂し,裂片は披針形〜卵状披針形。雄頭花は枝先の花序に総状につき③,雌頭花はその基部につく④／✤原産地は北アメリカ,📷9.22,小樽市第3埠頭

ヒメチチコグサ キク科
エゾノハハコグサ
Gnaphalium uliginosum

高さ15〜30cmの1〜越年草。全体白い綿毛に被われて白っぽく見える。茎はやや軟弱でよく分枝する／葉は長さ4〜5cm,幅2〜4mmの線形〜細いへら形で全縁／頭花は枝先に集まってつき,中心部に両性の,周囲に雌性の筒状花がつく。総苞片は膜質で薄茶色をおびた灰色①／姫父子草／❋7〜9月,🌱道端や湿った空地や畑地,✤北・本(北部),📷8.5,胆振地方むかわ町鵡川／同属の**エダウチチチコグサ**②は多年草で茎は基部で分枝して直立する。倒披針状線形の根出葉がある③。頭花は上部の葉腋に2〜8個集まってつく／✤原産地は周極地方,📷8.3,上川地方上川町

チチコグサ　　　　　キク科
Euchiton japonicus

高さ15〜30cmの稀な多年草。匍匐枝を出して増える／根出葉は放射状に何枚も出てロゼット状。葉身は長さ3〜10cmの線状披針形で、綿毛が表面には薄く、裏面には密生する／花茎は分枝せず、つく葉は線形で少ない／頭花は茎頂に密集し、花序の基部に苞葉が放射状につく。総苞は鐘形で長さ5mmほど／痩果には白い突起が点在する①／父子草／❋6/中〜7/上，↓野山の荒地や道端，❖日本全土(北海道は渡島半島〜胆振地方に稀)，❀7.21，檜山地方上ノ国町

トキンソウ　　　　　キク科
Centipeda minima

茎が分枝して地表を這い長さ5〜20cmになる1年草。所々で発根する。全体に水分が多い肉質／葉は互生し、長さ7〜20mmのくさび形で先端部に3〜5個の鋸歯がある／頭花は葉腋につき、径3〜4mmで中心部に数個〜10個の両性の筒状花が、周囲に雌性の筒状花がつく。両性花は紫褐色をおび、花冠の先は4裂するのが確認できる。雌性花は緑色の子房が目につくだけ①／吐金草／❋7〜9月，↓低地のやや湿った裸地，❖日本全土，❀7.8，江別市野幌森林公園

オナモミ　　　　　キク科
Xanthium strumarium ssp. sibiricum

高さ20cm〜1mの1年草。茎に短毛が密生する／葉は長い柄があって互生し、卵状三角形で不整な欠刻状の粗い鋸歯がある。両面に剛毛があってざらつく／頭花は枝先に雄花序と基部に雌花序がつく。雄頭花は両性の筒状花が集まり、雌頭花は総苞が壺形に合着して、鉤状の刺が密生した果胞となる①／巻耳／❋8〜10月，↓道端や空地，❖日本全土，❀9.6，札幌市／近似種**イガオナモミ**は果胞の刺に鱗片状の毛が密生する②／❖原産地はヨーロッパ

オオバコ オオバコ科
Plantago asiatica var. densiuscula

高さ10〜30cmの多年草。根元から何本もの花茎と葉が出る／葉は長さ4〜20cmの卵形でつやがあり，5脈が目立って全縁だが，時に不整の鋸歯が出たり波を打つ／花は穂状に密に多数つき，1個の苞と4個のがく片に包まれ下から咲き上がる。風媒花でまず柱頭が突き出て受粉後雄しべ4本が出て花冠裂片が反り返るように開く①／果実は中央で横に割れる蓋果。種子は4〜6個入り（②は断面），水分を含むと粘って，靴底などに付着して運ばれる／大葉子（車前草は中国名で，種子は漢方薬として利用される）／❀6〜9月，🌱道端や空地，❖日本全土，◉8.19，上川地方上川町／近似種**セイヨウオオバコ**③は全体に大型で果実の中に種子が8〜十数個入る（④は断面）／❖原産地はヨーロッパ，◉8.17，札幌市北大構内／**テリハオオバコ**（トウオオバコ）⑤は大型で葉に厚みと光沢があり，裏面に突起状毛がある。果実中の種子は10個前後。海岸に生える／◉8.10，十勝地方豊頃町／**イソオオバコ**⑥は小型で葉は厚く光沢があり，種子は7〜10個。海岸や塩湿地に生えるが，テリハオオバコと連続するような個体もある／◉10.4，檜山地方江差町かもめ島

エゾオオバコ オオバコ科
Plantago camtschatica

高さ15〜30cmの多年草。太い根茎をもち，全体に白い軟毛がある／葉は根生し，狭長楕円形で先がややとがって5本の葉脈が目立ち，基部は細くなって短い柄に移行する／花は穂状に密に多数つき，1個の苞と4個のがく片に包まれる。雌しべが出て受粉後4本の雄しべが出て4枚の花冠裂片が平開する／果実は上下に割れて4個の種子がこぼれる／蝦夷大葉子／❀5〜8月，🌱海岸の砂地や岩地，❖北・本・九，◉8.5，十勝地方豊頃町

391

ヘラオオバコ　　オオバコ科
Plantago lanceolata

高さ30〜60cmの多年草または2年草。太い根茎から多数の葉と花茎を出す／葉はへら形で長さ10〜20cm，先がとがり基部は次第に細くなって柄に移行する。縁には小さな歯があり，脈上と柄に長毛がある／花序は長さ3〜5cmの短い円柱形で多数の花が密につく。花は下から咲き上がり，雌しべが出た後に花糸の長い4本の雄しべが水平に突き出る。白色〜クリーム色の葯が目立つ①／果実には2個の種子が入る／箆大葉子／❋5〜8月，🌿道端や空地，❖原産地はヨーロッパ，◉6.13，札幌市

ウマノミツバ　　セリ科
Sanicula chinensis

高さ30〜80cmの多年草。茎は上部で分枝する／葉は3全裂し，側片がさらに2深裂する葉がある。表面は葉脈に沿ってへこむので，しわ状。縁には欠刻や鋸歯がある／花序は枝先につき，小さな雄花が中心部に，両性花がその周囲を囲む。花弁と雄しべが5個，花柱は2個ある①／がく筒に鉤状の刺があり，果期に動物や衣服に付いて運ばれる／馬三葉／❋7〜8月，🌿低地〜低山の林内，❖北・本・四・九，◉7.21，札幌市藻岩山

ガンコウラン　　ツツジ科(ガンコウラン科)
Empetrum nigrum var. japonicum

幹は分枝して地表を這って伸び，枝の立ち上がりが10〜20cmになる雌雄異株で常緑の小低木／葉は密に互生または輪生し，長さ4〜7mm，幅0.7〜1mm／花は枝先の葉腋につき，径4mmほど。花弁とがく片が3個あり，雄花には雄しべが3本①，雌花には葉状の花柱が5個ほどある②／果実は径1cm弱の球形で，黒く熟して食べられる／岩高蘭／❋5〜7月，🌿亜高山〜高山のれき地やハイマツ林縁。道東部では高層湿原や海岸，❖北・本(中部以北)，◉(果期)7.30，雌阿寒岳

スギナモ　　　オオバコ科(スギナモ科)
Hippuris vulgaris

水中に生え，茎の高さ20〜50cmの多年草だが水中にある部分が多い．全草無毛／葉は6〜12枚が輪生し，長さ1cm前後の線形〜披針形で，水中では長さ5cm以上になる葉がつくこともある／花は水上の葉腋につき，がく筒の中に雄しべと雌しべが1個ずつあって，淡紅色の葯が肉眼でも認められる／杉菜藻／✻6〜8月，↓浅い沼や池，時に川の中，❖北・本(中部以北)，◉6.21，胆振地方白老町／同属の**ヒロハスギナモ**は倒卵形〜楕円形で肉質の葉が4〜6枚輪生し，釧路地方厚岸に稀産

フサモ　　　アリノトウグサ科
Myriophyllum verticillatum

茎が長く水中に伸びる多年草で，水面上に出た部分に花序がつき，高さ3〜8cmになる／葉は4枚輪生し，羽状に中〜深裂して，水上のものは線状楕円形で長さ5〜15mm．水中の葉は長さ2〜6cm／花は水上の葉腋につき，上部葉4〜9段に雄花が，下部の2〜9段に雌花がつく①．雄花は4枚の花弁と8本の雄しべがあり，雌花はがく筒の先に4個の柱頭がつく／房藻／✻6〜7月，↓低地の浅い沼や池，❖北・本・四・九，◉7.23，苫小牧市

ホザキノフサモ　　　アリノトウグサ科
Myriophyllum spicatum

茎が水中に伸びる常緑の多年草で，花序の部分が水上に出て高さ3〜10cm／葉は水中の節に4枚輪生し，長さ1.5〜3cm．羽状に細裂して裂片は糸状／花序には葉がつかず，上部3〜8段に雄花が，下部の4〜6段に雌花がつく．雄花は4枚の花弁と8本の雄しべがあり，雌花はがく筒の上に4個の羽毛状の柱頭がある／穂咲房藻／✻7〜9月，↓低地の浅い沼や池，❖北・本・四・九，◉8.30，札幌市北大構内

タチモ　　　アリノトウグサ科
Myriophyllum ussuriense

生育環境によって様々な形態となる多年生で雌雄異株の水草。写真は湿地に生える陸生型で高さが5〜15cmになる／葉は下部では対生，上部で3〜4枚が輪生し，長さは1cm以下で線形で羽状に浅裂し，裂片はまばらで少数／花は葉腋につき，雄花は花弁が4個，雄しべが8本あり，雌花は4個の花弁と4個の柱頭がある／立藻／❋7〜8月，低地の湿原や浅い沼，北(胆振地方・日高地方)・本・四・九，8.18，日高地方えりも町百人浜

アリノトウグサ　　　アリノトウグサ科
Gonocarpus micranthus

発根しながら地表を這う茎から花茎を立ち上げ，高さ10〜30cmになる多年草／葉は対生し，長さ6〜12mmの卵形で，縁に小さな鋸歯がわずかにある／花茎は上部で分枝して穂状の花序をつけ，花はまばらに下向きについて径3〜4mm。がく筒の先が4裂し，花弁は4枚あって反り返り，雄しべが8個あってぶら下がる。雄しべと花弁が落ちた後に雌性期となって雌しべが現れる（①上が雄性期，下が雌性期）／蟻塔草／❋7〜8月，野山の湿った陽地，日本全土，8.12，渡島地方長万部町静狩湿原

ヌマハコベ　　　ヌマハコベ科(スベリヒユ科)
Montia fontana

茎が分枝しながら這うか斜上するように伸び，長さ5〜15cmになる無毛の1年草／葉は対生し，長さ5〜10mmのへら形で先は円く，全縁でやや肉質／花はごく小さく径3mmほどで集散状の花序にまばらにつき，細い柄がある。がく片が2個，白い花弁が5個あるが，大きさは不揃い①／沼繁縷／❋5〜7月，海岸〜山地の湿った岩場や水辺，湧水地，北・本(中部以北)，7.5，釧路地方弟子屈町

ミゾハコベ　　ミゾハコベ科
Elatine triandra var. pedicellata

茎が分枝しながら地表を這って伸び，長さ3～8cmになる無毛の1年草。節から発根する／葉は対生し，長さ5～12mmの広披針形～狭卵形で，全縁で先はとがらずやや肉質／花は葉腋に1個つき径1mmほど。小さながく片は3個，楕円形の花弁は3個，雌しべは1個，雄しべは3個ある①／時に沈水する型があり，茎は10cm以上になって葉と節間も長くなる／溝繁縷，❋7～9月，低地の水辺，水田，◆日本全土，◉9.27,美唄市上美唄

ミズハコベ　　オオバコ科(アワゴケ科)
Callitriche palustris

水中に生え，茎の長さ10～20cmになる1年草。地表を這う型はもっと短い①／葉は対生して水面の葉は長楕円形～さじ状倒卵形で長さ5～13mm。水中の葉は線形／花は葉腋につき苞が1対，花弁はなく雄花では雄しべが1個，雌花では雌しべが1個ある②／水繁縷，❋6～8月，低地～山地の水辺や水中，水田，◆日本全土，◉(沈水型)8.31,十勝地方豊頃町大津，①(陸生型)7.17,胆振地方厚真町／近似種**チシマミズハコベ**の葉は先が2浅裂。道東に分布する

アワゴケ　　オオバコ科(アワゴケ科)
Callitriche japonica

茎がよく分枝して地表を這い，長さ1～6cmになる1年草／葉は対生し，長さ2～5mmの倒卵形～卵円形で全縁／花は葉腋に1個ずつつき，花弁とがく片はなく，雄花は雄しべが1個，雌花は雌しべが1個あり，2本の花柱が反り返る／果実は軍配形で長さは1～2mm①／泡苔(コケのように地面に張りつくように生え，葉が泡のように見えるから)／❋6～9月，低地の日陰，庭，境内，◆日本全土(北海道は西南部)，◉9.26,渡島地方松前町松前公園

アオゲイトウ　　　　　　　　ヒユ科
アオビユ
Amaranthus retroflexus

茎が直立して高さ50 cm～1.5 mになる1年草。よく分枝して軟毛がある／葉は長い柄があって互生し、菱形で長さ5～10 cm／花は茎頂と葉腋に密集してつき、雄花と雌花が混在する。花の基部の小苞は披針形で先が鋭くとがる。へら形の花被片は5個ある／果実は花被片より短い①／青鶏頭／❇8～9月、道端や空地、❖原産地は北アメリカ、9.9, 後志地方仁木町／同属の**ホソアオゲイトウ**②の果実は花被片とほぼ同長かやや長い③／❖原産地は南アメリカ、8.17, 小樽市第3埠頭／**イヌビユ**④は葉の先が深くへこみ、花被片は3個で畑地に多い。古い時代に帰化／❖原産地は地中海地方？／8.16, 江別市野幌／**ヒメシロビユ**（シロビユ）⑤は茎が直立して高さ10～50 cm、枝が水平に伸びる。茎頂に花穂はつかない。花被片は3枚／❖原産地は北アメリカ、7.7, 旭川市東旭川

アズマツメクサ　　　　　　　ベンケイソウ科
Tillaea aquatica

高さ2～5 cmの軟弱な1年草。茎は基部で分枝する／葉は対生し、長さ5 mm前後の線状披針形で、全縁で先はとがる／花は茎上部の葉腋に1個ずつつき、長さ1.5 mmほど。4数性でがく片、花弁、雄しべ、雌しべがそれぞれ4個ある。花弁はあまり平開せず直立したまま①／果実は袋果／関東で発見されたためこの名がついた／東爪草／❇6～8月、低地の湖沼の辺や湿地、❖北・本、8.7, 日高地方日高町門別

アカザ ヒユ科(アカザ科)
Chenopodium album var. centrorubrum

茎が直立して高さ50cm～1.5mになる大型の1年草／葉は長い柄があり互生する。葉身は長さ3～6cmの三角状卵形～狭卵形で，縁に大小の欠刻があり，基部は広いくさび形。若い葉の基部周辺は赤い粉粒が密につく①／花は短い穂に密に多数つき，径2mmほど。白い粉状の毛に被われ②，花被片と雄しべが5個あり，雌しべが熟してから雄しべが伸びる／種子は黒く熟して光沢がある③／古い時代に中国から渡来したといわれる／藜 ❋8～9月，道端や空地，畑地，日本全土，9.21，札幌市／基準変種の**シロザ**（シロアカザ）は若い葉の基部周辺に白い粉粒が密につく④。葉はやや厚く欠刻は浅い／同属の**コアカザ**⑤は高さ50cm程度までで葉の幅が狭く長卵形～広披針形。縁に浅く大きな3つの切れ込みと不揃いの牙歯がある。種子に光沢がない。古い時代にユーラシアから帰化したとされる／7.17，小樽市／**マルバアカザ**（カワラアカザ）⑥は海岸付近などに生え，葉は長さ2.5～6cmの広卵形～長楕円形で厚みがある。裏面に白い粉粒があり，ふつう全縁。種子は黒く光沢がある／日本全土，9.19，渡島地方松前町

ウラジロアカザ　ヒユ科(アカザ科)
Chenopodium glaucum

高さ10～50cmの1年草。茎は紅色をおびることが多い／葉は互生し，長さ0.5～6cmの長楕円形で，枝につく葉は極端に小さくなる。縁に波状の鋸歯があり，裏面は白い粉粒が密にあって白色／花被片は2～5個／種子は暗褐色で光沢がある／裏白藜／❋7～8月，道端や空地，✤原産地はヨーロッパ，◉8.12, 小樽市第3埠頭／このほかアカザ属には数種の帰化植物が知られる。**ウスバアカザ(オオバアカザ)**①は高いもので1m以上になり，葉は長さ4～20cmの卵形で先が鋭くとがり，両縁に大きな切れ込みがあり，裂片は三角形で質は薄い／原産地はヨーロッパ～西アジア，◉8.6, 札幌市藻岩山／**ヒメハマアカザ**②は葉が線形で全縁，側脈は不明瞭で主脈1本だけが明瞭／✤原産地は北アメリカ西部，◉9.9, 札幌市真駒内／**ヒロハヒメハマアカザ**③は葉が披針形～広披針形で葉脈は基部近くで3脈が明瞭／✤原産地は北アメリカ，◉7.17, 小樽市第3埠頭／**ゴウシュウアリタソウ(コアリタソウ，ゴウシュウアカザ)**④は茎や葉の裏面，花被に黄色い腺体があって異臭を放ち，全体に腺毛や屈毛もある。茎の基部は地表を這い，葉は長さ0.5～3cmの長楕円形で，3～4対の大きな鋸歯がある。花は葉腋に数個ずつつく⑤／豪州有田草／✤原産地はオーストラリア，◉8.5, 小樽市第3埠頭／別属の**イソホウキギ**⑥は高さ1m前後で枝を斜上し，葉は線形～披針形で両面に軟毛がある。葉腋に少数の雄花と雌花がつき，花被は5裂する／✤原産地は南ヨーロッパ～西アジア，◉7.17, 小樽市第3埠頭／基準変種**ホウキギ**の枝は密に直立し，葉も密につく／✤原産地は上に同じ

ハマアカザ　　　ヒユ科(アカザ科)
Atriplex subcordata

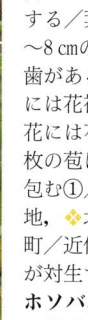

高さ40〜60cmの1年草。茎はよく分枝する／葉は互生し，やや肉質で長さ3〜8cmの三角状披針形。縁に少数の牙歯がある／花は穂状に密につき，雄花には花被片と雄しべが5個あって，雌花には花被片がなく，雌しべを包む2枚の苞は三角形で大きくなって果実を包む①／浜藜／✻8〜9月，🌱海岸の砂地，❖北・本，🌸8.20，渡島地方松前町／近似種**ホコガタアカザ**は下部の葉が対生する／❖原産地はヨーロッパ／**ホソバハマアカザ**②は葉が長披針形〜線形／🌸8.25，網走市

オカヒジキ　　　ヒユ科(アカザ科)
Salsola komarovii

茎はよく分枝して地表を這い，上部が斜上〜直立して，大きい個体で長さ50cm以上になる1年草。全体に肉質／葉は長さ1〜4cmの円柱形で先はとがる／花は葉腋に1個ずつつき，苞が2個，膜質花被片が5個あり，5本の雄しべが突き出る①／陸鹿尾菜／✻7〜9月，🌱海岸の砂地，❖日本全土，🌸9.3，渡島地方長万部町／同属の**ハリヒジキ**は葉が暗緑色で先が針状②，花被片は合着し薄い膜質の翼が環状になる／❖原産地はユーラシア，🌸8.10，釧路市釧路西港

アッケシソウ　　　ヒユ科(アカザ科)
サンゴソウ
Salicornia europaea

高さ10〜30cmの1年草。全体に多肉質で群生する。茎は円柱形で節から分枝する／葉は退化して小さな鱗片状となって節に対生する。秋に美しく紅葉して珊瑚のように見える／花は微小①で上部の節に3個セットでつき，中央が両性花，両側が雄性花／種子は波で運ばれる／発見地にちなんでこの名がついた／厚岸草／✻8〜9月，🌱海岸の塩湿地，❖北・本・四，🌸8.15，網走市能取湖

スイバ
スカンポ　タデ科
Rumex acetosa

高さ30cm～1mの雌雄異株の多年草／葉は長さ10cm前後の長楕円状披針形で、全縁で基部は矢じり形。下部の葉には長い柄があり、上部の葉は無柄で茎を抱く。托葉鞘の縁は細裂／花は円錐状に集まった総状花序に多数つき、径3mmほどで花被片は6枚。雌花の3枚は花後広卵形の翼状に大きくなって痩果を包み先は円い①／茎や葉に酸味があるからこの名がついた／酸葉／❋5～6月，🌿低地の道端や草地，❖北・本・四・九，🌀6.26，日高地方様似町／近似種**タカネスイバ**②は葉が卵状披針形，托葉鞘の縁は全縁で，痩果を包む花被片は卵状三角形で先はややとがる③。高山の湿った草地に生える／❖北・本(中部以北)，🌀8.11，大雪山／**ヒメスイバ**④は高さ20～50cm，根茎を伸ばして群生する。葉は長さ2～7cmの鉾形で基部は耳状に張り出す。花被片は内外3枚ずつ⑤で雌花の花被は小さく⑥，果期も大きくならない／🌿道端や空地，荒地，❖原産地はヨーロッパ，🌀6.15，石狩市石狩浜

コガネギシギシ
タデ科
Rumex maritimus var. ochotskius

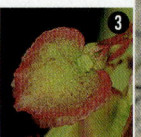

高さ10～50cmの1年草または越年草。茎は直立してよく分枝する／葉は長さ5～15cmの狭～広披針形で縁は波打つ。下部の葉に長い柄があり，上部の葉は無柄に近くなる／小さな花が球状に多数密に集まり，花被片は内外3個ずつあり，内片は長さ2.5～3mm，縁に2～5本の長い刺針がある。主脈上に顕著なこぶ状突起がある／黄金羊蹄／❋7～8月，🌿海岸の砂地や湿地，❖北・本(北部)，🌀(果期)10.4，釧路市釧路西港／基準変種**ハマギシギシ**はこぶ状突起が小さく，先がややとがる①

エゾノギシギシ　　　　　　　タデ科
ヒロハギシギシ
Rumex obtusifolius

高さ50cm〜1.3mの多年草。茎は直立して硬く、葉柄や葉脈とともに紫褐色をおびることが多い／葉は長さ15〜30cmの卵状楕円形で縁は波打つ。根生や下部の葉は基部がくびれて長い柄がある／雄花と雌花があり、穂状の花序に何段も輪生状にぶら下がる。花被片は内外3枚ずつあり、大きな内花被は三角状卵形で果実を包み、縁の刺状の牙歯と中央のこぶ状突起が顕著①／蝦夷羊蹄／❋7〜9月、🌱道端や空地、畑地、❖原産地はヨーロッパ、📷7.17、札幌市／近似種**ギシギシ**②は茎や花は赤みをおびず、果実を包む花被片は低い鋸歯縁。下部の葉は長楕円形で基部はくびれない／❖日本全土、📷7.20、渡島地方松前町／**ナガバギシギシ**③は大型。葉は長楕円状披針形で縁が著しく波状に縮れる。果実を包む花被片はほぼ全縁で、こぶ状突起が顕著④／❖原産地はヨーロッパ、📷6.24、胆振地方むかわ町鵡川／**ノダイオウ**⑤は果実を包む花被片は全縁で、こぶ状突起はなく⑥、基部はくびれる／❖北・本(中部以北)、📷8.16、根室地方中標津町／**カラフトダイオウ**(カラフトノダイオウ)⑦は根出葉が卵形〜三角状卵形で基部がくびれて長い柄がある。果実を包む花被片は全縁〜まばらな低鋸歯縁で基部はくびれず円形⑧／🌱❖北海道内の低地〜高山の湿原、📷7.29、十勝地方上士幌町糠平

401

ソバカズラ
タデ科
Fallopia convolvulus

他の物に絡みついて伸びるつる性の1年草で茎の長さ1.5mほどになる／葉は柄があって互生し、葉身は長さ3〜6cmの長い心形で先がとがる／花は葉腋に数個輪生するか穂を出してつき、径1.5mmほど。花被片5枚のうち表面に微細な突起がある外花被3枚①が花後瘦果を包み、翼はできない。雄しべは8本、花柱は3本ある／瘦果の柄は1〜3mm／蕎麦蔓／✳6〜8月、道端や空地、❖原産地はヨーロッパ〜西アジア、7.15、函館市函館／同属の**ツルタデ**（ツルイタドリ）②は花被片5枚のうち外花被3枚が瘦果を包み長さ7〜9mm、背面に翼ができる。瘦果は長さ2.5〜2.8mm、黒色で光沢がある③／蔓蓼／道端や空地、時に低山、❖原産地はユーラシア（生育地によっては在来種の可能性がある）、9.19、札幌市藻岩山／**オオツルイタドリ**④は瘦果を包む外花被は長さ8〜12mmで、次第に細くなって柄に移行する／❖北・本（近畿以北）、9.12、札幌市八剣山山麓

ジンヨウスイバ
タデ科
マルバギシギシ
Oxyria digyna

高さ15〜30cmの多年草／葉はほとんどが根生し、幅1〜5cmの腎円形で全縁、長い柄の基部に鞘がある。茎葉はあっても小さい／茎の上部が花穂となり、花は数個ずつ束になってぶら下がる。花被は4裂して内側の2裂片が大きい／雄しべは6個、花柱は2個あり柱頭は糸状に裂ける／瘦果は長さ3〜4mmの扁平な楕円形で縁に広い翼がある／腎葉酸葉／✳7〜8月、高山のれき地、❖北・本（中部）、（花〜果期）7.19、利尻山

ラセイタソウ　　　　　イラクサ科
Boehmeria biloba

高さ30〜70cmの多年草。太い茎が何本もまとまりこんもりした株をつくる／葉は柄があり対生し，葉身は長さ8〜15cmの広卵形で質は厚く，表面に著しいしわがあり羅紗布の感触がある／上部の葉腋に雌花序の穂が，下部の葉腋に雄花序の穂がつく。雌花はやや球形に密集し，花被片はない。雄花の基部に苞葉がつき，花被片は4個，雄しべは4個ある／羅背板草(羅背板は羅紗に似た毛織物)／❋7〜8月，🌱海岸の岩地，❖北(西南部)・本(近畿以北)，❀8.21，登別市

アカソ　　　　　イラクサ科
Boehmeria silvestrii

高さ50〜80cmの多年草。茎は分枝せず葉柄とともに赤みをおびる／葉は柄があって対生する。葉身は長さ8〜20cmの卵円形で，3脈が目立ち粗い鋸歯縁。先は大きく3裂し中央裂片が尾状に長く伸びる／上部の葉腋に雌花序の穂が，下部の葉腋に雄花序の穂がつく／赤麻／❋7〜8月，🌱低山の湿った所，❖北・本・四・九，❀8.10，札幌市手稲山／近似種**クサコアカソ**(マルバアカソ)①は葉が小さく，先は3裂せず尾状にとがる／❀8.16，日高地方浦河町／しばしば混同されるコアカソは半低木で道内には分布しない

ヤブマオ　　　　　イラクサ科
Boehmeria japonica var. longispica

高さ80cm〜1.3mの変異のある多年草。茎は直立して分枝しない／葉は柄があって対生する。葉身は長さ10〜15cmの卵状長楕円形で縁に大きな鋸歯があり先がとがる。質はやや厚くざらつく／上部の葉腋に雌花序の穂がつき，下部の葉腋に雄花序の穂がつく株とつかない株がある。小さな雌花は密集して球形になる／藪苧麻／❋8〜9月，🌱野山の路傍など，❖北(西南部)・本・四・九，❀8.23，渡島地方福島町

ミズ
イラクサ科
Pilea hamaoi

高さ15～30cmの多汁の1年草。茎は無毛で直立し、赤みをおび、よく分枝する／葉は長い柄があって対生する。葉身は長さ3～7cmの卵状菱形で、先はあまりとがらず、鋸歯は5対ほど／小さな雌雄の花が葉腋に集まり、花序の枝は短い。雄花は花被片と雄しべが2個、雌花は花被片が3個あり①、1個は長さ1.5mmほどの果実より長くなる②／❋8/下～9月、🌱低山の湿った所、❖北・本・四・九、🔵9.2、札幌市百松沢／近似種**アオミズ**③は茎が緑色、葉は卵形で先が尾状に伸び、鋸歯は5～10対ある。花序の枝は長く、雌花の花被片は長さ1mmほどの果実よりも短い④／❋8～9月、🔵9.11、札幌市円山

ヤマトキホコリ
イラクサ科
Elatostema laetevirens

茎は無毛で多汁質。斜上し、上部が水平になって高さ20～40cm、雌雄同株の多年草／葉は柄がなく互生する。葉身は上方に湾曲した長さ3～10cmの長卵形で、鋸歯縁で先は長くとがらない／葉腋に小さな雌雄の花が密集して球状の花序になり、時に長さ2～3cmの柄を出して雄花の花序がつく①。雄花は花被片と雄しべが4～5個②、雌花は花被片が3～5個ある／山時ほこり／❋7～8月、🌱低山の湿った所、❖北・本・四・九、🔵8.22、檜山地方厚沢部町／近似種**ウワバミソウ**（ミズナ）③は雌雄異株で葉は先が尾状に伸びる。花期は初夏、雌花は葉腋に密集し、雄花は柄の先につく花序に密集する。秋に上部の節が膨れてむかごとなる④／蟒蛇草（蛇のいそうな所に生えるから）／❋6月～7/上、🌱低山の谷間、❖北（西南部）・本・四・九、🔵6.9、札幌市円山

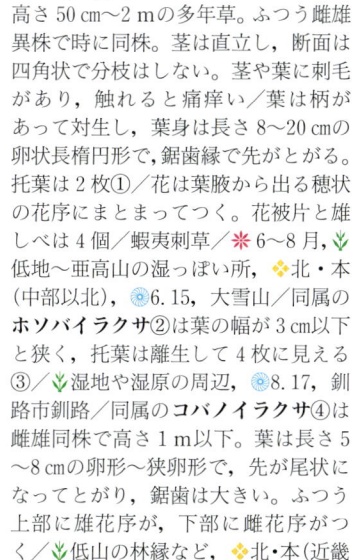

エゾイラクサ　　　　　イラクサ科
Urtica platyphylla

高さ50cm〜2mの多年草。ふつう雌雄異株で時に同株。茎は直立し，断面は四角状で分枝はしない。茎や葉に刺毛があり，触れると痛痒い／葉は柄があって対生し，葉身は長さ8〜20cmの卵状長楕円形で，鋸歯縁で先がとがる。托葉は2枚①／花は葉腋から出る穂状の花序にまとまってつく。花被片と雄しべは4個／蝦夷刺草／✹6〜8月，低地〜亜高山の湿っぽい所，❖北・本(中部以北)，◉6.15，大雪山／同属の**ホソバイラクサ**②は葉の幅が3cm以下と狭く，托葉は離生して4枚に見える③／湿地や湿原の周辺，◉8.17，釧路市釧路／同属の**コバノイラクサ**④は雌雄同株で高さ1m以下。葉は長さ5〜8cmの卵形〜狭卵形で，先が尾状になってとがり，鋸歯は大きい。ふつう上部に雄花序が，下部に雌花序がつく／低山の林縁など，❖北・本(近畿以北)，◉6.13，札幌市円山

ミヤマイラクサ　　　　　イラクサ科
Laportea cuspidata

高さ40〜90cmの雌雄同株の多年草。茎や葉に刺毛があり，触れると痛痒い／葉は長い柄があって互生し，葉身は長さ6〜15cmの広卵形で縁に粗い鋸歯があり，先は尾状／茎頂部に細い雌花序が，その下に分枝する雄花序がつく。小さな花被片が5個，雄しべが5個ある。雌花の雌しべは1個，白く長いので目立つ／若い株は山菜として利用されることもある①／深山刺草／✹7/下〜9/上，低山の林内，❖北(渡島半島)・本・四・九，◉8.20，檜山地方厚沢部町

ムカゴイラクサ　　イラクサ科
Laportea bulbifera

高さ40〜80 cmの雌雄同株の多年草。茎や葉に刺毛があり，触れると痛痒い／葉は長い柄があって互生し，葉身は長さ4〜12 cmの卵状楕円形で，粗く低い鋸歯縁で先がとがる／茎頂部に雌花序が，その下に雄花序がつく。いずれも円錐状。雌花は白く長い雌しべが目立つ①。雄花は花被片と雄しべが4個ずつある／果実は円盤状で径3 mmほど／珠芽刺草／❋8月〜9/上，🌱低地〜低山の湿った林内，❖北・本・四・九，◉8.23，札幌市藻岩山

ミヤマハンノキ　　カバノキ科
Alnus viridis ssp. maximowiczii

高さがふつう1〜3 m，時に4〜5 mになる落葉低木。積雪や雪崩の多い所では幹の下部が地表を這い，上部が立ち上がって分枝する／葉は長さ5〜10 cmの卵形で，細かい重鋸歯縁で先がとがり，裏面は粘る／雌雄同株で雄花序は長さ3〜5 cmの尾状で垂れ下がり，雌花序は長楕円形で葉腋から立ち上がる／果実は松かさ状で長さ1.5 cmほど／深山榛木／❋5月〜7/上，🌱亜高山〜高山の谷沿いや各所，❖北・本(大山・中部以北)，◉5.11，樺戸山地神居尻山

アポイカンバ　　カバノキ科
ヒダカカンバ，マルミカンバ
Betula apoiensis

高さ50 cm〜1.2 mの落葉低木。よく分枝して横に広がる／葉は長さ1.5〜4.5 cmの卵形〜広卵形。鋸歯縁で，側脈は4〜7対(同属のダケカンバは7〜13対)。質はやや厚く，光沢があり，基部は卵形〜広卵形／雌花序は立ち上がり，雄花序は長さ3〜4 cmで下方に傾くかぶら下がる／果穂は短円柱形で長さ1.5〜2 cm①／アポイ樺／❋5月，🌱❖日高地方アポイ岳上部のカンラン岩地帯(固有種)，◉5.19，アポイ岳

ヤチカンバ　　　　　　　　カバノキ科
Betula ovalifolia

高さ1〜1.5mの落葉低木。よく分枝して横に広がる／葉は長さ1.5〜4cmの楕円形〜卵円形で，不揃いの細かい鋸歯縁で先はとがる。基部は広いくさび形／花は葉が広がる前に咲き，雌花序は長さ1〜2cmで立ち上がる。雄花序は長さ2〜3.5cmの尾状でぶら下がる／果実は長楕円状円柱形で長さ2cmほど①／谷地樺／❋5月，北(十勝・根室地方の湿原)，5.17，十勝地方更別村／更別湿原のヤチカンバは道指定の天然記念物

キツネヤナギ　　　　　　　　ヤナギ科
Salix vulpina

高さ50cm〜2mの雌雄異株の落葉低木／葉は長さ5〜10cmの倒卵形〜長楕円形で，低鋸歯縁で先がとがり，表面は濃緑色。裏面脈上や若い葉にキツネ色の毛がある／花序は雌雄とも円柱形で長さ3〜5cm，苞にもキツネ色の毛があり，1花に雄しべは2本ある①。雌花序軸のキツネ色の毛は果期まで残る②／狐柳／❋5〜6月，山地〜亜高山の陽地，北・本(関東以北)，6.13，後志地方ニセコ町

タカネイワヤナギ　　　　　　ヤナギ科
エゾタカネヤナギ，レンゲイワヤナギ
Salix nakamurana ssp. nakamurana

幹が分枝して地表を這い，枝の立ち上がりが5〜15cmになる雌雄異株の落葉小低木／葉は長さ1.5〜5cmの広楕円形で縁に低くて細かい鋸歯があり，先はとがらない。質はやや厚く，表面に著しいしわがあり，はじめは両面に白長毛がある／花穂は径8mmほど／果期に花穂が長さ5cmほどになる①／従来エゾタカネヤナギとされていたもの／高嶺岩柳／❋6月，高山のれき地，北・本(中部)，6.22，大雪山小泉岳／日高山脈のものは亜種**ヒダカミネヤナギ**

エゾマメヤナギ　　　ヤナギ科
Salix nummularia

幹が分枝して地表を這う雌雄異株の矮性落葉低木／葉は長さ2cm以下の楕円形で先はとがらず，縁にほとんど鋸歯はない。質は厚くやや硬い／花序は葉腋につき，雄花序は長さ4〜10mmの楕円形，雌花序は長さ3〜7mmの卵形①。1花に雄しべは2本，腺体は1個あり，花柱は短く長さ0.5mmほど／蝦夷豆柳／❋6/下〜7/中，🌱大雪山の高山れき地(固有種)，🌀7.3，大雪山北海平／同じ大雪山の湿地により大型の固有種**ミヤマヤチヤナギ**が産する

ミネヤナギ　　　ヤナギ科
ミヤマヤナギ
Salix reinii

高さ50cm〜3mの雌雄異株の落葉低木。下部上部を問わずよく分枝して茂み状に広がる／葉は倒卵形〜長楕円形，花のつく枝で長さ1〜2cm，つかない枝で長さ2〜7cm。質はやや厚く光沢があり低い鋸歯縁で裏面は粉白色をおびる／花序は尾状で長さ2〜3cm。雄しべは2本で葯は黄色，腺体は1個。雌しべの柱頭は黄色〜赤色①／峰柳／❋6〜7月，🌱山地〜高山の草地や林縁，❖北・本(中部以北)，🌀7.12，大雪山忠別岳

セキショウモ　　　トチカガミ科
Vallisneria natans

水面下に生え，雌雄異株で多年生の水草。走出枝を伸ばして群生する／葉は根元から出て線形。長さ10〜60cm，幅3〜9mmで上部の縁に鋸歯がある／雌花は螺旋状に巻いた花茎の先端について水面に浮かぶ。雄花は根元から出た袋状の鞘から放出され，雌花のそばまで水面上を漂い花粉を放つ。受粉後，花茎は縮んで水中で結実する／石菖藻／❋7〜8月，🌱沼や湖，時に川の中，❖北・本・四・九，🌀7.31，網走地方津別町チミケップ湖

オオシバナ　　　　シバナ科
シバナ
Triglochin maritimum

高さ15〜50cmの多年草／葉は根元から出て花茎より低い。幅は1.5〜4mmで断面は半円形〜三日月形で肉質／花は直立した花茎の総状花序に多数つき，柄は花よりはるかに短い。花被片に見えるのは6個の雄しべを包んでいる薬隔の付属突起が発達したもの①。雄しべが先に熟し，突起物とともに落ちた後に6個の心皮（雌しべ）が熟す。果実は卵形②／大塩場菜／❋6〜7月，↓海岸の塩湿地，◆北・本・四・九，◉6.27，サロマ湖／同属の**ホソバノシバナ**（ミサキソウ）③は小型で高さは30cm前後まで。葉は細く幅1mmほど。花の柄は花よりはるかに長い④。6個の心皮のうち上3個が熟す。果実は細長い⑤／❋7〜8月，↓低地の湿原，◆北・本（中部・北部），◉7.22，苫小牧市

カワツルモ　　カワツルモ科（ヒルムシロ科）
Ruppia maritima

多年生の沈水植物で，水底を地下茎が伸び，節から水中茎を伸ばす／葉は長さ5〜10cmの糸状で先がとがり，基部は長さ1cm前後の鞘となって茎を抱いている／花穂は葉腋の鞘（写真中央）の中から出て柄は開花時で3cmほど，果期に10cm近くに伸びる。花は2個つき，それぞれ2個の雄しべと無柄の心皮（雌しべ）が数個ある／花後，柄が散形状に伸びて先に歪な卵形の実がつく（写真左下）／川蔓藻／❋6〜8月，↓海岸近くの沼や湖，◆日本全土，◉8.16，十勝地方豊頃町

ヒルムシロ　　　　　ヒルムシロ科
ヒルナ, サジナ
Potamogeton distinctus

淡水中に生える多年草。水底に伸びる地下茎から水深に応じた長さの茎を出す／葉は互生し沈水葉はあれば披針形で柄がある。浮葉は長さ 3〜10 cm の長楕円形〜楕円形で光沢があり，裏面は紫褐色。長い柄がある／花穂は水面上に出て長さ 2〜6 cm。径 2 mm ほどの小さな花が密につき，雄しべが 4 個，心皮（雌しべ）が 1〜3 個つく①／蛭筵（葉をヒルの居どころに譬える）／❈ 7〜8 月，低地の沼や池，水田の水路，日本全土，8.25，空知地方月形町／よく似た種が多く，**オヒルムシロ**は心皮が 4 個あり②，沈水葉は針状／**フトヒルムシロ**は分枝せず，心皮が 4 個，沈水葉は線形〜倒披針形で上部を除いて柄がない。浮葉は長〜広楕円形で長さ 5〜13 cm，葉の縁は柄上部が波打つ翼状となる／**エゾヒルムシロ**はよく分枝して枝に沈水葉が密につき，浮葉はまばら／**ホソバミズヒキモ**③は沈水葉が線形，浮葉は明るい緑色で長さは 4 cm 以下／8.4, 美唄市上美唄／**ホソバヒルムシロ**④は浮葉が長さ 5〜10 cm の倒披針形で，基部と柄の区別がつかない。浮葉をつけない株も多い／8.26, 釧路湿原

ヒロハノエビモ　　　　　ヒルムシロ科
Potamogeton perfoliatus

沈水性で変異の大きな多年草。茎は少し分枝して長さは時に 1 m を超える／葉は長さ 2〜9 cm の披針形〜広卵形で，やや半透明で縁は波打ち，柄がなく基部は心形となって茎を抱いている／花穂は長さ 1〜2 cm で小さな花が密につく。花は 4 数性で雄しべと心皮（雌しべ）は 4 個ある（①は開花前）／広葉海老藻／❈ 7〜8月，湖沼の水中，北・本・四・九，7.31, 網走地方津別町チミケップ湖／近似種**エビモ**は葉が広線形で基部は茎を抱かない

センニンモ　　　ヒルムシロ科
Potamogeton maackianus

沈水性で冬でも枯れない多年草。横に伸びる地下茎から長さ50cm程度の茎を出す／葉は柄がなく長さ2〜6cmの線形で微細な鋸歯があり，先は凸端となり，基部は托葉と合着して鞘となる／花は長さ4〜10mmの花穂にまばらにつき，心皮(雌しべ)は2個ある①／仙人藻／❋7〜8月，🌱湖沼や水路，❖北・本・四・九，◉7.31，網走地方津別町チミケップ湖／同属の**ヤナギモ**②は茎の断面が楕円形。葉は幅2〜5mmで基部は鞘にならない。花は密につき，心皮は4個③／◉8.26，苫小牧市／**エゾヤナギモ**の茎は扁平。葉は幅1.5〜3mm，花穂は長さ1〜2cm，心皮は1個／**イトモ**④は葉の幅が1.5mm以下，先はとがり基部は鞘にならない。心皮は4個／◉8.14，南幌町／**リュウノヒゲモ**⑤の葉は糸状で長さ5〜15cm，基部は長さ1〜3cmの鞘となる。花穂は長さ1.5〜4cmで花はまばらにつく，◉8.7，日高町門別／このほか道内にヒルムシロ属は数種知られる

スガモ　　　アマモ科
Phyllospadix iwatensis

海水中で育つ雌雄異株の多年草／葉は線形リボン状で長さ50cm〜1.5m，幅2〜4.5mm。基部は鞘となり，古くなると繊維だけが残る／花は根元から出る枝先の長いボート状の苞に包まれ①，雄花序は雄しべが，雌花序は心皮と仮雄しべが交互にそれぞれ2列に並ぶ／菅藻／❋4〜5月，🌱海岸の磯，❖北・本(関東以北)，◉5.16，小樽市祝津／近縁の**アマモ**は砂地に生え，大型で雌雄同株。葉の幅は3〜7mm

ミヤマイ　　　　　　　　　イグサ科
タテヤマイ
Juncus beringensis

高さ15〜40cmの多年草で群生／茎は径1.5〜2.5mmの円柱形で，下部に鱗片状鞘形の葉がつく／花序は茎頂につき，最下の苞は長さ1〜2cmで茎の延長状。花は2〜5個つき，黒褐色の花被片が6枚，雄しべは6個，葯は大きい／果実は花被片より長い／深山蘭／❋7〜8月，亜高山〜高山の湿った所，北・本(中部以北)，7.22，大雪山平ヶ岳／近似種**エゾホソイ**①は亜高山の湿地に生え，苞は長く，茎とほぼ同長。花被片は淡緑色で雄しべの葯は小さい／7.24，大雪山沼ノ原

イグサ　　　　　　　　　イグサ科
イ，トウシンソウ
Juncus decipiens

高さ30cm〜1mの多年草。茎は円筒形で径1〜2mm，下部は褐色の鱗片葉に包まれる／花は茎頂に多数つき，長い最下の苞が茎の延長状。6枚の花被片はあまり開かず，雄しべは3個／藺／❋7〜9月，低地〜山地の湿った所，北・本・四・九，7.12，苫小牧市／**イヌイ**(ネジレイ)①は海岸近くに生え，茎は太くつぶれて数回ねじれる。雄しべは6個，葯は花糸より長い／7.11，胆振地方白老町／**ハマイ**(オオイヌイ)は茎がねじれず，葯は花糸と同長。果実は花被片よりはるかに長い

クサイ　　　　　　　　　イグサ科
Juncus tenuis

高さ30〜50cmの多年草。茎は細くて硬い／葉は下部に互生し，扁平で縁は上に巻く／最下の苞は葉状で花序より長い。花被片は6枚あり，長さ4mmほど，披針形で先は鋭くとがり，縁は白い膜質①で果実より長い。雄しべは6個／草藺／❋7〜8月，野山の湿った所，北・本・四・九，7.17，胆振地方厚真町／同属の**ドロイ**は花被片が卵形で外面の一部が褐色②，果実より短い／**ヒメコウガイゼキショウ**③は1年草で最下の苞は花序よりはるかに短い，8.11，奥尻島

ミクリゼキショウ　　　イグサ科
Juncus ensifolius

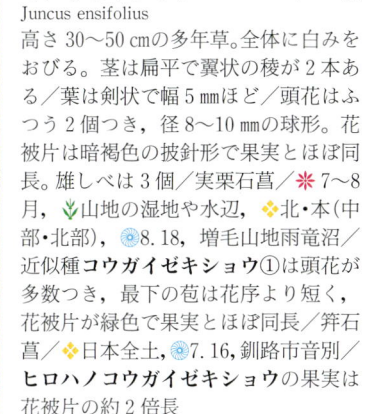

高さ30～50cmの多年草。全体に白みをおびる。茎は扁平で翼状の稜が2本ある／葉は剣状で幅5mmほど／頭花はふつう2個つき，径8～10mmの球形。花被片は暗褐色の披針形で果実とほぼ同長。雄しべは3個／実栗石菖／❋7～8月，🌱山地の湿地や水辺，❖北・本(中部・北部)，◎8.18，増毛山地雨竜沼／近似種**コウガイゼキショウ**①は頭花が多数つき，最下の苞は花序より短く，花被片が緑色で果実とほぼ同長／笄石菖／❖日本全土，◎7.16，釧路市音別／**ヒロハノコウガイゼキショウ**の果実は花被片の約2倍長

ハリコウガイゼキショウ　　　イグサ科
Juncus wallichianus

高さ20～50cmの多年草／花茎は円筒形で，円筒形の茎葉が2～3個つき，花茎より短い／3～6花からなる頭花は集散状につき，最下の苞は花序よりはるかに短い。雄しべは3個／針笄石菖／❋7～8月，🌱低地の湿地，❖日本全土，◎(果期)9.9，江別市／近似種**アオコウガイゼキショウ**①は頭花が2～3花からなり，果実は花被片の2倍長／**タチコウガイゼキショウ**は最下の苞が花序より長く，雄しべが6個

タカネイ　　　イグサ科
Juncus triglumis

高さ5～15cmの多年草／茎は細い円筒形で，その半分ほどの長さの細い円筒形の葉が根際近くにつく／茎の先に2～3花からなる頭花を1個つける。最下の苞は頭花より短い。花被片はこげ茶色。雄しべは6個あり，花被片と同じ長さ／高嶺藺／❋7月～8/上，🌱高山の湿ったれき地，❖北(大雪山・北大雪山系)・本(中部)，◎7.19，大雪山高根ヶ原／同属の**エゾノミクリゼキショウ**①は頭花が10～25花からなり，最下の苞は頭花より長い／◎7.28，大雪山五色ヶ原

413

スズメノヤリ　　　　　　イグサ科
スズメノヒエ
Luzula capitata

高さ10～30cmの多年草／葉は先端がとがらず硬くなり，縁に白長毛が多い／茎頂に頭状の花序が1個，基部に葉状の苞が1枚つく。花被片と雄しべは6個あり，葯は花糸よりはるかに長くて目立つ。頭花を毛槍に見たてた／雀槍／❋5～6月，野山の陽地，北・本・四・九，5.26，渡島地方恵山／近似種**ヤマスズメノヒエ**①は高さ20～40cm，頭花は小さく数個～十数個つき，小苞の縁は細裂。海岸～低山の草地／**タカネスズメノヒエ**②は小型で小苞は裂けず，亜高山以上に生える

ヌカボシソウ　　　　　　イグサ科
Luzula plumosa ssp. plumosa

高さ10～25cmの多年草／根出葉は広線形で長さ15cmほど。茎葉は小さく2～3枚つき，縁に白長毛があり，先が硬くなりとがらない／花は散形状に1個ずつつき，花被片は6個あり先が鋭くとがる。雄しべは6個あって葯は花糸とほぼ同長①／糠星草／❋5～6月，山地の林内，北・本・四・九，5.8，渡島地方七飯町／同属の**クモマスズメノヒエ**②は高山の草地に生え，葉の先が鋭くとがり，花は下向きに2～3個集まってつく

コヌカグサ　　　　　　イネ科
Agrostis gigantea

高さ50cm～1mの多年草／葉は長さ5～20cm，幅4～7mmでざらつき，白みをおびる。葉舌は高さ2～7mm／花序は長さ15～20cmで3～6本のざらつく枝が輪生する。小穂は長さ2～2.5cmで淡緑色～紫色。1小花からなる。葯は長さ1mm以上①／小糠草／❋6～8月，道端や空地，原産地は北半球の温帯，7.2，札幌市真駒内／同属の**ミヤマヌカボ**②は山地～高山に生え，花は紫褐色，長い芒がある／同属はほかに数種ある

スズメノテッポウ　　イネ科
Alopecurus aequalis var. amurensis

高さ20〜40cmの1〜2年草。全体に白色をおび，茎は基部で曲がって斜上／葉は幅が1.5〜5mm，葉舌は高さ2〜5mm／小穂は円柱形の総状花序に密につき，小花は1個，芒は短く，葯が黄色から褐色に変わる／雀鉄砲／❋6〜7月，低地の湿った所，❖北・本・四・九，6.24，胆振地方むかわ町鵡川／近似種**オオスズメノテッポウ**は大型で花序は太く，芒は長く約1cm(①右，左はスズメノテッポウ)／別属でよく似た**オオアワガエリ**(チモシー)は多年草で，花序から雄しべと長さ1〜2mmの短い芒が水平に突き出る②／❖原産地はヨーロッパ／7.8，札幌市

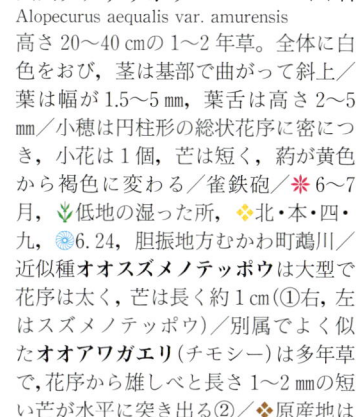

ヤマアワ　　イネ科
Calamagrostis epigeios

高さ60cm〜1.5mの多年草。ふつう群生する／葉は幅が6〜12mmでざらつき，葉舌は高さ3〜8mm／花序は開花の前後は細くなる円錐状で淡緑色。小穂は1小花からなり，2個の苞穎は細く，ほぼ同長①／山粟／❋7〜9月，低地〜山地の草地，❖北・本・四・九，7.27，空知地方月形町／同属の**イワノガリヤス**②は海岸〜亜高山に生え，苞穎は披針形で突起毛が密生して花後も閉じない③／8.16，夕張岳／同属はほかに7種ほど知られる

カモガヤ　　　　　　　　　イネ科
オーチャードグラス
Dactylis glomerata

高さ50 cm〜1.2 mの多年草で，根茎が短く多数の茎を立てて株立ちとなる／葉は幅が4〜13 mm，白色をおびてざらつき，葉舌は高さ5〜10 mmあって目立つ／花は分枝した枝先にびっしりつき，独特の形の円錐花序をつくる。小穂は長さ5〜9 mm，3〜6小花からなる／1属1種／英語の誤訳から名がついた／鴨茅／❇6〜8月，↓道端や空地，河原，畑地，原野，❖原産地はユーラシア，◉7.4，札幌市定山渓

アキメヒシバ　　　　　　　　イネ科
Digitaria violascens

高さ20〜50 cmの1年草。基部で分枝して株立ちとなる／葉は長さ10 cm，幅1 cmほどで，基部は無毛の長い鞘となって茎を抱く／茎頂から掌状に3〜8本の枝が出て花序となり，長さ1.5〜2 mmの小穂が2列に並んでつく①。小穂の柄に長短があり，第1苞頴は消失／秋雌日芝／❇8〜10月，↓道端や空地，❖日本全土，◉9.10，千歳市／近似種メヒシバは基部が発根しながら地表を這い，葉鞘は有毛（②左，右はアキメヒシバ），第1苞頴は微小ながらある

イヌビエ　　　　　　　　　イネ科
Echinochloa crus-galli var. crus-galli

高さ50〜80 cmの1年草／葉は幅1〜1.7 cmで無毛，葉舌がなく，先が垂れる／花序は分枝して円錐状。小穂は長さ3 mmほどの卵形で，先がとがり時に短い芒となる。第1苞頴の長さは小穂の1/3／犬稗／❇8〜9月，↓農地の湿った所，水辺，❖日本全土，◉8.20，江別市野幌森林公園／変種ケイヌビエは芒が約3 cmと長い①／近似種タイヌビエは葉先が直立し，小穂の長さは4〜5.5 mm。第1苞頴の長さは小穂の1/2ほど②

ハマムギ　　　　　　　　　イネ科
Elymus dahuricus var. dahuricus

高さ50cm〜1mの無毛の多年草／葉は長さ10〜20cm、幅4〜10mmで白っぽい／花穂は直立し、小穂は2個1組となって多数つき、長さ1〜1.5cm、3〜4小花からなり、長さ1〜2cmの芒がある／浜麦／❋7〜8月、🌱海岸、時に山地の草地やれき地、❖北・本・九、◉8.5、十勝地方豊頃町／同属の**エゾムギ**①は花穂が曲がって垂れ下がる／同属はほかに数種／別属とされた**シバムギ**②の小穂は1個ずつ左右交互に密に並び、芒はないか短い／❖原産地はヨーロッパ／**テンキグサ**(ハマニンニク)③も同属とされたことがあり、芒がないが、小穂は2個1組でつき、花穂は直立。海岸の砂地に生え、地下茎が伸びて群生する

ウシノケグサ　　　　　　　イネ科
シンウシノケグサ
Festuca ovina ssp. ovina

高さ15〜40cmの多年草。茎は根元の鞘から何本も出て株立ちとなる／葉は内側に巻き込んで糸状／小穂は円錐花序に多数つき白っぽい緑色で長さ6〜7mm、3〜6個の小花からなる。護穎の先は短い芒になる①／牛毛草／❋6〜8月、🌱海岸〜高山の乾いた草地やれき地、❖北・本・四・九、◉6.13、札幌市定山渓／似たものが多く、亜種**ミヤマウシノケグサ**は小穂が10個以下で2〜3小花からなる／近似種**オオウシノケグサ**は新芽が基部の鞘を破って出、葉は2つに折れるが巻かない。小穂は長さ5〜11mm、3〜9個の小花からなる②／別属**オニウシノケグサ**は大型で葉は幅3〜10mm。鞘の上に有毛で三日月形の葉耳がある。小穂は長さ15〜18mmで紫色をおび、短い芒がある③／その近似種**ヒロハノウシノケグサ**の葉耳は無毛で小花に芒はない／❖原産地はヨーロッパ／**トボシガラ**は林中に生え、花序の先は垂れて先端部に小穂がつく。小穂は3〜5小花からなり、苞穎は小さく護穎は緑色で先が芒になる④／同属はほかに3種が知られる

417

コメガヤ
Melica nutans　　　　　　　イネ科

高さ20〜50cmの多年草。茎が何本も立って株立ちとなり、基部の鞘は紫色をおびる／葉は軟らかく幅2〜5mm／茎の上部に円錐花序をつくるが、小穂が少なく枝も短いので総状花序に見える。長さ6〜8mmの米粒のような小穂がぶら下がるようにつき、完全な小花は2個ある。苞頴は紫色を帯び、護頴に芒はない①／米茅，✺6〜7月，🌱山地の岩場や明るい林地，❖北・本・四・九，◉6.28，後志地方大平山

ススキ
オバナ、カヤ
Miscanthus sinensis　　　　イネ科

高さ1〜2mの多年草。大きな株となって群生する／葉は硬く幅6〜20mm。中央脈が白く、縁はざらつく／花は短柄と長柄の小穂が対になって10〜25本の総(花穂)に多数つく。小花の護頴に長さ1cm以上の芒がつき、くすんだ白色の基毛がある／薄，✺7/下〜9月，🌱野山の草地，❖日本全土，◉(果期)9.29，日高地方アポイ岳／同属の**オギ**①は株立ちにならず、小花に芒はふつうない(②右。左はススキ)。基毛は銀白色。花期は遅い／◉(果期)9.27，富良野市

ケチヂミザサ
Oplismenus undulatifolius var. undulatifolius　　イネ科

立ち上がる枝の高さが10〜30cmになる多年草。茎は地表を這い、節から発根する。茎や葉鞘に長毛が多い／葉は笹に似るが細く、長さ3〜7cmで縁が波打つ／花序は長さ6〜12cmで短い枝を出す。小穂は長さ3mmほど。第1苞頴に小穂より長い芒が、第2苞頴に短い芒がつく／果期に芒は透明な粘液に被われて動物などに付着して運ばれる／毛縮笹，✺8〜9月，🌱低山の林下，❖北・本・四・九，◉8.26，札幌市円山

チカラシバ　　　　　　　　イネ科
Cenchrus alopecuroides

高さ30〜80cmの多年草。根茎が短く大きな株をつくる。茎の上部に白毛がある／葉は幅5〜8mmで基部はやや平たい鞘となる／小穂は長さ10〜15cmの円筒状の花序にびっしりつき，基部に長さ1〜3cmの硬い総苞毛が輪生するので花序は暗紫色のブラシ状。小穂は長さ7mmほどで，2小花からなり，芒はない／丈夫だからこの名がついた／力芝／❋8〜9月，🌱野山の草地や林縁，✿日本全土(北海道は西南部)，◉9.26，渡島地方松前町

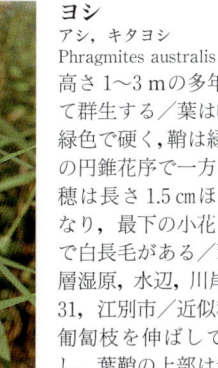

ヨシ　　　　　　　　　　　イネ科
アシ，キタヨシ
Phragmites australis

高さ1〜3mの多年草。地下茎を伸ばして群生する／葉は幅2〜3cm。白っぽい緑色で硬く，鞘は緑色／長さ30cmほどの円錐花序で一方に偏って垂れる。小穂は長さ1.5cmほどで2〜4小花からなり，最下の小花は雄性，残りは両性で白長毛がある／葦／❋8〜9月，🌱低層湿原，水辺，川岸，✿日本全土，◉8.31，江別市／近似種**ツルヨシ**は地表に匍匐枝を伸ばしてその節に毛が密生し，葉鞘の上部は赤い①

スズメノカタビラ　　　　　イネ科
Poa annua

高さ10〜30cmで株立ちになる1〜2年草／葉は幅2〜4mmで軟らかく，先は内側が窪んでボート状。葉舌は高さ2〜5mmで白く目立つ①／円錐花序の枝は1〜2本ずつ出て滑らか。小穂は長さ4mmほどで3〜5小花からなる②／雀帷子／❋5〜10月，🌱道端，畑地，空地，✿日本全土，◉5.22，札幌市／同属の**ナガハグサ**(ケンタッキーブルーグラス)③は多年草で長い地下茎があり，葉舌は低く，花序がざらつき，小花の基部にもつれた毛がある／✿原産地はヨーロッパ／同属はほかに十数種あり，どれも似ている

ハルガヤ　　　　　　　　　イネ科
Anthoxanthum odoratum var. odoratum
高さ20～60cmの多年草/葉は長さ3～10cm, 幅2～5mm, 葉舌は高さ2～4mm/小穂は穂状の円錐花序に密につき, 柄に毛があって長さ7～10mm。3小花からなるが, 2小花は護穎だけに退化。花柱と雄しべが長く, 小穂から伸び出す/春茅/✽6月, ⇓道端や空地, 畑地, ❖原産地はユーラシア, ◉6.13, 札幌市平和の滝/小穂の柄が無毛の型を変種ケナシハルガヤという/利尻山の高山帯には同属のミヤマハルガヤが分布する

ホガエリガヤ　　　　　　　イネ科
Brylkinia caudata
高さ20～40cmの多年草。地下茎が伸びて株立ちにはならない/葉は幅が2～5mmで葉舌は微小/小穂は直立した総状花序に横～下向きにつき, 扁平で長さ1.3cmほど。3小花からなるが, 左右の小花は護穎のみに退化し, 中央の小花が完全で両性。護穎の先が長さ2cmほどの芒となる①/1属1種/穂返茅(小穂が下向きに垂れてつくから)/✽6～7月, ⇓山地の林内, ❖北・本・四・九, ◉6.23, 恵庭市恵庭公園

カズノコグサ　　　　　　　イネ科
ミノゴメ
Beckmannia syzigachne
高さ30～80cmの1～2年草。茎は太いが軟らかい/葉は長さ7～20cm, 幅6～12mmで葉舌は高さ3～6mm/円錐花序は直立し, 明るい緑色の小穂が枝に密につく様子が数の子に似る。小穂の苞穎は背面が膨れて袋状になり左右から1小花を包んでいる/日本では1属1種/ミノゴメは別属ムツオレグサの別名ともなっている/数子草/✽6～7月, ⇓低地の水辺, 湿地, 水田の周辺, ❖日本全土, ◉7.5, 十勝地方豊頃町

420

コウボウ　　　　　　　　イネ科
Anthoxanthum nitens var. sachalinensis

高さ20〜50cmの多年草。地下茎が伸び、株立ちにならない／根出葉は線形。茎葉は披針形で長さ1〜4cm／小穂は長さ4〜8cmの円錐花序につき、広卵形で長さ4〜6mm。苞穎は膜質、うす茶色で光沢がある①。3小花のうち2個は雄性、1個が両性で芒はない／香茅／❀5〜7月、🌱低地〜低山の草地や道端、◆北・本・四・九、◉6.4, 苫小牧市／高山帯の近似種**ミヤマコウボウ**は雄性小花に長さ4〜5mmの芒がある②／芒の短い**エゾコウボウ**は夕張岳の固有種

エノコログサ　　　　　　　イネ科
ネコジャラシ
Setaria viridis

高さ20〜70cmの1年草／葉は幅5〜18mmで両面とも無毛／茎頂の円錐花序は長さ3〜6cmで枝が短く、小穂が密につくので円筒状で直立し、中軸に白毛が密生する。小穂の基部に淡緑色の刺毛が3〜7本つく。小穂は長さ2mm前後で刺毛はその3〜4倍長／狗尾草／❀8〜9月、🌱道端や空地、畑地、◆日本全土、◉8.30, 苫小牧市／刺毛が紫色の型を品種**ムラサキエノコロ**という①／変種**ハマエノコロ**②は海岸型で茎は斜上もしくは這い、花序は長楕円形〜卵形で刺毛は10〜25本／◉9.27, 渡島地方松前町／**オオエノコロ**③はアワとの交雑種／同属の**アキノエノコログサ**④は花序が長さ5〜10cmで先が垂れ、小穂は長さ3mm前後で刺毛は時に紫色／**キンエノコロ**⑤は小穂の刺毛が黄金色

ササガヤ　　　　　　　　　イネ科
Leptatherum boreale var. japonicum

茎の下部が発根しながら地表を這い，上部が立ち上がり高さ20〜50cmになる1年草／葉は互生。葉身は長さ2〜7cmの披針形で質は薄く縁は波打つ。葉鞘の縁に毛がある／花序は2〜6本の総(枝)からなり，柄が長短2形の小穂が対になる。小穂は長さ3mmほどで，両性，無性の2小花からなり，長さ8mmほどの毛状の芒がある／笹茅／✽8〜9月，低山の林縁，日本全土，8.18，札幌市豊滝／節に密毛がある型を変種キタササガヤという／同属の種はほかに大型のアシボソがある

ネズミガヤ　　　　　　　　イネ科
Muhlenbergia japonica

茎の下部が発根しながら地表を這い，立ち上がりが15〜25cmになる多年草。長い地下茎はない／葉は軟らかく幅2〜4mmで，葉舌は高さ0.2mmほどで上端に細毛がある／花序の長さは8〜15cmで先が垂れ，多数の小穂がついて白緑色。小穂は微小で長さ3mm以下。1小花からなり，長さ4〜8mmで紫色の芒がつく①／鼠茅／✽9月，野山の草地や道端，北・本・四・九，9.12，胆振地方昆布岳／近似種オオネズミガヤとミヤマネズミガヤには長い地下茎がある

ウマノチャヒキ　　　　　　イネ科
Bromus tectorum

高さ20〜50cmの1〜2年草。全草に軟毛が密生／葉は幅が2〜5mm／枝先が垂れて4〜8小花からなる小穂がつく。護穎の先に長さ12〜15mmの芒がつく／馬茶挽／✽6〜7月，道端や空地，原産地はヨーロッパ，7.15，釧路市釧路西港／同属のクシロチャヒキ①は道内の湿原周辺に生え，高さ1mほど。葉は幅5〜10mmで護穎の縁に軟毛が多く，芒は長さ3〜5mm／8.11，十勝地方上士幌町三股／同属は帰化植物を中心にほかに7種ほど

チシマザサ イネ科
ネマガリダケ
Sasa kurilensis var. kurilensis

高さ40cm～3mの大型のササだが尾根筋などでは小さくなる。地下茎が網目状に伸びて一面に生える／茎は多雪地では根元で大きく曲がり①，径1～2cmで上部で分枝を繰り返す／葉は狭長楕円形で両面無毛／数十年に1度開花するといわれ，小穂は長さ3cmほどで4～10小花からなる②／新芽は竹の子として食用になる③／千島笹／❋5～7月，山地～亜高山(日本海側)，北・本(島根以北)，5.28，樺戸山地神居尻山／近似種**クマイザサ**④は低地～山地に生え，高さ1～2m。茎は細く，根元はあまり曲がらない。葉は幅が広く(⑤上，下はチシマザサ)，裏面に毛がある／九枚笹／北・本・四・九，6.18，札幌市定山渓／**ミヤコザサ**⑥は太平洋側の低地～山地に生え，茎はふつう分枝せず，節が丸く膨らみ冬芽がつかない⑦。葉は秋～春に白く縁どられる／都笹／北・本・四・九／5.8，日高地方アポイ岳／ササ属はさらに細かく分けられることもある／同属の**スズタケ**⑧は太平洋側の山地に生え，葉は1枝に1～2枚つき，一番細長い，7.3，千歳市支笏湖畔

マコモ
イネ科
ハナガツミ
Zizania latifolia

高さ1～2.5 mの大型の多年草。根茎は太く肉質/葉は多数つき、線形で幅2～3 cm/長さ40～60 cmの大型の長円錐花序で、枝の下半部に雄性の、上半部に雌性の小穂をつける。小穂は1小花からなり散りやすい。雄小穂は長さ1 cm前後で6本の雄しべにつく紫紅色の葯が目立ち、芒はない。雌小穂は長さ2 cmほどで長さ2～3 cmの芒がある/真菰/✻8～9月，🌱低地の水辺，❖日本全土，❀9.5，胆振地方白老町ポロト湖

ガマ
ガマ科
Typha latifolia

高さ1.5～2 mの多年草。地下茎が長く伸びる/葉は厚みのある線形で、幅1～2 cm。無毛で基部は鞘状となって茎を抱く/茎頂に円柱形の花穂をつけ、上部が雄花穂で接した下部に長さ10～20 cm，径6 mmほどの雌花穂がある。いずれも花被片がなく、無数の雄しべ①と雌しべ②が密につく。花粉は4個が一塊となり、雌花穂は果期に径1.5～2 cmになる③/果実は基部につく白毛が風を受けて運ばれる/蒲/✻7月～8/中，🌱低地の水辺，❖北・本・四・九，❀7.17，胆振地方厚真町/同属のヒメガマ④は葉が幅6～12 mmと細く、雄花穂と雌花穂は2～5 cm離れてつく。花粉は塊にならない/❖日本全土，❀7.24，石狩川下流/モウコガマ⑤は道内の2～3箇所で見つかり、小型で高さが1 m以下。雄花穂と長さ3 cmほどの雌花穂は離れてつく/❀7.24，石狩市石狩川下流域

コウボウムギ　　カヤツリグサ科
フデクサ
Carex kobomugi

高さ10〜20cmの雌雄異株の多年草。長い根茎があり、ポツポツと生える茎は太い／葉は幅4〜6mmの線形で硬く縁がざらつく／茎頂の花序は長さ4〜6cmで雄株の花穂は細い(写真左)。果胞は上を向く／古い葉鞘の繊維を筆に使用したので書道の達人弘法大師の名がついた／弘法麦／❋(果期)6〜8月，🌱海岸の砂地，❖北(ほぼ全域)，🔅6.11，檜山地方江差町／近似種**エゾノコウボウムギ**①は茎が鋭い3稜形でざらつき、果胞が開出するので果序は栗のイガ状／❖北(主として東部)，🔅6.25，根室市／同じ砂浜に生える**コウボウシバ**②は雌雄同株で、茎の上部に線形の雄小穂が1〜3個、その下に長さ2〜3cmで円柱形の雌小穂が2〜3個接してつく。柱頭は3個。果胞は鱗片より長い。コウボウムギより小さいからこの名がついた／弘法芝／❖日本全土，🔅5.28，石狩市石狩浜

オクノカンスゲ　　カヤツリグサ科
Carex foliosissima var. foliosissima

高さ15〜40cmの多年草／葉はつやがあり、幅5〜20mm。脈の部分で浅く折れて断面が平たいM字状をし、緑のまま冬を越す／茎頂に梶棒状の雄小穂を、その下に長い柄のある長さ2〜4cm、幅4〜5mmの雌小穂を2〜4個つける①。果胞は密につき淡緑色でそれより長い鱗片とともに開出する②。柱頭は3個／奥寒菅(山奥にあり冬でも葉が緑だから)／❋4〜5月，🌱山地の林内，❖北・本・四・九，🔅5.26，札幌市藻岩山／近似種**ヒメカンスゲ**③は雌小穂が幅2.5〜3.5mmと細く、苞葉基部の鞘が紫紅色で目立つ。果胞はやや離れてつき、それより長い鱗片とともに斜め上を向く／❖北・本・四・九，🔅5.27，札幌市真駒内／**ミヤマカンスゲ**④は雄小穂が線形、雌小穂も細く、果胞は上を向き、鱗片より長い／❖北・本・四・九

アオスゲ　　　カヤツリグサ科
Carex leucochlora var. leucochlora
高さ15〜30 cmの多年草。株立ちになる／葉は茎とほぼ同じ長さになり，幅2〜3 mm／茎頂に雄小穂が1個つき，その下に雌小穂がやや接してついて，長さ1〜2 cmになる。苞葉は花序より少し長く，基部は顕著な鞘にならない。果胞にはまばらに毛があり，鱗片は淡色膜質で先が長い芒状①／青菅／✳5〜6月，🌱低地〜低山の林地，❖日本全土，✿6.2，江別市野幌森林公園／このグループ（ヌカスゲ節）には本種のほか数十種が含まれる

オニナルコスゲ　　　カヤツリグサ科
Carex vesicaria var. vesicaria
高さ30 cm〜1 mの大型のスゲ。根茎が伸びて群生する／葉は幅3〜8 mm／茎の上部に線形の雄小穂が2〜3個つき，その下に長さ3〜7 cmの雌小穂が離れて2〜4個つく。苞葉の基部は鞘にならない。柱頭は3個。果胞は長さ6〜8 mm，光沢があり，先は長い嘴となって斜上する／鬼鳴子菅／✳6〜7月，🌱低地〜山地の湿地や水辺，❖北・本・九，✿6.25，釧路市音別／同属の**オオカサスゲ**①は葉の幅8〜15 mm。果胞は長さ5〜6 mmで熟すと開出する／✿9.11，大雪山沼ノ原

ゴウソ　　　カヤツリグサ科
タイツリスゲ
Carex maximowiczii
高さ30〜70 cmの多年草。茎を何本も立てて株立ちとなる／葉は幅3〜6 mmで裏面が白みをおびる／茎頂に線形の雄小穂がつき，側小穂は雌性で長さ1.5〜3.5 cmの6角柱形。3〜4個が長い柄でぶら下がる。苞葉の基部は鞘にならない。柱頭は2個。果胞は扁平で灰色をおびた緑色で，乳頭状の突起が密にある／郷麻／✳6〜7月，🌱低地〜低山の湿った所，❖北・本・四・九，✿6.24，日高地方アポイ岳山麓

トマリスゲ　　　カヤツリグサ科
ホロムイスゲ
Carex middendorffii

高さ30〜70 cmの多年草。硬い茎を何本も立ち上げ株立ちとなる／葉は幅2〜4 mmで灰緑色／茎の上部に1〜3個の雄小穂①が，下方に先端が雄性部の雌小穂が長い柄で垂れ下がる。柱頭は2個。果胞は灰緑色で鱗片とほぼ同長／泊菅／❀5〜7月，🌱低地〜山地の高層湿原，❖北・本(中部以北)，❄7.14，大雪山／同属の**ヤラメスゲ**②は小穂の長さ2〜6 cmで鱗片は果胞よりかなり長い／**カブスゲ**③は密な株となって谷地坊主をつくり，雌小穂は柄が短く直立／5.25，十勝地方足寄町／**アゼスゲ**④は雌小穂が直立するが，株立ちにはならない／**サドスゲ**⑤は山地流畔に生え，柱頭は果期にも落ちない⑥／❄6.12，札幌市空沼岳

アズマナルコ　　　カヤツリグサ科
ミヤマナルコスゲ
Carex shimidzensis

高さ30〜70 cmの多年草で株立ちになる／葉は幅4〜12 mmで軟らかく根元の鞘は鱗片状／小穂は茎の上部にまとまって垂れ下がり，頂小穂は雄性，時に上部に雌性部がつく。側小穂は雌性で長さ3〜12 cmの円柱形。柱頭は2個。果胞は淡緑色の鱗片とほぼ同長で，狭卵形で平滑，嘴は短い／東鳴子／❀6〜7月，🌱山地の湿った所，❖北・本・四・九，❄7.5，夕張岳

427

ヤチスゲ　　　カヤツリグサ科
Carex limosa
高さ20～40cmの多年草。株立ちにはならないスゲ。茎や葉は硬く白みをおびる／葉は幅1～2.5mmで基部の鞘は濃赤褐色／茎頂に雄小穂が直立してつき，側小穂は雌性で時に先端が雄性となり，長さ1～2cmで下垂する①。果胞は扁平な3稜形で微小な乳頭状突起が密につき，濃褐色の鱗片より少し短い／谷地菅／✳5～7月，🌱低地～山地の高層湿原，❖北・本(近畿以北)，✺7.24，大雪山沼ノ原／近縁の**ムセンスゲ**②は雌小穂の柄が短く直立し，果胞に嘴がない

ヒラギシスゲ　　　カヤツリグサ科
エゾアゼスゲ
Carex augustinowiczii var. augustinowiczii
高さ30～50cmの多年草。密な株立ちとなる／葉は軟らかく幅2～4mm／頂小穂は雄性，時に雌性。側小穂は雌性で時に基部に雄花がつき，直立するが，茎がうなだれる。雌小穂は長さ1～3cm。果胞は卵形で淡緑色。無毛で細かい脈があり，黒紫褐色の鱗片より短い。柱頭は3個／平岸菅／✳5～6月，🌱山地の沢沿い，❖北・本(中部以北)，✺6.5，札幌市砥石山／近似種**ナルコスゲ**①も沢沿いに生え，果胞は平たい3稜形で鱗片の約2倍長

ミヤマクロスゲ　　　カヤツリグサ科
Carex flavocuspis
高さ10～40cmの多年草。根茎は短く株立ち気味となる。茎や葉は濃緑色／頂小穂は雄性，側小穂は雌性で2～4個つき長さ1.5～3cm。果胞は滑らかで鱗片とほぼ同長。柱頭は3個／深山黒菅／✳7～8月，🌱高山のれき地や草地，❖北・本(中部以北)，✺8.27，大雪山白雲岳／近縁の**シコタンスゲ**は道北・道東の海岸草原に生え，小穂の幅は3mmほど。果胞に刺状の毛がある①／その変種**リシリスゲ**は高山帯に生え雌小穂の長さは1.5～3cmで，果胞に刺状の毛がある②

キンチャクスゲ 　　カヤツリグサ科
イワキスゲ
Carex mertensii var. urostachys
高さ30〜60cmの多年草。茎は弓状に曲がる／葉は軟らかく幅4〜8mm／茎の上部に円柱〜長楕円状の小穂が5〜8個つき，すべて雌性だが基部に雄性の部分がある。果胞は扁平で滑らかで，黒褐色の鱗片より長い。柱頭は3個／巾着菅／❇6月〜8/上，🌱山地〜亜高山の草地や林縁，❖北・本(中部・北部)，◉8.5,後志地方狩場山／近縁の**ネムロスゲ**①は海岸草原に生え，頂小穂は雌雄性，側小穂は雌性，鱗片の先は芒状にとがる／❖北・本(北部)，◉6.15,礼文島

ショウジョウスゲ 　　カヤツリグサ科
Carex blepharicarpa var. blepharicarpa
高さ15〜40cmの多年草。密な株立ちとなり，越冬した葉が目立つ／葉は幅2〜4mmで基部の鞘は褐色／茎頂の小穂は棍棒状で雄性，側小穂は長さ1〜3cm，雌性で直立する①。苞の基部は鞘となる。果胞は3稜形で密に短毛があり②，栗色の鱗片より長い。柱頭は3個／猩猩菅／❇4〜6月，🌱低地から高山の草地や林縁，❖北・本・四・九，◉5.2,渡島地方八雲町熊石／近似種**タイセツイワスゲ**は高山のれき地に生え，果胞は無毛で縁に刺状毛がある③

ヒカゲスゲ 　　カヤツリグサ科
Carex lanceolata
高さ10〜40cmの多年草。密な株立ちとなる／葉は幅1.5〜2mmで基部の鞘は赤褐色／茎頂に雄小穂がつき，その下に直立する雌小穂がついて，苞の基部は鞘となる。果胞は膨れた3稜形で赤錆色の鱗片より短く短毛が密生する①。柱頭は3個／日陰菅／❇5〜6月，🌱低地〜低山の乾いた林内，❖北・本・四・九，◉5.17,日高地方アポイ岳／近似種**ホソバヒカゲスゲ**②は葉の幅が1.5mm以下で果期花茎は葉より低い／❖北・本・四・九，◉5.31,胆振地方むかわ町穂別

429

ハクサンスゲ　　　カヤツリグサ科
Carex canescens

高さ20〜50cmの多年草／葉は灰緑色で幅1.5〜4mm／茎は直立してざらつき，上部に柄のない小穂が4〜7個つく。小穂は雌雄性で基部に少数の雄花がつく。柱頭は2個。果胞は帯黄灰緑色で，淡色で先がとがる鱗片とほぼ同長／白山菅／❋5〜7月，🌱低地〜高山の湿原，◆北・本(中部以北)，◉7.17，釧路湿原／近似種は8種ほど。鱗片の色，小穂のつき方，葉の幅，果胞の形やサイズなどで見分ける／①は同じハクサンスゲ節の**ヒロハオゼヌマスゲ**／◉6.29，ニセコ山系

コハリスゲ　　　カヤツリグサ科
コケスゲ
Carex hakonensis

高さ10〜25cmの多年草。密な株をつくる／葉は糸状で幅1mm以下／茎頂に雌雄性で長さ3〜5mmの小穂が1個つき，上端に雄花がつく。果胞は褐色で痩せた卵形。先が鈍い鱗片(落ちやすい)より長い①／小針菅／❋6〜7月，🌱山地の木陰，◆北・本・四・九，◉7.17，羊蹄山／近似種**エゾハリスゲ**は葉の幅が2〜3mm，果胞は下を向く②／**ハリガネスゲ**は小穂の長さ5〜10mm，果胞に太い脈があり③，湿地に生える／ほかに数種の近似種がある

ヒメシラスゲ　　　カヤツリグサ科
Carex mollicula

高さ15〜30cmの多年草。長い根茎がありまばらに生える。根元の鞘は淡緑色／葉は幅4〜8mm／茎頂に短い雄小穂が，その直下にほとんど無柄で長さ1.5〜3cmの雌小穂が2〜5個かたまってつく。苞葉の基部は鞘にならない。柱頭は3個。雌鱗片は淡緑色で先がとがり果胞より短い／姫白菅／❋5〜6月，🌱山地の林内，◆北・本・四・九，◉6.3，札幌市藻岩山／近縁の**ヒゴクサ**①は，雄小穂が離れてついた長柄のある雌小穂より長い②／◉8.4，釧路地方釧路町／**エナシヒゴクサ**は小穂の柄がごく短い

ミノボロスゲ　　　　カヤツリグサ科
Carex nubigena ssp. albata
株立ちとなり，茎は斜上または横に伸びて長さが20〜50cmになる多年草／葉は幅2〜3mm／柄のない小穂が密について茎頂に長さ2.5〜5cmの円柱状花序をつくる。苞葉は花序より短い。小穂は雌雄性で長さ5〜8mm，果胞は卵状披針形で褐色の脈が多数ある。鱗片は半透明な膜質で主脈が褐色，果胞より短い／蓑襤褸菅／❋6〜7月，低地〜山地の湿った所，北・本(中部以北)，6.6，室蘭市／近似種**オオカワズスゲ**①は葉の幅3〜8mm，果胞の脈は目立たない／8.25，札幌市空沼岳

ヒメスゲ　　　　カヤツリグサ科
Carex oxyandra
茎は果時に斜上〜下垂して長さが10〜30cmになる多年草。密な株立ちとなる／葉は幅2〜3mm／茎頂に雄小穂がつき，すぐ下に雌小穂が2〜4個近接してつく。苞は芒状。果胞は長さ3mmほどの丸みをおびた3稜形で，脈はないが毛がある。鱗片は黒紫色で先がとがり，果胞よりやや短い／姫菅／❋5〜7月，山地〜高山の草地やれき地，北・本・四・九，6.9，石狩地方恵庭岳／**ヒエスゲ**(マツマエスゲ)①は雄小穂に柄があり，雌小穂は1〜2個，果胞は長い嘴がある。鱗片は黄褐色／5.23，札幌市八剣山

ミタケスゲ　　　　カヤツリグサ科
Carex michauxiana ssp. asiatica
高さ20〜50cmの多年草で株立ちになる。根元の鞘は白っぽい／葉はやや硬く幅3〜5mm／茎頂に雄小穂がつくが，直下の雌小穂と接して雌雄性の小穂に見える。側小穂は雌性で2〜4個つき，基部に長い葉状の苞がつく。果胞は長さ1cm前後で長い嘴があり，四方に開出する。鱗片は果胞の半分長／御岳菅／❋7〜8月，山地〜亜高山の高層湿原，北・本(中部以北)，7.24，増毛山地雨竜沼

タヌキラン　　カヤツリグサ科
Carex podogyna
高さ30cm～1mの多年草／葉は軟らかく幅6～12mm／小穂は楕円形で上の1～3個が雄性，下の2～4個が雌性で長さ2～4cmもあり垂れ下がる①。柱頭は2個。果胞は鱗片より著しく長く，1cm以上あり，柄と縁に毛がある／狸蘭／❋4～6月，🌱低地～低山の湿った岩場や斜面，沢沿い，❖北（西南部）・本（中部以北），◉5.13，檜山地方せたな町瀬棚／**ジョウロウスゲ**も雌小穂が3cm近くあり，果胞は開出し②，柱頭は3個あって水辺に生える／◉8.26，苫小牧市ウトナイ湖

タガネソウ　　カヤツリグサ科
Carex siderosticta
高さ10～40cmの多年草。地下茎が伸びてまばらに生える／葉はラン科のような披針形で幅3cmほどになる。葉の形からこの名がついた／小穂は苞葉基部の鞘から出て雌雄性，柄があり，茎に密着するように直立する①。茎頂の小穂は時に雄性となる。柱頭は3個，果胞は緑色で鱗片と同長／鏨草／❋4～6月，🌱低地～低山の明るい林内，❖北・本・四・九，◉5.17，苫小牧市／近縁の**サッポロスゲ**（ハナマガリスゲ）②③は葉の幅1cm以下で果胞の嘴が外側に曲がる／4.29，函館市函館山

テンツキ　　カヤツリグサ科
Fimbristylis dicotoma var. tentsuki
高さ10～40cmの1年草／葉は毛が多少あり幅1.2～3mmで基部の鞘は茶褐色／茎はやや硬く葉より高く直立して先端に花序をつくる。柄のある黒褐色の小穂が3～10個つき，基部に苞葉が数本つく①。柱頭は2個／点突／❋6～8月，🌱湿った裸地，❖日本全土（道内では局所的），◉7.5，釧路地方弟子屈町川湯硫黄山／同属に数種あるが，**ヤマイ**の小穂は1個②で次頁のハリイ属に似る

432

ヌマハリイ　　　カヤツリグサ科
オオヌマハリイ
Eleocharis mamillata var. cyclocarpa

高さ30～60cmの多年草。ふつう群生する／茎は径2～4mmで軟らかくつぶれやすく，先端に長さ1～3cmで披針形の小穂が1個つく。鱗片は狭卵形。柱頭は2個。花被片は刺針状で5～6本ある／沼針藺／❋6～8月，低地の水辺や水中，北・本・四，6.24，胆振地方安平町早来／同属に10種ほどあり，ハリイの茎は糸状で径0.5mm以下。小穂は細い円錐形①。柱頭は3個。地面に接した小穂から新苗を出す／マルホハリイは茎の径は1mmほど。小穂は卵形②で柱頭は2個

ワタスゲ　　　カヤツリグサ科
スズメノケヤリ
Eriophorum vaginatum var. fauriei

高さ20～50cmの多年草。大きな株となる／茎はやや硬く直立し，鞘状の葉が1～3個つく。根出葉は幅1～2mmで縁がざらつき断面は三角状／茎頂に小穂が1個つき，濃い灰色の鱗片のある花が多数咲く①／花後，花被片が2cm以上伸びて白い綿毛状となり，風を受けて種子を運ぶ／綿菅／❋6～8月，低地～山地の高層湿原，北・本(中部以北)，7.20，十勝連峰原始ヶ原／同属のサギスゲ②は小穂が数個つく／鷺菅／7.16，釧路湿原／和名が似るヒメワタスゲ③は高さ10～30cm。鞘状の葉しかない別属／6.11，苫小牧市／それと同属とされていたミネハリイ④は高山帯の湿地に生え，小穂が茎頂に1個つき，6個の花被片が剛毛状／6.27，夕張岳

433

アブラガヤ　　カヤツリグサ科
アイバソウ、エゾアブラガヤ
Scirpus asiaticus

高さ80cm〜1.5mで株立ちになる多年草。茎は三角柱状／葉は基部が鞘となる／大きな円錐花序に長さ4〜7mmの小穂が1〜4個ずつ多数つく／熟すと鱗片が褐色になって垂れる／油茅／❋8〜9月、低地〜山地の湿地、❖北・本・四・九、9.6、札幌市定山渓／同属の**クロアブラガヤ**①は鱗片が黒灰色／**ツルアブラガヤ**②は無花茎が長く地表を這い③、小穂は1個ずつついて鱗片は黒灰色／以上3種に似るが別属の**ウキヤガラ**は株立ちにならず、小穂は長さ1〜2cm。花序に長い枝がある④／それと同属の**コウキヤガラ**(エゾウキヤガラ)は花序の枝がごく短く花序は頭状⑤／いずれも湿地に生える

タカネクロスゲ　　カヤツリグサ科
ミヤマワタスゲ
Scirpus maximowiczii

高さ15〜30cmの多年草。茎は直立〜斜上する／葉は光沢があり、幅3〜6mm。根出葉は長く、茎葉は短く基部が鞘状で茎を抱く／花序は茎頂に傾いてつき、散房状で枝は分枝する。基部に2枚の鱗片状の苞がつく。小穂は長さ1cm前後。鱗片は広倒卵形で上部が黒灰色。柱頭は3個／高嶺黒菅／❋6〜9月、高山の湿った草地やれき地、❖北・本(中部・北部)、7.16、大雪山高根ヶ原／スゲの名がつくがスゲ属ではない

フトイ　　　カヤツリグサ科
オオイ，マルスゲ
Schoenoplectus tabernaemontani

高さ1〜2mの多年草。太い地下茎が伸びて群生する／茎は径1〜2cmの円柱状で下部に鞘状，時に短い葉身のある葉がつく／茎頂に散房状の花序がつき，茎に続く苞葉は短く長さ1〜2cm。小穂は長さ0.5〜1cmで鱗片は縁に毛があり，先が芒状①，柱頭は2個／太藺（茎が太く藺草に似ることから）／❉7〜9月，↓低地の沼や川岸などの水中，◆日本全土，◉8.26，釧路湿原

カンガレイ　　　カヤツリグサ科
Schoenoplectus triangulatus

高さ50cm〜1.2mで株立ちとなる多年草／茎は鋭い三角柱状で下部に鞘状に退化した葉がある／茎頂に無柄の小穂が頭状に1〜10個つき①，基部から苞葉が茎の延長のように伸びる。苞葉は時に水平に折れる。小穂は長さ1〜2cm，柱頭は3個／寒枯藺／❉8〜9月，↓低地の浅い水中，◆日本全土，◉8.14，空知地方南幌町三重沼／近似種**サンカクイ**②は花序や小穂に長短の柄があり，柱頭は2個／**ホタルイ**③は高さ15〜50cmの1年草。茎は円柱状で径1mm以下。小穂は柄がなく長さ1cm前後。柱頭は3個／蛍藺／◉9.10，旭川市／**ヒメホタルイ**④は細い地下茎を伸ばす多年草で，高さ25cm以下，小穂は1個つく／◉7.22，苫小牧市勇払

435

タマガヤツリ　　　カヤツリグサ科
Cyperus difformis

高さ15〜30cmの1年草／葉は幅2〜5mmで茎より低い／茎頂に葉状の苞が2〜3本つき，基部に多数の小穂が集まった球形の花序がつく。小穂は長さ3〜6mmの扁平な線形で紫褐色①。小花が10〜20個，2列に並ぶ。柱頭は3個／球蚊帳吊／❋7〜9月，🌱低地の湿地，水田の周辺，❖日本全土，📷9.19,空知地方長沼町／柱頭3個の同属種は数種あり，**カヤツリグサ**の小穂は球形に集まらずに5〜10本の枝につき，黄褐色②③／📷9.13,胆振地方有珠山／**ミズガヤツリ**④は大型の多年草で花序の枝が時に分枝し，鱗片は赤褐色。柱頭は2個／📷9.10,旭川市／**カワラスガナ**⑤は小さな株をつくって生え，高さ30cm前後／花序は頭状か短い枝を出す。小穂は扁平で柱頭は2個／📷9.27,檜山地方上ノ国町／同属はこのほかに数種ある

ヒメクグ　　　　　　　カヤツリグサ科
Cyperus brevifolius var. leiolepis

高さが 10〜25 cm の，この属としてはやや軟弱な多年草。地下茎が伸びて群生状に生える／葉は幅 2〜4 mm，平滑で軟らかい／茎頂に淡い緑色で頭状の花穂がふつう 1 個つき①，その基部に長さが異なる葉状の苞が 3 個つく。花穂には小穂がびっしりつき，1 小穂は 1 花からなる。長さ 3.5 mm ほどで長いレンズ形。柱頭は 2 個／✻ 7〜9 月，低地の湿った所，日本全土，8.29，江別市野幌

ミカヅキグサ　　　　　カヤツリグサ科
Rhynchospora alba

高さ 15〜45 cm の多年草／葉は細い糸状で，内側に巻いて径 1 mm ほど／花序は散房状に 1〜3 個つき，小穂が頭状に 2〜5 個集まる。鱗片は緑色をおびた白色①で果期には淡褐色となる。柱頭は 2 個。刺針状の花被片は 9〜10 個／三日月草／✻ 7〜8 月，山地〜亜高山の高層湿原，北・本・九，8.18，増毛山地雨竜沼湿原／同属の**ミヤマイヌノハナヒゲ**②は 1 花序の小穂が 1〜3 個で鱗片は褐色③／8.2，雨竜沼湿原／**オオイヌノハナヒゲ**④は低地の湿原に生え，大型で小穂は頭状に多数つく⑤／同属はほかに 2 種が知られる／7.28，渡島地方長万部町静狩湿原

ウキサ サトイモ科(ウキクサ科)
Spirodela polyrhiza

水面を浮遊する多年生の水草。群生することが多い／葉状体は長さ4〜9mmの広倒卵形で、やや硬い表面は光沢がある。裏面は紫褐色①。ふつう2〜4個が繋がって浮かぶ。葉状体裏面中央部から長さ4cmほどの根を10本ほど垂らす／開花は稀で栄養繁殖で増えるという／越冬は水底で殖芽という形で行う／浮草／✹7〜8月, 湖沼などの水面, ❖日本全土, ◉8.14, 空知地方南幌町三重沼(小さいのはアオウキクサ)／**コウキクサ**は別属で、葉状体の長さは3〜4mmでやや厚く、葉脈は不明瞭。裏面は淡緑色または紫褐色。中央部から根が1本垂れる②／それと同属の**アオウキクサ**(チビウキクサ)は1年草でほぼ同じ大きさ。葉状体が薄く、葉脈は3本あるが不明瞭。よく開花する③(中央の白い点が花)／**ヒンジモ**④は水面に浮かばず、絡み合って水中を漂う。葉状体は半透明で長さ7〜10mmの狭卵形〜広披針形、細い柄で互いに繋がる⑤。この様子を品の字に譬えて名がついた。開花の観察例はないという／品字藻／ 湖沼の水中, ❖北・本, ◉5.26, 江別市

ショウブ ショウブ科(サトイモ科)
Acorus calamus

葉の高さ50cm〜1mの多年草。地下茎が分枝して伸び、群生／葉は明るい緑色で幅1〜2cmの剣形。主脈が目立つ／花茎は20〜40cmで茎頂に長さ4〜7cmの肉穂花序を斜め上向きにつける。基部につく苞葉は茎の延長のように伸びる。花序に小さな花が密につき、花被片と雄しべが6個ある／道内では結実しないという／全草に芳香があり、菖蒲湯などに利用される／菖蒲／✹6〜7月, 低地の水辺, ❖北・本・四・九, ◉6.29, 胆振地方白老町

リシリビャクシン　　　ヒノキ科
Juniperus communis var. montana
高さ1～2mの雌雄異株の常緑低木。幹は地表を這う／葉は3枚ずつ輪生し、長さ6～10mm。内側に弓なりに曲がり、向軸面に幅0.5mmほどの白い気孔帯がある／花は微小な鱗片状／果実は2年目に熟し黒紫色で粉白をおびる①／利尻柏槇／❋6月，🌱高山帯岩地，❖北，◉6.10，礼文島／変種ミヤマネズは気孔帯の幅0.2mm前後。超塩基性岩地に多い／近似種ハイネズ②は海岸砂地に生え、葉は長さ1cm以上であまり曲がらず気孔帯は深い溝となる

ミヤマビャクシン　　　ヒノキ科
Juniperus chinensis var. sargentii
高さ1～2mの雌雄異株で常緑の低木。幹は地表を這う／葉は長さ1～2mmの鱗片状で、枝に圧着して密に十字対生する。時に上のリシリビャクシンのような葉が3枚ずつ輪生する／花は枝先につき、鱗片からなる松かさ状の球花。雄花は長さ3～4mm(写真)。雌花は厚い4枚の鱗片からなる①／果実は径5mmほどの球形で翌秋に黒紫に熟する／深山柏槇／❋5～6月，🌱海岸～亜高山の岩場，❖北・本・四・九，◉5.15，日高地方アポイ岳

ハイイヌガヤ　　　イチイ科(イヌガヤ科)
Cephalotaxus harringtonia var. nana
高さ50cm～2mの雌雄異株で常緑の低木。幹の基部は地面を這い、上部でよく分枝する／葉は長さ2～4cmの線形で、光沢があって先がとがる／雌花序は新枝の基部や葉腋につき、卵形で長さ5mmほど①。雄花序は前年枝の葉腋に多数つき、球形で径8mmほど(メインの写真)／果実は長さ2.5cmほどの卵形で②、多汁で食べられるがややヤニ臭い／這犬榧／❋5月，🌱低地～山地の林内，❖北・本・四の多雪地帯，◉5.2，札幌市藻岩山

439

主要参考図書

北海道に関する本

五十嵐　博著：北海道外来植物便覧―2015年版―　北海道大学出版会　2016
　北海道に帰化の記録のある植物に関しての初確認者や文献のリスト。巻頭にカラー写真12頁。

佐藤孝夫著：新版 北海道樹木図鑑　亜璃西社　2002
　北海道にある樹木を網羅した，カラー写真と平易な解説による図鑑。冬芽でも検索可能。

滝田謙譲著：北海道植物図譜〈私家版〉　2001
　植物標本を基にした線画による植物図鑑。部分拡大図などにより同定に便利。収録種類数も多い。

辻井達一外著：新版 北海道の樹　北海道大学図書刊行会　1992
　北海道内に野生する木本類や街路樹を葉の形で検索。カラー写真と解説による携帯図鑑。

辻井達一外編著：北海道の湿原と植物　北海道大学図書刊行会　2002
　北海道の湿原の紹介とそこに生える植物のカラー写真による図鑑。

原　松次著：北海道植物図譜〈上・中・下〉　噴火湾社　1981〜1985
　低地〜亜高山までの植物を網羅した写真と解説による図鑑で，非常に信頼度が高い。

原　松次編著：札幌の植物―目録と分布表　北海道大学図書刊行会　1992
　札幌市の植物リストとその分布に関する一覧表。巻頭にカラー写真を収録。

日本全土に関する本

畔上能力編・解説：山溪ハンディ図鑑 山に咲く花　山と溪谷社　1996
　山地〜亜高山に生育する植物の図鑑。アップ写真を多用して分かりやすい。

いがりまさし解説：山溪ハンディ図鑑 増補改訂日本のスミレ　山と溪谷社　2004
　日本のスミレを網羅した図鑑。群生地からアップまで写真が多用されている。

Kunio Iwatsuki 外編：Flora of Japan IIa〜IIIb　講談社　1993〜2006
　英語による「日本植物誌」で，各分野の専門家による最新情報が採用されている。単子葉類は未刊。

大井次三郎著・北川政夫改訂：新日本植物誌 顕花篇〈改訂版〉　至文堂　1992
　植物の研究者にとってはバイブルのような本。図版・写真は巻頭のみ。専門的な解説だが，ほとんどの植物が網羅されているので利用価値は大きい。

長田武正著：日本イネ科植物図譜〈増補版〉　平凡社　1993
　日本に野生する（外来種を含む）イネ科植物の精密な線画と詳しい解説による図譜。英文の解説もつく。

長田武正著：原色日本帰化植物図鑑　保育社　1976
　精密な線画による図鑑。巻頭にカラー写真を収録。

勝山輝男著：日本のスゲ　文一総合出版　2005
　日本に分布するスゲ属のカラー写真による図鑑。

角野康郎著：日本水草図鑑　文一総合出版　1994
　シダ植物も含めた水草の図鑑。巻末に検索表も収録。

角野康郎著：日本の水草　文一総合出版　2014

上記の改訂版的存在。掲載種が大幅に増え，判形もハンディになった。

北村四郎外著：原色日本植物図鑑 草本編〈上・中・下〉 保育社 1957〜1964
カラー写真と解説による図鑑。『新日本植物誌』と並んで長年研究者を中心に利用されている。主要草本類が網羅されている。

佐竹義輔外編：日本の野生植物 草本〈Ⅰ・Ⅱ・Ⅲ〉 平凡社 1981〜1982
日本に産する草本植物と矮小木本植物をカラー写真と解説で網羅。執筆者は，それぞれ得意とする科を分担しているので，信頼がおける。

佐竹義輔外編：日本の野生植物 木本〈Ⅰ・Ⅱ〉 平凡社 1989
日本に野生する木本類を網羅したカラー写真と解説による図鑑。

清水建美著：原色日本高山植物図鑑〈Ⅰ・Ⅱ〉 保育社 1982〜1983
シダ植物も含めたカラー写真と解説による図鑑。外国や基準標本の産地にも触れている。巻末には地下部のスケッチや染色体数，発表者などのリストもあり，内容が濃い。

清水建美編・解説：山溪ハンディ図鑑 高山に咲く花 山と溪谷社 2002
最新の高山植物図鑑。植物写真の第一人者木原浩氏の写真が冴える。

清水建美編：日本の帰化植物 平凡社 2003
前掲『日本の野生植物』と同じシリーズ。各科専門家が分担執筆。

清水矩宏外編著：日本帰化植物写真図鑑 全国農村教育協会 2001
携帯に便利なカラー図鑑で収録種も多い。

豊国秀夫編：山溪カラー名鑑 日本の高山植物 山と溪谷社 1983
亜高山〜高山に生える植物を美しい写真と平易な解説で紹介。北海道産植物とコラムページも充実。

林 弥栄監修：山溪ハンディ図鑑 野に咲く花 山と溪谷社 1989
低地や海岸などに生える植物の図鑑。アップ写真を多用して分かりやすい。

牧野富太郎著：新日本植物図鑑 北隆館 1961
日本に産する植物（シダ，海藻，菌類を含む）3900種ほどの，線画と解説による図鑑。日本名の由来と学名の意味にも触れている。

用語・学名に関する本

木村陽二郎監修：図説 草木名彙辞典 柏書房 1991
日本の代表的な古典や古辞書にある植物名を多数の図版を用いて解説。

清水建美著：図説 植物用語事典 八坂書房 2001
植物の観察や見分けに必要な用語約1200項目を，多数の写真や線画による具体例で解説。英語表記も収録。

高橋英樹監修・松井洋編集：北海道維管束植物目録〈私家版〉 2015

土橋 豊著：ビジュアル 園芸・植物用語事典 家の光協会 1999
植物用語を，形態編／分類編／名前編／環境と植物編／栽培・作業編に分け，豊富な写真・図版に基づき平易に解説。

平嶋義宏著：生物学命名法辞典 平凡社 1994
学名をラテン語文法を中心に解説。発音や命名規約などの基礎知識を，植物に限らず動物から菌類まで，その具体例を収録している。

L. H. ベイリー著・編集部訳：植物の名前のつけかた―植物学名入門 八坂書房 2000
生物の命名に関する基礎的な考え方やラテン語の基礎知識を述べている。巻末には属名と種小名の簡易辞典も収録。

邑田仁監修・米倉浩司著：日本維管束植物目録 北隆館 2012

あとがき

　植物と親しく付き合うには，人と同じくまず相手の名前を覚えることから始まります。図鑑はそのためにあるといえますが，一般の図鑑は調べたい花が属する"科"が分からないと使えないという弱点があり，そんな初心者でも使える"花の色"で引く図鑑がこの本の前身でした。

　幸い版を重ねて多くの花ファンにご支持いただきましたが，一番新しい『新版 北海道の花』増補版ですら世に出てから14年も経過しました。その間に新しい知見や情報が蓄積されてきたので，写真を担当した著者がこの度作り直すことにしました。

　初心者でも使える"花の色別"でというコンセプトは変えずに，読者カードにあった要望をできるだけ反映させつつ，もっとも重点を置いたのは似ている植物を網羅することと，その見分けのポイントをつかむことでした。つまり，図鑑の写真などによって該当する種と見当をつけたとしても，「他にもっと似ている植物があるかもしれない」という不安を払拭させたかったのです。スペースの関係で写真を載せられなくても，解説文中で似ている植物にはできるだけ触れるように心がけました。

　一般の人にあまり興味を抱かれないイグサ，イネ，カヤツリグサ科などの収録は"携帯"の範疇を超えるボリュームとなるので主要な種のみに止めました。そのことを除けば普段目にする植物のほとんどが網羅されていると思いますが，コンセプトから分かるように，この本はアセスメントや学術調査などにおける利用はまったく想定していません，念のため。また参考図書も一般の方が入手できるものに限らせていただきました。

　収録した写真の撮影に関しては少なくない方々に情報をいただきました。ここにあらためてお礼申し上げます。晴れ姿を見ていただける花たちもきっと喜んでいることでしょう。"本作り"に関しては，中井秀樹氏には学名で，五十嵐博氏には分布情報でお世話になり，門田裕一氏にはアザミ属やキンバイソウ属などの新知見をいただきました。また円子幸男・田中恭子両氏には校正の段階で著者の気がつかないミスをたくさんご指摘いただきました。心から謝意を表します。そして北海道大学出版会の前田次郎氏とはこの本を介して2年にも渡るお付き合いとなってしまいました。使いやすい，充実しているとの評価をいただけるなら，それは氏との心地よいバトルの成果でしょう。

　最後にこの本によって，より多くの方々が花に親しんでいただければ著者にとっても花にとってもうれしいことです。

出版が1年遅れた2007年早春に　梅沢　俊

第4刷あとがき

　本書が世に出てから10年が経過し，植物の分類体系もAPG Ⅲ，Ⅳが採用されることが主流となって参りました．本書も3回目の増刷を機にこの分類体系に従った科や学名に改めました．ただ種の配列は本書の特徴である"花色別分類体系"のままにしてあります(笑い)．

和名索引

*種名の始めに，エゾ(ノ)，カラフト，チシマ(ノ)がつくものについては検索の便のため青色で示した。

ア

アイイタドリ 190
アイヌタチツボスミレ 321
アイヌワサビ 162
アイバソウ 434
アオイスミレ 324
アオウキクサ 438
アオオニタビラコ 27
アオゲイトウ 396
アオコウガイゼキショウ 413
アオスゲ 426
アオスズラン 375
アオチゴユリ 194
アオチドリ 375
アオツヅラフジ 356
アオノイワベンケイ 62
アオノイワレンゲ 363
アオノツガザクラ 349
アオビユ 396
アオミズ 404
アオミノエンレイソウ 285
アオモリアザミ 212
アオヤギソウ 285
アカオニタビラコ 27
アカカタバミ 49
アカザ 397
アカソ 403
アカツメクサ 261
アカネ 344
アカネスミレ 324
アカネムグラ 105
アカバナ 252
アカバナエゾノコギリソウ 209
アカミタンポポ 21
アカミノイヌツゲ 138
アカミノルイヨウショウマ 171
アカミヤドリギ 71
アカモノ 118
アキカラマツ 364
アキグミ 348

アギスミレ 141
アキタブキ 341
アギナシ 205
アキノウナギツカミ 279
アキノエノコログサ 421
アキノキリンソウ 31
アキノギンリョウソウ 113
アキノノゲシ 27
アキノミチヤナギ 368
アキメヒシバ 416
アクシバ 250
アケボノシュスラン 376
アケボノスミレ 256
アケボノセンノウ 275
アケボノソウ 116
アサ 369
アサギリソウ 12
アサツキ 282
アサヒラン 290
アシ 419
アシボソ 422
アシボソアカバナ 253
アスパラガス 381
アズマイチゲ 169
アズマツメクサ 396
アズマナルコ 427
アゼスゲ 427
アゼナ 225
アゼムシロ 221
アッケシアザミ 211
アッケシソウ 399
アナマスミレ 323
アブラガヤ 434
アブラナ 67
アポイアザミ 211
アポイアズマギク 91, 295
アポイイワザクラ 240
アポイカラマツ 364
アポイカンバ 406
アポイキンバイ 57
アポイクワガタ 302

アポイコザクラ 240
アポイゼキショウ 381
アポイタチツボスミレ 321
アポイツメクサ 176
アポイハハコ 86
アポイマンテマ 181
アポイミセバヤ 270
アポイヤマブキショウマ 152
アマ 333
アマチャヅル 346
アマドコロ 196
アマニュウ 124
アマモ 411
アミガサソウ 353
アミガサユリ 78
アミメイブキトラノオ 281
アメリカアゼナ 225
アメリカイヌホオズキ 97
アメリカオニアザミ 213
アメリカセンダングサ 17
アメリカセンノウ 274
アメリカホド 260
アメリカホドイモ 260
アメリカヤマゴボウ 188
アヤメ 336
アライトツメクサ 183
アラゲハンゴンソウ 30
アラゲヒョウタンボク 94
アラシグサ 360
アリドオシラン 203
アリノトウグサ 394
アルファルファ 326
アルメニアクムスカリ 337
アレチイヌノフグリ 304
アレチヂシャ 26
アレチノゲシ 32
アレチマツヨイグサ 42
アワゴケ 395

イ

イ 412

443

イイヌマムカゴ 374
イオウソウ 40
イガオナモミ 390
イガホオズキ 98
イグサ 412
イケマ 96
イシカリキイチゴ 148
イシミカワ 367
イソオオバコ 391
イソスミレ 320
イソツツジ 120
イソホウキギ 398
イタチササゲ 356
イタチジソ 230
イタチハギ 259
イチゲイチヤクソウ 112
イチゲキスミレ 45
イチゲフウロ 139
イチヤクソウ 112
イチョウバイカモ 174
イチョウラン 379
イトキンポウゲ 73
イトモ 411
イヌイ 412
イヌカミツレ 88
イヌガラシ 69
イヌキクイモ 18
イヌゴマ 234
イヌシロネ 109
イヌタデ 277
イヌタヌキモ 36
イヌトウバナ 110
イヌナズナ 66
イヌハッカ 108
イヌビエ 416
イヌビユ 396
イヌホオズキ 97
イヌヨモギ 13
イノコズチ 366
イブキジャコウソウ 228
イブキスミレ 322
イブキゼリモドキ 129
イブキノエンドウ 329
イブキボウフウ 132
イボクサ 293
イボタノキ 106
イボトリグサ 293
イワアカバナ 253

イワイチョウ 117
イワウメ 122
イワオウギ 358
イワカガミ 254
イワギキョウ 299
イワギク 88
イワキスゲ 429
イワキンバイ 56
イワタデ 191
イワツツジ 250
イワテトウキ 122
イワナシ 243
イワニガナ 22
イワノガリヤス 415
イワハゼ 118
イワヒゲ 119
イワブクロ 226
イワベンケイ 63
イワミツバ 124
イワヨモギ 14
インチンナズナ 362

ウ

ウィンカ 313
ウキクサ 438
ウキミクリ 207
ウキヤガラ 434
ウコンウツギ 35
ウサギギク 9
ウシオツメクサ 183
ウシタキソウ 134
ウシノケグサ 417
ウシノヒタイ 279
ウシハコベ 187
ウスキツリフネ 45
ウスゲクロクモソウ 268
ウスノキ 248
ウスバアカザ 398
ウスバスミレ 141
ウスバトリカブト 334
ウスバヤブマメ 325
ウスベニツメクサ 276
ウスユキソウ 92
ウスユキトウヒレン 216
ウスユキマンネングサ 175
ウズラバハクサンチドリ 288
ウチワドコロ 386
ウツボグサ 308

ウド 354
ウナギツカミ 279
ウマノアシガタ 72
ウマノチャヒキ 422
ウマノミツバ 392
ウミミドリ 242
ウメガサソウ 113
ウメバチソウ 156
ウメバチモ 174
ウラギク 297
ウラゲコバイケイ 200
ウラシマソウ 293
ウラシマツツジ 349
ウラジロアカザ 398
ウラジロイチゴ 147
ウラジロイワタデ 191
ウラジロエゾイチゴ 147
ウラジロキンバイ 59
ウラジロタデ 191
ウラジロナナカマド 149
ウラジロヨウラク 245
ウラホロイチゲ 170
ウリカワ 206
ウリュウコウホネ 77
ウリュウトウヒレン 215
ウルップソウ 301
ウロコナズナ 166
ウワバミソウ 404
ウンラン 37

エ

エサシソウ 39
エゾ(ノ)——
エゾアオイスミレ 324
エゾアカバナ 251
エゾアザミ 210
エゾアジサイ 331
エゾアゼスゲ 428
エゾアツモリソウ 82
エゾアブラガヤ 434
エゾアリドオシ 221
エゾイソツツジ 120
エゾイタドリ 190
エゾイチゲ 168
エゾイチゴ 147
エゾイチヤクソウ 111
エゾイヌゴマ 234
エゾイヌナズナ 164

エゾイブキトラノオ 281	エゾスズシロ 68	エゾノタウコギ 16
エゾイボタ 106	エゾスズラン 375	エゾノタチツボスミレ 319
エゾイラクサ 405	エゾゼンテイカ 79	エゾノチチコグサ 87
エゾイワツメクサ 186	エゾタイセイ 66	エゾノチャルメルソウ 360
エゾウキヤガラ 434	エゾタカネスミレ 43	エゾノツガザクラ 244
エゾウサギギク 9	エゾタカネセンブリ 318	エゾノハクサンイチゲ 169
エゾウスユキソウ 92	エゾタカネツメクサ 177	エゾノハクサンボウフウ 128
エゾウメバチソウ 156	エゾタカネニガナ 19	エゾノハクサンラン 201
エゾウラジロキンバイ 59	エゾタカネヤナギ 407	エゾノハナシノブ 314
エゾウラジロハナヒリノキ 348	エゾタカラコウ 17	エゾノハハコグサ 389
エゾエンゴサク 332	エゾタチカタバミ 49	エゾノホソバトリカブト 335
エゾオオケマン 271	エゾタツナミソウ 309	エゾノマルバシモツケ 151
エゾオオサクラソウ 241	エゾタンポポ 20	エゾノミクリゼキショウ 413
エゾオオバコ 391	エゾチドリ 202	エゾノミズタデ 192
エゾオオヤマハコベ 185	エゾツガザクラ 244	エゾノミツモトソウ 55
エゾオオヨモギ 10	エゾツツジ 246	エゾノミヤマアザミ 211
エゾオグルマ 29	エゾツルキンバイ 58	エゾノミヤマハコベ 187
エゾオトギリ 46	エゾトウウチソウ 266	エゾノユキヨモギ 10
エゾオノエリンドウ 238	エゾトウヒレン 215	エゾノヨツバムグラ 104
エゾオヤマノエンドウ 327	エゾトリカブト 334	エゾノヨモギギク 25
エゾオヤマリンドウ 316	エゾナガバツガザクラ 119	エゾノヨロイグサ 123
エゾカラマツ 172	エゾナツボウズ 52	エゾノリュウキンカ 75
エゾカワラナデシコ 274	エゾナミキ 309	エゾノレイジンソウ 364
エゾカンゾウ 79	エゾナミキソウ 309	エゾノレンリソウ 263
エゾキケマン 64	エゾニガクサ 231	エゾハコベ 185
エゾキスゲ 79	エゾニュウ 123	エゾハタザオ 162
エゾキスミレ 45	エゾニワトコ 342	エゾハナシノブ 314
エゾキヌタソウ 105	エゾネギ 282	エゾハハコヨモギ 12
エゾキレハアザミ(仮) 211	エゾネコノメソウ 61	エゾハマツメクサ 183
エゾキンポウゲ 73	エゾノイワハタザオ 158	エゾハリスゲ 430
エゾクガイソウ 305	エゾノカワヂシャ 303	エゾハンショウヅル 272
エゾクロウスゴ 249	エゾノカワラマツバ 35	エゾヒナスミレ 256
エゾクロクモソウ 268	エゾノギシギシ 401	エゾヒナノウスツボ 223
エゾグンナイフウロ 318	エゾノキツネアザミ 210	エゾヒメアマナ 81
エゾコウゾリナ 22	エゾノキリンソウ 62	エゾヒメクワガタ 305
エゾコウボウ 421	エゾノクサイチゴ 145	エゾヒョウタンボク 342
エゾコウホネ 77	エゾノクサタチバナ 343	エゾヒルムシロ 410
エゾコゴメグサ 99	エゾノクモキリソウ 292	エゾフウロ 257
エゾコザクラ 240	エゾノクモマグサ 154	エゾフジタンポポ 20
エゾゴゼンタチバナ 121	エゾノコウボウムギ 425	エゾフスマ 184
エゾゴマナ 90	エゾノコギリソウ 85	エゾベニヒツジグサ 175
エゾサイコ 41	エゾノコンギク 296	エゾヘビイチゴ 145
エゾサカネラン 377	エゾノサワアザミ 211	エゾボウフウ 124
エゾシオガマ 99	エゾノシシウド 126	エゾホソイ 412
エゾシモツケ 151	エゾノシモツケソウ 266	エゾマツムシソウ 297
エゾシロネ 109	エゾノジャニンジン 161	エゾママコナ 222
エゾスカシユリ 80	エゾノシロバナシモツケ 151	エゾマミヤアザミ 211
エゾスグリ 267	エゾノソナレギク 88	エゾマメヤナギ 408

445

エゾマンテマ 181
エゾミクリ 206
エゾミズタマソウ 135
エゾミセバヤ 270
エゾミソガワソウ 307
エゾミソハギ 255
エゾミチヤナギ 368
エゾミヤマアケボノソウ 238
エゾミヤマエンレイソウ 199
エゾミヤマクワガタ 302
エゾミヤマツメクサ 177
エゾミヤマトラノオ 302
エゾミヤマハンショウヅル 272
エゾムカシヨモギ 219
エゾムギ 417
エゾムグラ 103
エゾムラサキ 311
エゾムラサキツツジ 246
エゾムラサキニガナ 297
エゾメンヅル 260
エゾヤナギモ 411
エゾヤマアザミ 212
エゾヤマゼンコ 126
エゾヤマゼンコ 126
エゾヤマハギ 259
エゾユズリハ 351
エゾヨモギ 10
エゾヨモギギク 25
エゾリンドウ 316
エゾルリソウ 312
エゾルリトラノオ 302
エゾルリムラサキ 311
エゾレイジンソウ 364
エゾワサビ 161
エダウチチゴユリ 194
エダウチチチコグサ 389
エナシヒゴクサ 430
エニシダ 52
エニシダ 52
エノキグサ 353
エノコログサ 421
エビガライチゴ 147
エビネ 289
エビモ 410
エビラハギ 51
エフデギク 18
エフデタンポポ 18
エンコウソウ 75

エンビセンノウ 274
エンメイソウ 108
エンレイソウ 285

オ

オウトウカ 102
オウレン 171
オウレンダマシ 126
オオアカネ 105, 344
オオアキノキリンソウ 31
オオアブノメ 98
オオアマドコロ 196
オオアワガエリ 415
オオアワダチソウ 31
オオイ 435
オオイタドリ 190
オオイヌイ 412
オオイヌタデ 277
オオイヌノハナヒゲ 437
オオイヌノフグリ 304
オオイワカガミ 254
オオイワツメクサ 186
オオウサギギク 9
オオウシノケグサ 417
オオウバユリ 384
オオウメガサソウ 113
オオエノコロ 421
オオカサスゲ 426
オオカサモチ 132
オオカナダオトギリ 48
オオカメノキ 94
オオカモメヅル 237
オオカラマツ 364
オオカワズスゲ 431
オオガンクビソウ 15
オオキソチドリ 372
オオキヌタソウ 344
オオケタデ 280
オオサクラソウ 241
オオジシバリ 22
オオシバナ 409
オオシュロソウ 285
オオスズメウリ 49
オオスズメノテッポウ 415
オオセンナリ 305
オオダイコンソウ 54
オオタカネイバラ 265
オオタカネキタアザミ 216

オオタカネタンポポ 21
オオタカネバラ 265
オオタチツボスミレ 319
オオタヌキモ 36
オオチゴユリ 194
オオチドメ 351
オオツメクサ 177
オオツルイタドリ 402
オオツルツゲ 138
オオナミキソウ 309
オオナルコユリ 196
オオヌマハリイ 433
オオネズミガヤ 422
オオネバリタデ 367
オオノアザミ 212
オオバアカザ 398
オオバイカモ 174
オオバキスミレ 44
オオバギボウシ 197
オオバクサフジ 328
オオバクロモジ 65
オオバコ 391
オオハコベ 187
オオバスノキ 248
オオバセンキュウ 123
オオバタケシマラン 383
オオバタチツボスミレ 320
オオバタネツケバナ 159
オオハナウド 133
オオハナカモメヅル 343
オオハナニガナ 23
オオバナノエンレイソウ 199
オオバナノミミナグサ 178
オオバノヤエムグラ 345
オオバノヨツバムグラ 104
オオバヒョウタンボク 94
オオバミゾホオズキ 38
オオハンゴンソウ 30
オオヒナノウスツボ 223
オオヒヨドリバナ 217
オオヒラウスユキソウ 92
オオヒラタンポポ 21
オオフガクスズムシ 292
オオブキ 341
オオブタクサ 389
オオベニタデ 280
オオヘビイチゴ 59
オオホタルサイコ 41

オオマツヨイグサ 42
オオマルバノホロシ 306
オオミクリ 206
オオミズトンボ 204
オオミゾソバ 279
オオミミナグサ 178
オオムラサキツユクサ 339
オオヤマオダマキ 272
オオヤマサギソウ 202
オオヤマフスマ 179
オオユリワサビ 163
オオヨモギ 10
オオレイジンソウ 364
オオワタヨモギ 13
オカウツボ 301
オカトラノオ 115
オカヒジキ 399
オギ 418
オギョウ 9
オクエゾサイシン 281
オククルマムグラ 103
オクシリエビネ 289
オクトリカブト 335
オクノカンスゲ 425
オクミチヤナギ 368
オクヤマスミレ 322
オグルマ 24
オシマオトギリ 46
オシマレイジンソウ 364
オショロソウ 235
オゼコウホネ 77
オゼソウ 382
オゼノサワトンボ 204
オダサムタンポポ 20
オーチャードグラス 416
オッタチカタバミ 49
オトギリソウ 46
オトコエシ 96
オトコヨモギ 11
オドリコソウ 108
オナモミ 390
オニウシノケグサ 417
オニオトコヨモギ 11
オニカサモチ 132
オニク 227
オニシモツケ 145
オニツリフネソウ 258
オニタビラコ 27

オニドコロ 386
オニナルコスゲ 426
オニノゲシ 32
オニノヤガラ 377
オニハマダイコン 269
オニビシ 134
オニユリ 80
オニルリソウ 313
オノエリンドウ 238
オハツキガラシ 68
オバナ 418
オヒルムシロ 410
オミナエシ 34
オモダカ 205
オヤマソバ 191
オヤマノエンドウ 327
オヤマボクチ 214
オランダガラシ 162
オランダキジカクシ 381
オランダゲンゲ 142
オランダハッカ 233
オランダミミナグサ 178
オロシャギク 25
オンタデ 191

カ

カイジンドウ 307
ガガイモ 237
カキツバタ 336
カキネガラシ 232
カキネガラシ 70
カキラン 83
ガクウラジロヨウラク 245
カクミノスノキ 248
カコソウ 308
カズザキヨモギ 10
カズノコグサ 420
カセンソウ 24
カタクリ 284
カタバミ 49
ガッサンチドリ 372
カトウハコベ 176
カドハリミクリ 206
カナビキソウ 189
カナムグラ 369
カナヤマイチゴ 147
カノコソウ 227
カノツメソウ 132

カバフトイソツツジ 120
カフカシオガマ 99
カブスゲ 427
ガマ 424
ガマズミ 95
カマヤリソウ 189
カミツレ 88
カミツレモドキ 88
カムイアザミ 212
カムイコザクラ 240
カムイビランジ 275
カムイレイジンソウ 364
カモガヤ 416
カモメラン 287
カヤ 418
カヤツリグサ 436
カラクサガラシ 362
カラクサキンポウゲ 73
カラクサナズナ 362
カラスシキミ 137
カラスビシャク 386
カラハナソウ 368
カラフト──
カラフトアカバナ 252
カラフトアツモリソウ 82
カラフトイソツツジ 120
カラフトイチヤクソウ 111
カラフトイバラ 265
カラフトオンタデ 191
カラフトキバナアツモリソウ 82
カラフトキングルマ 9
カラフトゲンゲ 262
カラフトコゴメグサ 38
カラフトセンカソウ 169
カラフトダイオウ 401
カラフトダイコンソウ 54
カラフトニンジン 131
カラフトネコノメソウ 61
カラフトノダイオウ 401
カラフトハナシノブ 314
カラフトヒヨクソウ 303
カラフトヒロハテンナンショウ 387
カラフトブシ 334
カラフトホソバハコベ 186
カラフトマンテマ 181
カラフトミセバヤ 270
カラフトモメンヅル 357
カラマツソウ 172

447

カリガネソウ 310
カリバオウギ 260
カワヂシャモドキ 303
カワツルモ 409
カワミドリ 234
カワユエンレイソウ 198
カワラアカザ 397
カワラスガナ 436
カワラハハコ 86
カワラボウフウ 128
カワラマツバ 35
カンガレイ 435
ガンクビヤブタバコ 16
ガンコウラン 392
カンチコウゾリナ 33
カンチヤチハコベ 366
カントウヨメナ 296
カンボク 95

キ
キオン 28
キカシグサ 255
キカラスウリ 136
キキョウ 299
キクイモ 18
キクイモモドキ 18
キクザキイチゲ 170
キクザキイチリンソウ 170
キクニガナ 295
キクバオウレン 171
キクバクワガタ 302
キクムグラ 103
キクヨモギ 14
キジカクシ 381
ギシギシ 401
キジムシロ 57
キショウブ 78
キソチドリ 372
キタキンバイソウ 76
キタササガヤ 422
キタノコギリソウ 209
キタミソウ 98
キタミフクジュソウ 75
キタヨシ 419
キタヨツバシオガマ 224
キッコウハグマ 87
キツネノテブクロ 225
キツネノボタン 74

キツネヤナギ 407
キツリフネ 45
キドニー・ベッチ 51
キトピロ 193
キヌガサギク 30
キバナイカリソウ 362
キバナウンラン 37
キバナオウギ 357
キバナカラスウリ 49
キバナコウリンタンポポ 18
キバナシオガマ 39
キバナシャクナゲ 348
キバナノアツモリソウ 370
キバナノアマナ 81
キバナノカワラマツバ 35
キバナノコマノツメ 43
キミカゲソウ 196
キミノエゾニワトコ 342
キムラタケ 227
ギョウジャニンニク 193
キョクチハナシノブ 314
キヨシソウ 154
キヨスミウツボ 102
キランソウ 307
キリギシアズマギク 295
キリギシソウ 170
キリンソウ 62
キレハイヌガラシ 69
キレハノハクサンボウフウ 128
キレハヤマブキショウマ 152
キンエノコロ 421
キンギンボク 94
キングルマ 9
キンセイラン 81
キンチャクスゲ 429
キンミズヒキ 53
キンモンソウ 229
ギンラン 201
ギンリョウソウ 113
ギンリョウソウモドキ 113
キンロバイ 60

ク
クゲヌマラン 201
クサイ 412
クサキョウチクトウ 235
クサコアカソ 403
クサノオウ 65

クサノスミレ 319
クサフジ 329
クサボタン 333
クサレダマ 40
クジラグサ 68
クシロチャヒキ 422
クシロネナシカズラ 107
クシロハナシノブ 314
クシロワチガイソウ 182
クズ 263
クスダマツメクサ 51
クマイザサ 423
クマイチゴ 147
クマガイソウ 371
クマコケモモ 349
クマノアシツメクサ 51
クマヤナギ 355
クモイイカリソウ 362
クモイリンドウ 116
クモキリソウ 292, 380
クモマスズメノヒエ 414
クモマタンポポ 21
クモマユキノシタ 155
クモマリンドウ 315
クリンソウ 241
クルマバソウ 103
クルマバツクバネソウ 382
クルマバナ 229
クルマバヒヨドリ 217
クルマムグラ 103
クルマユリ 80
クレソン 162
クロアザミ 214
クロアブラガヤ 434
クロイチゴ 264
クロウスゴ 249
クロガラシ 67
クロツリバナ 255
クロテンシラトリオトギリ 47
クロバナエンジュ 259
クロバナハンショウヅル 272
クロバナヒキオコシ 308
クロバナロウゲ 263
クロマメノキ 249
クロミキイチゴ 148
クロミノウグイスカグラ 342
クロミノエンレイソウ 285
クロミノハリスグリ 361

クロユリ 286
クワモドキ 389
グンバイナズナ 166

ケ

ケイタドリ 190
ケイヌビエ 416
ケウスバスミレ 141
ケエゾキスミレ 45
ケカナダアキノキリンソウ 31
ケゴンアカバナ 253
ケチヂミザサ 418
ケナシハルガヤ 420
ケマルバスミレ 140
ケヨノミ 342
ケンタッキーブルーグラス 419
ゲンノショウコ 139

コ

コアカザ 397
コアカソ 403
コアツモリソウ 370
コアニチドリ 287
コアリタソウ 398
コイチヤクソウ 350
コイチョウラン 379
コイブキゼリ 129
コイワカガミ 254
コウガイゼキショウ 413
コウキクサ 438
コウヤガラ 434
ゴウシュウアカザ 398
ゴウシュウアリタソウ 398
ゴウソ 426
コウゾリナ 33
ゴウダソウ 269
コウボウ 421
コウボウシバ 425
コウボウムギ 425
コウホネ 77
コウメバチソウ 156
コウモリカズラ 356
コウライテンナンショウ 387
コウライワニグチソウ 195
コウリンタンポポ 18
コエゾツガザクラ 244
コオニユリ 80
コガネイチゴ 146

コガネギク 31
コガネギシギシ 400
コガネサイコ 41
コカラマツ 364
コキツネノボタン 74
ゴキヅル 346
コキンバイ 53
コケイラン 83
コケオトギリ 48
コケスゲ 430
コケモモ 249
ゴケンミセバヤ 270
コゴメウツギ 150
コゴメバオトギリ 46
コゴメハギ 143
コシオガマ 225
コシカギク 25
コジマエンレイソウ 285
コジャク 126
コシロネ 109
コスミレ 325
ゴゼンタチバナ 121
コタカネキタアザミ 216
コタヌキモ 36
コツマトリソウ 114
コテングクワガタ 100
コナギ 339
コナスビ 40
コニシキソウ 258
コヌカグサ 414
コバイケイソウ 200
コバギボウシ 338
コハコベ 187
コバナアザミ 210
コバノイチヤクソウ 112
コバノイラクサ 405
コバノカキドオシ 232
コバノクロマメノキ 249
コバノコケモモ 249
コバノツメクサ 177
コバノトンボソウ 373
コバノハイキンポウゲ 73
コハマギク 88
コハマナス 265
コハリスゲ 430
コバンコナスビ 40
コヒルガオ 236
コフタバラン 369

ゴボウ 209
コマガタケスグリ 361
コマクサ 271
ゴマナ 90
コミクリ 207
コミヤマカタバミ 142
コミヤマキンポウゲ 72
コメガヤ 418
コメツツジ 120
コメツブウマゴヤシ 50
コメツブツメクサ 50
コメナモミ 33
コメバツガザクラ 349
コモチミミコウモリ 93
コモチレンゲ 363
コヤブタバコ 15
コヨウラク 245
コヨウラクツツジ 245
ゴリンバナ 346
コワニグチソウ 195
コンフリー 227
コンブレイジンソウ 364
コンロンソウ 160

サ

サイハイラン 291
サオトメバナ 106
サカイツツジ 247
サカネラン 377
サギゴケ 222
サギスゲ 433
サクラスミレ 323
サクラソウ 240
サクラソウモドキ 241
ササガヤ 422
ササバギンラン 201
サジオモダカ 205
サジナ 410
サジバモウセンゴケ 157
ザゼンソウ 286
サッポロスゲ 432
サツマニンジン 180
サデクサ 279
サドスゲ 427
サナエタデ 277
サボンソウ 276
サマニオトギリ 47
サマニカラマツ 172

サマニユキワリ 239
サマニヨモギ 12
サラサドウダン 245
サラシナショウマ 173
サルトリイバラ 385
サルメンエビネ 82
サルルショウマ 152
サワアザミ 213
サワオトギリ 48
サワギキョウ 300
サワギク 29
サワシロギク 90
サワゼリ 127
サワトウガラシ 226
サワトンボ 204
サワヒヨドリ 217
サワフタギ 107
サワラン 290
サンガイグサ 230
サンカクイ 435
サンカヨウ 167
サンゴソウ 399
サンセイアツモリソウ 82
サンダイガサ 284
サンリンソウ 168

シ

ジイソブ 221
シオガマギク 223
シオデ 385
シオマツバ 242
シオヤキソウ 257
シカギク 89
ジガバチソウ 292
ジギタリス 225
ジゴクノカマノフタ 307
シコタンキンポウゲ 72
シコタンスゲ 428
シコタンソウ 154
シコタンタンポポ 20
シコタントリカブト 334
シコタンハコベ 184
シコタンヨモギ 14
ジシバリ 22
シソバキスミレ 44
シソバスミレ 44
シテンクモキリ 292
シトギ 93

シナガワハギ 51
シナノキンバイ 76
ジネンジョ 386
シノノメギク 296
シバツメクサ 366
シバナ 409
シバムギ 417
シベナガムラサキ 313
シベリアクモマグサ 155
シベリアシオガマ 223
ジムカデ 119
シャク 126
シャクジョウソウ 350
シャグマツメクサ 261
シャグマハギ 261
ジャコウアオイ 136
ジャコウソウ 228
ジャコウチドリ 203
シャジクソウ 261
ジャニンジン 161
シャボンソウ 276
シュムシュノコギリソウ 85
ジュンサイ 273
シュンラン 371
ジョウシュウアズマギク 295
ショウジョウスゲ 429
ショウジョウバカマ 338
ショウブ 438
ジョウロウスゲ 432
シラオイエンレイソウ 199
シラオイハコベ 184
シラゲキクバクワガタ 302
シラタマソウ 180
シラタマノキ 118
シラトリシャジン 298
シラネアオイ 273
シラネニンジン 129
シラヤマギク 90
シリベシナズナ 164
シレトコスミレ 140
シロアカザ 397
シロイヌナズナ 157
シロウマアサツキ 282
シロウマチドリ 373
シロガラシ 70
シロザ 397
シロサマニヨモギ 12
シロスミレ 141

シロツメクサ 142
シロツリフネ 258
シロネ 109
シロバナエンレイソウ 199
シロバナカメズル 343
シロバナサギゴケ 222
シロバナサクラタデ 192
シロバナシナガワハギ 143
シロバナシャクナゲ 248
シロバナスミレ 141
シロバナニガナ 23
シロバナノイヌナズナ 164
シロバナハクサンシャクナゲ 248
シロバナモウズイカ 39
シロバナヤマジソ 231
シロバナワルナスビ 97
シロビユ 396
シロミノルイヨウショウマ 171
シロヨモギ 13
シンウシノケグサ 417
ジンバイソウ 374
ジンヨウイチヤクソウ 111
ジンヨウキスミレ 43
ジンヨウスイバ 402

ス

スイバ 400
スカシタゴボウ 69
スガモ 411
スガワラビランジ 182
スカンポ 400
スギナモ 393
ススキ 418
スズサイコ 343
スズタケ 423
スズムシソウ 292
スズメノカタビラ 419
スズメノケヤリ 433
スズメノテッポウ 415
スズメノヒエ 414
スズメノヤリ 414
スズラン 83, 196
ズダヤクシュ 156
スナビキソウ 100
スベリヒユ 77
スミレ 323
スミレサイシン 323
スルボ 284

セ・ソ

セイタカアワダチソウ 31
セイタカスズムシソウ 292
セイタカタウコギ 17
セイヤブシ 334
セイヨウアブラナ 67
セイヨウオオバコ 391
セイヨウオトギリ 46
セイヨウオニアザミ 213
セイヨウカキドオシ 232
セイヨウキンポウゲ 72
セイヨウタンポポ 21
セイヨウトゲアザミ 210
セイヨウノコギリソウ 85
セイヨウノダイコン 71
セイヨウヒルガオ 235
セイヨウミゾカクシ 300
セイヨウミヤコグサ 50
セイヨウヤブイチゴ 148
セイヨウヤマガラシ 67
セイヨウワサビ 163
セキショウモ 408
セナミスミレ 320
ゼニバアオイ 256
セリ 130
センダイハギ 52
ゼンテイカ 79
セントウソウ 126
センニンソウ 173
センニンモ 411
センブリ 116
センボンヤリ 92
ソウウンナズナ 164
ソウヤキンバイソウ 76
ソウヤキンポウゲ 72
ソウヤレイジンソウ 364
ソバ 190
ソバカズラ 402
ソラチコザクラ 239

タ

ダイコン 269
ダイコンソウ 54
タイセツイワスゲ 429
ダイセツトリカブト 335
ダイセツヒナオトギリ 47
タイツリオウギ 357

タイツリスゲ 426
タイトゴメ 63
タイヌビエ 416
ダイモンジソウ 154
タウコギ 16
タカアザミ 213
タカネイ 413
タカネイワヤナギ 407
タカネオミナエシ 34
タカネキタアザミ 216
タカネクロスゲ 434
タカネグンバイ 167
タカネシオガマ 224
タカネスイバ 400
タカネスズメノヒエ 414
タカネスミレ 43
タガネソウ 432
タカネタチツボスミレ 320
タカネタンポポ 21
タカネトウウチソウ 150
タカネトンボ 375
タカネナデシコ 274
タカネナナカマド 149
タカネニガナ 23
タカネフタバラン 370
タカネミクリ 207
タカネミミナグサ 178
タカネヤハズハハコ 86
タガラシ 74
ダケカンバ 406
タケシマラン 383
ダケゼリ 132
タゴボウ 42
タチイヌノフグリ 304
タチオランダゲンゲ 142
タチカメバソウ 100
タチギボウシ 338
タチコウガイゼキショウ 413
タチツメクサバナ 159
タチツボスミレ 319
タチハコベ 179
タチモ 394
タチロウゲ 59
タテヤマイ 412
タテヤマキンバイ 58
タテヤマリンドウ 316
タニウツギ 220
タニギキョウ 96

タニソバ 278
タニタデ 135
タニマスミレ 322
タニミツバ 127
タヌキモ 36
タヌキラン 432
タネツケバナ 159
タビラコ 27
タマガヤツリ 436
タマザキクサフジ 260
タマミクリ 207
タヨウハウチワマメ 331
タルマイソウ 226
ダルマソウ 286
タンポポモドキ 22

チ

チカラシバ 419
チクセツニンジン 134
チクマハッカ 108
チゴユリ 194
チコリ 295
チシマ(ノ)——
チシマアザミ 210, 212
チシマアマナ 198
チシマイワブキ 153
チシマウスバスミレ 141
チシマエンレイソウ 199
チシマオドリコソウ 230
チシマギキョウ 299
チシマキンバイ 59
チシマキンレイカ 34
チシマクモマグサ 155
チシマクルマユリ 80
チシマクロクモソウ 268
チシマゲンゲ 262
チシマコゴメグサ 38
チシマコザクラ 114
チシマコハマギク 88
チシマザザ 423
チシマスグリ 267
チシマゼキショウ 381
チシマセンブリ 318
チシマツガザクラ 243
チシマツメクサ 183
チシマニンジン 129
チシマネコノメソウ 61
チシマノキンバイソウ 76

451

チシマヒメイワタデ 191
チシマヒョウタンボク 220
チシマフウロ 318
チシマンテマ 181
チシマミクリ 207
チシマミズハコベ 395
チシマモメンヅル 260
チシマヨモギ 10
チシマリンドウ 238
チシマワレモコウ 150
チチコグサ 390
チトセバイカモ 174
チドリケマン 64
チビウキクサ 438
チモシー 415
チャボカラマツ 364
チャボゼキショウ 381
チョウカイフスマ 176
チョウジソウ 314
チョウジタデ 42
チョウセンカワラマツバ 35
チョウセンキンミズヒキ 53
チョウセンゴミシ 365
チョウノスケソウ 144
チングルマ 144

ツ

ツガザクラ 119
ツガルフジ 328
ツキミタンポポ 42
ツクバネソウ 382
ツクモグサ 365
ツタウルシ 359
ツタバウンラン 226
ツチアケビ 83
ツバメオモト 193
ツボスミレ 141
ツマトリソウ 114
ツメクサ 183
ツユクサ 338
ツリガネソウ 298
ツリガネニンジン 298
ツリシュスラン 376
ツリフネソウ 258
ツルアブラガヤ 434
ツルアリドオシ 106
ツルイタドリ 402
ツルキジムシロ 57

ツルコケモモ 250
ツルシキミ 137
ツルセンノウ 179
ツルタデ 402
ツルツゲ 138
ツルナ 78
ツルニガクサ 231
ツルニチニチソウ 313
ツルニンジン 221
ツルネコノメソウ 61
ツルフジバカマ 330
ツルボ 284
ツルマメ 331
ツルマンネングサ 63
ツルミヤマシキミ 137
ツルヨシ 419
ツルリンドウ 317
ツレサギソウ 202

テ

テイネニガクサ 231
テガタチドリ 290
デージー 91
テシオキンバイソウ(仮) 76
テシオコザクラ 114
テシオソウ 382
テマリツメクサ 51
テリハオオバコ 391
テリハブシ 334
テンキグサ 417
テングクワガタ 303
テングスミレ 320
テングノコヅチ 317
テンツキ 432
テンニンソウ 347

ト

トイシノエンレイソウ 285
トウオオバコ 391
トウギボウシ 197
トウグミ 348
トウゲオトギリ 47
トウゲブキ 17
トウシンソウ 412
ドウトウアツモリソウ 82
トウノアザミ 212
トウヌマゼリ 127
トウヤクリンドウ 116

トガスグリ 361
トカチエンレイソウ 285
トカチオウギ 357
トカチスグリ 267
トカチトウキ 122
トカチビランジ 182
トカチフウロ 318
トキソウ 291
トキワハゼ 222
トキンソウ 390
ドウツギ 353
ドクゼリ 125
ドクダミ 189
ドクニンジン 126
トゲソバ 278
トゲチシャ 26
トゲヂシャ 26
トゲナシゴヨウイチゴ 146
トゲナシムグラ 105
トケンラン 379
トコロ 386
トチナイソウ 114
トチバニンジン 134
トトキ 298
トボシガラ 417
トマリスゲ 427
トモエシオガマ 223
トモエソウ 46
トモシリソウ 165
トラキチラン 378
トリアシショウマ 152
ドロイ 412
トンボソウ 374

ナ

ナガエアカバナ 253
ナガエハハコヨモギ 12
ナガエミクリ 207
ナガジラミ 133
ナガバカラマツ 172
ナガバギシギシ 401
ナガバキタアザミ 215
ナガハグサ 419
ナガハシスミレ 320
ナガバツガザクラ 119
ナガバツメクサ 186
ナガバノウナギツカミ 279
ナガバノモウセンゴケ 157

ナガバハエドクソウ 102
ナガバハッカ 233
ナガバハマミチヤナギ 368
ナガボノアカワレモコウ 266
ナガボノシロワレモコウ 150
ナガボノワレモコウ 150
ナガミノツルケマン 64
ナギナタコウジュ 229
ナズナ 165
ナタネタビラコ 24
ナツエビネ 289
ナツシロギク 89
ナツトウダイ 352
ナツハゼ 248
ナニワズ 52
ナミキソウ 309
ナルコスゲ 428
ナワシロイチゴ 264
ナンテンハギ 328
ナンバンハコベ 179
ナンブイヌナズナ 66
ナンブソウ 167
ナンブトウキ 122

ニ

ニオイスミレ 325
ニオイタチツボスミレ 322
ニガクサ 231
ニガナ 23
ニシキゴロモ 229
ニシキツガザクラ 244
ニシキミゾホオズキ 38
ニシゴリ 107
ニセコレイジンソウ 364
ニッコウキスゲ 79
ニッコウチドリ 372
ニョイスミレ 141
ニリンソウ 168
ニワヤナギ 368
ニンジン 131

ヌ

ヌカイトナデシコ 276
ヌカボシソウ 414
ヌカボタデ 278
ヌスビトノアシ 377
ヌスビトハギ 262
ヌポリボギク 20

ヌマゼリ 127
ヌマハコベ 394
ヌマハリイ 433

ネ

ネコジャラシ 421
ネコノメソウ 60
ネジバナ 289
ネジレイ 412
ネズミガヤ 422
ネナシカズラ 107
ネバリタデ 367
ネバリノギク 296
ネバリノギラン 380
ネビキミヤコグサ 50
ネマガリダケ 423
ネムロコウホネ 77
ネムロシオガマ 99
ネムロスゲ 429
ネムロタンポポ 20
ネムロチドリ 375
ネムロブシダマ 342

ノ

ノイバラ 144
ノウゴウイチゴ 145
ノウルシ 352
ノギラン 380
ノゲシ 32
ノコギリソウ 85, 209
ノダイオウ 401
ノッポロガンクビソウ 16
ノハナショウブ 337
ノハラガラシ 70
ノハラツメクサ 177
ノハラナデシコ 274
ノハラムラサキ 311
ノハラワスレナグサ 311
ノビネチドリ 290
ノビル 283
ノブキ 87
ノブドウ 354
ノボロギク 29
ノミノツヅリ 176
ノミノフスマ 184
ノムラサキ 310
ノラゴボウ 209
ノラニンジン 131

ハ

バアソブ 221
ハイヌメガヤ 439
ハイヌツゲ 138
ハイオトギリ 47
バイカモ 174
ハイキンポウゲ 73
ハイクワガタ 303
バイケイソウ 384
ハイネズ 439
ハイハマボッス 115
ハイマツ 293
ハイミチヤナギ 368
バイモ 78
ハエドクソウ 102
ハキダメギク 91
ハクサンサイコ 41
ハクサンシャクナゲ 248
ハクサンシャジン 298
ハクサンスゲ 430
ハクサンチドリ 288
ハクサンボウフウ 128
ハクセンナズナ 268
ハクトウクワガタ 305
ハコベ 187
ハゴロモグサ 359
ハゴロモモ 174
バシクルモン 235
ハスカップ 342
ハタザオ 158
ハタザオガラシ 70
ハチジョウナ 32
ハッカ 310
ハナイカダ 350
ハナイカリ 347
ハナイバナ 101
ハナガサギク 30
ハナガツミ 424
ハナショウブ 337
ハナタデ 277
ハナタネツケバナ 160
ハナツリフネソウ 258
ハナトラノオ 234
ハナニガナ 23
ハナヒリノキ 348
ハナマガリスゲ 432
ハハコグサ 9

ハマアカザ 399	ヒカゲイノコズチ 366	ヒメオドリコソウ 230
ハマイ 412	ヒカゲスゲ 429	ヒメカイウ 204
ハマイチョウ 23	ヒカゲスミレ 140	ヒメガマ 424
ハマイブキボウフウ 132	ヒキオコシ 108	ヒメカンスゲ 425
ハマウツボ 301	ヒキヨモギ 37	ヒメキンミズヒキ 53
ハマエノコロ 421	ヒゴオミナエシ 28	ヒメクグ 437
ハマエンドウ 330	ヒゴクサ 430	ヒメクロマメノキ 249
ハマオトコヨモギ 11	ヒシ 134	ヒメグンバイナズナ 166
ハマギシギシ 400	ヒダカアザミ 212	ヒメケイヌホオズキ 97
ハマザクラ 349	ヒダカイワザクラ 240	ヒメコウガイゼキショウ 412
ハマシオン 297	ヒダカエンレイソウ 285	ヒメゴヨウイチゴ 146
ハマゼリ 125	ヒダカカンバ 406	ヒメザゼンソウ 286
ハマダイコン 269	ヒダカキンバイソウ 76	ヒメサルダヒコ 109
ハマタイセイ 66	ヒダカゲンゲ 327	ヒメジソ 231
ハマツメクサ 183	ヒダカサイシン 281	ヒメシャクナゲ 242
ハマナス 265	ヒダカサクラソウ 240	ヒメジョオン 218
ハマニガナ 23	ヒダカソウ 170	ヒメシラスゲ 430
ハマニンジン 125	ヒダカトウヒレン 215	ヒメシラネニンジン 129
ハマニンニク 417	ヒダカトリカブト 335	ヒメシロネ 109
ハマハコベ 182	ヒダカハナシノブ 314	ヒメシロビユ 396
ハマハタザオ 158	ヒダカミセバヤ 270	ヒメスイバ 400
ハマヒルガオ 236	ヒダカミツバツツジ 247	ヒメスゲ 431
ハマフウロ 257	ヒダカミネヤナギ 407	ヒメタイゲキ 352
ハマベンケイソウ 312	ヒダカミヤマノエンドウ 327	ヒメタガソデソウ 179
ハマボウフウ 125	ヒダカレイジンソウ 364	ヒメタケシマラン 383
ハマボッス 115	ヒツジグサ 175	ヒメタヌキモ 36
ハマムギ 417	ピップイチゲ 170	ヒメチチコグサ 389
ハマムラサキ 100	ヒトツバイチヤクソウ 112	ヒメチドメ 351
ハマレンゲ 301	ヒトツバキソチドリ 372	ヒメツルコケモモ 250
ハリイ 433	ヒトツバハンゴンソウ 28	ヒメツルニチニチソウ 313
ハリガネスゲ 430	ヒトハラン 379	ヒメナズナ 165
ハリコウガイゼキショウ 413	ヒトフサニワゼキショウ 337	ヒメナツトウダイ 352
ハリヒジキ 399	ヒトリシズカ 188	ヒメナミキ 110
ハリブキ 354	ヒナギク 91	ヒメニラ 283
ハルオミナエシ 227	ヒナスミレ 256	ヒメハギ 253
ハルガヤ 420	ヒナタイノコズチ 366	ヒメハッカ 233
ハルカラマツ 172	ヒナブキ 324	ヒメハマアカザ 398
ハルザキヤマガラシ 67	ヒナマツヨイグサ 42	ヒメヒゴタイ 214
ハルシオン 219	ヒナムラサキ 101	ヒメビシ 134
ハルジオン 219	ヒメアオキ 254	ヒメビル 283
ハルタデ 277	ヒメアカバナ 251	ヒメフウロ 257
ハルノノゲシ 32	ヒメアマナ 81	ヒメヘビイチゴ 56
ハンゲ 386	ヒメイズイ 195	ヒメホタルイ 435
ハンゴンソウ 28	ヒメイソツツジ 120	ヒメホテイラン 288
	ヒメイチゲ 168	ヒメマイヅルソウ 200
ヒ	ヒメイワショウブ 381	ヒメミクリ 206
ヒエスゲ 431	ヒメイワタデ 191	ヒメミズトンボ 204
ヒオウギアヤメ 336	ヒメエゾネギ 282	ヒメミヤマウズラ 203

ヒメムカシヨモギ 219
ヒメムヨウラン 377
ヒメモチ 137
ヒメヤブラン 284
ヒメヤマハナソウ 155
ヒメヨモギ 14
ヒメワタスゲ 433
ヒャクリコウ 228
ヒョウタンボク 94
ヒョウノセンカタバミ 142
ヒヨクソウ 303
ヒヨドリバナ 217
ヒラギシスゲ 428
ヒルガオ 236
ヒルナ 410
ヒルムシロ 410
ピレオギク 88
ピレネーフウロ 257
ヒレハリソウ 227
ビロードエゾシオガマ 99
ビロードクサフジ 329
ビロードホオズキ 347
ビロードモウズイカ 39
ヒロハウラジロヨモギ 13
ヒロハオゼヌマスゲ 430
ヒロハガマズミ 95
ヒロハギシギシ 401
ヒロハキンポウゲ 72
ヒロハクサフジ 330
ヒロハスギナモ 393
ヒロハツリシュスラン 376
ヒロハテンナンショウ 387
ヒロハトンボソウ 374
ヒロハノウシノケグサ 417
ヒロハノエビモ 410
ヒロハノカワラサイコ 58
ヒロハノコウガイゼキショウ 413
ヒロハヒメイチゲ 168
ヒロバヒメイチゲ 168
ヒロハヒメハマアカザ 398
ヒロハヒルガオ 107
ヒロハヘビノボラズ 65
ヒロハマンテマ 180
ビンカ 313
ヒンジモ 438
ビンボウカズラ 355

フ

フイリミヤマスミレ 321
フォーリーアザミ 217
フォリアアザミ 217
フキタンポポ 21
フキノトウ 341
フキユキノシタ 153
フギレオオバキスミレ 44
フギレキスミレ 45
フクジュソウ 75
フクベラ 168
フサジュンサイ 174
フサモ 393
フシグロ 180
ブタクサ 389
ブタナ 22
フタナミソウ 25
フタナミタンポポ 25
フタバアオイ 281
フタバツレサギソウ 202
フタバハギ 328
フタバラン 369
フタマタイチゲ 169
フタマタタンポポ 20
フタマタマンテマ 180
フタリシズカ 189
フチゲオオバキスミレ 44
フッキソウ 117
フデクサ 425
フデリンドウ 315
フトイ 435
フトヒルムシロ 410
フユガラシ 67
フラサバソウ 304
フランスギク 89
フロックス 235

ヘ

ヘクソカズラ 106
ベニシオガマ 224
ベニシュスラン 376
ベニスズラン 242
ベニバナイチゴ 264
ベニバナイチヤクソウ 242
ベニバナセンブリ 237
ベニバナツメクサ 261
ベニバナヒメジョオン 219

ベニバナヒョウタンボク 220
ベニバナヤマシャクヤク 273
ヘビイチゴ 55
ヘビノマクラ 204
ヘラオオバコ 392
ヘラオモダカ 205
ヘラバヒメジョオン 218
ペンペングサ 165

ホ

ホウキギ 398
ボウズヒメジョオン 218
ホウチャクソウ 194
ホオコグサ 9
ホガエリガヤ 420
ホクロ 371
ホコガタアカザ 399
ホザキイチヨウラン 378
ホザキシモツケ 267
ホザキナナカマド 149
ホザキノフサモ 393
ホザキノミミカキグサ 300
ホザキマンテマ 180
ホソアオゲイトウ 396
ホソバアカバナ 252
ホソバアキノノゲシ 27
ホソバイラクサ 405
ホソバイワベンケイ 62
ホソバウキミクリ 207
ホソバウルップソウ 301
ホソバウンラン 37
ホソバエゾヒゴタイ 216
ホソバカラマツ 172
ホソバキヌタソウ 105
ホソバキンポウゲ 72
ホソバコウゾリナ 33
ホソバコンロンソウ 268
ホソバシュロソウ 285
ホソバタネツケバナ 268
ホソバツメクサ 177
ホソバトウキ 122
ホソバノアマナ 198
ホソバノエゾノコギリソウ 85
ホソバノキソチドリ 373
ホソバノキリンソウ 62
ホソバノコガネサイコ 41
ホソバノシバナ 409
ホソバノツルリンドウ 317

455

ホソバノホロシ 306	マルバエゾニュウ 124	ミツバウツギ 143
ホソバノミツバヒヨドリ 217	マルバギシギシ 402	ミツバオウレン 171
ホソバノヨツバムグラ 104	マルバキンレイカ 34	ミツバタネツケバナ 161
ホソバハマアカザ 399	マルバケスミレ 324	ミツバツチグリ 56
ホソバヒカゲスゲ 429	マルバシモツケ 151	ミツバツツジ 247
ホソバヒルムシロ 410	マルバスミレ 140	ミツバヒヨドリ 217
ホソバミズヒキモ 410	マルバチャルメルソウ 360	ミツバフウロ 139
ホソバミチヤナギ 368	マルバトウキ 130	ミツバベンケイソウ 363
ホタルイ 435	マルバトゲヂシャ 26	ミツモトソウ 55
ホタルカズラ 312	マルバネコノメソウ 60	ミツモリミミナグサ 178
ホタルサイコ 41	マルバノイチヤクソウ 111	ミドリニリンソウ 168
ボタンキンバイ 76	マルバヒメミゾソバ 279	ミドリハコベ 187
ホツツジ 244	マルバヒレアザミ 211	ミネアザミ 211
ホップツメクサ 51	マルバフジバカマ 93	ミネズオウ 243
ホテイアツモリ 287	マルホハリイ 433	ミネハリイ 433
ホテイアツモリソウ 287	マルミカンバ 406	ミネヤナギ 408
ホテイラン 288	マルミノウルシ 352	ミノゴメ 420
ホド 359		ミノボロスゲ 431
ホドイモ 359	**ミ**	ミミコウモリ 93
ホトケノザ 230		ミミナグサ 178
ボロギク 29	ミカヅキグサ 437	ミヤウチソウ 268
ホロマンノコギリソウ 209	ミクリ 206	ミヤケラン 375
ホロムイイチゴ 146	ミクリゼキショウ 413	ミヤコグサ 50
ホロムイスゲ 427	ミコシグサ 139	ミヤコザサ 423
ホロムイソウ 385	ミサキソウ 409	ミヤマアカバナ 253
ホロムイツツジ 121	ミズ 404	ミヤマアキノキリンソウ 31
ホロムイリンドウ 316	ミズアオイ 339	ミヤマアキノノゲシ 26
ホワイトクローバー 142	ミズイチョウ 117	ミヤマアケボノソウ 238
	ミズイモ 204	ミヤマアズマギク 91, 295
マ	ミズオトギリ 259	ミヤマイ 412
	ミズガヤツリ 436	ミヤマイタドリ 191
マイヅルソウ 200	ミズザゼン 204	ミヤマイヌノハナヒゲ 437
マコモ 424	ミズタマソウ 135	ミヤマイボタ 106
マシケゲンゲ 327	ミズチドリ 203	ミヤマイラクサ 405
マシケレイジンソウ 364	ミズトンボ 204	ミヤマウイキョウ 129
マタデ 367	ミズナ 404	ミヤマウシノケグサ 417
マツバトウダイ 353	ミズハコベ 395	ミヤマウズラ 203
マツブサ 365	ミズバショウ 204	ミヤマウツボグサ 308
マツマエスゲ 431	ミズヒキ 280	ミヤマエゾクロウスゴ 249
マツムシソウ 297	ミゾカクシ 221	ミヤマエンレイソウ 199
マツヨイセンノウ 180	ミゾガワソウ 307	ミヤマオグルマ 28
ママコナ 222	ミゾソバ 279	ミヤマオダマキ 333
ママコノシリヌグイ 278	ミゾハコベ 395	ミヤマガマズミ 95
マメグンバイナズナ 166	ミゾホオズキ 38	ミヤマガラシ 67
マヨワセアザミ 212	ミタケスゲ 431	ミヤマカラマツ 172
マルスゲ 435	ミチタネツケバナ 159	ミヤマカンスゲ 425
マルバアカザ 397	ミチヤナギ 368	ミヤマキスミレ 44
マルバアカソ 403	ミツガシワ 117	ミヤマキヌタソウ 345
マルバエゾクロウスゴ 249	ミツバ 130	

ミヤマキンバイ 57
ミヤマキンポウゲ 72
ミヤマクロスゲ 428
ミヤマクロユリ 286
ミヤマコウボウ 421
ミヤマシオガマ 224
ミヤマシキミ 137
ミヤマスミレ 321
ミヤマセンキュウ 131
ミヤマゼンコ 126
ミヤマダイコンソウ 54
ミヤマダイモンジソウ 154
ミヤマタニタデ 135
ミヤマタネツケバナ 160
ミヤマチドリ 372
ミヤマトウキ 122
ミヤマトウバナ 110
ミヤマナナカマド 149
ミヤマナルコスゲ 427
ミヤマナルコユリ 195
ミヤマニガウリ 136
ミヤマヌカボ 414
ミヤマネズ 439
ミヤマネズミガヤ 422
ミヤマノギク 295
ミヤマハコベ 185
ミヤマハタザオ 157
ミヤマハナシノブ 314
ミヤマハルガヤ 420
ミヤマハンショウヅル 272
ミヤマハンノキ 406
ミヤマハンモドキ 355
ミヤマビャクシン 439
ミヤマフタバラン 370
ミヤマホツツジ 244
ミヤマママコナ 222
ミヤママンネングサ 63
ミヤマムグラ 104
ミヤマムラサキ 311
ミヤマモジズリ 288
ミヤマヤチヤナギ 408
ミヤマヤナギ 408
ミヤマヤブタバコ 16
ミヤマラッキョウ 283
ミヤマリンドウ 315
ミヤマワタスゲ 434
ミヤマワレモコウ 266

ム

ムカゴイラクサ 406
ムカゴトラノオ 192
ムカゴニンジン 127
ムカシヨモギ 219
ムシカリ 94
ムシトリスミレ 300
ムシトリナデシコ 275
ムシャリンドウ 306
ムスカリ 337
ムセンスゲ 428
ムツオレグサ 420
ムラサキ 101
ムラサキウマゴヤシ 326
ムラサキエノコロ 421
ムラサキエンレイソウ 199
ムラサキケマン 271
ムラサキサギゴケ 222
ムラサキシキブ 228
ムラサキタンポポ 92
ムラサキツメクサ 261
ムラサキツユクサ 339
ムラサキツリバナ 255
ムラサキベンケイソウ 270
ムラサキミミカキグサ 300
ムラサキモメンヅル 326
ムラサキヤシオ 246
ムラサキヤシオツツジ 246

メ

メアカンキンバイ 58
メアカンフスマ 176
メオトバナ 221
メグサ 310
メドハギ 143
メナモミ 33
メハジキ 232
メヒシバ 416
メマツヨイグサ 42
メリケンコンギク 296

モ

モイワシャジン 298
モイワナズナ 164
モイワラン 291
モウコガマ 424
モウズイカ 39
モウセンゴケ 156
モジズリ 289
モミジイチゴ 148
モミジガサ 93
モミジカラマツ 173
モミジソウ 93
モミジバキセワタ 232
モミジバショウマ 152
モミジバヒメオドリコソウ 230
モメンヅル 357

ヤ

ヤイトバナ 106
ヤエザキオオハンゴンソウ 30
ヤエムグラ 345
ヤクシソウ 27
ヤクモソウ 232
ヤグルマアザミ 214
ヤグルマセンノウ 274
ヤグルマソウ 153
ヤチイチゲ 170
ヤチイヌガラシ 69
ヤチカンバ 407
ヤチスゲ 428
ヤチツツジ 121
ヤチハコベ 115
ヤチブキ 75
ヤチヤナギ 282
ヤチラン 378
ヤドリギ 71
ヤナギアカバナ 252
ヤナギタウコギ 17
ヤナギタデ 367
ヤナギタンポポ 19
ヤナギトラノオ 40
ヤナギヌカボ 278
ヤナギバヒメジョオン 218
ヤナギバレンリソウ 263
ヤナギモ 411
ヤナギヨモギ 219
ヤナギラン 251
ヤネタビラコ 19
ヤノネグサ 280
ヤハズソウ 262
ヤブカラシ 355
ヤブガラシ 355
ヤブカンゾウ 79
ヤブコウジ 118

ヤブジラミ 133
ヤブタバコ 15
ヤブタビラコ 24
ヤブニンジン 133
ヤブハギ 262
ヤブヘビイチゴ 55
ヤブマオ 403
ヤブマメ 325
ヤブヨモギ 10
ヤブラン 284
ヤマアワ 415
ヤマイ 432
ヤマガラシ 67
ヤマキツネノボタン 74
ヤマキリンソウ 62
ヤマクルマバナ 229
ヤマゴボウ 188
ヤマサギソウ 372
ヤマジソ 231
ヤマジノホトトギス 193
ヤマシャクヤク 175
ヤマスズメノヒエ 414
ヤマタツナミソウ 309
ヤマタニタデ 135
ヤマタネツケバナ 159
ヤマツツジ 247
ヤマトキソウ 291
ヤマトキホコリ 404
ヤマナルコユリ 196
ヤマニガナ 26
ヤマネコノメソウ 61
ヤマノイモ 386
ヤマハギ 259
ヤマハタザオ 158
ヤマハッカ 308
ヤマハナソウ 155
ヤマハハコ 86
ヤマハマナス 265
ヤマブキショウマ 152
ヤマホロシ 306
ヤマユリ 197
ヤマヨモギ 10
ヤマルリトラノオ 302
ヤラメスゲ 427

ユ

ユウガギク 296
ユウシュンラン 201
ユウゼンギク 296
ユウバリアズマギク 295
ユウバリキタアザミ 215
ユウパリキンバイ 57
ユウバリキンバイ 57
ユウパリクモマグサ 154
ユウパリコザクラ 239
ユウバリシャジン 298
ユウバリソウ 102
ユウバリタンポポ 21
ユウパリチドリ 373
ユウパリツガザクラ 244
ユウバリノキ 355
ユウパリミセバヤ 270
ユウパリリンドウ 238
ユウレイタケ 113
ユキザサ 197
ユキバタカネキタアザミ 216
ユキバトウヒレン 216
ユキバヒゴタイ 216
ユキワリコザクラ 239
ユキワリシオガマ 224
ユキワリソウ 239

ヨ

ヨウシュヤマゴボウ 188
ヨコヤマリンドウ 317
ヨシ 419
ヨツバシオガマ 224
ヨツバハギ 328
ヨツバヒヨドリ 217
ヨツムバムグラ 344
ヨブスマソウ 341
ヨモギ 10
ヨモギギク 25
ヨーロッパタイトゴメ 63

ラ・リ・ル

ラセイタソウ 403
ラッセルルピナス 331
リシリアザミ 211
リシリオウギ 358

リシリゲンゲ 358
リシリシオガマ 224
リシリスゲ 428
リシリソウ 384
リシリトウウチソウ 150
リシリヒナゲシ 64
リシリビャクシン 439
リシリブシ 334
リシリリンドウ 315
リュウキンカ 75
リュウノヒゲモ 411
リンネソウ 221
ルイヨウショウマ 171
ルイヨウボタン 362
ルナリア 269
ルピナス 331
ルリミノウシコロシ 107

レ・ロ

レディスマントル 359
レブンアツモリソウ 371
レブンイワレンゲ 363
レブンキンバイソウ 76
レブンクモマグサ 154
レブンコザクラ 239
レブンサイコ 41
レブンシオガマ 224
レブンソウ 326
レブントウヒレン 215
レブンハナシノブ 314
レンゲイワヤナギ 407
レンプクソウ 346
ロイルツリフネソウ 258
ロベリアソウ 300

ワ

ワサビ 163
ワサビダイコン 163
ワスレグサ 79
ワスレナグサ 311
ワタゲツメクサ 51
ワタスゲ 433
ワタリミヤコグサ 50
ワニグチソウ 195
ワルタビラコ 35
ワルナスビ 97

逆引き主要和名索引

ア 行

アカバナ アカバナ 252／アシボソアカバナ 253／イワアカバナ 253／エゾアカバナ 251／カラフトアカバナ 252／ケゴンアカバナ 253／ヒメアカバナ 251／ホソバアカバナ 252／ミヤマアカバナ 253

アザミ アオモリアザミ 212／アッケシアザミ 211／アポイアザミ 211／アメリカオニアザミ 213／エゾキレハアザミ(仮) 211／エゾキツネアザミ 210／エゾノサワアザミ 211／エゾノミヤマアザミ 211／エゾミヤアザミ 211／エゾヤマアザミ 212／オオタカネキタアザミ 216／オオノアザミ 212／カムイアザミ 212／クロアザミ 214／コバナアザミ 210／サワアザミ 213／セイヨウトゲアザミ 210／タカアザミ 213／タカネキタアザミ 216／チシマアザミ 210／トウノアザミ 212／ナガバキタアザミ 215／ヒダカアザミ 212／フォリイアザミ 217／マヨワセアザミ 212／マルバヒレアザミ 211／ミネアザミ 211／ヤグルマアザミ 214／ユウバリキタアザミ 215／リシリアザミ 211

アマナ エゾヒメアマナ 81／キバナノアマナ 81／チシマアマナ 198／ヒメアマナ 81／ホソバノアマナ 198

イチゲ アズマイチゲ 169／ウラホロイチゲ 170／エゾイチゲ 168／エゾノハクサンイチゲ 169／キクザキイチゲ 170／ピップイチゲ 170／ヒメイチゲ 168／フタマタイチゲ 169／ヤチイチゲ 170

イチゴ イシカリキイチゴ 148／ウラジロイチゴ 147／エゾイチゴ 147／エゾノクサイチゴ 145／エゾヘビイチゴ 145／エビガライチゴ 147／オオヘビイチゴ 59／カナヤマイチゴ 147／クマイチゴ 147／クロイチゴ 264／クロミキイチゴ 148／コガネイチゴ 146／セイヨウヤブイチゴ 148／トゲナシゴヨウイチゴ 146／ナワシロイチゴ 264／ノウゴウイチゴ 145／ヒメゴヨウイチゴ 146／ヒメヘビイチゴ 56／ベニバナイチゴ 264／ヘビイチゴ 55／ホロムイイチゴ 146／モミジイチゴ 148／ヤブヘビイチゴ 55

ウスユキソウ ウスユキソウ 92／エゾウスユキソウ 92／オオヒラウスユキソウ 92

ウツギ ウコンウツギ 35／コゴメウツギ 150／タニウツギ 220／ドクウツギ 353／ミツバウツギ 143

エンドウ イブキノエンドウ 329／エゾヤマノエンドウ 327／ハマエンドウ 330／ヒダカミヤマノエンドウ 327

オオバコ イソオオバコ 391／エゾオオバコ 391／オオバコ 391／セイヨウオオバコ 391／テリハオオバコ 391／トウオオバコ 391／ヘラオオバコ 392

カ 行

カラシ(ガラシ) イヌガラシ 69／オハツキガラシ 68／オランダガラシ 162／カキネガラシ 70／キレハイヌガラシ 69／クロガラシ 67／サワトウガラシ 226／ノハラガラシ 70／ハタザオガラシ 70／ハルザキヤマガラシ 67／フユガラシ 67／ミヤマガラシ 67

カラマツ アキカラマツ 364／アポイカラマツ 364／エゾカラマツ 172／オオカラマツ 364／カラマツソウ 172／コカラマツ 364／サマニカラマツ 172／チャボカラマツ 364／ナガバカラマツ 172／ハルカラマツ 172／ミヤマカラマツ 172／モミジカラマツ 173

キキョウ(ギキョウ) イワギキョウ 299／キキョウ 299／サワギキョウ 300／タニギキョウ 96／チシマギキョウ 299

キク(ギク) アポイアズマギク 91／ウサギギク 9／ウラギク 297／エゾウサギギク 9／エゾノコ

459

ンギク 296／エゾノヨモギギク 25／エゾヨモギギク 25／オオウサギギク 9／オロシャギク 25／キヌガサギク 30／コシカギク 25／コハマギク 88／サワギク 29／サワシロギク 90／シオガマギク 223／シカギク 89／ジョウシュウアズマギク 295／シラヤマギク 90／チシマコハマギク 88／ナツシロギク 89／ネバリノギク 296／ノボロギク 29／ハキダメギク 91／ハナガサギク 30／ヒナギク 91／ピレオギク 88／フランスギク 89／ミヤマアズマギク 295／ミヤマノギク 295／ユウゼンギク 296

ギシギシ エゾノギシギシ 401／ギシギシ 401／コガネギシギシ 400／ナガバギシギシ 401／ハマギシギシ 400／マルバギシギシ 402

キンバイ(ソウ) アポイキンバイ 57／イワキンバイ 56／ウラジロキンバイ 59／エゾウラジロキンバイ 59／エゾツルキンバイ 58／キタキンバイソウ 76／コキンバイ 53／シナノキンバイ 76／ソウヤキンバイソウ 76／タテヤマキンバイ 58／チシマキンバイ 59／チシマノキンバイソウ 76／テシオキンバイソウ 76／ヒダカキンバイソウ 76／ボタンキンバイ 76／ミヤマキンバイ 57／メアカンキンバイ 58／レブンキンバイソウ 76

キンポウゲ イトキンポウゲ 73／エゾキンポウゲ 73／カラクサキンポウゲ 73／コバノハイキンポウゲ 73／コミヤマキンポウゲ 72／シコタンキンポウゲ 72／セイヨウキンポウゲ 72／ソウヤキンポウゲ 72／ハイキンポウゲ 73／ミヤマキンポウゲ 72

ゲンゲ カラフトゲンゲ 262／タチオランダゲンゲ 142／チシマゲンゲ 262／ヒダカゲンゲ 327／マシケゲンゲ 327／リシリゲンゲ 358

コザクラ エゾコザクラ 240／ソラチコザクラ 239／チシマコザクラ 114／テシオコザクラ 114／ユウバリコザクラ 239／ユキワリコザクラ 239／レブンコザクラ 239

サ 行

サクラソウ エゾオオサクラソウ 241／オオサクラソウ 241／サクラソウ 240

ササ(ザサ) クマイザサ 423／ケチヂミザサ 418／チシマザサ 423／ミヤコザサ 423

シオガマ エゾシオガマ 99／キバナシオガマ 39／コシオガマ 225／シベリアシオガマ 223／タカネシオガマ 224／トモエシオガマ 223／ネムロシオガマ 99／ビロードエゾシオガマ 99／ベニシオガマ 224／ミヤマシオガマ 224／ヨツバシオガマ 224

シャクナゲ キバナシャクナゲ 348／ハクサンシャクナゲ 248／ヒメシャクナゲ 242

ショウブ キショウブ 78／ショウブ 438／ノハナショウブ 337／ヒメイワショウブ 381

ショウマ アカミノルイヨウショウマ 171／アポイヤマブキショウマ 152／キレハヤマブキショウマ 152／サラシナショウマ 173／シロミノルイヨウショウマ 171／トリアシショウマ 152／モミジバショウマ 152／ヤマブキショウマ 152／ルイヨウショウマ 171

スミレ アイヌタチツボスミレ 321／アオイスミレ 324／アカネスミレ 324／アケボノスミレ 256／アポイタチツボスミレ 321／イソスミレ 320／イブキスミレ 322／ウスバスミレ 141／エゾアオイスミレ 324／エゾキスミレ 45／エゾタカネスミレ 43／エゾノタチツボスミレ 319／オオタチツボスミレ 319／オオバキスミレ 44／オオバタチツボスミレ 320／クサノスミレ 319／ケエゾキスミレ 45／コスミレ 325／サクラスミレ 323／シソバキスミレ 44／シレトコスミレ 140／シロスミレ 141／ジンヨウキスミレ 43／スミレ 323／タチツボスミレ 319／タニマスミレ 322／ツボスミレ 141／ナガハシスミレ 320／ニオイスミレ 325／ニオイタチツボスミレ 322／ヒカゲスミレ 140／ヒナスミレ 256／フイリミヤマスミレ 321／フギレオオバキスミレ 44／フギレキスミレ 45／フチゲオオバキスミレ 44／マルバスミレ 140／ミヤマキスミレ 44／ミヤマスミレ 321／ムシトリスミレ 300

セリ(ゼリ) イブキゼリ 129／コイブキゼリ 129／サワゼリ 127／セリ 130／ダケゼリ 132／トウヌマゼリ 127／ドクゼリ 125／ヌマゼリ 127／ハマゼリ 125

タ 行

ダイコン オニハマダイコン 269／セイヨウノダイコン 71／ハマダイコン 269／ワサビダイコン 163

タデ イヌタデ 277／ウラジロイワタデ 191／ウラジロタデ 191／エゾノミズタデ 192／オオイヌタデ 277／オオケタデ 280／オオネバリタデ 367／オオベニタデ 280／オンタデ 191／サナエタデ 277／シロバナサクラタデ 192／タニタデ 135／チョウジタデ 42／ツルタデ 402／ネバリタデ 367／ハナタデ 277／ハルタデ 277／ヒメイワタデ 191／マタデ 367／ミヤマタニタデ 135／ヤナギタデ 367／ヤマタニタデ 135

タネツケバナ オオバタネツケバナ 159／タチタネツケバナ 159／タネツケバナ 159／ハナタネツケバナ 160／ホソバタネツケバナ 268／ミチタネツケバナ 159／ミツバタネツケバナ 161／ミヤマタネツケバナ 160／ヤマタネツケバナ 159

タンポポ アカミタンポポ 21／エゾタンポポ 20／オオヒラタンポポ 21／キバナコウリンタンポポ 18／クモマタンポポ 21／コウリンタンポポ 18／シコタンタンポポ 20／セイヨウタンポポ 21／タカネタンポポ 21／ツキミタンポポ 42／フキタンポポ 21／フタマタタンポポ 20／ムラサキタンポポ 92／ヤナギタンポポ 19

チドリ アオチドリ 375／ウズラバハクサンチドリ 288／エゾチドリ 202／オオキソチドリ 372／ガッサンチドリ 372／キソチドリ 372／コアニチドリ 287／シロウマチドリ 373／テガタチドリ 290／ネムロチドリ 375／ノビネチドリ 290／ハクサンチドリ 288／ホソバノキソチドリ 373／ミズチドリ 203

ツガザクラ アオノツガザクラ 349／エゾノツガザクラ 244／コエゾツガザクラ 244／コメバツガザクラ 349／チシマツガザクラ 243／ナガバツガザクラ 119／ニシキツガザクラ 244／ユウパリツガザクラ 244

ツツジ イソツツジ 120／イワツツジ 250／ウラシマツツジ 349／エゾツツジ 246／エゾムラサキツツジ 246／カラフトイソツツジ 120／コメツツジ 120／コヨウラクツツジ 245／サカイツツジ 247／ヒダカミツバツツジ 247／ヒメイソツツジ 120／ホツツジ 244／ホロムイツツジ 121／ミヤマホツツジ 244／ムラサキヤシオツツジ 246／ヤチツツジ 121／ヤマツツジ 247

ツメクサ アカツメクサ 261／アズマツメクサ 396／アポイツメクサ 176／アライトツメクサ 183／ウシオツメクサ 183／ウスベニツメクサ 276／エゾイワツメクサ 186／エゾタカネツメクサ 177／エゾミヤマツメクサ 177／オオイワツメクサ 186／クスダマツメクサ 51／クマノアシツメクサ 51／コメツブツメクサ 50／シバツメクサ 366／シロツメクサ 142／チシマツメクサ 183／ツメクサ 183／テマリツメクサ 51／ナガバツメクサ 186／ノハラツメクサ 177／ハマツメクサ 183／ベニバナツメクサ 261／ホソバツメクサ 177／ホップツメクサ 51／ムラサキツメクサ 261／ワタゲツメクサ 51

トリカブト ウスバトリカブト 334／エゾトリカブト 334／エゾノホソバトリカブト 335／オクトリカブト 335／シコタントリカブト 334／ダイセツトリカブト 335／ヒダカトリカブト 335

ナ 行

ナズナ イヌナズナ 66／ウロコナズナ 166／エゾイヌナズナ 164／カラクサナズナ 362／グンバイナズナ 166／シリベシナズナ 164／シロイヌナズナ 157／シロバナノイヌナズナ 164／ソウウンナズナ 164／ナズナ 165／ナンブイヌナズナ 66／ハクセンナズナ 268／ヒメグンバイナズナ 166／ヒメナズナ 165／マメグンバイナズナ 166／モイワナズナ 164

ニガナ イワニガナ 22／エゾタカネニガナ 19／エゾムラサキニガナ 297／キクニガナ 295／シロバナニガナ 23／タカネニガナ 23／ニガナ 23／ハナニガナ 23／ハマニガナ 23／ヤマニガナ 26

ニンジン エゾノジャニンジン 161／カラフトニンジン 131／サツマニンジン 180／ジャニンジン 161／シラネニンジン 129／ツリガネニンジン 298／ツルニンジン 221／ドクニンジン 126／トチバニンジン 134／ノラニンジン 131／ハマニンジン 125／ムカゴニンジン 127／ヤブニンジン 133

461

ノコギリソウ アカバナエゾノコギリソウ 209／エゾノコギリソウ 85／キタノコギリソウ 209／シュムシュノコギリソウ 85／セイヨウノコギリソウ 85／ノコギリソウ 85／ホソバノエゾノコギリソウ 85／ホロマンノコギリソウ 209

ハ 行

ハギ イタチハギ 259／エゾミソハギ 255／エゾヤマハギ 259／エビラハギ 51／シナガワハギ 51／シャグマハギ 261／シロバナシナガワハギ 143／センダイハギ 52／ナンテンハギ 328／ヒメハギ 253／メドハギ 143／ヤブハギ 262／ヤマハギ 259／ヨツバハギ 328

ハコベ ウシハコベ 187／エゾオオヤマハコベ 185／エゾハコベ 185／オオハコベ 187／カトウハコベ 176／カラフトホソバハコベ 186／カンチヤチハコベ 366／コハコベ 187／シコタンハコベ 184／シラオイハコベ 184／タチハコベ 179／ナンバンハコベ 179／ヌマハコベ 394／ハマハコベ 182／ミズハコベ 395／ミゾハコベ 395／ミドリハコベ 187／ミヤマハコベ 185／ヤチハコベ 115

ハタザオ エゾノイワハタザオ 158／エゾハタザオ 162／ハタザオ 158／ハマハタザオ 158／ミヤマハタザオ 157／ヤマハタザオ 158

ハッカ イヌハッカ 108／オランダハッカ 233／ナガバハッカ 233／ハッカ 310／ヒメハッカ 233／ヤマハッカ 308

バラ オオタカネバラ 265／カラフトイバラ 265／サルトリイバラ 385／ノイバラ 144

フウロ イチゲフウロ 139／エゾグンナイフウロ 318／エゾフウロ 257／チシマフウロ 318／トカチフウロ 318／ハマフウロ 257／ヒメフウロ 257／ピレネーフウロ 257／ミツバフウロ 139

フキ(ブキ) アキタブキ 341／オオブキ 341／チシマイワブキ 153／トウゲブキ 17／ノブキ 87／ハリブキ 354／ヒナブキ 324／ヤチブキ 75

ヤ・ラ 行

ヤナギ アキノミチヤナギ 368／エゾタカネヤナギ 407／エゾマメヤナギ 408／オクミチヤナギ 368／キツネヤナギ 407／クマヤナギ 355／タカネイワヤナギ 407／ハイミチヤナギ 368／ヒダカミネヤナギ 407／ミチヤナギ 368／ミネヤナギ 408／ミヤマヤナギ 408／ヤチヤナギ 282

ユリ エゾスカシユリ 80／エダウチチゴユリ 194／オオウバユリ 384／オオチゴユリ 194／オオナルコユリ 196／オニユリ 80／クルマユリ 80／クロユリ 286／コオニユリ 80／チゴユリ 194／ミヤマナルコユリ 195／ヤマユリ 197

ヨモギ イヌヨモギ 13／イワヨモギ 14／エゾノユキヨモギ 10／エゾハハコヨモギ 12／エゾムカシヨモギ 219／エゾヨモギ 10／オオヨモギ 10／オトコヨモギ 11／オニオトコヨモギ 11／サマニヨモギ 12／シコタンヨモギ 14／シロサマニヨモギ 12／シロヨモギ 13／チシマヨモギ 10／ハマオトコヨモギ 11／ヒキヨモギ 37／ヒメムカシヨモギ 219／ヒメヨモギ 14／ヒロハウラジロヨモギ 13／ムカシヨモギ 219／ヤナギヨモギ 219／ヤブヨモギ 10／ヨモギ 10

リンドウ エゾオノエリンドウ 238／エゾオヤマリンドウ 316／エゾリンドウ 316／オノエリンドウ 238／クモイリンドウ 116／タテヤマリンドウ 316／チシマリンドウ 238／ツルリンドウ 317／フデリンドウ 315／ホソバノツルリンドウ 317／ホロムイリンドウ 316／ミヤマリンドウ 315／ムシャリンドウ 306／ユウパリリンドウ 238／ヨコヤマリンドウ 317／リシリリンドウ 315

著者プロフィール

梅沢　俊 (うめざわ　しゅん)　植物写真家

略　歴

1945 年　札幌市生まれ。小学生時代に蝶を介して自然に興味をもち，高校時代は生物部へ。
1965 年　北海道大学入学。山スキー部に在籍し，山三昧の生活。
1969 年　同大農学部生物学科(昆虫学)を卒業するも，頭を使う研究職には向かないことを自覚し，野山を歩きながら暮らす道を探る。フリーターの走り?!
1972 年　この頃から北海道の野生植物を中心に写真撮影と執筆活動を始め，今日に至る。
1980 年代から，視野を広めるため海外の花をも訪ね歩き始めている。

撮影：伊藤健次

主　著

〈植物図鑑〉

北海道の高山植物と山草　誠文堂新光社　1981(伊藤浩司著・写真担当)
北海道の高山植物　北海道新聞社　1986
新版北海道の樹　北海道大学図書刊行会　1992(辻井達一・佐藤孝夫共著)
新版北海道の花　北海道大学図書刊行会　1993(辻井達一・鮫島惇一郎共著)
北海道山の花図鑑　藻岩・円山・八剣山　北海道新聞社　1994
北海道山の花図鑑　アポイ岳・様似山道・ピンネシリ　北海道新聞社 1995
北海道山の花図鑑　大雪山　北海道新聞社　1996
北海道山の花図鑑　利尻島・礼文島　北海道新聞社　1997
北海道山の花図鑑　夕張山地・日高山脈　北海道新聞社　2004
新北海道の花　北海道大学出版会　2007
新版北海道の高山植物　北海道新聞社　2009
北海道の草花　北海道新聞社　2018

〈自然ガイドブック〉

利尻，知床を歩く　山と渓谷社　1997
絵とき検索表 北海道・初夏の花　エコネットワーク 1997(村野道子絵)
絵とき検索表 北海道・春の花　エコネットワーク 1998(同上)
花の山旅 大雪山　山と渓谷社　2000
絵とき検索表 北海道・夏〜秋の花　エコネットワーク 2001(村野道子絵)
北の花名山ガイド　北海道新聞社　2012

〈山岳ガイドブック〉

諸国名山案内① 北海道　山と渓谷社　1989
北海道夏山ガイド① 道央の山々　北海道新聞社　1989(菅原靖彦共著)
北海道夏山ガイド② 表大雪の山々　北海道新聞社　1990(同上)
北海道夏山ガイド③ 東・北大雪，十勝連峰の山々　北海道新聞社　1990(同上)
北海道夏山ガイド④ 日高山脈の山々　北海道新聞社　1991(同上)
北海道夏山ガイド⑤ 道南，夕張の山々　北海道新聞社　1992(同上)
北海道夏山ガイド⑥ 道東，道北，増毛の山々　北海道新聞社　1993(同上)
新版・空撮登山ガイド 北海道の山々　山と渓谷社　1995(瀬尾央共著)
北海道百名山　山と渓谷社　1993(新版 2003)(伊藤健次共著)
アルペンガイド 北海道の山　山と渓谷社　2001

〈写真集・エッセイ〉

日本の名峰 3 日高・夕張・増毛　山と渓谷社　1987
花風景北海道　北海道大学図書刊行会　1988
山渓山岳写真選集 日高連峰　山と渓谷社　1993
北の花つれづれに　共同文化社　1999
北海道・山歩き花めぐり　北海道新聞社　2001

扉写真：エゾノハナシノブ

新北海道の花
Wild Flowers of Hokkaido

発　行	2007 年 3 月 25 日　第 1 刷
	2020 年 8 月 10 日　第 5 刷
著　者	梅沢　俊
発行者	櫻井 義秀
発行所	北海道大学出版会
	札幌市北区北 9 条西 8 丁目　北海道大学構内
	tel. 011-747-2308/fax. 011-736-8605
	http://www.hup.gr.jp
印　刷	㈱アイワード
製　本	石田製本㈱
装　幀	須田 照生

©Shun Umezawa, 2007
Hokkaido University Press, Sapporo, Japan
ISBN978-4-8329-1392-9